机器人学译丛

[美] 约翰 J. 克雷格（John J. Craig） 著
斯坦福大学

贠超 王伟 译
北京航空航天大学

机器人学导论

（原书第4版）

INTRODUCTION TO ROBOTICS

MECHANICS AND CONTROL, FOURTH EDITION

机械工业出版社
CHINA MACHINE PRESS

图书在版编目（CIP）数据

机器人学导论（原书第4版）/（美）约翰 J. 克雷格（John J. Craig）著；负超，王伟译．—北京：机械工业出版社，2018.2（2025.4 重印）
（机器人学译丛）
书名原文：Introduction to Robotics：Mechanics and Control, Fourth Edition

ISBN 978-7-111-59031-6

I. 机… II. ① 约… ② 负… ③ 王… III. 机器人学 IV. TP24

中国版本图书馆 CIP 数据核字（2018）第 014100 号

北京市版权局著作权合同登记 图字：01-2017-7502 号。

本书系统讲解了机器人学的理论知识，主要内容包括：空间位姿的描述和变换、操作臂的正运动学和逆运动学、操作臂的雅可比、操作臂动力学、轨迹规划、操作臂的机构设计、操作臂的线性和非线性控制、操作臂的力控制、机器人编程语言和离线编程。此外，各章末包括不同难度的习题、编程练习和 MATLAB 练习。

本书可作为高等院校相关专业的教材和参考书，也可供相关技术人员参考。

出版发行：机械工业出版社（北京市西城区百万庄大街 22 号 邮政编码：100037）
责任编辑：曲 熠　　责任校对：李秋荣
印　　刷：北京铭成印刷有限公司　　版　　次：2025 年 4 月第 1 版第 16 次印刷
开　　本：185mm×260mm 1/16　　印　　张：19.5
书　　号：ISBN 978-7-111-59031-6　　定　　价：79.00 元

客服电话：（010）88361066 68326294

译者序

机器人技术是一项机械、电子、自动控制、计算机以及人工智能等多学科交叉的综合性应用技术。

人类利用自然力代替人力劳动创造了许多自动工具和自动机械，这已有几千年的历史了。例如，中国西周时代的歌舞伶人，春秋后期木匠鲁班制造的木鸟，东汉时期张衡发明的记里鼓车，三国时期诸葛亮发明的木牛流马。国外公元前2世纪古希腊人发明了一种自动机，1738年法国人发明了一种机器鸭，1773年瑞士钟表匠杰克·道罗斯发明了能自动书写和演奏的玩偶，18世纪日本人发明了端茶玩偶等。机器人这一概念的提出源自约100年前的科幻剧本《罗素姆万能机器人》。但是真正按照现代机器人的定义研究、制造和使用机器人的历史距今只有几十年。实际上，真正意义上的机器人是随着计算机的出现而诞生的。1961年美国Unimate公司生产了第一台商用工业机器人。1980年日本等国家迅速普及工业机器人，国际上称这一年为“机器人元年”。随着机构学、控制理论和计算机技术的发展，传统的机器人已发展到冗余操作臂、移动机器人、人形机器人和多机器人协作等多种形式。随着大数据和深度学习技术的发展，近两年出现的围棋脑和驾驶脑，在特定领域的智能程度已经接近于人类。另一方面，随着机械和电子器件的成本降低，特别是视觉和语音能够实现低成本的高速输入和提取，极大地提高了机器人外设的性能，扩大了机器人的应用场景。

本书是美国斯坦福大学的John J. Craig教授在机器人学和机器人技术方面多年的研究和教学工作的积累。Craig教授根据机器人学的特点，将数学、力学和控制理论等与机器人应用实践密切结合。本书按照刚体力学、分析力学、机构学和控制理论中的原理和定义对机器人运动学、动力学、控制和编程中的原理进行了严谨的阐述，语言精练，内容深入浅出，例题简单易懂且具有代表性，体现出Craig教授在机器人学方面高深的造诣。本书是当今机器人学研究领域的经典之作。

本书是在第3版中文翻译的基础上核对整理后完成的。参与第3版翻译的人员包括贠超、高志慧、李成群、陈心颐、宁凤艳和王伟等。第4版全书由王伟校对整理，并对第3版中的翻译错误和第4版英文原书中的错误做了修正，特别是对第4版中新增的章节和习题进行了翻译和校对。

首先要感谢国内的同行在使用本书第3版作为教材期间发现的问题，以及提出的宝贵意见。特别要感谢南开大学的刘景泰教授将本书第3版的错误逐条列出来，发给译者，使得我们有机会将这些错误在第4版中逐一消除。

本书可作为机械电子工程专业、自动控制专业和计算机专业高年级本科生、硕士生或博士生的教学参考书，也可供从事机器人和自动化装备等应用开发工作的技术人员参考。

限于译者的经验和水平，书中难免存在缺点和错误，欢迎读者批评指正。

译者

2017年12月11日

前 言

科学家常会感到通过自己的研究工作在不断地认识自我。物理学家在他们的工作中认识到了这一点，同样，心理学家和化学家也认识到了这一点。在机器人学的研究中，研究领域和研究者自身之间的关系尤为明显。与仅追求分析的自然科学不同，当前机器人学所追求的是偏重于综合的工程学科。也许正是这个原因，这个领域才使我们当中的许多人着迷。

机器人学研究的是怎样综合运用机械装置、传感器、驱动器和计算机来实现人类某些方面的功能。显然，这是一项庞大的任务，它必然需要运用各种“传统”领域的研究思想。

现今，机器人学诸方面的研究工作都是由不同领域的专家进行的。通常没有一个人能够完全掌握机器人领域的所有知识。因此，自然有必要对这个研究领域进行划分。在更高的层次上，可把机器人学划分为 4 个主要领域：机械操作、移动、计算机视觉和人工智能。

本书介绍机械操作的理论和工程知识。机械操作这一机器人学分学科是建立在几个传统学科基础之上的。主要的相关学科有力学、控制理论、计算机科学。在本书中，第 1～8 章包括机械工程和数学的主题，第 9～11 章为控制理论的题材，第 12～13 章属于计算机科学的内容。另外，本书从始至终强调通过计算解决问题，例如，与力学密切相关的每一章都有一节简要介绍计算方面的问题。

本书源于斯坦福大学 1983～1985 秋季学期的“机器人学导论”的讲稿。前 3 版在 1986～2016 年被许多大学采用。第 4 版得益于这一广泛应用，并且根据多方面的反馈意见做了修改和改进。在此，向对本书作者提出修正意见的所有人表示感谢。

本书适用于高年级本科生或者低年级研究生课程。选修此课程的学生如果学过静力学和动力学这两门基础课程，同时学习过线性代数，并且能够使用计算机高级语言编程，将是有帮助的。此外，虽然不必先修控制理论的入门课程，但学过这门课程也是有益的。本书的目标之一是以简单、直观的方式介绍机器人学的知识。特别需要指出的是，虽然本书很多内容选自机械工程领域，但本书的读者不必是机械工程师。在斯坦福大学，很多电气工程师、计算机科学家、数学家都认为本书具有很强的可读性。

虽然本书直观上适合机器人系统的研发工程师使用，但是对于任何将要从事机器人研究工作的人，本书内容都是重要的背景资料。就像软件开发人员通常要了解一些硬件知识一样，不直接从事机器人的机械和控制研究的人员，也应当具备一些本书提供的背景知识。

与第 3 版一样，第 4 版分为 13 章。本书的材料适合一学期讲授，如果要在半学期内讲授，教师需要略去一些章节。即便如此，仍然无法深入讲解所有专题。本书在编写时从某些方面考虑了这一点，例如，多数章只采用一种方法去解决常见的问题。编写本书的主要挑战之一就是尽量在限定的教学时间内为每个主题合理地分配时间。为此，我的办法是只考虑那些直接影响机器人机械操作的材料。

在每章的最后都有一组习题。在每道习题题号后的方括号中给出习题的难度系数。难度系数在[00]到[50]之间。[00]是最简单的题目，[50]是尚未解决的研究性问题。[⊖] 当然，

⊖ 我采用了与 D. Knuth 所著《The Art of Computer Programming》(Addison-Wesley 出版)同样的难度等级。

一个人认为困难的问题，另一个人可能认为容易，因此，一些读者会发现那些难度系数在某些情况下会引起误解。不过，我们尽力评估了这些习题的难度。

在每章的末尾，布置了编程作业，学生可以把相应章的知识应用到一个简单的三关节平面操作臂中。这个简单的操作臂足以用来证明大多数一般操作臂的所有原理，而不会使学生陷入过于复杂的问题中。每个编程作业都建立在前一个作业的基础上，到课程结束时，学生就会得到一个完整的操作臂软件程序库。

另外，第1～9章共有12道MATLAB练习。这些练习由俄亥俄大学的Robert L. Williams Ⅱ教授编写，我对他所做的贡献深表感谢。这些练习可以配合澳大利亚CSIRO首席研究科学家Peter Corke编写的MATLAB机器人工具箱(Robotics Toolbox)[⊖]使用。

第1章是机器人学的介绍，介绍一些背景资料、基本思想和本书所使用的符号，并概述后面各章的内容。

第2章包括描述三维空间中的位置与姿态的数学知识。这是极为重要的内容：通过定义，机械操作本身与周围空间的移动物体(工件、工具、机器人自身)联系起来。我们需要用一种易于理解并且尽可能直观的方式来描述这些动作。

第3章和第4章讨论机械操作臂的几何问题，介绍机械工程学科中的运动学分支，这个分支研究运动但不考虑引起这种运动的力。在这两章里，我们讨论操作臂运动学，但把研究范围限定在静态定位问题上。

第5章我们将运动学的研究范围扩展到速度和静力方面。

第6章我们开始研究引起操作臂运动的力和力矩。这就是操作臂动力学问题。

第7章描述操作臂在空间的运动轨迹。

第8章涉及许多与操作臂的机构设计有关的问题。例如，设计多少关节是适宜的，关节的类型应是什么，它们需如何布局。

第9章和第10章研究操作臂的控制方法(通常利用计算机)，使其准确地跟踪预先设定的空间轨迹。第9章研究线性控制方法，第10章将研究拓展到非线性领域。

第11章讨论操作臂的力控制，即研究如何控制由操作臂施加力，这种控制模式在操作臂接触周围环境的情况下非常重要，比如操作臂用海绵擦窗户。

第12章概述机器人编程方法，特别是机器人编程系统中所需的基本元素以及与工业机器人编程相关的特殊问题。

第13章介绍离线仿真和编程系统，其中描述人与机器人接口的最新进展。

第4版新增内容

- 每章增加了若干习题
- 8.9节(光学编码器)
- 10.9节(自适应控制)
- 由于技术进步更新了文献材料和参考文献
- 更新或新增了插图
- 改正了100多个录入错误和其他小错误

非常感谢牺牲宝贵时间协助我完成这本书的许多人。首先，感谢斯坦福大学1983～1985秋季ME219班的学生，他们学习了初稿，发现了不少错误，并提出了许多建议。

⊖ 关于MATLAB机器人工具箱，请访问 http://petercorke.com/Robotics_Toolbox.html。

Bernard Roth 教授在多方面给予了帮助，不仅对草稿提出了建设性的意见，而且为我完成第 1 版提供了环境。在 SILMA 公司，我得到了很好的仿真环境和资源，这些条件帮助我完成了第 2 版。Jeff Kerr 博士写了第 8 章的初稿，Robert L. Williams Ⅱ教授设计了每章最后的 MATLAB 练习。Peter Corke 扩充了他的机器人工具箱，以支持本书采用的 Denavit-Hartenberg 符号体系。在此，我也深深地感谢我在机器人学方面的导师 Marc Raibert、Carl Ruoff、Tom Binford 和 Bernard Roth。

我还要感谢来自斯坦福大学、SILMA 公司、Adept 公司和其他地方的许多人，他们以各种方式对我提供过帮助。他们是 John Mark Agosta、Mike Ali、Lynn Balling、Al Barr、Stephen Boyd、Chuck Buckley、Joel Burdick、Jim Callan、Brian Carlisle、Monique Craig、Subas Desa、Tri Dai Do、Karl Garcia、Ashitava Ghosal、Chris Goad、Ron Goldman、Bill Hamilton、Steve Holland、Peter Jackcon、Eric Jacobs、Johann Jäger、Paul James、Jeff Kerr、Oussama Khatib、Jim Kramer、Dave Lowe、Jim Maples、Dave Marimont、Dave Meer、Kent Ohlund、Madhusudan Raghavan、Richard Roy、Ken Salisbury、Bruce Shimano、Donalda Speight、Bob Tilove、Sandy Wells 和 Dave Williams。

我还要感谢 Pearson 公司的 Tom Robbins 为前两版提供了指导。

斯坦福大学的 Roth 教授在给 2002 级的学生讲授机器人课程时使用了本书第 2 版，并指出了许多遗留的错误，这些错误在第 4 版中做了修订。

最后，我还要感谢那些帮助我完成第 4 版的人：Matt Marshall（为每章新增习题并收集有用的反馈），Pearson 公司的 Julie Bai 和 Michelle Bayman。

概　　述

1.1 背景

工业自动化的历史是以技术手段的快速更新为特征的。这种自动化技术的更新不论看作世界经济发展的诱因还是结果，都和世界经济密切相关。**工业机器人**在20世纪60年代被定义为一种独特的设备[1]，将其和计算机辅助设计(CAD)系统、计算机辅助制造(CAM)系统结合在一起应用，这是现代制造业自动化的最新发展趋势。这些技术正在引导工业自动化向一个新的领域发展[2]。

在北美，20世纪80年代初期工业机器人的应用很多，到80年代晚期有一个短暂的回落。从那时开始，工业机器人市场虽然像所有产品一样受到经济波动的影响，但仍然不断增长(如图1-1所示)。

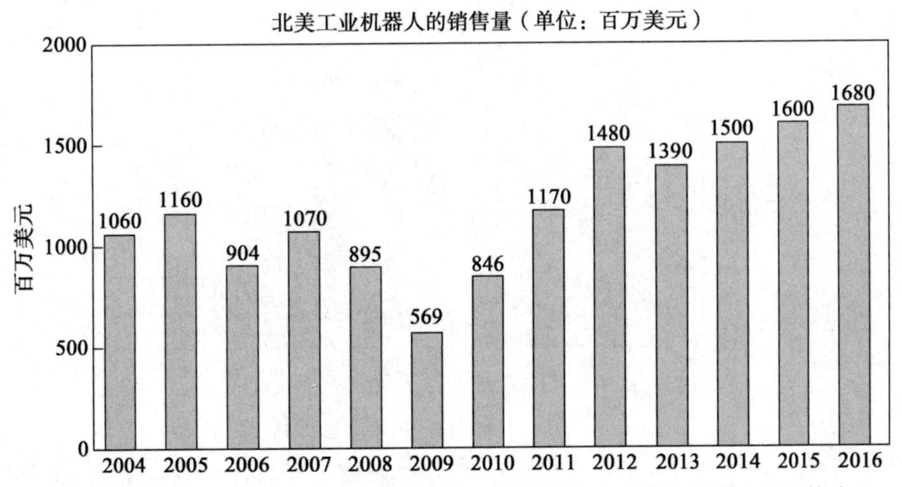

图1-1　北美工业机器人的销售量(单位：百万美元)。来源：机器人工业协会

图1-2反映了全世界机器人的年安装使用量。工业机器人使用量增加的主要原因是机器人成本的下降和机器人性能的提升。据估算，到2025年，制造业雇主会通过机器人替代手工的方式将劳工数量减少16%。如图1-3所示，在一些国家或地区使用机器人更受欢迎。由于机器人作业效率越来越高，而人工成本越来越高，因此越来越多的工业岗位可能会被机器人自动化取代。这是驱动工业机器人市场增长的最重要的因素。其次是非经济因素造成的，随着机器人作业能力的增强，它们可以完成更加危险的或是工人不可能完成的工作。

本书聚焦工业机器人或者叫作**机械臂**的最重要的内容，即力学和控制。事实上，有时候人们在争论工业机器人的内涵。如图1-4所示的设备一般都称为工业机器人，而数控铣床则不属于工业机器人。两者的区别在于可编程的复杂性不同。如果某个机械设备可以编程去完成多种不同的应用任务，一般情况下是工业机器人。机器一般限定为完成某一类任

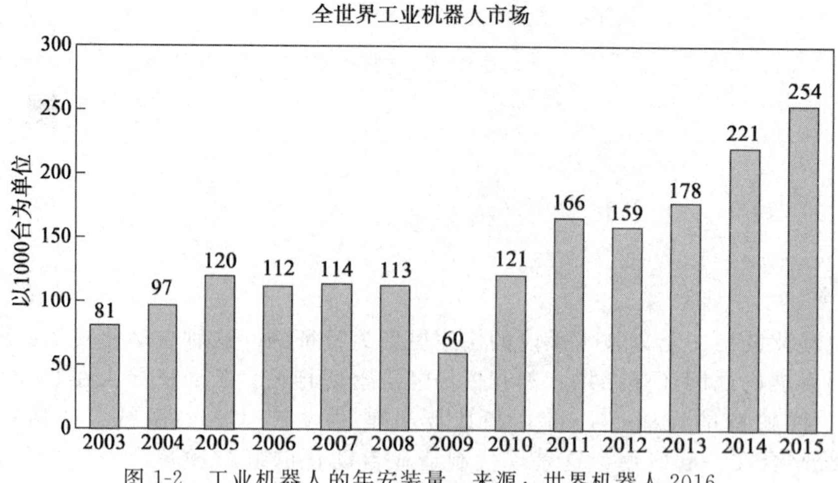

图 1-2　工业机器人的年安装量。来源：世界机器人 2016

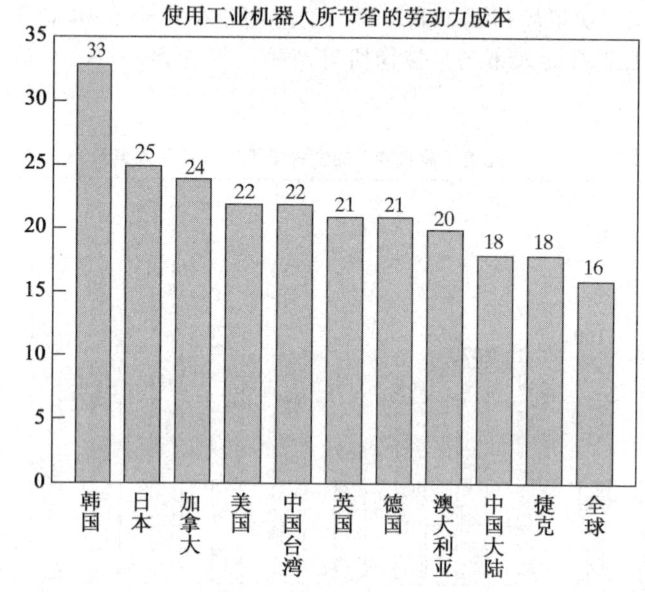

图1-3　预计 2025 年使用工业机器人所节省的劳动力成本(百分比)。来源：波士顿咨询公司

务，称之为**刚性自动化**。本书的目的不是争论两者的区别。书中的主要基本原理均可应用于各种可编程机械。

总体上说，有关操作臂的力学和控制的研究不是一门新科学，但是也不完全是将经典领域的主题拼凑在一起。机械工程师研究机器的静态和动态特性。数学家为描述空间运动和操作臂的其他属性设计数学工具。控制理论提供设计和评估算法，用来实现期望的运动或力的应用。在工业机器人的传感器和接口设计方面需要电气技术，而计算机科学提供了执行期望任务所需的编程平台。

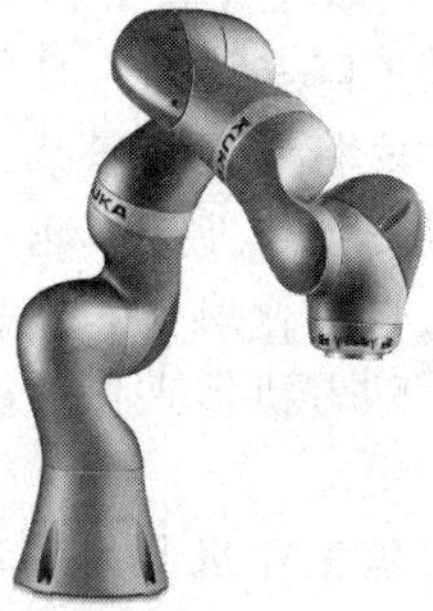

1 ~ 3

图 1-4　新型七自由度机器人。图片由 KUKA 机器人公司提供

1.2　操作臂的力学与控制

下面介绍一些术语并对书中将要涉及的一些主题进行概述。

位置和姿态的描述

在机器人学的研究中，我们通常要考虑在三维空间中物体的位置。这里所说的物体包括操作臂的杆件、零部件和抓持工具，也包括操作臂工作空间内的其他物体。通常这些物体可用两个非常重要的特性来描述：位置和姿态。自然我们会首先研究如何用数学方法表示和计算这些参量。

为了描述空间物体的位置和姿态，我们一般先在物体上设置一个**坐标系**(或**位姿**)。然后在某个参考坐标系中描述该位姿的位置和姿态，如图 1-5所示。

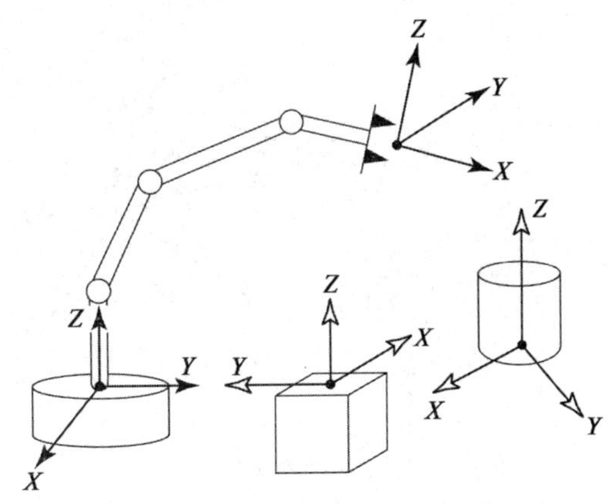

图 1-5　将坐标系(或位姿)设置在操作臂和环境中的物体上

任一位姿我们都能用作研究物体位置和姿态的参考坐标系，因此我们经常将物体空间属性的描述从一个位姿变换到另外一个位姿。在第 2 章中，我们将研究同一物体在不同坐标系中空间位置和姿态的描述方法和数学计算方法。

4

刚体位置和姿态的研究对于机器人以外的其他领域也是非常有意义的。

操作臂正运动学

运动学研究物体的运动，而不考虑引起这种运动的力。在运动学中，我们研究位置、速度、加速度和位置变量对于时间或者其他变量的高阶微分。这样，操作臂运动学的研究对象就是运动的全部几何和时间特性。

几乎所有的操作臂都是由刚性**连杆**组成的，相邻连杆间由**关节**连接起来，允许相对转动。这些关节通常装有位置传感器，允许测量相邻杆件的相对位置。如果是**转动**关节，位移被称为**关节角**。一些操作臂包括滑动关节(或**移动关节**)，那么两个相邻连杆的相对位移是直线运动，有时将这个位移称为**关节偏移量**。

操作臂**自由度**的个数是操作臂中具有独立位置变量的数目，这些位置变量确定了机构中所有部件的位置。自由度是机构学中普遍使用的术语。例如，四杆机构只有一个自由度(尽管它有三个可以运动的杆件)。对于一个典型的工业机器人来讲，由于操作臂大都是开式的运动链，而且每个关节位置都由唯一一个变量来定义，因此关节数目等于自由度数目。

组成操作臂的运动链的自由端称为**末端执行器**。根据机器人的不同应用场合，末端执行器可以是夹具、焊枪、电磁铁或是其他装置。我们通常采用设置于末端执行器上的**工具坐标系**(相对于设置于操作臂固定底座的**基坐标系**)来描述操作臂的位置(如图 1-6 所示)。

机械操作研究的基本问题是操作臂正运动学。**正运动学**是一个计算操作臂末端执行器位置和姿态的静态几何问题。具体来讲，给定一组关节角的值，正运动学问题是计算工具坐标系相对于基坐标系的位置和姿态。有时候，我们将这个过程称为从**关节空间**描述到**笛**

卡儿空间描述的操作臂位置表示[⊖]。这个问题将在第 3 章中详细论述。

操作臂逆运动学

在第 4 章中，我们将讨论操作臂**逆运动学**。这个问题就是给定操作臂末端执行器的位置和姿态，计算所有可达给定位置和姿态的关节角(如图 1-7 所示)。这是操作臂实际应用中的一个基本问题。

5

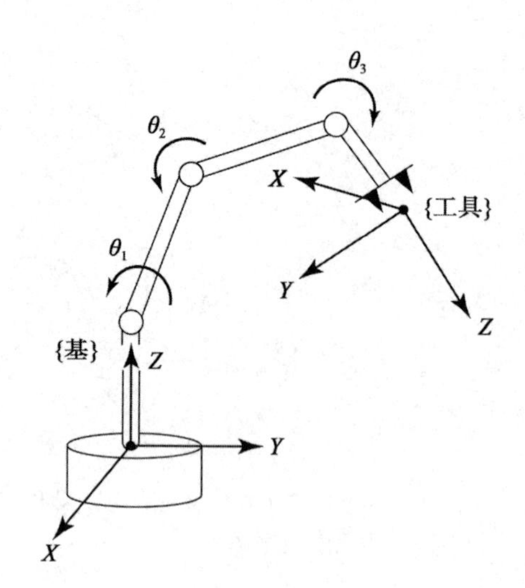

图 1-6 正运动学方程是各个关节变量的函数，描述了工具坐标系相对于基坐标系的位置和姿态

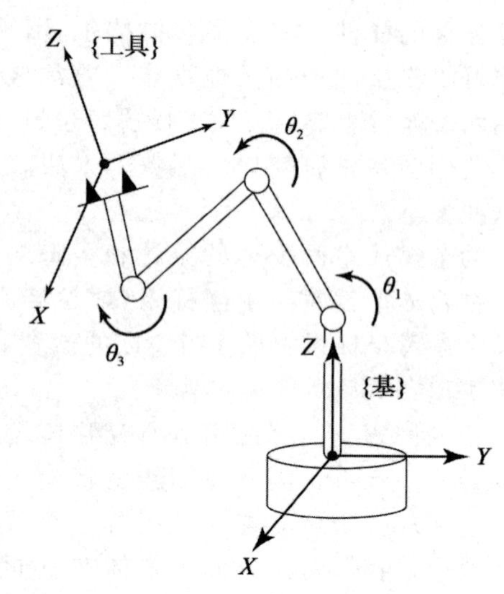

图 1-7 给定工具坐标系的位置和姿态，通过逆运动学可以计算出各关节变量

6

这是一个相当复杂的几何问题，然而人类和其他生物系统每天都要进行数千次这样的解答。对于机器人这样一个人工智能系统，我们需要在控制计算机中生成一种算法来实现这种计算。从某种程度上讲，逆运动学问题的求解对于操作臂系统来说是最重要的因素。

我们认为这是个“定位”映射问题，是将机器人位姿从三维笛卡儿空间向关节空间的映射。当机器人目标位置用外部三维空间坐标表示时，则需要进行这种映射。某些早期的机器人没有这种算法，它们只能简单地被移动(有时要由人工实现)到期望位置，同时记录一系列关节变量(例如关节空间的位置)以实现再现运动。显然，如果机器人只是单纯地记录和再现机器人的关节位置和运动，那么就不需要任何从关节空间到笛卡儿空间的变换算法。然而现在已经很难找到一台没有这种逆运动学算法的工业机器人。

逆运动学不像正运动学那么容易。因为运动学方程是非线性的，难以找到封闭解，有时甚至无解。同时我们还会遇到是否有解和多解问题。

如此复杂的问题，人脑和神经系统可以在无意识的情况下完成，引导手臂和手移动以及操作物体，这让我们不得不由衷地佩服。

运动学方程解的有无定义了操作臂的**工作空间**。无解表示操作臂不能达到这个期望位置和姿态，因为目标点位于操作臂的工作空间之外。

⊖ 在笛卡儿空间中，我们用三个变量来描述空间一点的位置，而用另外三个变量描述物体的姿态。有时将此称为任务空间或操作空间。

速度，静力，奇异点

除了分析静态定位问题之外，我们还希望分析运动中的操作臂。为操作臂定义**雅可比矩阵**可以比较方便地进行机构的速度分析。雅可比矩阵定义了从关节空间速度向笛卡儿空间速度的**映射**(如图 1-8 所示)。这种映射关系随着操作臂位形的变化而变化。在**奇异点**，映射是不可逆的。对操作臂的设计者和用户来说，理解奇异现象是十分重要的。

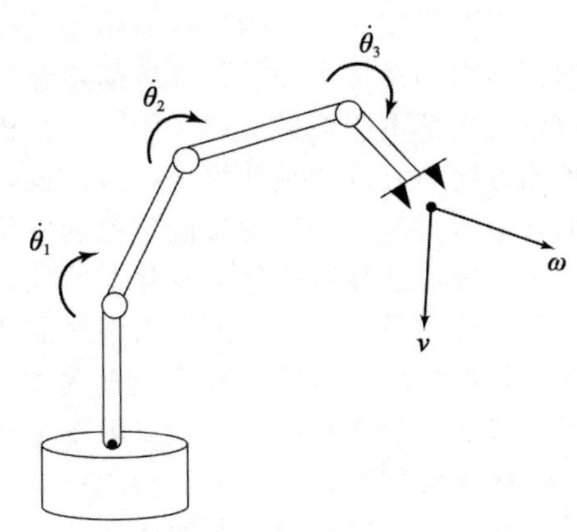

图 1-8　关节速度和末端执行器速度的几何关系可以由雅可比矩阵表示

以第一次世界大战中坐在老式双翼飞机后座的机枪手为例(如图 1-9 所示)。当前座舱中的驾驶员控制飞机飞行时，后座舱的机枪手负责射击敌人。为了完成这项任务，后座舱的机枪被安装在有两个旋转自由度的机构上，这两个自由度分别被称为方位角和仰角。通过这两个运动(两个自由度)，机枪手可以直接射击上半球面中任何方向的目标。

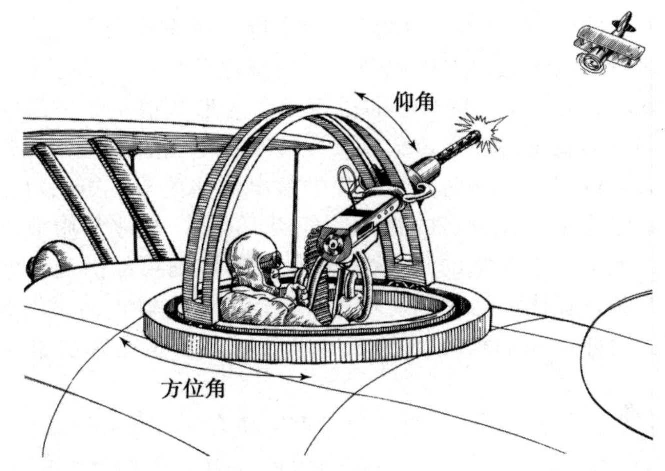

图 1-9　第一次世界大战中载有一名飞行员和一名后座舱机枪手的老式双翼飞机。这种后座舱机枪的机构受奇异点的影响

一架敌机出现在方位角 1 点钟和仰角25°的地方！机枪手瞄准敌机并向其开火，与此同时，机枪手改变枪的方位跟踪敌机，以便尽可能长时间地向敌机连续发射子弹。他成功地击落了敌机。

7～8

另一架敌机出现在方位角 1 点钟和仰角70°的地方！机枪手瞄准敌机并开始向其开火。敌机迅速躲避，飞到相对于机枪手飞机仰角越来越大的位置上。很快，敌机就要飞过机枪手飞机的头顶。敌机为何这样做？因为这样机枪手就不能够准确瞄准敌机了！机枪手发现，当敌机飞过头顶时，他需要快速地改变机枪的方位角。但是他不能以如此快速的动作改变方位角，致使敌机逃掉了！

最终幸运的敌机飞行员因为机枪的奇异点而获救！枪的定位机构尽管在绝大部分操作范围内都能工作良好，但当枪竖直向上或接近这种方位时，它的工作就越来越不理想。为了跟踪穿过飞机头顶的目标，枪手需要使枪以非常快的速度绕着方位轴转动。目标越接近于飞机头顶位置，枪手就需要越快的速度使枪绕方位轴转动来跟踪目标。如果目标直接飞过枪手头顶，他就需要使枪以无穷大的速度绕方位轴转动！

机枪手应该向机构设计者抱怨这个问题吗？能设计出更好的机构来避免这个问题吗？然而结果却是这个问题并不容易避免。事实上，任何一个只有两个转动关节的两自由度的定位机构都不能够避免这个问题。当机构处于这种位姿时，例如机枪竖直向上的情况，机枪的方向与方位转轴共线。也就是说，当处于这点时，方位转动改变不了机枪的方向。我们知道需要两个自由度来确定枪的方位，但在这一点上，其中一个转动关节却失效了。在这个位置，这种机构**局部退化**，就像只有一个自由度一样(仅有仰角)。

这种现象是由所谓的**机构奇异点**造成的。所有的机械装置都会有这种问题，包括机器人。正如后座舱机枪一样，这些奇异点并不影响机器人手臂在其工作空间内的定位，然而，机器人手臂在这些奇异点附近运动就会引起一些问题。

操作臂并不总是在工作空间内自由运动，有时也接触工件或工作面，并施加一个静力。在这种情况下，问题就产生了：怎样设定**关节力矩**来产生要求的接触力和力矩？为了解决这个问题，操作臂的雅可比矩阵自然又被提出来。

动力学

动力学是一个广泛的研究领域，主要研究产生运动所需要的力。为了使操作臂从静止开始加速，使末端执行器以恒定的速度运动，最后减速停止，关节驱动器必须产生一组复杂的扭矩函数来实现[⊖]。关节驱动器产生的扭矩函数的形式取决于末端执行器路径的空间形式和瞬时特性、连杆的质量特性和负载以及关节摩擦等因素。控制操作臂沿期望路径运动的一种方法是，通过运用操作臂动力学方程求解出这些关节扭矩函数。

9

大多数人都有拿起比预想轻得多的物体的经历(例如，从冰箱中取出一瓶牛奶，我们以为是满的，但实际上却几乎是空的)，这种对负载的错判可能引起异常的抓举动作。这种经验表明，人体控制系统比纯粹的运动规划更复杂。操作臂控制系统就是利用了质量以及其他动力学知识。同样，我们构造机器人操作臂运动控制的算法也应当把动力学考虑进去。

动力学方程的第二个用途是用于**仿真**。通过重构动力学方程可以计算加速度，加速度是驱动力矩的函数，这样就可以在一组驱动力矩作用下对操作臂的运动进行仿真(如图1-10所示)。随着计算能力的提高和计算成本的下降，仿真在许多领域得到广泛应用并且显得越来越重要。

在第6章中，我们会推导动力学方程，这些动力学方程可用于对操作臂运动的控制和仿真。

轨迹生成

平稳控制操作臂从一点运动到另外一点，通常的方法是使每个关节按照指定的时间连续函数来运动。一般情况下，操作臂各关节同时开始运动并同时停止，这样操作臂的运动才显得协调。**轨迹生成**就是如何准确计算出这些运动函数(如图1-11所示)。

10

⊖ 我们用关节驱动器作为操作臂驱动装置的一般术语，它可以是电机、气缸、液压缸和肌肉。

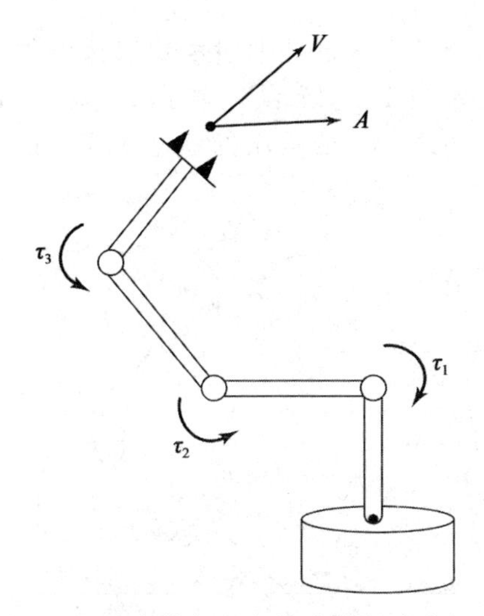

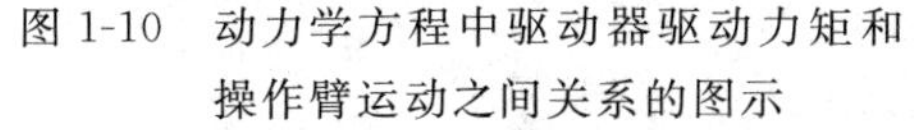

图 1-10　动力学方程中驱动器驱动力矩和操作臂运动之间关系的图示

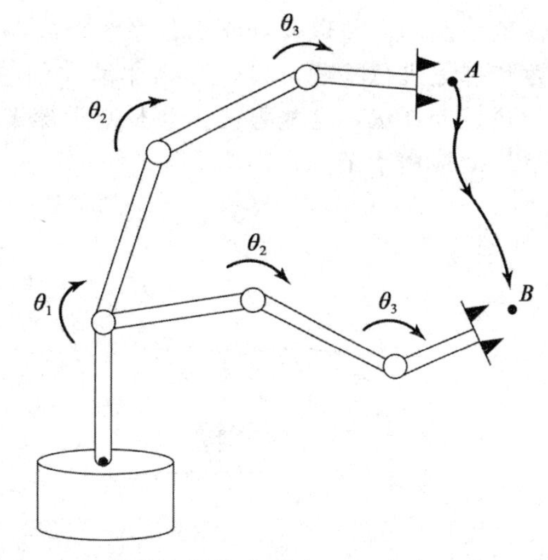

图 1-11　为了使末端执行器在空间中从 A 点运动到 B 点，必须为各个关节计算一个连续运动轨迹

通常，一条路径的描述不仅需要确定期望目标点，而且还需要确定一些中间点或**路径点**，操作臂必须通过这条路径点到达目标点。有时用术语**样条函数**来表示通过一系列路径点的连续函数。

为了使末端执行器在空间中走出一条直线(或其他的几何形状)，必须将末端执行器的期望运动转化为一系列等效的关节运动。这种**笛卡儿轨迹生成**将在第 7 章中讨论。

操作臂设计与传感器

尽管从理论上说操作臂是一种适用于许多情况的通用装置，但从经济角度考虑，操作臂的机械设计是由期望执行的任务决定的。设计者不仅要考虑诸如几何尺寸、速度以及承载能力等因素，而且还要考虑关节的数量和它们的几何布局。这些因素影响了操作臂的工作空间的大小和性质、操作臂结构的刚度以及其他属性。

机器人手臂的关节越多，机器人就越灵巧，能力越强。当然，它的制造难度也越大，造价也越高。为了设计出一个有用的机器人，可采取两种方式：一种是为特定任务设计**专用机器人**，另一种是设计能够完成各种任务的**通用机器人**。对于专用机器人，通过认真考虑就能确定需要设计的关节的数目。例如，一个仅用来在电路板上装配电器元件的专用机器人有 4 个关节就足够了。3 个关节就可以使操作臂到达三维空间中的任何位置，第四个关节可以使被抓取的元件绕着垂直轴旋转。对于通用机器人，有趣的是由我们生活的现实世界的基本特性可知，准确的最小关节数量是 6 个。

11

完整的操作臂设计还包括以下因素：驱动器的选择和位置、传动系统以及内部位置传感器(有时是力传感器)(如图 1-12 所示)。上述问题以及其他设计问题将在第 8 章中讨论。

线性位置控制

一些操作臂装有步进电机或其他驱动器来直接产生所期望的轨迹。然而，绝大多数的操作臂都是由驱动器来驱动的，这些驱动器提供力或力矩来驱动连杆运动。在这种情况下，就需要一个算法来计算用于产生期望运动的力矩。动力学是设计这种算法的核心问题，但动力学并不仅是为了问题的求解。设计**位置控制系统**首先要考虑的是自动补偿由于系统参数引起的误差以及抑制引起系统偏离期望轨迹的扰动。为此，通过**控制算法**对位置和速度**传感器**进行检测，以计算出驱动器的扭矩指令(如图 1-13 所示)。在第 9 章中，我们将讨论控制算法，这些算法主要是基于操作臂动力学的线性近似得出的。这些线性控制方法已广泛应用于工程实际中。

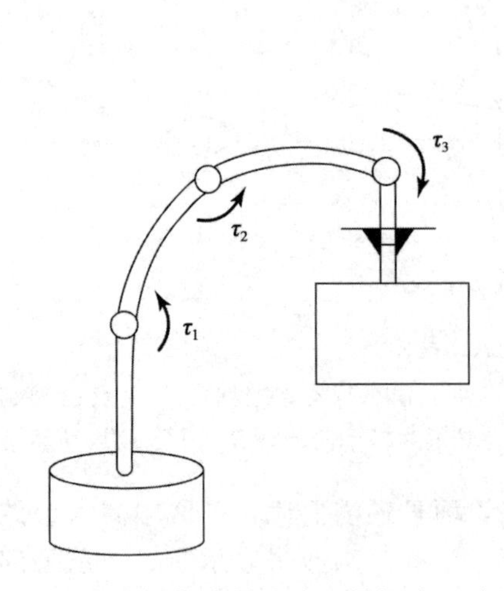

图 1-12 机械操作臂的设计必须解决驱动器的选择与位置、传动系统、结构刚度、传感器位置以及其他问题

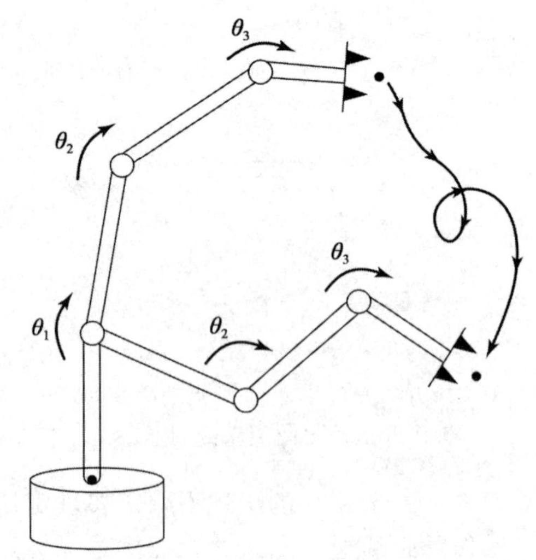

图 1-13 为了使操作臂沿着期望轨迹运动，必须设计位置控制系统。这个系统通过关节传感器的反馈保持操作臂的轨迹运动

非线性位置控制

尽管基于近似线性模型的控制系统广泛应用于当前的工业机器人中，但在进行控制算法设计时，考虑操作臂完整的非线性动力学就很重要了。一些工业机器人在控制器中已经应用了**非线性控制**算法。操作臂的非线性控制技术比简单的线性控制方法具有更好的性能。第 10 章将介绍操作臂的非线性控制系统。

12

力控制

在执行实际操作任务的过程中，当接触零件、工具或工作表面时，操作臂控制力的能力显得极其重要。**力控制**与位置控制是互补的，因为在特定情况下，我们一般认为只有力控制或位置控制是合适的。当操作臂在自由空间中运动时，只有位置控制有意义，因为它不与任何表面接触。然而在一些应用场合，当操作臂接触刚性表面时，位置控制方法可能会在接触表面产生过大的力或者使执行器脱离接触表面。操作臂很少同时在所有方向都受到作用表面约束，因此就需要**混合**控制方式，也就是说，在某些方向用**位置控制规律**来控制，而其余方向通过**力控制规律**来控制(如图 1-14 所示)。第 11 章将介绍设计这种力

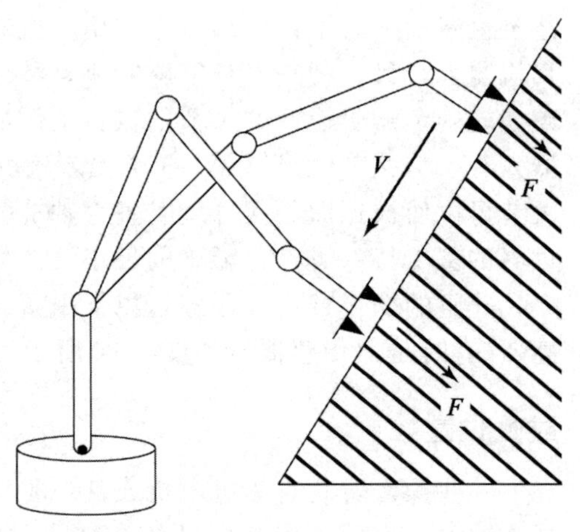

图 1-14 为了使操作臂以恒力在一个表面上滑动，必须应用位置－力混合控制系统

控制方案的方法。

当用机器人擦洗窗户时，机器人应当在垂直于窗户平面的方向施加一个恒定的力，同时在平行于窗户平面的方向走出一条运动轨迹。对这类操作任务自然会应用**混合**控制方法。

13

机器人编程

机器人编程语言是用户和工业机器人交互的接口。这样就给我们提出了一个重要问题：编程人员怎样才能容易地描述机器人的空间运动？如何给多个操作臂编程使得它们能够并行工作？怎样用机器人编程语言来描述基于传感器的动作？

机器人操作臂与**刚性自动化**的不同之处是它们的"柔性"，即可编程。不仅操作臂的运动是可编程的，而且通过传感器与其他的工厂自动化设备通信，操作臂在执行任务的过程中还能够适应各种变化(如图1-15所示)。

在典型的机器人系统中，操作者可以用一种快速方法来操纵机器人该走哪条路径。首先，操作者将操作臂手上(也可以是抓持器上)的一个特殊点指定为**操作点**，有时也叫作TCP(**工具中心点**)。操作者通过操作点相对于用户坐标系的期望位置来描述机器人的运动。通常，操作者可在某个与任务相关的位置定义这个与机器人基坐标系相关的参考坐标系。

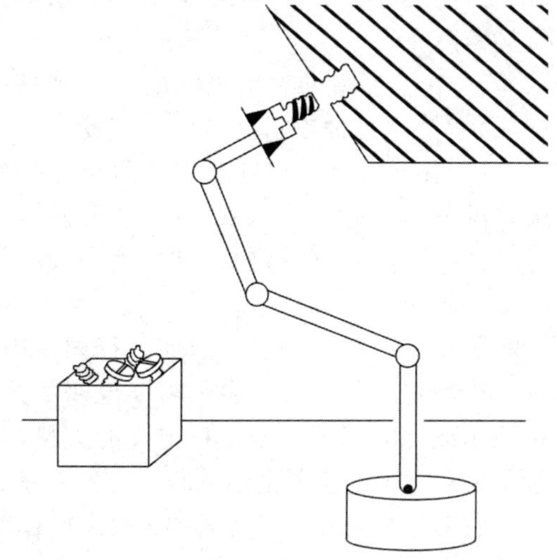

图1-15　操作臂和末端执行器的期望运动、期望接触力以及复杂的操作方案都可以用机器人编程语言来描述

绝大多数情况下，路径是通过确定一系列的**路径点**形成的。路径点是相对于参考坐标系确定的，是TCP经过路径上的指定位置。操作者除了要确定这些路径点之外，还要确定不同路径段上TCP的速度。有时，其他调节器也可以明确机器人的运动(例如针对不同的光滑度标准等)。依据这些输入，轨迹生成算法必须规划出机器人运动的所有细节：通过各点的速度曲线、运动时间等。因此，轨迹生成的输入问题一般是由机器人编程语言的指令来给出的。

14

由于操作臂和其他可编程自动化设备应用于要求越来越高的工业应用中，因此用户接口的性能变得极其重要。操作臂编程的问题包含了所有"传统"计算机编程的问题，所以它本身就是个广泛的研究课题。而且，操作臂编程的某些特殊问题还引发了另外的问题。其中的一些问题将在第12章中讨论。

离线编程与仿真

离线编程系统是一种机器人编程环境，这种环境通常要采用计算机图形学的技术，在这种环境下，即使不占用机器人本体也能够对机器人编程。采用这种系统的好处在于，当需要对机器人编程时，离线编程系统不需要生产设备(例如机器人)停机，因此，自动化工厂能够在大部分时间处于生产状态(如图1-16所示)。

离线编程系统还可以将用于产品设计阶段的计算机辅助设计(CAD)数据库和产品实际

制造之间关联起来。在某些情况下，直接使用 CAD 数据能够极大地减少制造过程所需的

15

编程时间。第 13 章将讨论工业机器人离线编程系统的关键问题。

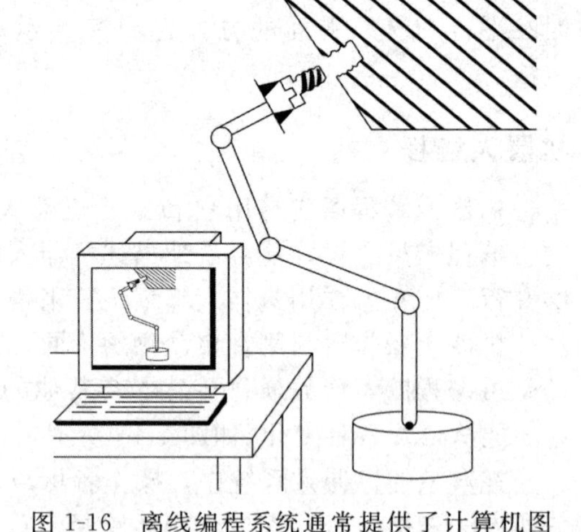

图 1-16 离线编程系统通常提供了计算机图形学接口，允许在编程过程中不占用机器人本体对机器人进行编程

1.3 符号

符号总是科学和工程中的一个问题。本书中，我们作如下约定：

1）一般大写字母的变量表示矢量或矩阵，小写字母的变量表示标量。

2）左下标和左上标表示变量所在的坐标系。例如，${}^{A}P$ 表示坐标系$\{A\}$中的位置矢量，${}^{A}_{B}R$ 是确定坐标系$\{A\}$和坐标系$\{B\}$相对关系的旋转矩阵⊖。

3）右上标用来表示矩阵的逆或转置（比如，R^{-1}，R^{T}），这种表示已被广泛接受。

4）右下标没有严格限制，但可能用来表示矢量的分量（例如 x、y 或 z）或者用于某个描述——例如在 P_{bolt} 中表示螺栓的位置。

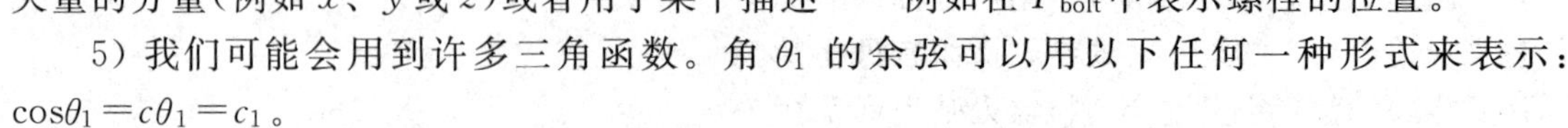

5）我们可能会用到许多三角函数。角 θ_1 的余弦可以用以下任何一种形式来表示：

16

$\cos\theta_1 = c\theta_1 = c_1$。

矢量用列向量表示，因此，行向量需要用转置符号来表示。

一般对于矢量符号表示需要说明的是：很多力学教材处理矢量时非常抽象，一般将矢量表示成相对于不同坐标系定义的矢量。最明显的例子就是矢量相加，直接可看出这些矢量是相对于不同参考坐标系的。这种表示方法非常方便，可以使表达式紧凑美观。以${}^{0}\omega_4$ 为例，它是串联起来的 4 个刚体（就像操作臂的连杆一样）中最后一个刚体相对于运动链固定基准的角速度。由于角速度是以矢量的方式相加，所以我们可以写出一个非常简单的矢量方程来表达最后一个杆件的角速度：

$$ {}^{0}\omega_4 = {}^{0}\omega_1 + {}^{1}\omega_2 + {}^{2}\omega_3 + {}^{3}\omega_4 \tag{1.1} $$

然而，这些矢量必须是相对于同一个坐标系的，否则它们不能够相加，所以，尽管式（1.1）美观，但却隐含了许多计算工作。对于研究操作臂这种具体的例子，像式（1.1）这样的表述是非常理想的，它隐含了记录坐标系等繁杂的工作，而这些工作实际上都是需要去做的。

因此，本书中使用的矢量符号都带有参考系信息，矢量只有在同一个坐标系下才可以相加，否则不能相加。通过这种方法，我们可以在推导时解决坐标系记录问题，并且可以直接应用于数值计算。

参考文献

[1] B. Roth, "Principles of Automation," Future Directions in Manufacturing Technology, Based on the Unilever Research and Engineering Division Symposium held at Port Sunlight, April 1983, Published by Unilever Research, UK.

[2] R. Brooks, *Flesh and Machines*, Pantheon Books, New York, 2002.

⊖ 这个术语将在第 2 章中介绍。

[3] International Federation of Robotics, "Executive Summary World Robotics 2016 Industrial Robots", available at http://www.ifr.org/industrial-robots/statistics/

主要参考书目

[4] R. Paul, *Robot Manipulators*, MIT Press, Cambridge, MA, 1981.

[5] M. Brady et al., *Robot Motion*, MIT Press, Cambridge, MA, 1983.

[6] W. Synder, *Industrial Robots: Computer Interfacing and Control*, Prentice-Hall, Englewood Cliffs, NJ, 1985.

[7] Y. Koren, *Robotics for Engineers*, McGraw-Hill, New York, 1985.

[8] H. Asada and J.J. Slotine, *Robot Analysis and Control*, Wiley, New York, 1986.

[9] K. Fu, R. Gonzalez, and C.S.G. Lee, *Robotics: Control, Sensing, Vision, and Intelligence*, McGraw-Hill, New York, 1987.

[10] E. Riven, *Mechanical Design of Robots*, McGraw-Hill, New York, 1988.

[11] J.C. Latombe, *Robot Motion Planning*, Kluwer Academic Publishers, Boston, 1991.

[12] M. Spong, *Robot Control: Dynamics, Motion Planning, and Analysis*, IEEE Press, New York, 1992.

[13] S.Y. Nof, *Handbook of Industrial Robotics*, 2nd Edition, Wiley, New York, 1999.

[14] L.W. Tsai, *Robot Analysis: The Mechanics of Serial and Parallel Manipulators*, Wiley, New York, 1999.

[15] L. Sciavicco and B. Siciliano, *Modelling and Control of Robot Manipulators*, 2nd Edition, Springer-Verlag, London, 2000.

[16] P.I. Corke, "Robotics, Vision & Control", Springer 2011, ISBN 978-3-642-20143-1.

17

主要参考期刊和杂志

[17] IEEE/ASME Transactions on Mechatronics.

[18] *IEEE Transactions on Robotics and Automation.*

[19] *International Journal of Robotics Research (MIT Press).*

[20] *ASME Journal of Dynamic Systems, Measurement, and Control.*

[21] *International Journal of Robotics & Automation (IASTED).*

习题

1.1 [20]做一个年表，记录在过去40年里工业机器人发展的主要事件。见参考文献。

1.2 [20]绘制一个表格，展示工业机器人的主要应用(例如点焊、装配等)以及每个应用行业已装备机器人的使用百分比。这张图需基于最新的数据。见参考文献。

1.3 [40]图1-3显示了过去几年工业机器人成本是如何下降的。找出不同工业领域(例如汽车工业、电子装配工业以及农业等)的劳动力成本的数据，画出一个图，比较使用人力的成本和使用机器人的成本。你可看出不同时间各种工业领域机器人成本曲线与人力成本曲线交点的变化。据此，你可以得出在不同行业中使用机器人的经济性平衡点发生在什么时候。

1.4 [10]用一两句话给出运动学、工作空间和轨迹的定义。

1.5 [10]用一两句话给出坐标系、自由度和位置控制的定义。

1.6 [10]用一两句话给出力控制、机器人编程语言的定义。

1.7 [10]用一两句话给出非线性控制和离线编程的定义。

1.8 [20]绘制一个图表，表示出在过去的20年里劳动力成本是如何上升的。

1.9 [20]绘制一个图表，表示出在过去的20年里计算机的性价比是如何提高的。

1.10 [20]绘制一个图表，表示出工业机器人的主要用户(例如航空和汽车业等)以及每个行业已装备机器人的使用百分比。这张图需基于你能够找到的最新数据(查看参考文献)。

1.11 [30]采用类似于"move to"的指令，编写一段机器人程序，将扑克牌发给4个玩游戏的人。采用P_1、P_2、P_3和P_4表示这4个人的位置。采用P_{deck}表示洗牌位置，操作臂从洗牌位置抓取扑克牌。假设机器人的夹持器一次只能抓取一张牌，能够对"打开"和"关闭"指令做出响应。

1.12 [20]根据你的经验，给出既包括操作臂也包括刚性自动化的工程案例。可以描述一些具体的应用和设备。

18

1.13 [20]为什么通用机器人最少需要有6个关节？

1.14 [15]采用本书的符号，当$\theta_1=\frac{\pi}{6}$，$\theta_2=\frac{\pi}{3}$，${}^{A}P_1^{\mathrm{T}}=(3,1,5)$和${}^{A}P_2=\begin{pmatrix}2\\6\\9\end{pmatrix}$时，计算

$$ {}^{A}P_3 = s_1\,{}^{A}P_1 + c_2\,{}^{A}P_2 $$

1.15 [20]图1-10的操作臂由电动机提供力矩τ_1、τ_2和τ_3，比较把电动机直接安装在关节处和通过带传动把电动机安装在基座上这两种布局方案的优缺点。

编程练习

熟悉一下计算机，它将用于每章结尾的编程练习题。务必学会创建和编辑文件，并会编译和执行程序。

MATLAB练习

本书绝大多数章节的结尾都将给出一个MATLAB习题集。通常，这些习题要求学生在MATLAB中应用相关的机器人数学进行编程，并检查MATLAB的Robotics工具箱中的结果。本书假设学生已经掌握MATLAB和线性代数(矩阵理论)。同样，学生也必须逐渐掌握MATLAB的Robotics工具箱。以下是MATLAB练习1：

a) 如果必要，熟悉一下MATLAB的编程环境。根据MATLAB软件的提示，尝试输入演示(demo)和帮助(help)。运用代码有颜色的MATLAB编辑器，学习如何创建、编辑、保存、运行和调试m文件(一系列MATLAB语句组成的ASCII文件)。学习如何创建阵列(矩阵和向量)。学习MATLAB内部的线性代数函数，这些函数可用于矩阵和向量的求积、点乘、叉乘、转置、行列式和求逆，也可以求解线性方程组。MATLAB是基于C语言的，但使用起来比C语言更容易。学习如何应用MATLAB编制具有逻辑结构和循环结构的程序。学习如何使用子程序和函数。学习如何使用注释符(%)对你编写的程序进行注释以及如何使用助记符来增强程序的可读性。可以登录www.mathworks.com获得更多的信息和教程。MATLAB的高级用户应当熟悉MATLAB的图形接口Simulink，也应该熟悉Symbolic工具箱。

b) 熟悉一下MATLAB的Robotics工具箱，这是由澳大利亚Pinjarra Hills的CSIRO组织的Peter I. Corke编写的第三方工具箱。这个产品可以从http://petercorke.com/Robotics_Toolbox.html免费下载。下载MATLAB的Robotics工具箱，使用.zip文件在计算机上安装它。阅读README文件，熟悉那些提供给用户的函数。找到robot.pdf文件，其中有关于工具箱背景信息和工具箱函数的详细使用方法。不要担心有些函数的功能不太清楚。这些函数与本书第2～9章中的机器人学数学概念有关。

19～20

空间描述和变换

2.1 引言

机器人操作的定义是指通过某种机构使零件和工具在空间运动。这自然就需要表达零件、工具以及机构本身的位置和姿态。为了定义和运用表达位置和姿态的数学量，我们必须定义坐标系并给出表示规则。我们这里提出了许多关于位置和姿态的描述，这些描述作为我们以后表达线速度和角速度、力和力矩的基础。

我们采用这样一个体系，即存在着一个**世界坐标系**，我们讨论任何问题都能够参照这个坐标系。我们定义的位置和姿态都是参照世界坐标系或者由世界坐标系定义(或能够定义)的笛卡儿坐标系。

2.2 描述：位置、姿态与位姿

描述可用来确定一个操作系统处理的各种对象的特性。这些对象包括零件、工具和操作臂本身。在这部分，我们将讨论位置和姿态的描述以及包含这两个描述的统一体：位姿。

位置描述

一旦建立了坐标系，我们就能用一个 3×1 的**位置矢量**给世界坐标系中的任何点定位。因为我们常在世界坐标系中定义许多坐标系，因此必须在矢量上附加一信息，表明矢量定义在哪一个坐标系。在本书中，矢量用一个左上标来表明其坐标系(除非上下文已明确说明)——例如，^{A}P，是指^{A}P 的元素数值是在坐标系$\{A\}$的轴线方向的距离。沿着坐标轴的每个距离可被认为是矢量在相应坐标轴上的投影。

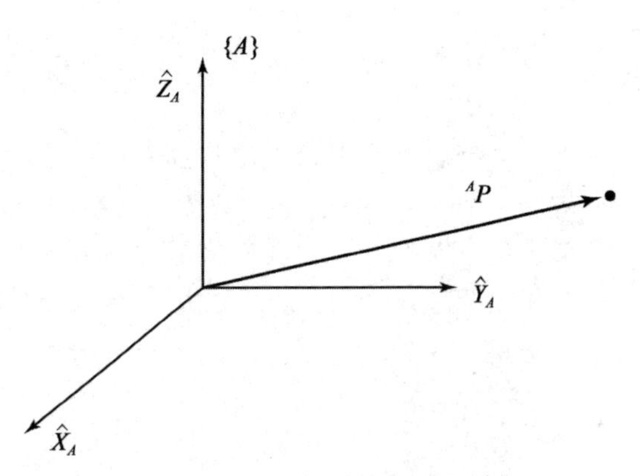

图 2-1 相对于坐标系的矢量(示例)

图 2-1 用三个相互正交的带有箭头的单位矢量来表示一个坐标系$\{A\}$。用一个矢量来表示一个点^{A}P，并且可等价地被认为是空间的一个位置，或者简单地用一组有序的三个数字来表示。矢量的各个元素用下标 x、y 和 z 来标明：

$$^{A}P=\begin{bmatrix}p_x\\p_y\\p_z\end{bmatrix} \tag{2.1}$$

总之，我们用一个位置矢量来描述空间中点的位置。其他空间点位置的三维描述，例如球坐标或柱坐标表示将放在本章结尾的习题中讨论。

姿态描述

我们发现不仅经常需要表示空间中的点，还经常需要描述空间中物体的**姿态**。例如，如果在图 2-2 中矢量^AP 直接确定了在操作臂手指尖之间的某点，只有当手的姿态已知后，手的位置才能完全被确定下来。假定操作臂有足够数量的关节[㊀]，手可有任意的姿态，而该点在手指尖之间的位置可保持不变。为了描述物体的姿态，我们将在物体上固定一个坐标系并且给出此坐标系相对于参考坐标系的描述。在图 2-2 中，已知坐标系$\{B\}$固定在物体上。$\{B\}$相对于$\{A\}$中的描述就足以表示出物体的姿态。

22

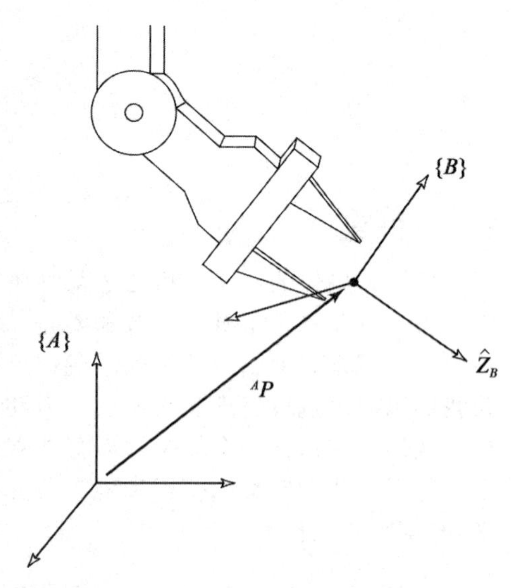

图 2-2　确定物体位置和姿态

因此，点的位置可用矢量描述，物体的姿态可用固定在物体上的坐标系来描述。描述连体坐标系$\{B\}$的一种方法是利用坐标系$\{A\}$的三个主轴单位矢量[㊁]来表示。

我们用 $\hat{X}_B$、$\hat{Y}_B$ 和 $\hat{Z}_B$ 来表示坐标系$\{B\}$主轴方向的单位矢量。当用坐标系$\{A\}$作参考坐标系时，它们被写成$^A\hat{X}_B$、$^A\hat{Y}_B$ 和$^A\hat{Z}_B$。我们很容易将这三个单位矢量按照$^A\hat{X}_B$、$^A\hat{Y}_B$、$^A\hat{Z}_B$ 的顺序排列组成一个 3×3 的矩阵。我们称这个矩阵为**旋转矩阵**，并且由于这个特殊旋转矩阵是$\{B\}$相对于$\{A\}$的表达，所以我们用符号^A_BR 来表示（下一节将进一步说明旋转矩阵中左上标和左下标的选择方法）：

$$^A_BR = (^A\hat{X}_B \quad ^A\hat{Y}_B \quad ^A\hat{Z}_B) = \begin{bmatrix} r_{11} & r_{12} & r_{13} \\ r_{21} & r_{22} & r_{23} \\ r_{31} & r_{32} & r_{33} \end{bmatrix} \tag{2.2}$$

23

总之，一组三个矢量可以用来确定一个姿态。为简单起见，我们用三个矢量作为矩阵的列来构造一个 3×3 的矩阵。于是，点的位置可用一个矢量来表示，物体的姿态可用一个矩阵来表示。在 2.8 节，我们将考虑另外一些只需要三个参数的姿态描述方法。

在式(2.2)中，标量 r_{ij} 可用每个矢量在其参考坐标系中轴线方向上投影的分量来表示。于是，式(2.2)中的^A_BR 的各个分量可用一对单位矢量的点积来表示：

$$^A_BR = (^A\hat{X}_B \quad ^A\hat{Y}_B \quad ^A\hat{Z}_B) = \begin{bmatrix} \hat{X}_B \cdot \hat{X}_A & \hat{Y}_B \cdot \hat{X}_A & \hat{Z}_B \cdot \hat{X}_A \\ \hat{X}_B \cdot \hat{Y}_A & \hat{Y}_B \cdot \hat{Y}_A & \hat{Z}_B \cdot \hat{Y}_A \\ \hat{X}_B \cdot \hat{Z}_A & \hat{Y}_B \cdot \hat{Z}_A & \hat{Z}_B \cdot \hat{Z}_A \end{bmatrix} \tag{2.3}$$

为简单起见，式(2.3) 中最右边的矩阵内的左上标被省略了。事实上，只要点积的各对矢量在同一个坐标系中描述，那么坐标系的选择可以是任意的。由两个单位矢量的点积可得到二者之间夹角的余弦，所以你就可以明白为什么旋转矩阵的各分量常被称作**方向余**

㊀ 多少为“足够”将在第 3 章和第 4 章讨论。

㊁ 尽管两个主轴单位矢量可能足够，但一般常使用三个主轴单位矢量（第三个主轴单位矢量可由已知的两个主轴单位矢量叉乘得到）。

弦了。

进一步观察式(2.3)，可以看出矩阵的行是$\{A\}$的单位矢量在$\{B\}$中的表达，即

$$ {}_{B}^{A}R=\left({}^{A}\hat{X}_{B}\quad {}^{A}\hat{Y}_{B}\quad {}^{A}\hat{Z}_{B}\right)=\begin{pmatrix}{}^{B}\hat{X}_{A}^{\mathrm{T}}\\ {}^{B}\hat{Y}_{A}^{\mathrm{T}}\\ {}^{B}\hat{Z}_{A}^{\mathrm{T}}\end{pmatrix} \tag{2.4}$$

因此，${}_{A}^{B}R$ 为坐标系$\{A\}$相对于$\{B\}$的描述，可用式(2.3)的转置来得到，即

$$ {}_{A}^{B}R={}_{B}^{A}R^{\mathrm{T}} \tag{2.5}$$

这表明旋转矩阵的逆矩阵等于它的转置，可以简单证明如下：

$$ {}_{B}^{A}R^{\mathrm{T}}{}_{B}^{A}R=\begin{pmatrix}{}^{A}\hat{X}_{B}^{\mathrm{T}}\\ {}^{A}\hat{Y}_{B}^{\mathrm{T}}\\ {}^{A}\hat{Z}_{B}^{\mathrm{T}}\end{pmatrix}\left({}^{A}\hat{X}_{B}\quad {}^{A}\hat{Y}_{B}\quad {}^{A}\hat{Z}_{B}\right)=I_{3} \tag{2.6}$$

其中，I_3是3×3的单位矩阵。因此

$$ {}_{B}^{A}R={}_{A}^{B}R^{-1}={}_{A}^{B}R^{\mathrm{T}} \tag{2.7}$$

实际上，由线性代数[1]，我们知道一个正交阵的逆等于它的转置。我们已经在几何上证明了这一点。

位姿描述

完整描述图 2-2 中的操作臂位姿所需的信息为位置和姿态。我们将在物体上任选一点描述其位置，为方便起见，将其作为连体坐标系的原点。在机器人学中，位置和姿态经常成对出现，于是我们将此组合称作**位姿**，4 个矢量成一组，表示了位置和姿态信息。例如，在图 2-2 中，一个矢量表示指尖位置，而另 3 个矢量表示姿态。一个位姿可以等价地用一个位置矢量和一个旋转矩阵来描述。注意到位姿是坐标系，除了姿态，还给了一个位置矢量用以确定其原点相对于其他位姿的位置。例如，用${}_{B}^{A}R$ 和${}^{A}P_{BORG}$来描述位姿$\{B\}$，其中${}^{A}P_{BORG}$是确定位姿$\{B\}$的原点的位置矢量：

24

$$ \{B\}=\{{}_{B}^{A}R,\ {}^{A}P_{BORG}\} \tag{2.8}$$

在图 2-3 中，在世界坐标系中有三个位姿。已知位姿$\{A\}$和$\{B\}$相对于世界坐标系的关系以及位姿$\{C\}$相对于位姿$\{A\}$的关系。

在图 2-3 中，我们引入位姿的图解表示法，以便于用图示说明位姿。位姿可用三个标有箭头的单位矢量来描述，定义位姿的三根主轴。从原点到另一点的箭头表示了一个矢量。表示矢量的箭头从一个位姿的原点到另外一个位姿的原点。这个矢量表示箭头处原点相对于箭尾处原点的位置。例如在图 2-3 中，箭头方向告诉我们$\{C\}$相对于$\{A\}$的关系而不是$\{A\}$相对于$\{C\}$。

总之，位姿可用两个坐标系的相对关系来描述。位姿包括了位置和姿态两个概念，大多数情况下被认为是这两个概念的概括。位置可用一个特殊的位姿来表示，它的旋转矩阵是单位阵，并且这个位置矢量的分量确定了被描述点的位置。同样，如果位姿的位置矢量是零矢量，那么它表示的就是姿态。

25

2.3 映射：从一个坐标系到另一个坐标系的变换

在机器人学中的许多问题中，需要在不同的参考坐标系中表达同一个量。在上节中介

绍了位置、姿态和位姿的描述方法；现在为了在不同的坐标系之间变换，我们讨论**映射**的数学方法。

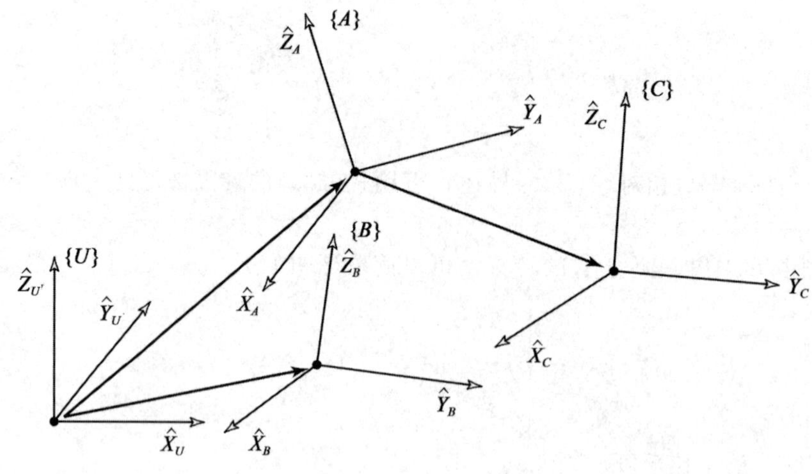

图 2-3　不同的位姿

坐标平移

在图 2-4 中，我们用矢量^BP表示位置。当$\{A\}$与$\{B\}$的姿态相同时，我们希望在坐标系$\{A\}$来描述这个空间点。在这种情况下，$\{B\}$不同于$\{A\}$的只是平移，可用矢量$^AP_{BORG}$表示$\{B\}$的原点相对于$\{A\}$的位置。

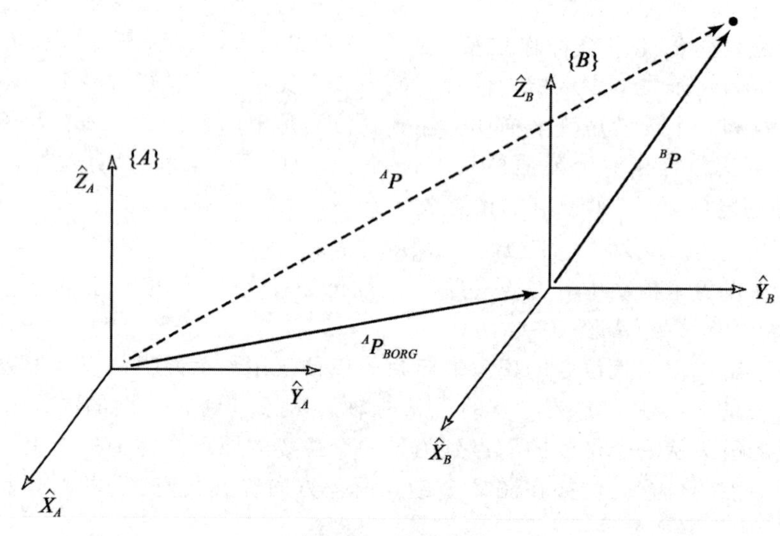

图 2-4　平移映射

因为两个矢量所在的坐标系具有相同的姿态，所以我们用矢量相加的办法求点 P 相对$\{A\}$的表示^AP：

$$^AP = {}^BP + {}^AP_{BORG} \tag{2.9}$$

注意，不同坐标系中的矢量只有在坐标系的姿态相同这种特殊情况下才可以相加。

这个简单例子说明了如何将矢量从一个坐标系**映射**到另一个坐标系。映射的概念，即描述一个坐标系到另一坐标系的变换是非常重要的概念。这个量本身(这里指空间某点)

26

没有改变，只是它的描述改变了。图 2-4 中^{B}P 表示的点没有平移，而是保持不动，只不过我们给出该点的一个新的描述，即相对于坐标系$\{A\}$的。

我们说矢量$^{A}P_{BORG}$定义了这个映射，因为$^{A}P_{BORG}$包含了进行变换所需的所有信息(已知这些坐标系具有相同的姿态)。

坐标旋转

2.2 节介绍了用坐标系三主轴的单位矢量来描述姿态的方法。为方便起见，我们将三个单位矢量排列在一起形成一个 3×3 的矩阵。我们称此矩阵为旋转矩阵，如果这个旋转矩阵专门是指$\{B\}$相对于$\{A\}$的描述，我们用符号${}^{A}_{B}R$ 来表示。

注意，根据上述定义，旋转矩阵各列的模均为 1，并且这些单位矢量均相互正交。如前所述，可得：

$$ {}^{A}_{B}R = {}^{B}_{A}R^{-1} = {}^{B}_{A}R^{\mathrm{T}} \tag{2.10} $$

从而，由于${}^{A}_{B}R$ 的列是$\{B\}$的单位矢量在$\{A\}$中的描述，所以${}^{A}_{B}R$ 的行是$\{A\}$的单位矢量在$\{B\}$中的描述。

那么一个旋转矩阵即为三个一组的列向量或三个一组的行向量，即

$$ {}^{A}_{B}R = \left({}^{A}\hat{X}_{B} \quad {}^{A}\hat{Y}_{B} \quad {}^{A}\hat{Z}_{B} \right) = \begin{bmatrix} {}^{B}\hat{X}_{A}^{\mathrm{T}} \\ {}^{B}\hat{Y}_{A}^{\mathrm{T}} \\ {}^{B}\hat{Z}_{A}^{\mathrm{T}} \end{bmatrix} \tag{2.11} $$

如图 2-5 所示，经常会有这种情况：我们已知矢量相对于某坐标系$\{B\}$的定义，现在想求矢量相对另一个坐标系$\{A\}$的定义，且这两个坐标系的原点重合，如果$\{B\}$相对于$\{A\}$的姿态描述是已知的，那么这个计算是可行的。这个姿态可由旋转矩阵${}^{A}_{B}R$ 来描述，它的各列为$\{B\}$的单位矢量在$\{A\}$中的描述。

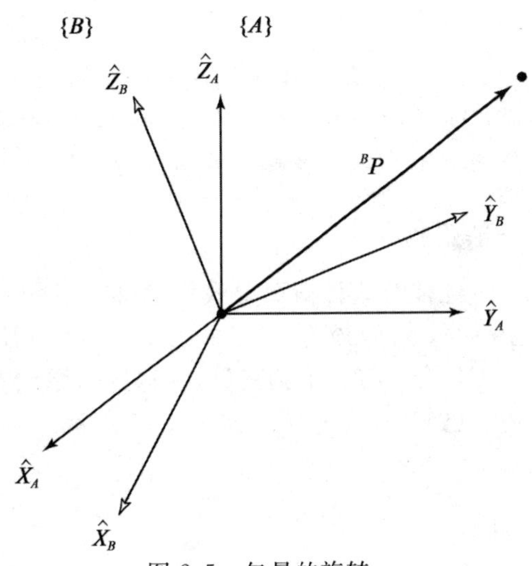

图 2-5　矢量的旋转

为了计算^{A}P，我们注意该矢量的每个分量就是其向坐标系上单位矢量方向的投影。投影是由矢量点积计算的。因此，我们可知^{A}P 的分量计算如下：

$$ \begin{aligned} {}^{A}p_{x} &= {}^{B}\hat{X}_{A} \cdot {}^{B}P \\ {}^{A}p_{y} &= {}^{B}\hat{Y}_{A} \cdot {}^{B}P \\ {}^{A}p_{z} &= {}^{B}\hat{Z}_{A} \cdot {}^{B}P \end{aligned} \tag{2.12} $$

为了用旋转矩阵相乘表示式(2.12)，且由式(2.11)可知${}^{A}_{B}R$ 的行就是$^{B}\hat{X}_{A}$、$^{B}\hat{Y}_{A}$ 和$^{B}\hat{Z}_{A}$，那么可用旋转矩阵将式(2.12)写成简化形式：

27

$$ {}^{A}P = {}^{A}_{B}R\,{}^{B}P \tag{2.13} $$

式(2.13)进行了映射——它是矢量变换的描述——将空间某点相对于$\{B\}$的描述^{B}P 转换成了该点相对于$\{A\}$的描述^{A}P。

可以看到这种符号表示有助于跟踪映射过程和参考坐标系的变化。可看出该符号记法的好处是左下标正好消掉后面变量的左上标，例如式(2.13)中的“B”。

例 2.1 图 2-6 表示坐标系{B}由坐标系{A}绕 $\hat{Z}$ 轴旋转 30 度得到。这里 $\hat{Z}$ 轴指向纸面朝外。

在{A}中表示{B}的单位矢量，并且将它们按列组成旋转矩阵，得到：

$$ {}_B^AR=\begin{bmatrix}0.866 & -0.500 & 0.000\\ 0.500 & 0.866 & 0.000\\ 0.000 & 0.000 & 1.000\end{bmatrix} \tag{2.14}$$

已知：

$$ {}^BP=\begin{bmatrix}0.0\\ 2.0\\ 0.0\end{bmatrix} \tag{2.15}$$

求出 ${}^AP$：

$$ {}^AP={}_B^AR\,{}^BP=\begin{bmatrix}-1.000\\ 1.732\\ 0.000\end{bmatrix} \tag{2.16}$$

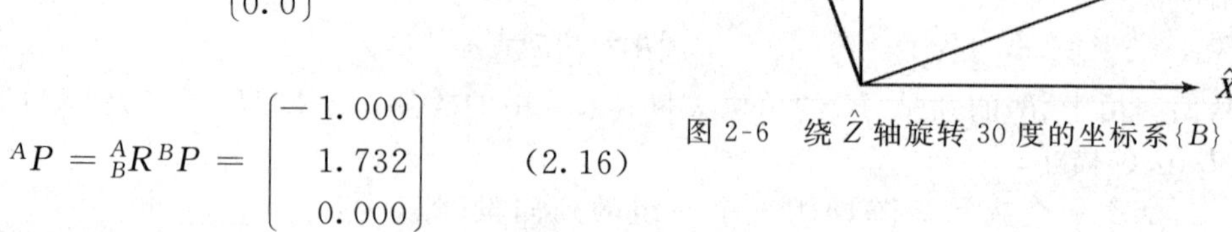

图 2-6　绕 $\hat{Z}$ 轴旋转 30 度的坐标系{B}

28

这里，${}_B^AR$ 的作用是映射，把 ${}^BP$ 映射到相对于坐标系{A}的描述 ${}^AP$。当引入这个变换时，重要的是要记住：作为映射，原矢量 P 在空间中没有变化，我们只不过求出了这个矢量相对于另一个坐标系的新描述。

一般变换

经常有这种情况，我们已知矢量相对某坐标系{B}的描述，并且想求出它相对另一个坐标系{A}的描述。现在考虑映射的一般情况。此时，坐标系{B}的原点和坐标系{A}的原点不重合，有一个偏移量。确定{B}原点的矢量记为 ${}^AP_{BORG}$。同时{B}相对{A}的旋转用 ${}_B^AR$ 描述。已知 ${}^BP$，求 ${}^AP$，如图 2-7 所示。

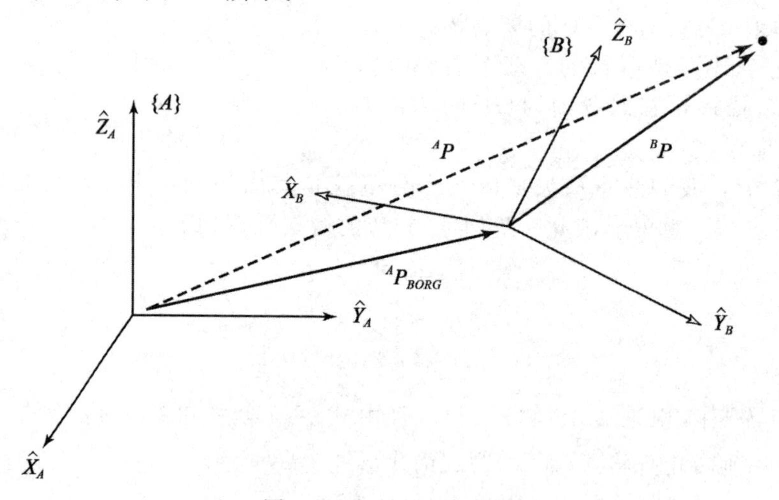

图 2-7　矢量的一般变换

首先将 ${}^BP$ 变换到一个中间坐标系，这个坐标系和{A}的姿态相同，原点和{B}的原点重合。这可以像上一节中那样由左乘矩阵 ${}_B^AR$ 得到。然后像前面用简单的矢量加法将原点平移，并得到：

$$^AP = {}^A_BR\,{}^BP + {}^AP_{BORG} \tag{2.17}$$

式(2.17)表示了将一个矢量描述从一个坐标系变换到另一个坐标系的一般变换映射。注意式(2.17)中的符号：消掉了 B 的矢量符号，剩下了所有在 A 中的矢量符号，然后这些量才可以相加。

由式(2.17)可引出一个新的概念形式：

$$^AP = {}^A_BT\,{}^BP \tag{2.18}$$

29

即用一个矩阵形式的算子表示从一个坐标系到另一个坐标系的映射。这比式(2.17)表达更简洁，概念更明确。为了用式(2.18)的矩阵算子的形式写出式(2.17)的数学表达式，定义一个4×4的矩阵算子并使用了 4×1 的位置矢量，这样式(2.18)可写为：

$$\begin{pmatrix} ^AP \\ 1 \end{pmatrix} = \left[\begin{array}{ccc|c} & {}^A_BR & & {}^AP_{BORG} \\ \hline 0 & 0 & 0 & 1 \end{array}\right] \begin{pmatrix} ^BP \\ 1 \end{pmatrix} \tag{2.19}$$

换言之，

1) 4×1 的矢量增加了最后一个分量，最后一个分量为“1”；

2) 4×4 矩阵增加的最后一行为“(0　0　0　1)”。

习惯上把位置矢量当作 3×1 或 4×1 的矢量，这取决于它是与 3×3 还是 4×4 的矩阵相乘。容易看出式(2.19)可写成：

$$\begin{aligned} ^AP &= {}^A_BR\,{}^BP + {}^AP_{BORG} \\ 1 &= 1 \end{aligned} \tag{2.20}$$

式(2.19)中的 4×4 矩阵被称为**齐次变换矩阵**。它完全可以被看作用一个简单的矩阵形式表示了一般变换的旋转和平移。在其他研究领域，它可被用于计算透视和放大(当最后一行不是“(0　0　0　1)”或者旋转矩阵不是正交阵时)。有兴趣的读者可参见[2]。

30

因为在文中很明显，所以常将公式写成式(2.18)的形式而不用任何符号注明它是齐次变换。注意，尽管简洁形式的齐次变换很有用，但计算机程序一般不用它来进行矢量变换，因为这个变换把时间浪费在和 1、0 的相乘上。所以，这种形式主要是便于公式推导。

正如用旋转矩阵定义姿态一样，我们将用变换(常用齐次变换)来定义一个坐标系。注意，尽管我们已经在映射中引入齐次变换，但它们仍可用于坐标系的描述。坐标系$\{B\}$相对于坐标系$\{A\}$的变换描述为${}^A_BT$。

例 2.2 图 2-8 表示了坐标系$\{B\}$，它绕坐标系$\{A\}$的 $\hat{Z}_A$ 轴旋转了 30 度，沿 $\hat{X}_A$ 平移 10 个单位，再沿 $\hat{Y}_A$ 平移 5 个单位。已知$^BP = (3.0\quad 7.0\quad 0.0)^T$，求$^AP$。

坐标系$\{B\}$的定义为

$$^A_BT = \begin{bmatrix} 0.866 & -0.500 & 0.000 & 10.0 \\ 0.500 & 0.866 & 0.000 & 5.0 \\ 0.000 & 0.000 & 1.000 & 0.0 \\ 0 & 0 & 0 & 1 \end{bmatrix} \tag{2.21}$$

已知

$$^BP = \begin{bmatrix} 3.0 \\ 7.0 \\ 0.0 \end{bmatrix} \tag{2.22}$$

31

按照$\{B\}$的定义和已知条件进行变换：

$$
{}^{A}P = {}^{A}_{B}T\,{}^{B}P = \begin{pmatrix} 9.098 \\ 12.562 \\ 0.000 \end{pmatrix} \tag{2.23}
$$

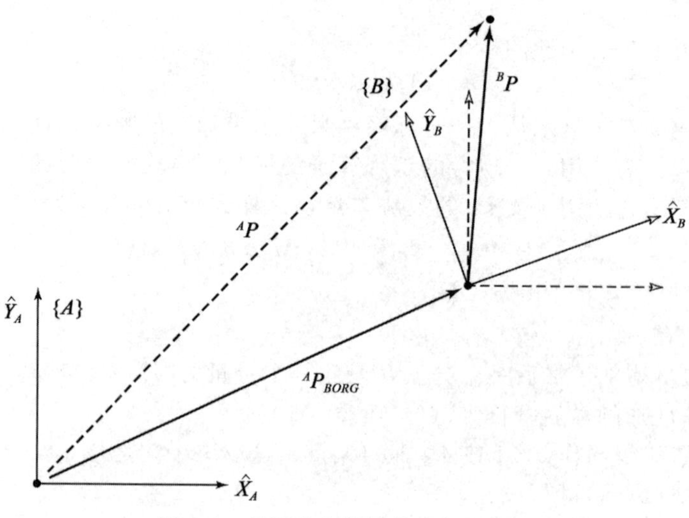

图 2-8 经平移和旋转的坐标系{B}

2.4 算子：平移、旋转和变换

用于坐标系间点的映射的通用数学表达式称为算子，包括点的平移算子、矢量旋转算子和平移加旋转的算子。本节对已给出的数学描述进行解释说明。

平移算子

平移将空间中的一个点沿着一个已知的矢量方向移动一定距离。空间点的平移的实际解释，只需涉及一个坐标系。空间点的平移与此点向另一坐标系的映射具有相同的数学描述。因此，弄清楚映射的数学意义是非常重要的。这个区分很简单：当一个矢量相对于一个坐标系“向前移动”时，既可以认为是矢量“向前移动”，也可以认为是坐标系“向后移动”，二者的数学表达式是相同的，只不过是观察位置不同。图 2-9 表示矢量$^{A}P_1$ 怎样通过矢量^{A}Q 进行平移。这里，矢量^{A}Q 给出了进行平移的信息。

32

运算的结果得到一个新的矢量$^{A}P_2$，计算如下：

$$
{}^{A}P_2 = {}^{A}P_1 + {}^{A}Q \tag{2.24}
$$

用矩阵算子写出平移变换，有：

$$
{}^{A}P_2 = D_Q(q)\,{}^{A}P_1 \tag{2.25}
$$

其中，q 是沿矢量 $\hat{Q}$ 方向平移的数量，它是有符号的。算子 D_Q 可被看成是一个特殊形式的齐次变换：

$$
D_Q(q) = \begin{pmatrix} 1 & 0 & 0 & q_x \\ 0 & 1 & 0 & q_y \\ 0 & 0 & 1 & q_z \\ 0 & 0 & 0 & 1 \end{pmatrix} \tag{2.26}
$$

其中 q_x、q_y 和 q_z 是平移矢量 Q 的分量，并且 $q=\sqrt{q_x^2+q_y^2+q_z^2}$。式(2.9)和式(2.24)

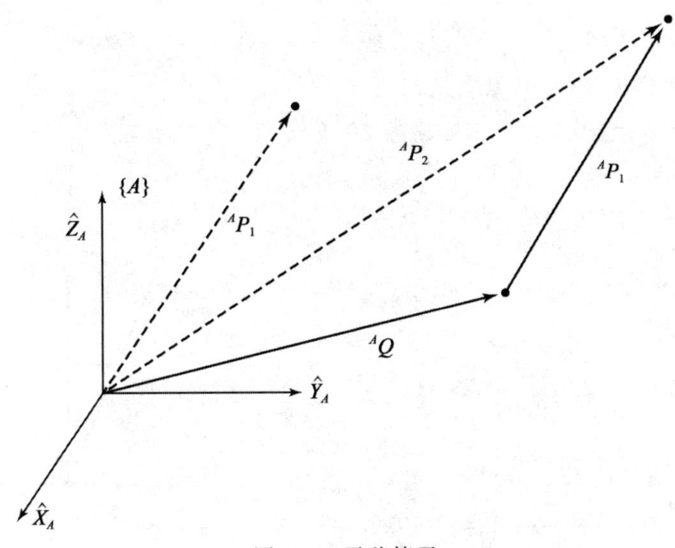

图 2-9 平移算子

的数学表达式相同。注意，如果在图 2-4 已定义了$^BP_{AORG}$(而不是$^AP_{BORG}$)并在式(2.9)中使用，那么在式(2.9)和式(2.24)之间就会有符号的变化。此符号的变化区别了是矢量"向前"移动还是坐标系"向后"移动。通过定义$\{B\}$相对于$\{A\}$的位置(用$^AP_{BORG}$)，使得两个数学表达式相同。鉴于已引入了符号 D_Q，我们就可以用它描述坐标系和映射。

旋转算子

旋转矩阵还可以用旋转算子来定义，它将一个矢量$^AP_1$ 用旋转 R 变换成一个新的矢量$^AP_2$。通常，当一个旋转矩阵作为算子时，就无须写出下标或上标，因为它不涉及两个坐标系。因此可写成：

$$^AP_2 = R\,^AP_1 \tag{2.27}$$

同平移的情况一样，式(2.13)和式(2.27)的数学表达形式相同，只是解释不同。为此我们能够知道如何获得作为算子的旋转矩阵：

矢量经某一旋转 R 得到的旋转矩阵与描述某个坐标系相对参考坐标系旋转 R 所得的旋转矩阵是相同的。

尽管将旋转矩阵看作一个算子是很简单的，但是我们将用另一个符号定义旋转算子以明确地说明是绕哪个轴旋转的：

$$^AP_2 = R_K(\theta)\,^AP_1 \tag{2.28}$$

符号 $R_K(\theta)$是一个旋转算子，它表示绕 $\hat{K}$ 轴旋转 θ 角度。可将这个算子写成齐次变换矩阵，其中位置矢量的分量为零。例如，代入式(2.11)可得到绕 $\hat{Z}$ 轴旋转 θ 的算子：

33

$$R_z(\theta) = \begin{bmatrix} \cos\theta & -\sin\theta & 0 & 0 \\ \sin\theta & \cos\theta & 0 & 0 \\ 0 & 0 & 1 & 0 \\ 0 & 0 & 0 & 1 \end{bmatrix} \tag{2.29}$$

当然，为了旋转位置矢量，我们可以使用齐次变换的 3×3 旋转子阵。因此符号"R_K"可被看作是 3×3 或 4×4 矩阵。在本章后面，我们将知道如何写出一个绕广义轴 $\hat{K}$ 旋转的旋转矩阵。

例 2.3 图 2-10 给出矢量 ${}^AP_1$。计算绕 $\hat{Z}$ 轴旋转 30 度得到的新矢量 ${}^AP_2$。

将矢量绕 $\hat{Z}$ 轴旋转 30 度得到的旋转矩阵与描述一个坐标系相对于参考坐标系绕 $\hat{Z}$ 轴旋转 30 度得到的旋转矩阵是相同的。因此，正确的旋转算子是

$$R_z(30.0)=\begin{bmatrix}0.866 & -0.500 & 0.000\\ 0.500 & 0.866 & 0.000\\ 0.000 & 0.000 & 1.000\end{bmatrix} \tag{2.30}$$

已知

$${}^AP_1=\begin{bmatrix}0.0\\ 2.0\\ 0.0\end{bmatrix} \tag{2.31}$$

34

求得 ${}^AP_2$ 为

$${}^AP_2=R_z(30.0)\,{}^AP_1=\begin{bmatrix}-1.000\\ 1.732\\ 0.000\end{bmatrix} \tag{2.32}$$

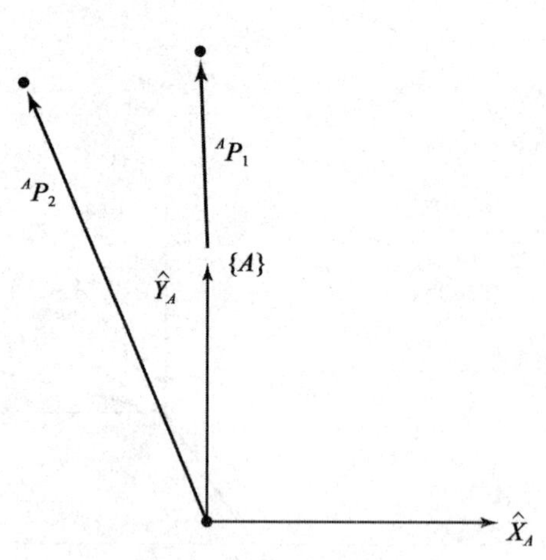

图 2-10　矢量 ${}^AP_1$ 绕 $\hat{Z}$ 轴旋转 30 度

式(2.13)和式(2.27)的数学本质是相同的。注意，如果在式(2.13)中已定义了 ${}_A^BR$（而不是 ${}_B^AR$），那么式(2.27)应该使用 R 的逆。这个变化说明了矢量“向前”旋转还是坐标系“向后”旋转之间的差别。通过定义 $\{B\}$ 相对于 $\{A\}$ 的位置（用 ${}_B^AR$ 表示），使得两个变换的数学意义是相同的。

变换算子

与矢量和旋转矩阵一样，坐标系还可以用变换算子来定义。在这个定义中，只涉及一个坐标系，所以符号 T 没有上下标。算子 T 将矢量 ${}^AP_1$ 平移并旋转得到一个新矢量：

$${}^AP_2=T\,{}^AP_1 \tag{2.33}$$

和旋转的情况一样，式(2.18)和式(2.33)的数学意义是相同的，只是解释不同。为此我们能够知道如何获得作为算子的齐次变换矩阵：

包含旋转 R 和平移 Q 的变换与描述某个坐标系相对于参考坐标系旋转 R 并平移 Q 的变换是相同的。

变换通常被认为是由广义旋转矩阵和位置矢量分量组成的齐次变换的形式。

例 2.4 图 2-11 给出矢量 ${}^AP_1$。将其绕 $\hat{Z}$ 旋转 30 度并沿 $\hat{X}_A$ 平移 10 个单位和沿 $\hat{Y}_A$ 平移 5 个单位。已知 ${}^AP_1=(3.0\quad 7.0\quad 0.0)^{\mathrm{T}}$，求 ${}^AP_2$。

进行平移和旋转的算子 T 为：

$$T=\begin{bmatrix}0.866 & -0.500 & 0.000 & 10.0\\ 0.500 & 0.866 & 0.000 & 5.0\\ 0.000 & 0.000 & 1.000 & 0.0\\ 0 & 0 & 0 & 1\end{bmatrix} \tag{2.34}$$

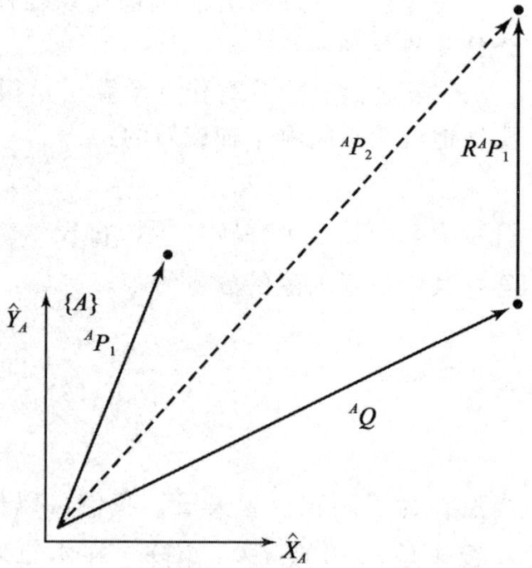

图 2-11　矢量 ${}^AP_1$ 经旋转和平移得到 ${}^AP_2$

$$
{}^{A}P_1 = \begin{bmatrix} 3.0 \\ 7.0 \\ 0.0 \end{bmatrix} \tag{2.35}
$$

35

将 T 看作算子：

$$
{}^{A}P_2 = T\,{}^{A}P_1 = \begin{bmatrix} 9.098 \\ 12.562 \\ 0.000 \end{bmatrix} \tag{2.36}
$$

注意此例的结果在数值上与例 2.2 相同，但解释不同。

2.5 总结和说明

我们首先介绍了平移的概念，然后介绍了旋转，最后介绍了旋转和平移的一般情况。在理解了旋转平移这种一般情况后，就无须将这两种简单情况分开了，因为它们已被包括在一个一般体系中了。

作为一个表示坐标系的一般工具，引入了齐次变换矩阵，它是一个包括姿态和位置信息的4×4矩阵。

我们给出了齐次变换矩阵的三种解释：

1）它是位姿的描述。${}^{A}_{B}T$ 表示相对于坐标系{A}的坐标系{B}。特别地，${}^{A}_{B}R$ 的各列是定义{B}主轴方向的单位矢量，${}^{A}P_{BORG}$ 确定了{B}的原点。

2）它是变换映射。${}^{A}_{B}T$ 是映射 ${}^{B}P \rightarrow {}^{A}P$。

3）它是变换算子。T 将 ${}^{A}P_1$ 变换为 ${}^{A}P_2$

36

由此可见，位姿和变换都可用位置矢量加上姿态来描述。一般来说位姿主要是用于描述，而变换常用来表示映射或算子。变换是平移和旋转的一般形式(和蕴含)；但有时在纯旋转(或纯平移)情况下也常用变换这个术语。

2.6 变换的计算

本节介绍变换的乘法和变换的逆运算。这两个基本运算组成了一套功能完备的变换算子。

复合变换

在图 2-12 中，已知 ${}^{C}P$，求 ${}^{A}P$。

已知坐标系{C}相对于坐标系{B}，并且已知坐标系{B}相对于坐标系{A}。将 ${}^{C}P$ 变换成 ${}^{B}P$：

$$
{}^{B}P = {}^{B}_{C}T\,{}^{C}P \tag{2.37}
$$

然后将 ${}^{B}P$ 变换成 ${}^{A}P$

$$
{}^{A}P = {}^{A}_{B}T\,{}^{B}P \tag{2.38}
$$

联合式(2.37)和式(2.38)，得到

$$
{}^{A}P = {}^{A}_{B}T\,{}^{B}_{C}T\,{}^{C}P \tag{2.39}
$$

由此定义

$$
{}^{A}_{C}T = {}^{A}_{B}T\,{}^{B}_{C}T \tag{2.40}
$$

37

注意，熟练使用上下标可使运算简化。由于已知{B}和{C}的描述，因此可求得 ${}^{A}_{C}T$ 为

$$
{}_{C}^{A}T = \left[\begin{array}{ccc|c} & {}_{B}^{A}R\,{}_{C}^{B}R & & {}_{B}^{A}R\,{}^{B}P_{CORG} + {}^{A}P_{BORG} \\ \hline 0 & 0 & 0 & 1 \end{array}\right] \tag{2.41}
$$

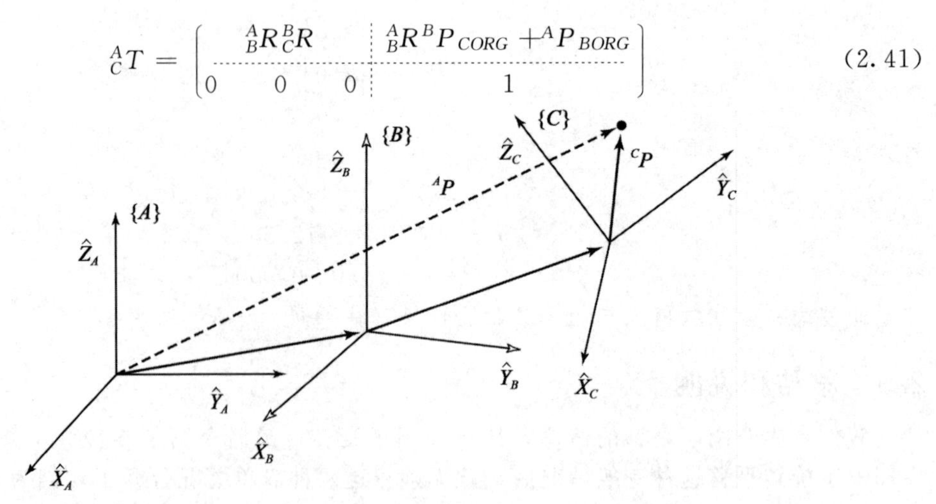

图 2-12 复合坐标系：每个坐标系相对于前一个坐标系是已知的

逆变换

已知坐标系$\{B\}$相对于坐标系$\{A\}$，即${}_{B}^{A}T$ 的值已知。有时为了得到$\{A\}$相对于$\{B\}$的描述，即${}_{A}^{B}T$，想求这个矩阵的逆。一个直接求逆的办法是将 4×4 齐次变换求逆。但是，这么做就没有充分利用变换的性质。容易看出一个比较简单的方法是利用变换的性质求逆。

为了求${}_{A}^{B}T$，必须由${}_{B}^{A}R$ 和${}^{A}P_{BORG}$求出${}_{A}^{B}R$ 和${}^{B}P_{AORG}$。首先，回顾一下关于旋转矩阵的讨论：

$$
{}_{A}^{B}R = {}_{B}^{A}R^{\mathrm{T}} \tag{2.42}
$$

其次利用式(2.17)将${}^{A}P_{BORG}$转变成在$\{B\}$中的描述：

$$
{}^{B}({}^{A}P_{BORG}) = {}_{A}^{B}R\,{}^{A}P_{BORG} + {}^{B}P_{AORG} \tag{2.43}
$$

式(2.43)的左边应为零，由此可得：

$$
{}^{B}P_{AORG} = -{}_{A}^{B}R\,{}^{A}P_{BORG} = -{}_{B}^{A}R^{\mathrm{T}}\,{}^{A}P_{BORG} \tag{2.44}
$$

由式(2.42)和式(2.44)，可写出${}_{A}^{B}T$：

$$
{}_{A}^{B}T = \left[\begin{array}{ccc|c} & {}_{B}^{A}R^{\mathrm{T}} & & -{}_{B}^{A}R^{\mathrm{T}}\,{}^{A}P_{BORG} \\ \hline 0 & 0 & 0 & 1 \end{array}\right] \tag{2.45}
$$

注意，使用符号：

$$
{}_{A}^{B}T = {}_{B}^{A}T^{-1}
$$

式(2.45)是求齐次变换的一般且非常有用的方法。

例 2.5 图 2-13 表示坐标系$\{B\}$绕坐标系$\{A\}$的 $\hat{Z}$ 轴旋转 30 度，沿 $\hat{X}_A$ 平移 4 个单位，沿 $\hat{Y}_A$ 平移 3 个单位，于是得到${}_{B}^{A}T$，求${}_{A}^{B}T$。

定义坐标系$\{B\}$：

$$
{}_{B}^{A}T = \begin{bmatrix} 0.866 & -0.500 & 0.000 & 4.0 \\ 0.500 & 0.866 & 0.000 & 3.0 \\ 0.000 & 0.000 & 1.000 & 0.0 \\ 0 & 0 & 0 & 1 \end{bmatrix} \tag{2.46}
$$

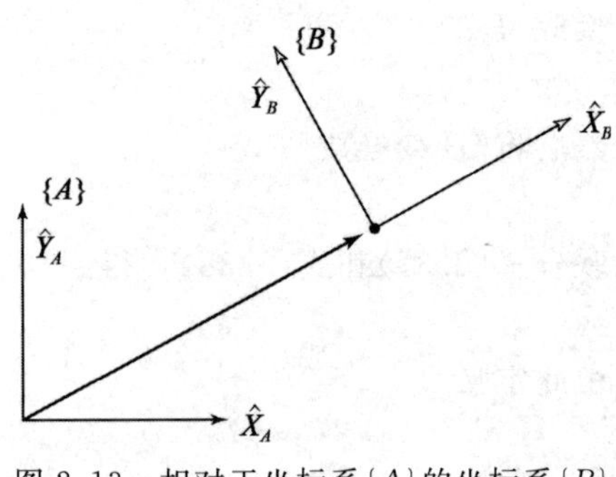

图 2-13 相对于坐标系$\{A\}$的坐标系$\{B\}$

用式(2.45)，得到

$$
{}^{B}_{A}T=\begin{pmatrix} 0.866 & 0.500 & 0.000 & -4.964 \\ -0.500 & 0.866 & 0.000 & -0.598 \\ 0.000 & 0.000 & 1.000 & 0.0 \\ 0 & 0 & 0 & 1 \end{pmatrix} \tag{2.47}
$$

2.7 变换方程

图 2-14 表示坐标系$\{D\}$可以用两种不同的方式表达成变换相乘的形式。第一个：

$$
{}^{U}_{D}T={}^{U}_{A}T{}^{A}_{D}T \tag{2.48}
$$

第二个：

$$
{}^{U}_{D}T={}^{U}_{B}T{}^{B}_{C}T{}^{C}_{D}T \tag{2.49}
$$

将两个表达式构造成一个**变换方程**

$$
{}^{U}_{A}T{}^{A}_{D}T={}^{U}_{B}T{}^{B}_{C}T{}^{C}_{D}T \tag{2.50}
$$

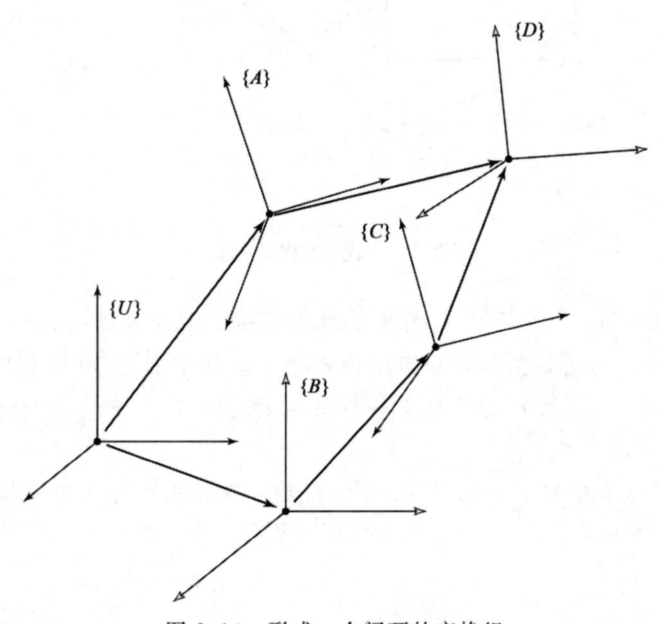

图 2-14 形成一个闭环的变换组

如有 n 个未知变换和 n 个变换方程，变换可由变换方程解出。设式(2.50)中的所有变换除了${}^{B}_{C}T$ 外均已知。这里，有一个变换方程和一个未知变换，很容易解出：

$$
{}^{B}_{C}T={}^{U}_{B}T^{-1}\,{}^{U}_{A}T{}^{A}_{D}T{}^{C}_{D}T^{-1} \tag{2.51}
$$

图 2-15 说明了类似情况。

注意，在所有的图中，我们均采用了坐标系的图形表示法，即用从一个坐标系的原点指向另一个坐标系的原点的箭头来表示。箭头的方向指明了坐标系定义的方式：在图 2-14 中，相对于$\{A\}$定义坐标系$\{D\}$；在图 2-15 中相对于$\{D\}$定义坐标系$\{A\}$。将箭头串联起来，通过简单的变换相乘就可得到复合坐标系。如果有一个箭头的方向与串联的方向相反，就先求出它的逆。在图 2-15 中，坐标系$\{C\}$的两种可能的描述为：

39

$$
{}^{U}_{C}T={}^{U}_{A}T{}^{D}_{A}T^{-1}{}^{D}_{C}T \tag{2.52}
$$

和

$$ {}^{U}_{C}T = {}^{U}_{B}T\,{}^{B}_{C}T \tag{2.53} $$

还可用方程(2.52)和方程(2.53)解出${}^{U}_{A}T$

40

$$ {}^{U}_{A}T = {}^{U}_{B}T\,{}^{B}_{C}T\,{}^{D}_{C}T^{-1}\,{}^{D}_{A}T \tag{2.54} $$

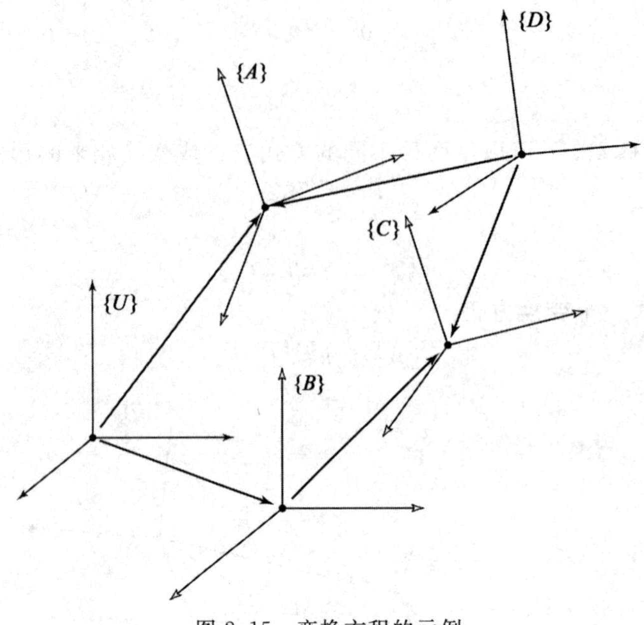

图 2-15 变换方程的示例

例 2.6 假定已知图 2-16 中变换${}^{B}_{T}T$，描述了操作臂指尖的坐标系{T}，它是相对于操作臂基座的坐标系{B}的，又已知工作台相对于操作臂基座的空间位置(因为已知与工作台相连的坐标系{S}是${}^{B}_{S}T$)，并且已知工作台上螺栓的坐标系相对于固定坐标系的位置，即${}^{S}_{G}T$。计算螺栓相对操作手的位姿，${}^{T}_{G}T$。

由公式推导(按照要求和我们的理解)得到相对于操作手坐标系的螺栓坐标系为：

41

$$ {}^{T}_{G}T = {}^{B}_{T}T^{-1}\,{}^{B}_{S}T\,{}^{S}_{G}T \tag{2.55} $$

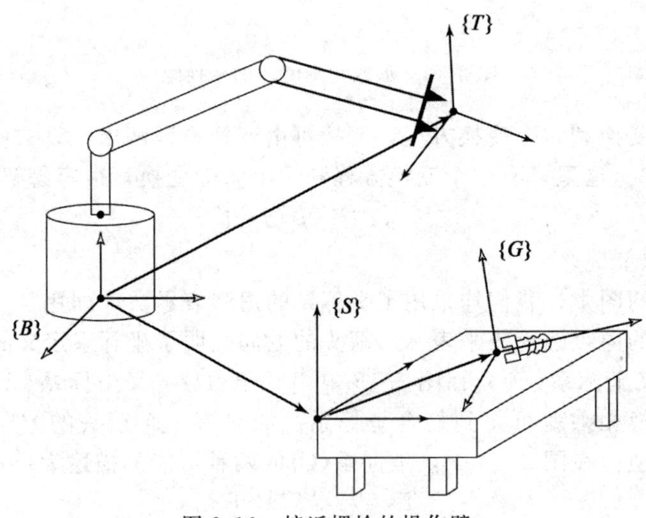

图 2-16 接近螺栓的操作臂

2.8 其他姿态描述

至此，只给出了 3×3 旋转矩阵来表示姿态。如上所述，旋转矩阵是一种特殊的各列相互正交的单位阵。进一步我们知道旋转矩阵的行列式恒为＋1。旋转矩阵也可被称为**标准正交阵**，“标准”是指其行列式的值为＋1(非标准正交阵的行列式值为－1)。

很自然地要问，能否用少于 9 个数字来表示一个姿态？线性代数的结论(称为**正交阵的凯莱公式**[3])告诉我们，对于任何正交阵 R 存在一个反对称阵 S，满足

$$R=(I_3-S)^{-1}(I_3+S) \tag{2.56}$$

其中 I_3 是一个 3×3 单位阵。三维反对称阵(即 $S=-S^{\mathrm{T}}$)可由 3 个参数(s_x，s_y，s_z)表示为

$$S=\begin{pmatrix} 0 & -s_z & s_y \\ s_z & 0 & -s_x \\ -s_y & s_x & 0 \end{pmatrix} \tag{2.57}$$

42

因此，从式(2.56)可直接得出结论，任何 3×3 旋转矩阵可用 3 个参数确定。

显然，旋转矩阵的 9 个分量不是完全独立的。实际上，对于一个旋转矩阵 R 很容易写出 6 个约束方程。如上所述，假定 R 为 3 列：

$$R=(\hat{X}\quad\hat{Y}\quad\hat{Z}) \tag{2.58}$$

由 2.2 节可知，这 3 个矢量是在参考坐标系中的某坐标系的单位轴。每个矢量都是单位矢量，且相互垂直，所以 9 个矩阵元素有 6 个约束：

$$\begin{aligned} |\hat{X}|&=1 \\ |\hat{Y}|&=1 \\ |\hat{Z}|&=1 \\ \hat{X}\cdot\hat{Y}&=0 \\ \hat{X}\cdot\hat{Z}&=0 \\ \hat{Y}\cdot\hat{Z}&=0 \end{aligned} \tag{2.59}$$

自然地要问是否能找到这样一种姿态表示法，用三个参数就能简便地表示出。本节将给出几个姿态表示法。

沿着三个相互垂直的轴的平移运动比较直观，而旋转似乎不太直观。不幸的是，人们长期难以描述和定义三维空间中的姿态。主要困难是旋转一般是不满足交换律的。即 ${}^A_BR\,{}^B_CR$ 与 ${}^B_CR\,{}^A_BR$ 不同。

例 2.7 考虑两个旋转，一个绕 $\hat{Z}$ 轴转 30 度，而另一个绕 $\hat{X}$ 轴转 30 度：

$$R_z(30)=\begin{pmatrix} 0.866 & -0.500 & 0.000 \\ 0.500 & 0.866 & 0.000 \\ 0.000 & 0.000 & 1.000 \end{pmatrix} \tag{2.60}$$

$$R_x(30)=\begin{pmatrix} 1.000 & 0.000 & 0.000 \\ 0.000 & 0.866 & -0.500 \\ 0.000 & 0.500 & 0.866 \end{pmatrix} \tag{2.61}$$

$$R_z(30)R_x(30)=\begin{pmatrix} 0.87 & -0.43 & 0.25 \\ 0.50 & 0.75 & -0.43 \\ 0.00 & 0.50 & 0.87 \end{pmatrix}$$

$$\neq R_x(30)R_z(30)=\begin{bmatrix}0.87 & -0.50 & 0.00\\ 0.43 & 0.75 & -0.50\\ 0.25 & 0.43 & 0.87\end{bmatrix} \tag{2.62}$$

毋庸置疑矩阵的顺序是重要的，进一步说，正是因为矩阵相乘一般不满足交换律，所以我们经常用矩阵来表示旋转。

43

因为旋转既可被看作算子又可被看作是对姿态的描述，所以对于不同的用途就有不同的表示法。旋转矩阵可作为算子，当乘以矢量时，旋转矩阵就起到旋转运算的作用。但是，用旋转矩阵来确定姿态有些不便。计算机操作员在输入一个机械手的期望姿态时，需要麻烦地输入一个包括9个元素的正交阵。而一个只需三个数的表示法就显得简便些。下节将介绍这些表示法。

X-Y-Z 固定角

下面介绍描述坐标系$\{B\}$姿态的一种方法：

> 首先将坐标系$\{B\}$和一个已知参考坐标系$\{A\}$重合。先将$\{B\}$绕$\hat{X}_A$旋转γ角，再绕$\hat{Y}_A$旋转β角，最后绕$\hat{Z}_A$旋转α角。

每个旋转都是绕着固定参考坐标系$\{A\}$的轴。我们规定这种姿态的表示法为 ***X-Y-Z* 固定角**。“固定”一词是指旋转是在固定(即不运动的)参考坐标系(见图2-17)中确定的。有时把它们定义为**回转角**、**俯仰角**和**偏转角**。但是使用中应注意，因为这个术语经常与其他相关问题，而约定不同。

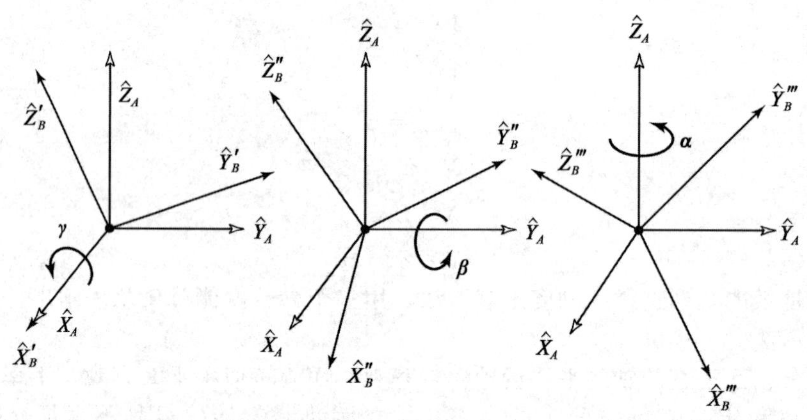

图2-17 *X-Y-Z* 固定角。按照$R_X(\gamma)$、$R_Y(\beta)$、$R_Z(\alpha)$的顺序进行旋转

可直接推导等价旋转矩阵${}^A_BR_{XYZ}(\gamma,\beta,\alpha)$，因为所有的旋转都是绕着参考坐标系各轴的，即

$$\begin{aligned}{}^A_BR_{XYZ}(\gamma,\beta,\alpha)&=R_Z(\alpha)R_Y(\beta)R_X(\gamma)\\&=\begin{bmatrix}c\alpha & -s\alpha & 0\\ s\alpha & c\alpha & 0\\ 0 & 0 & 1\end{bmatrix}\begin{bmatrix}c\beta & 0 & s\beta\\ 0 & 1 & 0\\ -s\beta & 0 & c\beta\end{bmatrix}\begin{bmatrix}1 & 0 & 0\\ 0 & c\gamma & -s\gamma\\ 0 & s\gamma & c\gamma\end{bmatrix}\end{aligned} \tag{2.63}$$

44

其中$c\alpha$是$\cos\alpha$的简写，$s\alpha$是$\sin\alpha$的简写，等等。最重要的是搞清楚式(2.63)中的旋转顺序。将旋转看作算子依次进行旋转(从右开始)，先绕$\hat{X}_A$旋转，再绕$\hat{Y}_A$旋转，最后绕$\hat{Z}_A$旋转。由式(2.63)的乘积得：

$$
{}^{A}_{B}R_{XYZ}(\gamma,\beta,\alpha)=\begin{bmatrix} c\alpha c\beta & c\alpha s\beta s\gamma - s\alpha c\gamma & c\alpha s\beta c\gamma + s\alpha s\gamma \\ s\alpha c\beta & s\alpha s\beta s\gamma + c\alpha c\gamma & s\alpha s\beta c\gamma - c\alpha s\gamma \\ -s\beta & c\beta s\gamma & c\beta c\gamma \end{bmatrix} \tag{2.64}
$$

要记住这里给定的三个旋转顺序，仅当旋转是按照这个顺序进行时方程(2.64)才是正确的，即绕 $\hat{X}_A$ 旋转 γ，绕 $\hat{Y}_A$ 旋转 β，绕 $\hat{Z}_A$ 旋转 α。

常使人感兴趣的是逆问题，即从旋转矩阵等价推出 X-Y-Z 固定角。逆解取决于求解一组超越方程：如果方程(2.64)相当于一个已知的旋转矩阵，那么有 9 个方程和 3 个未知量。在这 9 个方程中有 6 个方程是相关的。因此实际上只有 3 个方程和 3 个未知量。令

$$
{}^{A}_{B}R_{XYZ}(\gamma,\beta,\alpha)=\begin{bmatrix} r_{11} & r_{12} & r_{13} \\ r_{21} & r_{22} & r_{23} \\ r_{31} & r_{32} & r_{33} \end{bmatrix} \tag{2.65}
$$

由方程(2.64)，通过计算 r_{11} 和 r_{21} 的平方和的平方根，可求得 $\cos\beta$。然后用 $-r_{31}$ 除以 $\cos\beta$ 再求其反正切可求得 β。那么，只要 $c\beta\neq 0$，就可以用 $r_{21}/c\beta$ 除以 $r_{11}/c\beta$ 再求其反正切得到 α 角，用 $r_{32}/c\beta$ 除以 $r_{33}/c\beta$ 再求其反正切得到 γ 角。

总之，

$$
\begin{aligned}
\beta &= \mathrm{Atan2}\left(-r_{31}, \sqrt{r_{11}^2+r_{21}^2}\right) \\
\alpha &= \mathrm{Atan2}(r_{21}/c\beta, r_{11}/c\beta) \\
\gamma &= \mathrm{Atan2}(r_{32}/c\beta, r_{33}/c\beta)
\end{aligned} \tag{2.66}
$$

式中 Atan2(y, x)是一个双参变量的反正切函数。[⊖]

虽然存在第二个解，但在上式中取 β 的正根以得到单解，满足 $-90.0°\leqslant\beta\leqslant 90.0°$。这样就可以在各种姿态表示法之间定义一一对应的映射函数。但是在某些情况下，有必要求出所有的解(详见第 4 章)。如果 $\beta=\pm 90.0°$(即 $c\beta=0$)，式(2.67)的解就退化了。在这种情况下，仅能求出 α 和 γ 的和或差。在这种情况下一般取 $\alpha=0.0$，结果如下。

45

如 $\beta=90.0°$，解得：

$$
\begin{aligned}
\beta &= 90.0° \\
\alpha &= 0.0 \\
\gamma &= \mathrm{Atan2}(r_{12}, r_{22})
\end{aligned} \tag{2.67}
$$

如果 $\beta=-90.0°$，解得：

$$
\begin{aligned}
\beta &= -90.0° \\
\alpha &= 0.0 \\
\gamma &= -\mathrm{Atan2}(r_{12}, r_{22})
\end{aligned} \tag{2.68}
$$

Z-Y-X 欧拉角

坐标系{B}的另一种表示法如下：

首先将坐标系{B}和一个已知参考坐标系{A}重合。先将{B}绕 $\hat{Z}_B$ 转 α 角，再绕 $\hat{Y}_B$

⊖ Atan2(y, x)计算 $\tan^{-1}\left(\frac{y}{x}\right)$ 时，根据 x 和 y 的符号可判别求得的角所在的象限。例如，Atan2(−2.0，−2.0)=−135°，而 Atan2(2.0，2.0)=45°。如果采用单输入值的反正切函数，这两种解就无法区分。我们经常在 360°的范围内计算角度，因此一般应用 Atan2 函数。注意，当两个解都是 0 时，Atan2 无定义。有时称它为“4 象限反正切”，一些编程语言库中对其进行了预定义。

转 β 角，最后绕 $\hat{X}_B$ 转 γ 角。

在这种表示法中，每次都是绕运动坐标系$\{B\}$的各轴旋转而不是绕固定坐标系$\{A\}$的各轴旋转。这样三个一组的旋转被称作**欧拉角**。注意每次旋转所绕的轴的姿态取决于上一次的旋转。由于三个旋转分别是绕着 $\hat{Z}$、$\hat{Y}$ 和 $\hat{X}$，所以称这种表示法为 ***Z-Y-X* 欧拉角**。

46

图 2-18 表示每次进行欧拉角变换后坐标系$\{B\}$的轴。绕 $\hat{Z}$ 轴转 α 角使 $\hat{X}$ 转到 $\hat{X}'$，$\hat{Y}$ 转到 $\hat{Y}'$，等等。每次旋转得到的轴被附加一个撇号。由 *Z-Y-X* 欧拉角参数化的旋转矩阵用${}^A_BR_{Z'Y'X'}(\alpha, \beta, \gamma)$表示。注意下标上附加撇号表明这是用欧拉角描述的旋转。

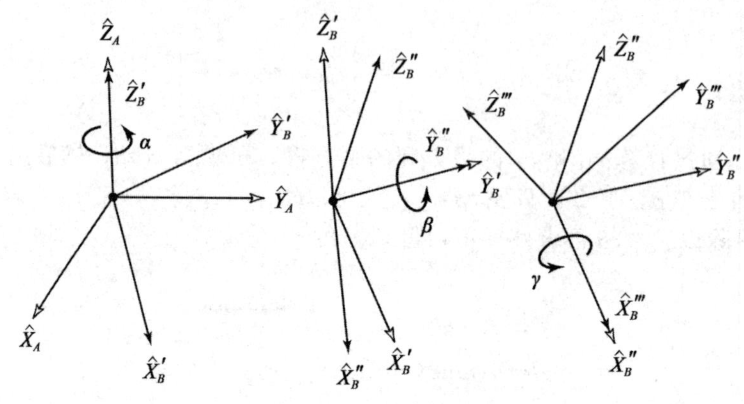

图 2-18　*Z-Y-X* 欧拉角

参见图 2-18，用中间坐标系$\{B'\}$和$\{B''\}$来表达${}^A_BR_{Z'Y'X'}(\alpha, \beta, \gamma)$。如果把这些旋转看成是坐标系的描述，就可立即写出：

$$ {}^A_BR = {}^A_{B'}R\,{}^{B'}_{B''}R\,{}^{B''}_{B}R \tag{2.69}$$

式(2.69)右边的每个旋转描述都是按照 *Z-Y-X* 欧拉角的定义给出的。即$\{B\}$相对于$\{A\}$的最终姿态为：

$$\begin{aligned}{}^A_BR_{Z'Y'X'} &= R_Z(\alpha)R_Y(\beta)R_X(\gamma)\\ &= \begin{bmatrix} c\alpha & -s\alpha & 0 \\ s\alpha & c\alpha & 0 \\ 0 & 0 & 1 \end{bmatrix}\begin{bmatrix} c\beta & 0 & s\beta \\ 0 & 1 & 0 \\ -s\beta & 0 & c\beta \end{bmatrix}\begin{bmatrix} 1 & 0 & 0 \\ 0 & c\gamma & -s\gamma \\ 0 & s\gamma & c\gamma \end{bmatrix}\end{aligned} \tag{2.70}$$

其中 $c\alpha=\cos\alpha$，$s\alpha=\sin\alpha$，等等。相乘后，得

$${}^A_BR_{Z'Y'X'}(\alpha,\beta,\gamma) = \begin{bmatrix} c\alpha c\beta & c\alpha s\beta s\gamma - s\alpha c\gamma & c\alpha s\beta c\gamma + s\alpha s\gamma \\ s\alpha c\beta & s\alpha s\beta s\gamma + c\alpha c\gamma & s\alpha s\beta c\gamma - c\alpha s\gamma \\ -s\beta & c\beta s\gamma & c\beta c\gamma \end{bmatrix} \tag{2.71}$$

注意这个结果与以相反顺序绕固定轴旋转三次得到的结果完全相同！总之，这是一个不太直观的结果：三次绕固定轴旋转的最终姿态和以相反顺序绕运动坐标轴转动的最终姿态相同。

因为方程(2.71)和方程(2.64)等价，所以无须通过旋转矩阵的反复计算去求 *Z-Y-X* 欧拉角。也就是，方程(2.66)也可用来求解同一个已知旋转矩阵对应的 *Z-Y-X* 欧拉角。

Z-Y-Z 欧拉角

坐标系$\{B\}$的另一种表示法如下：

首先将坐标系$\{B\}$和一个已知的参考坐标系$\{A\}$重合。先将$\{B\}$绕$\hat{Z}_B$旋转α角，再绕$\hat{Y}_B$旋转β角，最后绕$\hat{Z}_B$旋转γ角。

相对运动坐标系$\{B\}$的旋转描述是一组欧拉角描述。因为三个旋转是依次绕$\hat{Z}$、$\hat{Y}$和$\hat{Z}$，所以称此描述为 ***Z-Y-Z* 欧拉角**。

按照最后一节的推导，可得到等价矩阵

$$ {}^A_BR_{Z'Y'Z'}(\alpha,\beta,\gamma)=\begin{bmatrix} c\alpha c\beta c\gamma-s\alpha s\gamma & -c\alpha c\beta s\gamma-s\alpha c\gamma & c\alpha s\beta \\ s\alpha c\beta c\gamma+c\alpha s\gamma & -s\alpha c\beta s\gamma+c\alpha c\gamma & s\alpha s\beta \\ -s\beta c\gamma & s\beta s\gamma & c\beta \end{bmatrix} \tag{2.72} $$

47

从旋转矩阵得出 *Z-Y-Z* 欧拉角将在下面进行介绍。

已知

$$ {}^A_BR_{Z'Y'Z'}(\alpha,\beta,\gamma)=\begin{bmatrix} r_{11} & r_{12} & r_{13} \\ r_{21} & r_{22} & r_{23} \\ r_{31} & r_{32} & r_{33} \end{bmatrix} \tag{2.73} $$

如果$\sin\beta\neq 0$，可得到

$$ \begin{aligned} \beta &= \mathrm{Atan2}(\sqrt{r_{31}^2+r_{32}^2},r_{33}) \\ \alpha &= \mathrm{Atan2}(r_{23}/s\beta,r_{13}/s\beta) \\ \gamma &= \mathrm{Atan2}(r_{32}/s\beta,-r_{31}/s\beta) \end{aligned} \tag{2.74} $$

虽然存在第二个解(在式中取β的正平方根)，但我们总是求满足$0.0\leqslant\beta\leqslant 180.0°$的单解。如果$\beta=0.0$或$180.0°$，式(2.74)的解就退化了。在这种情况下，仅能求出α和γ的和或差。在这种情况下一般取$\alpha=0.0$，结果如下。

如果$\beta=0.0$，则解为

$$ \begin{aligned} \beta &= 0.0 \\ \alpha &= 0.0 \\ \gamma &= \mathrm{Atan2}(-r_{12},r_{11}) \end{aligned} \tag{2.75} $$

如果$\beta=180.0°$，则解为

$$ \begin{aligned} \beta &= 180.0° \\ \alpha &= 0.0 \\ \gamma &= \mathrm{Atan2}(r_{12},-r_{11}) \end{aligned} \tag{2.76} $$

其他转角组合

在前一小节中，已经介绍了三种表示姿态的常用方法：*X-Y-Z* 固定角、*Z-Y-X* 欧拉角和 *Z-Y-Z* 欧拉角。每个表示法均需要按一定顺序进行绕主轴的三个旋转。这些表示法是24种表示法中的典型方法，且都被称作**转角排列设定法**。其中，12种为固定角设定法，另12种为欧拉角设定法。注意到由于二者的对偶性，对于绕主轴连续旋转的旋转矩阵实际上只有12种唯一的参数设定法。没有特别的理由优先采用何种表示法，不同作者可以采用不同的表示法，所以把所有24种设定法的等效旋转矩阵列出来是有用的。附录B(在本书后面)给出了所有24种设定法的等效旋转矩阵。

等效角度-轴线表示法

符号$R_X(30.0)$表示绕一个给定轴$\hat{X}$旋转30度的姿态描述。这是一个**等效角度-轴线**

48 **表示法**的例子。如果轴的方向是一般方向(而不是主轴方向)，任何姿态都可通过选择适当的轴和角度来得到。坐标系$\{B\}$的表示法如下：

> 首先将坐标系$\{B\}$和一个已知的参考坐标系$\{A\}$重合。将$\{B\}$绕矢量${}^A\hat{K}$按右手定则转θ角。

矢量$\hat{K}$有时被称为有限旋转的等效轴。$\{B\}$相对于$\{A\}$的一般姿态可用${}^A_BR(\hat{K},\theta)$或$R_K(\theta)$来表示，并称作等效角度-轴线表示⊖。确定矢量${}^A\hat{K}$只需要两个参数，因为它的长度恒为1。角度确定了第三个参数。经常用旋转量θ乘以单位方向矢量$\hat{K}$形成一个简单的3×1的矢量来描述姿态，用K表示(没有了“帽号”)，如图 2-19 所示。

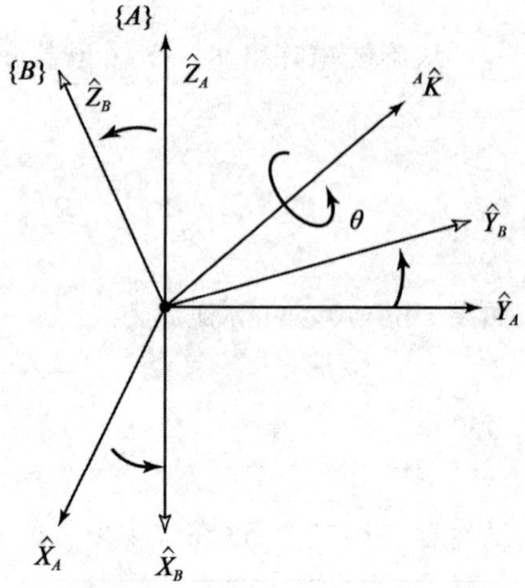

当选择$\{A\}$的主轴中的一个轴作为旋转轴时，则等效旋转矩阵成为我们熟悉的平面旋转矩阵：

$$R_X(\theta)=\begin{bmatrix}1 & 0 & 0\\ 0 & \cos\theta & -\sin\theta\\ 0 & \sin\theta & \cos\theta\end{bmatrix} \tag{2.77}$$

$$R_Y(\theta)=\begin{bmatrix}\cos\theta & 0 & \sin\theta\\ 0 & 1 & 0\\ -\sin\theta & 0 & \cos\theta\end{bmatrix} \tag{2.78}$$

$$R_Z(\theta)=\begin{bmatrix}\cos\theta & -\sin\theta & 0\\ \sin\theta & \cos\theta & 0\\ 0 & 0 & 1\end{bmatrix} \tag{2.79}$$

49

图 2-19 等效角度-轴线表示法

如果旋转轴为一般轴，则等效旋转矩阵(见习题 2.6)为：

$$R_K(\theta)=\begin{bmatrix}k_xk_xv\theta+c\theta & k_xk_yv\theta-k_zs\theta & k_xk_zv\theta+k_ys\theta\\ k_xk_yv\theta+k_zs\theta & k_xk_yv\theta+c\theta & k_yk_zv\theta-k_xs\theta\\ k_xk_zv\theta-k_ys\theta & k_yk_zv\theta+k_xs\theta & k_zk_zv\theta+c\theta\end{bmatrix} \tag{2.80}$$

式中，$c\theta=\cos\theta$，$s\theta=\sin\theta$，$v\theta=1-\cos\theta$，并且${}^A\hat{K}=(k_x\quad k_y\quad k_z)^{\mathrm{T}}$。$\theta$的符号由右手定则确定，即大拇指指向${}^A\hat{K}$的正方向。

式(2.80)将角度-轴线表示转变成旋转矩阵表示。注意，对于任何旋转轴和任何角度，都能很容易地构造出等效旋转矩阵。

从一个给定的旋转矩阵求出$\hat{K}$和θ，这个逆问题大部分留在习题中(习题 2.6 和习题 2.7)，但在此给出了一部分结果[3]。如果

$${}^A_BR_K(\theta)=\begin{bmatrix}r_{11} & r_{12} & r_{13}\\ r_{21} & r_{22} & r_{23}\\ r_{31} & r_{32} & r_{33}\end{bmatrix} \tag{2.81}$$

然后

$$\theta=\mathrm{A}\cos\left(\frac{r_{11}+r_{22}+r_{33}-1}{2}\right)$$

并且

⊖ 对于$\{B\}$相对于$\{A\}$的任何姿态，$\hat{K}$和θ都可以由欧拉参数和欧拉旋转理论[3]表示。

$$\hat{K}=\frac{1}{2\sin\theta}\begin{bmatrix}r_{32}-r_{23}\\ r_{13}-r_{31}\\ r_{21}-r_{12}\end{bmatrix} \tag{2.82}$$

由上式总可以计算出一个在0度到180度之间的θ值。对于任意一对轴线－角度$({}^{A}\hat{K},\ \theta)$，存在另一对轴线－角度，即$(-{}^{A}\hat{K},\ -\theta)$，它们在空间中的姿态相同，可用同样的旋转矩阵描述。因此，在将旋转矩阵转化为角度－轴线表示法时，我们需要对解进行选择。一个更加严重的问题是，对于小角度的旋转，此时的轴将变得不确定。显然，如果转动量为零，旋转轴根本无法确定。如果$\theta=0°$或$180°$，则式(2.82)将无解。

例2.8 坐标系$\{B\}$最初与坐标系$\{A\}$重合。我们使坐标系$\{B\}$绕矢量${}^{A}\hat{K}=(0.707\quad 0.707\quad 0.0)^{T}$（${}^{A}\hat{K}$经过原点）旋转，转角$\theta=30°$，求坐标系$\{B\}$的描述。

代入式(2.80)得到坐标系描述的旋转矩阵分量。因为原点没有平移，所以位置矢量是$(0,\ 0,\ 0)^{T}$。因此

$${}^{A}_{B}T=\begin{bmatrix}0.933 & 0.067 & 0.354 & 0.0\\ 0.067 & 0.933 & -0.354 & 0.0\\ -0.354 & 0.354 & 0.866 & 0.0\\ 0.0 & 0.0 & 0.0 & 1.0\end{bmatrix} \tag{2.83}$$

50

到此为止，我们所讨论过的所有旋转都是绕经过参考系原点的轴进行的。如果我们遇到问题不属于这种情况时，我们可以定义另外一个坐标系，该坐标系的原点在轴线上，为此将这类问题简化为“经过原点的轴”的情况来解决，然后再求解这个变换方程。

例2.9 坐标系$\{B\}$最初与坐标系$\{A\}$重合。我们使坐标系$\{B\}$绕矢量${}^{A}\hat{K}=(0.707\quad 0.707\quad 0.0)^{T}$（此矢量经过点${}^{A}P=(1.0,\ 2.0,\ 3.0)$）旋转，转角$\theta=30°$，求坐标系$\{B\}$的描述。

在旋转之前，坐标系$\{A\}$和$\{B\}$是重合的。如图2-20所示，我们定义了两个新的坐标系$\{A'\}$和$\{B'\}$，它们互相重合，且它们跟坐标系$\{A\}$和$\{B\}$姿态相同，但它们的原点在旋转轴线上，并且相对于坐标系$\{A\}$的原点有一定的偏移量。我们选择

$${}^{A}_{A'}T=\begin{bmatrix}1.0 & 0.0 & 0.0 & 1.0\\ 0.0 & 1.0 & 0.0 & 2.0\\ 0.0 & 0.0 & 1.0 & 3.0\\ 0.0 & 0.0 & 0.0 & 1.0\end{bmatrix} \tag{2.84}$$

同样，坐标系$\{B\}$相对于坐标系$\{B'\}$的描述是

$${}^{B'}_{B}T=\begin{bmatrix}1.0 & 0.0 & 0.0 & -1.0\\ 0.0 & 1.0 & 0.0 & -2.0\\ 0.0 & 0.0 & 1.0 & -3.0\\ 0.0 & 0.0 & 0.0 & 1.0\end{bmatrix} \tag{2.85}$$

51

现在，保持其他关系不变，使坐标系$\{B'\}$绕坐标系$\{A'\}$旋转。因为旋转轴经过原点，所以我们可以用式(2.80)来计算坐标系$\{B'\}$相对于坐标系$\{A'\}$的旋转量。代入式(2.80)得到描述坐标系的旋转矩阵分量。又因为原点没有平移，所以位置矢量是$(0,\ 0,\ 0)^{T}$。因此，我们得到

$${}^{A'}_{B'}T=\begin{bmatrix}0.933 & 0.067 & 0.354 & 0.0\\ 0.067 & 0.933 & -0.354 & 0.0\\ -0.354 & 0.354 & 0.866 & 0.0\\ 0.0 & 0.0 & 0.0 & 1.0\end{bmatrix} \tag{2.86}$$

最后，我们可以用一个变换方程来计算要求的坐标系

$$
{}_{B}^{A}T = {}_{A'}^{A}T \, {}_{B'}^{A'}T \, {}_{B}^{B'}T \tag{2.87}
$$

从而求得

$$
{}_{B}^{A}T = \begin{bmatrix} 0.933 & 0.067 & 0.354 & -1.13 \\ 0.067 & 0.933 & -0.354 & 1.13 \\ -0.354 & 0.354 & 0.866 & 0.05 \\ 0.000 & 0.000 & 0.000 & 1.00 \end{bmatrix} \tag{2.88}
$$

绕一个不通过原点的轴旋转会引起位置变化，另外加上姿态变化。该姿态变化跟旋转线轴通过原点引起的姿态变化一样。注意，我们可以使用任意定义的坐标系$\{A'\}$和$\{B'\}$，只要它们的原点选在旋转轴线上。旋转轴线方向的选择是任意的，而坐标系原点可以选在旋转轴线上的任意位置(可见习题 2.14)。

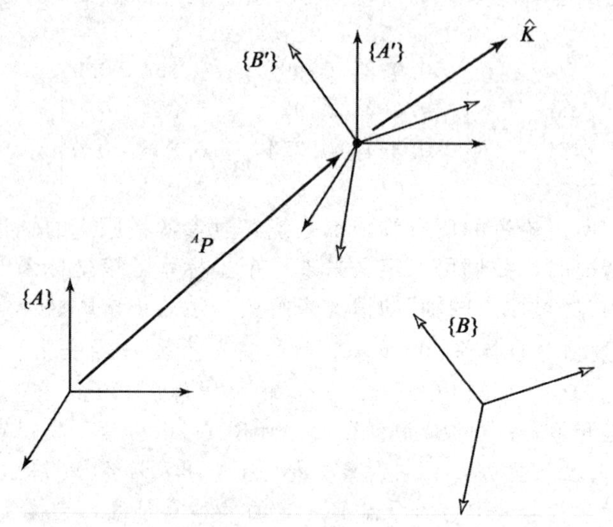

图 2-20 绕不经过坐标系$\{A\}$原点的轴线旋转，最初坐标系$\{A\}$与$\{B\}$重合

欧拉参数

另一种姿态表示法是通过 4 个数值来表示的，称为**欧拉参数**。虽然完整的讨论超出了本书的范围，但在这里我们介绍该描述方法作为参考。

根据等效旋转轴$\hat{K}=(k_x \quad k_y \quad k_z)^{\mathrm{T}}$和等效旋转角$\theta$得到欧拉参数如下

$$
\begin{aligned}
\varepsilon_1 &= k_x \sin\frac{\theta}{2} \\
\varepsilon_2 &= k_y \sin\frac{\theta}{2} \\
\varepsilon_3 &= k_z \sin\frac{\theta}{2} \\
\varepsilon_4 &= \cos\frac{\theta}{2}
\end{aligned} \tag{2.89}
$$

很明显，这 4 个参数是不独立的

52

$$
\varepsilon_1^2 + \varepsilon_2^2 + \varepsilon_3^2 + \varepsilon_4^2 = 1 \tag{2.90}
$$

这个关系总是保持不变。因此，姿态可以看作是四维空间中单位超球面上的一点。

有时，可以将欧拉参数看作是一个 3×1 的矢量加上一个标量。但是，因为欧拉参数是一个 4×1 的矢量，欧拉参数可被视为一个**单位四元数**。

用欧拉参数组表示的旋转矩阵 R_ε 是

$$R_\varepsilon = \begin{bmatrix} 1-2\varepsilon_2^2-2\varepsilon_3^2 & 2(\varepsilon_1\varepsilon_2-\varepsilon_3\varepsilon_4) & 2(\varepsilon_1\varepsilon_3+\varepsilon_2\varepsilon_4) \\ 2(\varepsilon_1\varepsilon_2+\varepsilon_3\varepsilon_4) & 1-2\varepsilon_1^2-2\varepsilon_3^2 & 2(\varepsilon_2\varepsilon_3-\varepsilon_1\varepsilon_4) \\ 2(\varepsilon_1\varepsilon_3-\varepsilon_2\varepsilon_4) & 2(\varepsilon_2\varepsilon_3+\varepsilon_1\varepsilon_4) & 1-2\varepsilon_1^2-2\varepsilon_2^2 \end{bmatrix} \tag{2.91}$$

给定旋转矩阵，得到对应的欧拉参数是

$$\begin{aligned} \varepsilon_1 &= \frac{r_{32}-r_{23}}{4\varepsilon_4} \\ \varepsilon_2 &= \frac{r_{13}-r_{31}}{4\varepsilon_4} \\ \varepsilon_3 &= \frac{r_{21}-r_{12}}{4\varepsilon_4} \\ \varepsilon_4 &= \frac{1}{2}\sqrt{1+r_{11}+r_{22}+r_{33}} \end{aligned} \tag{2.92}$$

注意，从数值计算的角度来讲，如果旋转矩阵表示的是绕某一轴旋转 180°，式(2.92)将失去意义，因为 $\varepsilon_4=0$。但可以看出，当取极限时，式(2.92)中的所有表达式都是个有限大的值，甚至对于上述情况(绕某轴线旋转 180°)也是如此。实际上从式(2.89)的定义中可以看出，对于所有的 ε_i，其值在[−1，1]区间。

示教和预定义姿态

在许多机器人系统中，可以通过运行机器人来“示教”位置和姿态。将操作臂运行至一期望位置并将这一位置记录下来。在用这种方法示教时，机器人不必要求返回原来的位姿，此位姿可以是工件位置也可以是夹具位置。换句话说，此时的机器人是一个具有六自由度的测量工具。这样进行姿态示教就可完全不需要程序员处理姿态描述问题。在计算机中，示教点是按照旋转矩阵形式被存储的，(然而)机器人用户是它们看不见的。因此，极力推荐采用机器人系统进行位姿的示教。

除了示教位姿外，一些机器人系统还有一系列预定义姿态，例如“向下”或“向左”。这些定义对用户非常方便。但是，如果这个预定义姿态仅对姿态进行描述和定义，那么机器人系统的应用范围就将很有限。

2.9 自由矢量的变换

在这一章中我们重点考虑位置矢量。在后面的章节中，我们将讨论速度和力矢量。因为这些矢量的类型不同，所以它们的变换形式是不同的。

53

在力学中，矢量的相等和等效是有显著的区别的。如果两个矢量具有相同的维数、大小和方向，则这两个矢量相等。两个相等的矢量可能有不同的作用线——例如图 2-21 中所示的三个相等的矢量。这些速度矢量具有相同的维数、大小和方向，所以按照我们的定义可知它们是相等的。

如果两个矢量在某一功能上产生了相同的作用效果，那么这两个矢量在这一特定功能方面来讲就是等效的。因此，如果在图 2-21 中的判断标准是运行距离，这三个矢量的效果相同，那么它们在这一功能上来讲是等效的。但是，如果判断标准是在 xy 平面上的高度，那么这三个矢量是不等效的，尽管它们是相等的矢量。因此，矢量之间的关系和是否等效完全取决于当时的判断条件。而且，在某些情况下，不相等的矢量可能会产生等价的作用效果。

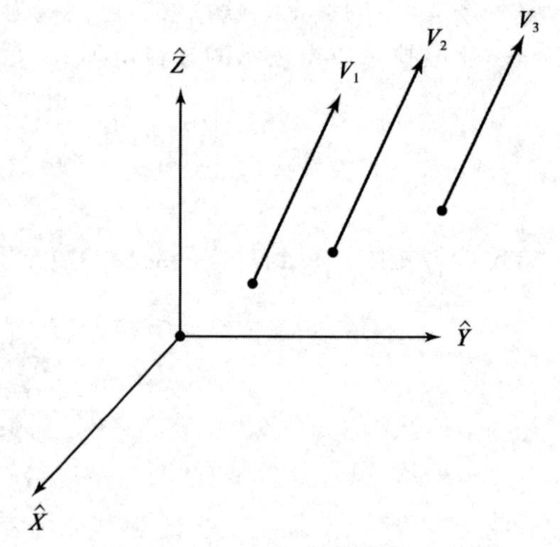

图 2-21 相等的速度矢量

我们将定义两种很有用的基本的矢量类型。

术语**线矢量**指与**作用线**有关的矢量，其作用效果取决于矢量的大小和方向。通常情况下，力矢量的作用效果取决于力的作用线（或者是力的作用点），所以力矢量可以看作是线矢量。

自由矢量是指可能出现在空间任意位置的矢量，如果它的大小和方向保持不变，那么它的意义也不变。

例如，一纯力矩矢量就是一个自由矢量。如果已知在坐标系$\{B\}$中有一个力矩矢量^BN，那么在坐标系$\{A\}$中计算这个力矩矢量，得

$$^AN = {}^A_BR\ {}^BN \tag{2.93}$$

换言之，（对于自由矢量）我们关心的都是大小和方向，所以在两个坐标系的变换中只与旋转矩阵有关。而原点的相对位移在计算中是不会涉及的。

54

同样，在坐标系$\{B\}$中的一速度矢量^BV，在坐标系$\{A\}$中表示为

$$^AV = {}^A_BR\,{}^BV \tag{2.94}$$

某一点的速度是自由矢量，所以对于此矢量最重要的是大小和方向。在进行矢量旋转的时候（如式(2.94)）不能改变矢量的大小，但从坐标系$\{B\}$到坐标系$\{A\}$的旋转完成时，矢量的描述被改变了。需要注意的是，出现在位置矢量变换中的$^AP_{BORG}$不能出现在速度变换当中。例如，在图 2-22 中，如果$^BV=5\hat{X}$，那么$^AV=5\hat{Y}$。

速度矢量、力矢量和力矩矢量将会在第 5 章中进一步介绍。

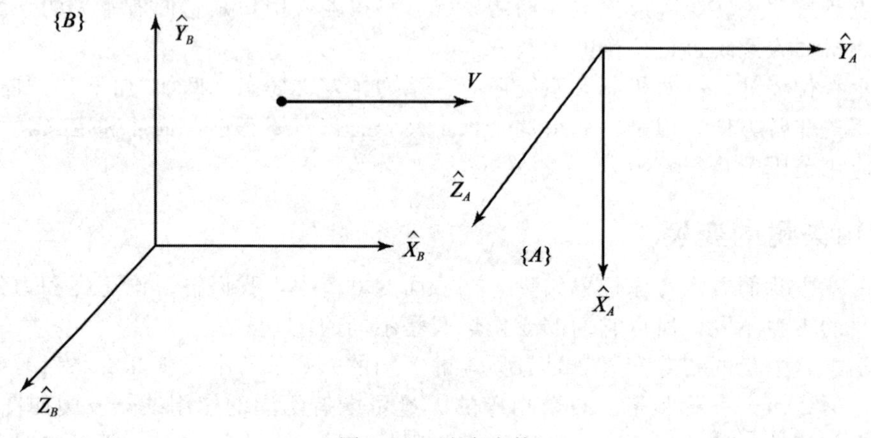

图 2-22 速度变换

2.10 计算问题

计算成本的降低带来的效益极大地促进着机器人产业的发展，然而，在操作系统的设

计当中，高效的计算能力将始终是一个重要问题。

齐次变换是一个很重要的概念，但是在典型工业机器人上使用的变换软件并不直接采用齐次变换。主要原因是我们不想把时间浪费在数字 0 和 1 与其他数字相乘上面。通常，我们按照式(2.41)和式(2.45)进行计算，而不是直接进行乘法或对 4×4 的矩阵进行求逆运算。

当进行相同计算时，计算顺序的不同将会导致计算量的差别很大。对于矢量的多次旋转

$$ {}^{A}P={}_{B}^{A}R\,{}_{C}^{B}R\,{}_{D}^{C}R\,{}^{D}P \tag{2.95}$$

一种方法是首先将这三个旋转矩阵相乘，得到${}_{D}^{A}R$，表示为

$$ {}^{A}P={}_{D}^{A}R\,{}^{D}P \tag{2.96}$$

55

由${}_{D}^{A}R$ 的三个分量来计算${}_{D}^{A}R$ 需要 54 次乘法运算和 36 次加法运算。而进行式(2.96)中最后的矩阵矢量乘法时还要增加 9 次乘法运算和 6 次加法运算，所以总共需要 63 次乘法和 42 次加法运算。

另一种方法是一次做一个矩阵计算来进行矢量变换，即

$$\begin{aligned}
{}^{A}P&={}_{B}^{A}R\,{}_{C}^{B}R\,{}_{D}^{C}R\,{}^{D}P\\
{}^{A}P&={}_{B}^{A}R\,{}_{C}^{B}R\,{}^{C}P\\
{}^{A}P&={}_{B}^{A}R\,{}^{B}P\\
{}^{A}P&={}^{A}P
\end{aligned} \tag{2.97}$$

那么总的计算次数只需要 27 次乘法运算和 18 次加法运算，与其他方法相比所用的次数还不及一半。

当然，在某些情况下，关系式${}_{B}^{A}R$、${}_{C}^{B}R$ 和${}_{D}^{C}R$ 是常量，这时主要是将多个${}^{D}P_i$ 转换为多个${}^{A}P_i$。在这种情况下，更加有效的方法是一次性计算${}_{D}^{A}R$，然后将它用于将来的变换(见习题 2.16)。

例 2.10 给出一种求两个旋转矩阵乘积${}_{B}^{A}R\,{}_{C}^{B}R$ 的方法，计算次数不多于 27 次乘法运算和 18 次加法运算。

这里 $\hat{L}_i$ 是${}_{C}^{B}R$ 的列，$\hat{C}_i$ 分别是计算结果的三个列，计算如下

$$\begin{aligned}
\hat{C}_1&={}_{B}^{A}R\hat{L}_i\\
\hat{C}_2&={}_{B}^{A}R\hat{L}_2\\
\hat{C}_3&=\hat{C}_1\times\hat{C}_2
\end{aligned} \tag{2.98}$$

这里只需要 24 次乘法和 15 次加法运算。

参考文献

[1] B. Noble, *Applied Linear Algebra*, Prentice-Hall, Englewood Cliffs, NJ, 1969.

[2] D. Ballard and C. Brown, *Computer Vision*, Prentice-Hall, Englewood Cliffs, NJ, 1982.

[3] O. Bottema and B. Roth, *Theoretical Kinematics*, North Holland, Amsterdam, 1979.

[4] R.P. Paul, *Robot Manipulators*, MIT Press, Cambridge, MA, 1981.

[5] I. Shames, *Engineering Mechanics*, 2nd edition, Prentice-Hall, Englewood Cliffs, NJ, 1967.

[6] Symon, *Mechanics*, 3rd edition, Addison-Wesley, Reading, MA, 1971.

[7] B. Gorla and M. Renaud, *Robots Manipulateurs*, Cepadues-Editions, Toulouse, 1984.

习题

56

2.1　[15]一矢量^AP绕$\hat{Z}_A$旋转角度θ度，然后绕$\hat{X}_A$旋转ϕ度，求按以上顺序旋转后得到的旋转矩阵。

2.2　[15]一矢量^AP绕$\hat{Y}_A$旋转30度，然后绕$\hat{X}_A$旋转45度，求按以上顺序旋转后得到的旋转矩阵。

2.3　[16]坐标系$\{B\}$最初与坐标系$\{A\}$重合，将坐标系$\{B\}$绕$\hat{Z}_B$旋转θ度，接着再将上一步旋转得到的坐标系绕$\hat{X}_B$旋转ϕ度，求从^BP到^AP矢量变换的旋转矩阵。

2.4　[16]坐标系$\{B\}$最初与坐标系$\{A\}$重合，将坐标系$\{B\}$绕$\hat{Z}_B$旋转30度，接着再将上一步旋转得到的坐标系绕$\hat{X}_B$旋转45度，求从^BP到^AP矢量变换的旋转矩阵。

2.5　[13]^A_BR是一个3×3的矩阵，其特征值分别为1、e^{+ai}、e^{-ai}，这里$i=\sqrt{-1}$。请问^A_BR的与特征值1对应的特征向量的物理意义是什么？

2.6　[21]推导式(2.80)。

2.7　[24]描述(或编写)一个计算程序用来表示等效角度-轴线形式的旋转矩阵。可以从式(2.82)开始，但要使你的计算程序能够处理$\theta=0°$和$\theta=180°$这两种特殊情况。

2.8　[29]编写一个子程序，将描述旋转矩阵形式变换到等效角度-轴线形式。Pascal程序的起始行如下

```
Procedure RMTOAA (VAR R:mat33; VAR K:vec3; VAR theta: real);
```

编写另一个子程序用，将等效角度-轴线形式变换到旋转矩阵形式。

```
Procedure AATORM(VAR K:vec3; VAR theta: real: VAR R:mat33);
```

你可以选用C语言来编写程序。在不同测试数据的情况下不断运行这些程序并验证你输入的结果，其中包括一些较难的情况。

2.9　[27]由习题2.8求绕固定轴的回转角、俯仰角和偏转角。

2.10　[27]由习题2.8求Z-Y-Z欧拉角。

2.11　[10]在什么条件下，两个有限旋转矩阵可以交换？不需进行证明。

2.12　[14]已知一速度矢量如下

$$^BV=\begin{pmatrix}10.0\\20.0\\30.0\end{pmatrix}$$

又已知

$$^A_BT=\begin{pmatrix}0.866 & -0.500 & 0.000 & 11.0\\0.500 & 0.866 & 0.000 & -3.0\\0.000 & 0.000 & 1.000 & 9.0\\0 & 0 & 0 & 1\end{pmatrix}$$

计算^AV。

2.13　[21]已知下列坐标系的定义

$$^U_AT=\begin{pmatrix}0.866 & -0.500 & 0.000 & 11.0\\0.500 & 0.866 & 0.000 & -1.0\\0.000 & 0.000 & 1.000 & 8.0\\0 & 0 & 0 & 1\end{pmatrix}$$

57

$$^B_AT=\begin{pmatrix}1.000 & 0.000 & 0.000 & 0.0\\0.000 & 0.866 & -0.500 & 10.0\\0.000 & 0.500 & 0.866 & -20.0\\0 & 0 & 0 & 1\end{pmatrix}$$

$$^C_UT=\begin{pmatrix}0.866 & -0.500 & 0.000 & -3.0\\0.433 & 0.750 & -0.500 & -3.0\\0.250 & 0.433 & 0.866 & 3.0\\0 & 0 & 0 & 1\end{pmatrix}$$

绘制坐标系示意图(如图 2-15 所示的形式)定性地表明其位置关系，并求解${}^{B}_{C}T$。

2.14 [34]构造一个通用方程式求${}^{A}_{B}T$，这里，坐标系$\{B\}$最初与坐标系$\{A\}$重合，坐标系$\{B\}$绕$\hat{K}$旋转，$\hat{K}$经过点${}^{A}P$(通常情况下不经过坐标系$\{A\}$的原点)。

2.15 [34]坐标系$\{A\}$和$\{B\}$只是在姿态上不同，坐标系$\{B\}$可以看作是通过如下的方式得到：坐标系$\{B\}$最初与坐标系$\{A\}$重合，坐标系$\{B\}$绕单位矢量$\hat{K}$旋转θ弧度，即

$$ {}^{A}_{B}R={}^{A}_{B}R_{K}(\theta) $$

证明：

$$ {}^{A}_{B}R=\mathrm{e}^{k\theta} $$

这里

$$ K=\begin{pmatrix} 0 & -k_z & k_y \\ k_z & 0 & -k_x \\ -k_y & k_x & 0 \end{pmatrix} $$

2.16 [22]一个矢量映射需经过三个旋转矩阵变换：

$$ {}^{A}P={}^{A}_{B}R{}^{B}_{C}R{}^{C}_{D}R{}^{D}P $$

一种方法是首先将这三个旋转矩阵相乘，得到${}^{A}_{D}R$，表示为

$$ {}^{A}P={}^{A}_{D}R{}^{D}P $$

另一种方法是逐个进行矩阵计算进行矢量变换，即

$$ {}^{A}P={}^{A}_{B}R{}^{B}_{C}R{}^{C}_{D}R{}^{D}P $$

$$ {}^{A}P={}^{A}_{B}R{}^{B}_{C}R{}^{C}P $$

$$ {}^{A}P={}^{A}_{B}R{}^{B}P $$

$$ {}^{A}P={}^{A}P $$

如果${}^{D}P$以 100 Hz 变化，那么我们就必须按相同的频率反复计算${}^{A}P$。然而，这三个旋转矩阵也变化，假设我们通过一个可视系统以 30 Hz 的频率对${}^{A}_{B}R$、${}^{B}_{C}R$和${}^{C}_{D}R$赋以新值，那么按照什么方法计算使得计算量最小呢(乘法运算和加法运算)?

58

2.17 [16] 另一种用来描述空间中一点的三维坐标系是圆柱坐标系，其中三个坐标参数的定义如图 2-23 所示。坐标θ给定xy面内的方向，r表示沿着这个方向的径向长度；z给定了离xy面的高度。由圆柱坐标参数θ、r和z来计算笛卡儿坐标系中的一点${}^{A}P$。

2.18 [18]另一种用来描述空间中一点的三维坐标系是球坐标系，其中三个坐标的定义如图 2-24 所示。角度α和β可被看作是投射到空间的一条射线的方位角和俯仰角。第三个坐标r表示沿这条射线到被描述的空间点的径向距离。由球坐标系的参数α、β和r来计算笛卡儿坐标系中的一点${}^{A}P$。

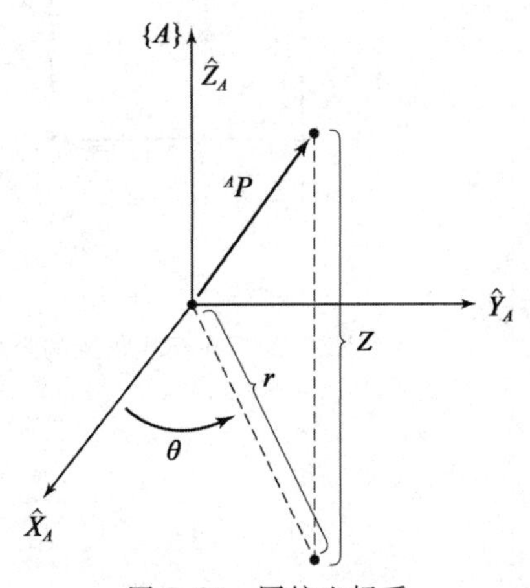

图 2-23 圆柱坐标系

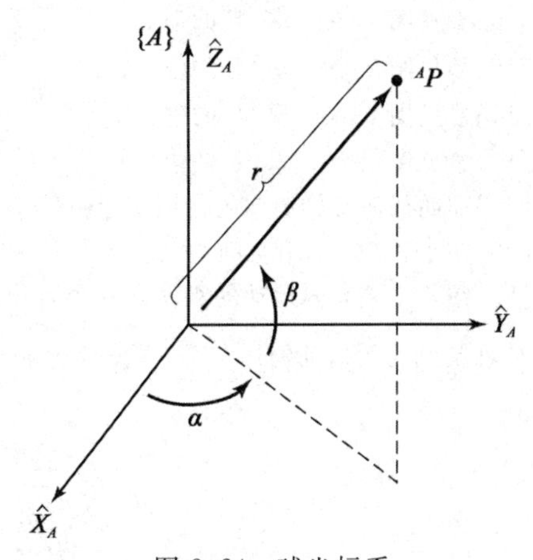

图 2-24 球坐标系

2.19 [24]一物体绕 $\hat{X}$ 轴旋转角度 ϕ，接着绕旋转后生成的 $\hat{Y}$ 轴旋转角度 ψ。由欧拉角公式可知最后的姿态是

$$R_x(\phi)R_y(\psi)$$

然而，如果这两次旋转是绕固定参考坐标系的轴进行的，将解得

$$R_y(\psi)R_x(\phi)$$

进行乘法运算的顺序取决于被描述的旋转是相对于固定轴还是移动坐标系。而且应进一步看到，当绕着移动坐标系中的一个轴的旋转被确定了，我们就确定了一个在固定坐标系中的旋转，并用下式表示为(对于本例)

$$R_x(\phi)R_y(\psi)R_x^{-1}(\phi)$$

通过左乘初始矩阵 $R_x(\phi)$，这个相似变换[1]简化了方程的解，看起来好像矩阵乘法的顺序颠倒了。根据这个观点，推导与 Z-Y-Z 欧拉角(α, β, γ)坐标系等效的旋转矩阵(结果由式(2.72)给出)。

2.20 [20]假定一个矢量 Q 绕一个矢量 $\hat{K}$ 旋转 θ 形成一个新的矢量 Q'，即

$$Q'=R_K(\theta)Q$$

用式(2.80)推导 Rodriques 公式

$$Q' = Q\cos\theta + \sin\theta(\hat{K} \times Q) + (1-\cos\theta)(\hat{K}\cdot Q)\hat{K}$$

2.21 [15]如果旋转足够小使得 $\sin\theta=\theta$、$\cos\theta=1$ 和 $\theta^2=0$ 近似成立，推导绕一般轴 $\hat{K}$ 旋转 θ 的等效旋转矩阵。从式(2.80)开始推导。

2.22 [20]用习题 2.21 的结果证明两个无穷小旋转相乘可交换(即旋转的次序不重要)。

2.23 [25]写出一个算法，由三点 $^UP_1$、$^UP_2$ 和 $^UP_3$ 构造坐标系 ^U_AT，已知这些点的条件如下：

1. $^UP_1$ 在{A}的原点处；
2. $^UP_2$ 位于{A}的 $\hat{X}$ 轴正向某处；
3. $^UP_3$ 位于{A}的 XY 平面上靠近 $\hat{Y}$ 轴正向。

59~60

2.24 [45]证明标准正交矩阵的凯莱公式。

2.25 [30]证明旋转矩阵的特征值为 1、$e^{\alpha i}$ 和 $e^{-\alpha i}$，其中 $i=\sqrt{-1}$。

2.26 [33]证明任何欧拉角坐标系都可以充分表示任何旋转矩阵。

2.27 [15]参见图 2-25，求 ^A_BT 的值。

2.28 [15]参见图 2-25，求 ^A_CT 的值。

2.29 [15]参见图 2-25，求 ^B_CT 的值。

2.30 [15]参见图 2-25，求 ^C_AT 的值。

2.31 [15]参见图 2-26，求 ^A_BT 的值。

2.32 [15]参见图 2-26，求 ^A_CT 的值。

2.33 [15]参见图 2-26，求 ^B_CT 的值。

2.34 [15]参见图 2-26，求 ^C_AT 的值。

2.35 [20]证明任何旋转矩阵的行列式值恒等于 1。

2.36 [36]在平面(即二维空间)内运动的刚体有 3 个自由度。在三维空间内运动的刚体有 6 个自由度。证明在 N 维空间内的运动刚体有 $\frac{1}{2}(N^2+N)$ 个自由度。

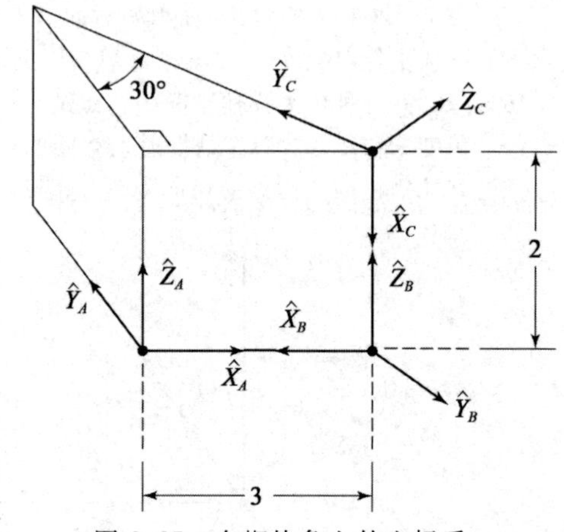

图 2-25 在楔块角上的坐标系

2.37 [15]已知

$$^A_BT=\begin{pmatrix}0.25 & 0.43 & 0.86 & 5.0\\ 0.87 & -0.50 & 0.00 & -4.0\\ 0.43 & 0.75 & -0.50 & 3.0\\ 0 & 0 & 0 & 1\end{pmatrix}$$

${}^B_AT$ 中的(2，4)元素是什么？

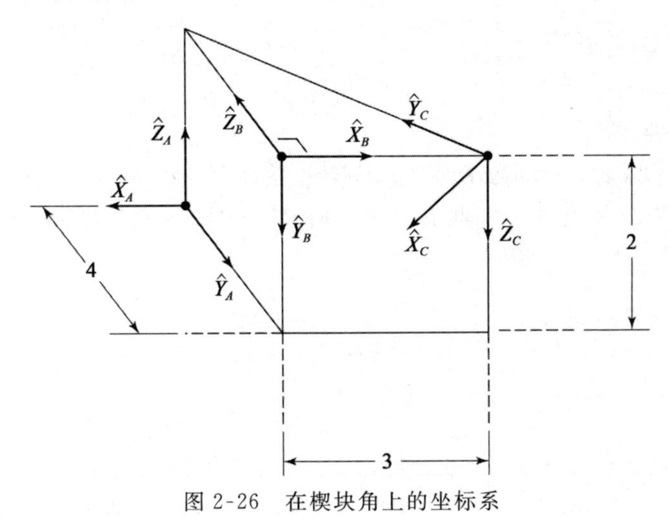

图 2-26　在楔块角上的坐标系

2.38　[25]假设在一个刚体内嵌有两个单位矢量 v_1 和 v_2。注意，无论刚体如何旋转，两个矢量的几何夹角保持不变(即刚体旋转是一个“角度保持”的运动)。由此给出一个简要证明(4～5 行)：旋转矩阵的逆矩阵等于它的转置矩阵，并且旋转矩阵是正交阵。

2.39　[37]写出一个算法(可用 C 语言的形式)来求解一个已知旋转矩阵的单位四元数。将式(2.91)作为起始点。

2.40　[33]写出一个算法(可用 C 语言的形式)来求解一个已知旋转矩阵的 Z-X-Z 欧拉角(参见附录 B)。

2.41　[33]写出一个算法(可用 C 语言的形式)来求解一个已知旋转矩阵的 X-Y-X 固定角(参见附录 B)。

2.42　[20] a) 求旋转矩阵${}^A_BR$，坐标系$\{B\}$相对于坐标系$\{A\}$的旋转矩阵，如果

$$ {}^A\hat{X}_B = (1 \quad 0 \quad 0)^{\mathrm{T}} $$

$$ {}^A\hat{Y}_B = (0 \quad 0 \quad -1)^{\mathrm{T}} $$

$$ {}^A\hat{Z}_B = (0 \quad 1 \quad 0)^{\mathrm{T}} $$

b) 求该旋转对应的 Z-Y-Z 欧拉角。

2.43　[15] 计算旋转矩阵${}^A_BR$，如果最开始坐标系$\{B\}$与坐标系$\{A\}$重合，求

a) 坐标系$\{B\}$绕 $\hat{X}_A$ 旋转 30°，再绕 $\hat{Y}_A$ 旋转 15°，最后绕 $\hat{Z}_A$ 旋转 70°。

b) 坐标系$\{B\}$绕 $\hat{Z}_B$ 旋转 70°，再绕 $\hat{Y}_B$ 旋转 15°，最后绕 $\hat{Y}_B$ 旋转 70°。

2.44　[20] 坐标系$\{B\}$设置在操作臂基座上，$\hat{Z}_B$ 朝上。三个摄像头去观察该操作臂。坐标系$\{C\}$、$\{D\}$和$\{E\}$分别表示这三个摄像头的位置和姿态。$\{C\}$的原点在 $\hat{X}_B-\hat{Z}_B$ 平面上。这些摄像头安装在三角架上。三脚架高度 1.5 个单位，3 个三脚架腿构成正三角形，以$\{B\}$为中心。操作臂坐标系位于每个摄像头的焦轴上(即摄像头的 z 轴)，从$\{B\}$到每个摄像头的欧拉距离是 5 个单位，即${}^CP_{BORG}={}^DP_{BORG}={}^EP_{BORG}=(0 \quad 0 \quad 5)^{\mathrm{T}}$。计算摄像头之间的变换矩阵${}^B_CT$、${}^B_DT$ 和${}^B_ET$。

61 ~ 62

2.45　[20] 坐标系$\{B\}$设置在操作臂基座上，坐标系$\{C\}$描述深度摄像头的位置和姿态，该摄像头初始位置和姿态与坐标系$\{B\}$重合，然后朝 $\hat{X}_B$ 移动 7 个单位，朝 $\hat{Y}_B$ 移动 5 个单位，朝 $\hat{Z}_B$ 移动 5 个单位，绕 $\hat{Z}_C$ 旋转$-20°$，绕 $\hat{Y}_C$ 旋转$-110°$。摄像头探测到某个目标物的位置坐标${}^CP=(0.5 \quad 0.2 \quad 3.2)^{\mathrm{T}}$。求目标物在坐标系$\{B\}$中的位置${}^BP$。

2.46　[20]某个物体在 t_0 时刻的位置和速度已知，分别是${}^BP_0=(0 \quad 0.5 \quad 0)^{\mathrm{T}}$ 和${}^BV_0=(1.9 \quad 0.1 \quad -0.3)^{\mathrm{T}}$。如果速度恒定，且

$$
{}_B^AT=\begin{pmatrix} 0.0722 & -0.963 & -0.259 & -5.00 \\ 0.954 & -0.00868 & 0.298 & -6.50 \\ -0.290 & -0.269 & 0.919 & 8.00 \\ 0 & 0 & 0 & 1 \end{pmatrix}
$$

求5个单位时间后的${}^AP$。

2.47 [15] 矢量${}^AP$绕$\hat{Z}_A$轴旋转θ，接着绕$\hat{Y}_A$轴旋转ϕ。按照给定的顺序，写出对应的旋转矩阵。

2.48 [15] 矢量${}^AP$绕$\hat{Y}_A$轴旋转60°，接着绕$\hat{X}_A$轴旋转−45°。按照给定的顺序，写出对应的旋转矩阵。

2.49 [15] 速度矢量

$$
{}^BV=\begin{pmatrix} 30.0 \\ 40.0 \\ 50.0 \end{pmatrix}
$$

假定

$$
{}_B^AT=\begin{pmatrix} 0.707 & 0 & -0.707 & 11.0 \\ -0.612 & 0.500 & -0.612 & -3.0 \\ 0.353 & 0.866 & 0.353 & -9.0 \\ 0 & 0 & 0 & 1 \end{pmatrix}
$$

求${}^AV$。

2.50 [15]参考图2-26，求${}_B^CT$。

2.51 [15]给定

$$
{}_B^AT=\begin{pmatrix} 0.25 & 0.43 & 0.86 & 5.0 \\ 0.87 & -0.50 & 0.00 & -4.0 \\ 0.43 & 0.75 & -0.50 & 3.0 \\ 0 & 0 & 0 & 1 \end{pmatrix}
$$

求${}^BP_{AORG}$。

编程练习

1. 如果你的函数库没有Atan2函数子程序，就编写一个。

63

2. 制作一个友好的用户界面，在平面坐标系中用角度θ代替2×2旋转矩阵描述姿态。用户始终按照角度θ输入，但是程序内部仍用旋转矩阵的形式。用x和y值来确定坐标系的位置矢量分量。因此，允许用户用一个三元数(x，y，θ)来给定坐标系。在程序内部用一个2×1位置矢量和一个2×2旋转矩阵，所以需要一个转换程序。写出一个子程序，其Pascal起始定义为

```
Procedure UTOI (VAR uform: vec3; VAR iform: frame);
```

其中“UTOI”意思是“用户形式到内部形式”。第一个参数为三元数(x，y，θ)，并且第二个参数为关于“坐标系”类型，由一个2×1位置矢量和一个2×2旋转矩阵组成。如果你愿意，可用一个3×3齐次变换表示这个坐标系，其第三行为(0 0 1)。求逆程序也是必要的：

```
Procedure ITOU (VAR iform: frame; VAR uform: vec3);
```

3. 写出关于两个变换相乘的子程序。程序起始为：

```
Procedure TMULT (VAR brela, crelb, crela: frame);
```

前两个参数为输入，第三个为输出。注意在程序中的参数文件名为(brela=${}_B^AT$)。

4. 写出一个子程序，求变换的逆。程序起始为：

```
Procedure TINVERT (VAR brela, arelb: frame);
```

第一参数是输入，第二个为输出。注意在程序中的参数文件名为(brela=${}_B^AT$)。

5. 已知下列坐标系：

$$ {}^U_AT=(x\quad y\quad \theta)=(11.0\quad -1.0\quad 30.0) $$

$$ {}^B_AT=(x\quad y\quad \theta)=(0.0\quad 7.0\quad 45.0) $$

$$ {}^C_UT=(x\quad y\quad \theta)=(-3.0\quad -3.0\quad -30.0) $$

由用户输入坐标的表达$(x\quad y\quad \theta)$(θ是以度为单位)。画出坐标系(像图 2-15 一样，只须在二维平面内)定性表达出它们的位置。编写程序调用 TMULT 和 TINVERT(在编程练习 3 和编程练习 4 中已定义)求解${}^B_CT$。以程序内部表示和用户表示两种形式打印出${}^B_CT$。

MATLAB 练习

1. a)用 Z-Y-X($\alpha-\beta-\gamma$)欧拉角约定表示法，写出 MATLAB 程序，当用户输入欧拉角 $\alpha-\beta-\gamma$ 时，计算旋转矩阵${}^A_BR$。用两个例子测试：

   i)$\alpha=10°$，$\beta=20°$，$\gamma=30°$

   ii)$\alpha=30°$，$\beta=90°$，$\gamma=-55°$

   对于情况 i)，证明单位正交旋转矩阵的 6 个约束条件(即在 3×3 矩阵中有 9 个数，但是只有 3 个是独立的)。对于情况 i)，证明${}^B_AR={}^A_BR^{-1}={}^A_BR^{\mathrm{T}}$。

   64

   b)编写一个 MATLAB 程序。当输入旋转矩阵${}^A_BR$ 时，计算出欧拉角 $\alpha-\beta-\gamma$(反解问题)。给出两个可能的解。证明 a)中两种情况的反解。循环检查你的结果是否正确(即将 a)中的欧拉角输入程序 a；将得到的旋转矩阵${}^A_BR$ 输入程序 b；你将得到两组解答：一组应当是用户原来的输入值，而另一组可用 a)中的程序验证。

   c)仅简单地绕 Y 轴旋转 β 角。已知 $\beta=20°$和${}^BP=\{1\quad 0\quad 1\}^{\mathrm{T}}$，计算${}^AP$；画草图验证结果是否正确。

   d)用 Corke MATLAB Robotics 工具箱检查所有的结果。试使用函数 rpy2tr()、tr2rpy()、rotx()、roty()和 rotz()。

2. a)编写一个 MATLAB 程序，当用户输入 Z-Y-X 欧拉角 $\alpha-\beta-\gamma$ 和位置矢量${}^AP_B$ 时，计算齐次变换矩阵${}^A_BT$。试验这两个例子：

   i)$\alpha=10°$，$\beta=20°$，$\gamma=30°$和${}^AP_B=\{1\quad 2\quad 3\}^{\mathrm{T}}$。

   ii)$\beta=20°(\alpha=\gamma=0°)$，${}^AP_B=\{3\quad 0\quad 1\}^{\mathrm{T}}$。

   b)已知 $\beta=20°(\alpha=\gamma=0°)$、${}^AP_B=\{3\quad 0\quad 1\}^{\mathrm{T}}$ 和${}^BP=\{1\quad 0\quad 1\}^{\mathrm{T}}$，用 MATLAB 计算${}^AP$；画草图验证结果是否正确。并用相同的数值验证齐次变换矩阵的三种解释：作业 b)是第二种描述或变换映射。

   c)编写一个 MATLAB 程序运用符号公式计算齐次变换矩阵的逆矩阵${}^A_BT^{-1}={}^B_AT$。将结果和 MATLAB 的数值函数(例如 inv)作比较。证明两种方法均可得到正确的结果(即${}^A_BT\,{}^A_BT^{-1}={}^A_BT^{-1}\,{}^A_BT=I_4$)。对上面 a)中的 i)和 ii)进行验证。

   d)令${}^A_BT$ 为 a)中 i)的解，${}^B_CT$ 为 a)中 ii)的解。

   i)计算${}^A_CT$，并用变换图说明关系。对${}^C_AT$ 作同样的处理。

   i)已知 d) i)中的${}^A_CT$ 和${}^B_CT$——假定${}^A_BT$ 未知，计算它并与已知的答案进行比较。

   iii)已知 d) i)中的${}^A_CT$ 和${}^A_BT$——假定${}^B_CT$ 未知，计算它并与已知的答案进行比较。

   65 ~ 66

   e)用 Corke MATLAB 的 Robotics 工具箱检查所有的结果。试使用函数 rpy2tr()和 transl()。

第 3 章

Introduction to Robotics：Mechanics and Control，Fourth Edition

操作臂运动学

3.1 引言

运动学研究操作臂的运动特性，而不考虑使操作臂产生运动时施加的力。在操作臂运动学中，将要研究操作臂的位置、速度、加速度以及位置变量的所有高阶导数(包括对时间或其他变量的导数)。因此，操作臂运动学涉及所有与运动有关的几何参数和与时间有关的性质。操作臂的运动和使之运动而施加的力和力矩之间的关系称为操作臂动力学，将在第 6 章进行研究。

在本章中，只研究静止状态下操作臂连杆的位置和姿态。在第 5 章和第 6 章中，将要研究操作臂运动时的速度和加速度。

为了便于处理操作臂的复杂几何形状，首先需要在操作臂的每个连杆上分别设置一个连杆坐标系，然后再描述这些连杆坐标系之间的关系。除此之外，操作臂运动学还研究当各个连杆通过关节连接起来后，连杆坐标系之间的相对关系。本章的研究重点是把操作臂关节变量作为自变量，描述操作臂末端执行器的位置和姿态与操作臂基座之间的函数关系。

3.2 连杆的描述

操作臂可以看成由一系列通过关节连接成运动链的刚体。我们将这些刚体称为连杆。通过关节将两个相邻的连杆连接起来。当两个刚体之间的相对运动是两个平面相互之间的相对滑动时，连接相邻两个刚体的运动副称为**低副**。图 3-1 所示为 6 种常用的低副关节。

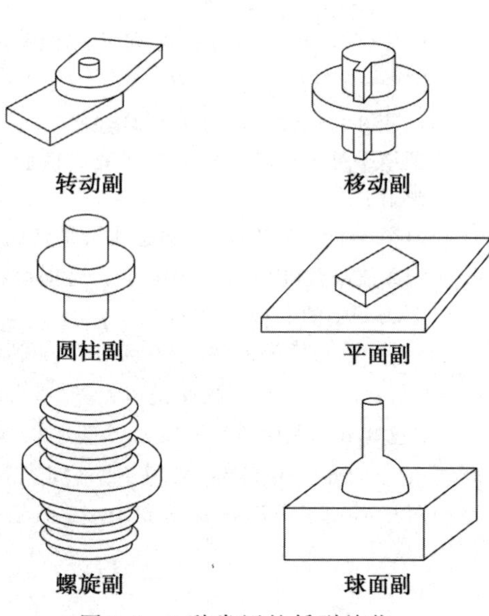

图 3-1　6 种常用的低副关节

在设计操作臂的结构时，通常优先选择仅具有一个自由度的关节作为连杆的连接方式。大部分操作臂中包括**转动关节**或**移动关节**。在极少数情况下，采用具有 n 个自由度的关节来构成操作臂机构，这种机构可以看成是用 n 个单自由度的关节把 $n-1$ 个长度为 0 的连杆连接而成的。因此，不失一般性，这里仅对只含单自由度关节的操作臂进行研究。

从操作臂的固定基座开始为连杆进行编号，可以称固定基座为连杆 0。第一个可动连杆为连杆 1，以此类推，操作臂最末端的连杆为连杆 n。为了确定末端执行器在三维空间的位置和姿态，操作臂至少需要 6 个关节[⊖]。典型的操作臂具有 5 个或 6 个关节。有些机器人实际上

⊖ 直观的解释是因为当描述一个物体在空间的位置和姿态时需要 6 个参数——3 个位置和 3 个姿态。

不是一个单独的运动链——其中含有平行四边形连杆机构或其他的闭式运动链。在本章的最后将要介绍一个这种类型的操作臂。

设计人员在进行机器人设计时，需要考虑典型机器人中单个连杆的许多特性：材料类型、连杆的强度和刚度、关节轴承的类型和安装位置、外形、重量和转动惯量以及其他一些因素。然而，在建立机构运动学方程时，为了确定操作臂两个相邻关节轴的位置关系，可把连杆看作一个刚体。用空间中的直线来表示关节轴。关节 i 可用空间中的一条直线，或用一个向量来表示，连杆 i 绕关节轴 i 相对于连杆 $i-1$ 转动。由此可知，在描述连杆的运动时，一个连杆运动可用两个参数描述，这两个参数定义了空间中两个关节轴之间的相对位置。

68

三维空间中的任意两个轴之间的距离均为一个确定值，两个轴之间的距离即为两轴之间公垂线的长度。两轴之间的公垂线总是存在的，当两轴不平行时，两轴之间的公垂线只有一条。当两关节轴平行时，则存在无数条长度相等的公垂线。在图 3-2 中，关节轴 $i-1$ 和关节轴 i 之间公垂线的长度为 a_{i-1}，a_{i-1} 即为**连杆长度**。也可以用另一种方法来描述连杆 $i-1$ 的长度 a_{i-1}，以关节轴 $i-1$ 为轴线作一个圆柱，并且把该圆柱的半径向外扩大，直到该圆柱面刚好与关节轴 i 相交时，这时圆柱的半径即等于 a_{i-1}。

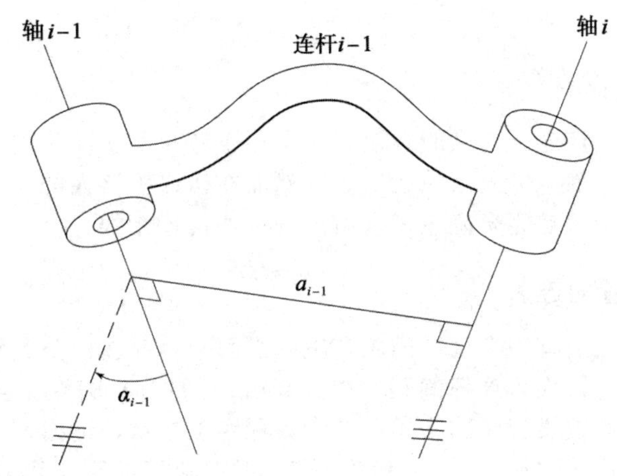

图 3-2 连杆的运动学功能是保持连杆两端关节轴的相对关系。该关系可以用两个参数描述：连杆的长度 a 和连杆扭转角 α

用来定义两关节轴相对位置的第二个参数为**连杆扭转角**。假设作一个平面，并使该平面与两关节轴之间的公垂线垂直，然后把关节轴 $i-1$ 和关节轴 i 投影到该平面上，在平面内按照右手法则从轴 $i-1$ 绕 a_{i-1} 转向轴 i 测量两轴线之间的夹角[⊖]，用转角 α_{i-1} 定义连杆 $i-1$ 的扭转角。在图 3-2 中，α_{i-1} 表示关节轴 $i-1$ 和关节轴 i 之间的夹角。(上面带有三条标线的两条线为平行线。)当两个关节轴线相交时，两轴线之间的夹角可以在两者所在的平面中测量，但是 α_{i-1} 没有意义。在这种特殊情况下，α_{i-1} 的符号可以任意选取。

69

可以用上面定义的两个参数，即连杆的长度和扭转角来定义空间中任意两条直线的关系(在这里是用来定义两个关节轴之间的关系)。

例 3.1 图 3-3 所示为一个机器人连杆的示意图。如果把该连杆安装到机器人上时，支承“A”是小序号关节，求该连杆的长度和转角。假设支承孔居中。

⊖ 在这种情况下，a_{i-1} 的方向是由轴 $i-1$ 指向轴 i。

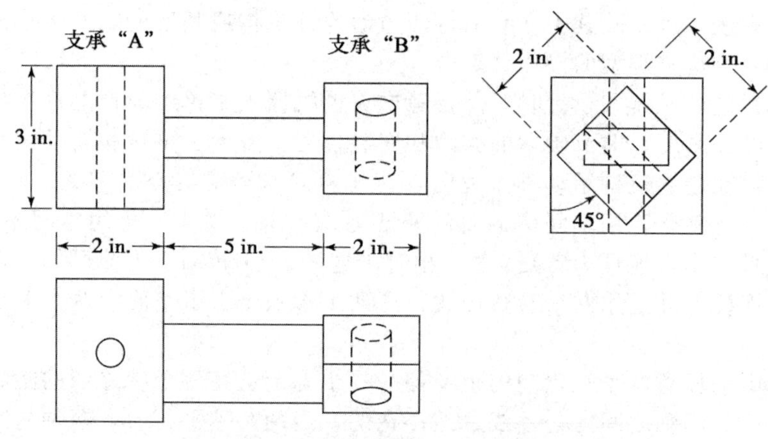

图 3-3 支撑两根转动轴的连杆

通过观察可以知道，两关节轴的公垂线正好是连接这两个支承的金属杆的中线，因此该连杆的长度为7英寸(1英寸=0.0254米)。右侧图实际表示了连杆两端支承在其轴线公垂面上的投影。连杆扭转角的测量按照右手定则绕公垂线从轴线 $i-1$ 转向轴线 i，因此在本例中，连杆扭转角显然为+45°。

3.3 连杆连接的描述

把机器人的各个连杆连接起来时，设计人员还要考虑和解决许多问题。包括关节的强度、关节的润滑方式、轴承以及齿轮的安装。然而在研究机器人的运动学问题时，仅需要考虑两个参数，这两个参数完全确定了所有连杆是如何连接的。 70

处于运动链中间位置的连杆

相邻的两个连杆之间有一个公共的关节轴。沿两个相邻连杆公共轴线方向的距离可以用一个参数描述，该参数称为**连杆偏距**。在关节轴 i 上的连杆偏距记为 d_i。用另一个参数描述两相邻连杆绕公共轴线旋转的夹角，该参数称为**关节角**，记为 θ_i。

图 3-4 表示相互连接的连杆 $i-1$ 和连杆 i。根据前面的定义可知 a_{i-1} 表示连接连杆 $i-1$两端关节轴的公垂线长度。同样，a_i 表示连接连杆 i 两端关节轴的公垂线长度。从公垂线 a_{i-1} 与关节轴 i 的交点到公垂线 a_i 与关节轴 i 交点的有向距离即为描述相邻两连杆连接关系的第一个参数，即连杆偏距 d_i。连杆偏距 d_i 的表示方法如图 3-4 所示。当关节 i 为移动关节时，连杆偏距 d_i 是一个变量。平移公垂线 a_{i-1} 和 a_i 绕关节轴 i 旋转所形成的夹角即为描述相邻两连杆连接关系的第二个参数，即关节角 θ_i，如图 3-4 所示。图中，标有双斜线的直线为平行线。当关节 i 为转动关节时，关节角 θ_i 是一个变量。

运动链中首端连杆和末端连杆

连杆的长度 a_i 和连杆扭转角 α_i 取决于关节轴线 i 和 $i+1$，因此在本节中按从 a_1 到 a_{n-1}以及从 α_1 到 α_{n-1}的规定讨论。对于运动链中的两端的连杆，其参数习惯设定为0，即 $a_0=a_n=0.0$，$\alpha_0=\alpha_n=0.0$⊖。在本节中，按照上面的规定对关节2到关节 $n-1$ 的连杆偏距 d_i 和关节角 θ_i 进行了定义。如果关节1为转动关节，则 θ_1 的零位可以任意选取，并且 71

⊖ 实际上，根本不需要定义 a_n 和 α_n。

设定 $d_1=0.0$。同样，如果关节1为移动关节，则 d_1 的零位可以任意选取，并且设定 $\theta_1=0.0$。这种设定方法完全适用于关节 n。

之所以采用这样的规定，是因为当一个参数可以任意选取时，把另一个参数设定为0，可以使以后的计算尽可能简单。

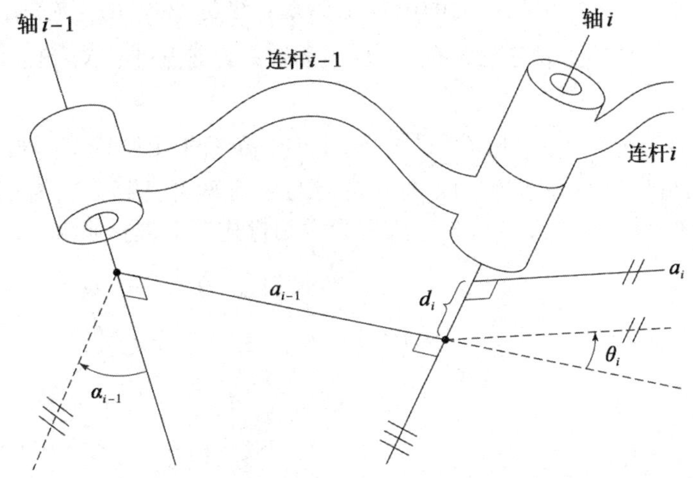

图3-4　用来描述相邻连杆之间连接关系的两个参数：连杆偏距 d_i 和关节角 θ_i

连杆参数

因此，机器人的每个连杆都可以用4个运动学参数来描述，其中两个参数用于描述连杆本身，另两个参数用于描述连杆之间的连接关系。通常，对于转动关节，θ_i 为**关节变量**，其他三个**连杆参数**是固定不变的；对于移动关节，d_i 为关节变量，其他三个**连杆参数**是固定不变的。这种用连杆参数描述机构运动关系的规则称为 Denavit-Hartenberg 方法[1]。⊖还有其他一些描述机构运动参数的方法，在此不作介绍。

根据上述方法，可以确定任意机构的 Denavit-Hartenberg 参数，并用这些参数来描述该机构。例如，对于一个6关节机器人，需要用18个参数就可以完全描述这些固定的运动学参数。如果是6个转动关节的机器人，这时18个固定参数可以分6组（a_i，α_i，d_i）表示。

例3.2 一个机器人是由两个连杆组成的，如图3-3所示。关节2由连杆1的支承"B"和连杆2的支承"A"组成，支承"A"和支承"B"的装配面为平面，两者的装配面直接接触。求连杆偏距 d_2。

连杆偏距 d_2 是在关节2上的偏距，它是连杆1和连杆2之间公垂线沿关节轴2方向的距离。由图3-3可知，$d_2=2.5$ 英寸。

在介绍更多例子之前，我们先对操作臂上固连于每一个连杆的坐标系进行定义。

3.4　连杆坐标系的定义

为了描述每个连杆与相邻连杆之间的相对位置关系，需要在每个连杆上定义一个固连坐

⊖ 需要注意的是，有许多建立坐标系的方法均称为 Denavit-Hartenberg 的方法，但是在细节上有些不同。例如，本书中坐标系的编号方法与一些机器人专著中坐标系的编号方法不同。在本书中坐标系$\{i\}$固连于连杆 i 上，其原点位于关节轴 i 上。

标系。根据固连坐标系所在连杆的编号对固连坐标系命名，因此，固连在连杆 i 上的固连坐标系称为坐标系$\{i\}$。

72

运动链中间位置连杆坐标系的定义

通常按照下面的方法确定连杆上的固连坐标系：坐标系$\{i\}$的 $\hat{Z}$ 轴称为 $\hat{Z}_i$，并与关节轴 i 重合，坐标系$\{i\}$的原点位于公垂线 a_i 与关节轴 i 的交点处。$\hat{X}_i$ 沿 a_i 方向由关节 i 指向关节 $i+1$。

当 $a_i=0$ 时，$\hat{X}_i$ 垂直于 $\hat{Z}_i$ 和 $\hat{Z}_{i+1}$ 所在的平面。按右手定则绕 $\hat{X}_i$ 轴的转角定义为 α_i，由于 $\hat{X}_i$ 轴的方向可以有两种选择，因此 α_i 的符号也有两种选择。$\hat{Y}_i$ 轴由右手定则确定，从而完成了对坐标系$\{i\}$的定义。图 3-5 所示为常用操作臂上坐标系$\{i-1\}$和$\{i\}$的位置。

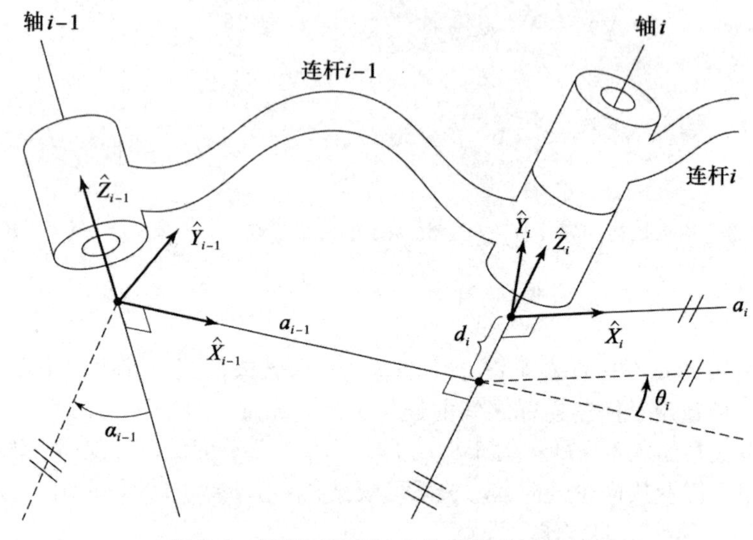

图 3-5 固连于连杆 i 上的连杆坐标系$\{i\}$

运动链中首端连杆和末端连杆坐标系的定义

固连于机器人基座(即连杆 0)上的坐标系为坐标系$\{0\}$。这个坐标系是一个固定不动的坐标系，因此在研究机械臂运动学问题时，可以把该坐标系作为参考坐标系。可以在参考坐标系中描述机械臂所有其他连杆坐标系的位置。

参考坐标系$\{0\}$可以任意设定，但是为了使问题简化，通常设定 $\hat{Z}_0$ 轴沿关节轴 1 的方向，并且当关节变量 1 为 0 时，设定参考坐标系$\{0\}$与坐标系$\{1\}$重合。按照这个规定，总有 $a_0=0.0$ 和 $\alpha_0=0.0$。另外，当关节 1 为转动关节时，$d_1=0.0$；当关节 1 为移动关节时，$\theta_1=0.0$。

73

对于转动关节 n，设定 $\theta_n=0.0$，此时 $\hat{X}_N$ 轴与 $\hat{X}_{N-1}$ 轴的方向相同，选取坐标系$\{N\}$的原点位置使之满足 $d_n=0.0$。对于移动关节 n，设定 $\hat{X}_N$ 轴的方向使之满足 $\theta_n=0.0$，当 $d_n=0.0$ 时，选取坐标系$\{N\}$的原点位于 $\hat{X}_{N-1}$ 轴与关节轴 n 的交点位置。

连杆参数在连杆坐标系中的表示方法

如果按照上述方法将连杆坐标系固连于连杆上时，连杆参数可以定义为：

a_i =沿 $\hat{X}_i$ 轴，从 $\hat{Z}_i$ 移动到 $\hat{Z}_{i+1}$ 的距离

α_i =绕 $\hat{X}_i$ 轴，从 $\hat{Z}_i$ 旋转到 $\hat{Z}_{i+1}$ 的角度

d_i =沿 $\hat{Z}_i$ 轴，从 $\hat{X}_{i-1}$ 移动到 $\hat{X}_i$ 的距离

θ_i =绕 $\hat{Z}_i$ 轴，从 $\hat{X}_{i-1}$ 旋转到 $\hat{X}_i$ 的角度

因为 a_i 对应的是距离，因此通常设定 $a_i>0$。然而 α_i、d_i 和 θ_i 的值可以为正，也可以为负。

最后需要声明，按照上述方法建立的连杆固连坐标系并不是唯一的。首先，当选取 $\hat{Z}_i$ 轴与关节轴 i 重合时，$\hat{Z}_i$ 轴的指向有两种选择。此外，在关节轴相交的情况下(这时 $a_i=0$)，由于 $\hat{X}_i$ 轴垂直于 $\hat{Z}_i$ 轴与 $\hat{Z}_{i+1}$ 轴所在的平面，因此 $\hat{X}_i$ 轴的指向也有两种选择。当关节轴 i 与 $i+1$ 平行时，坐标系$\{i\}$的原点位置可以任意选择(通常选取该原点使之满足 $d_i=0$)。另外，当关节为移动关节时，坐标系的选取也有一定的任意性(见例 3.5)。

建立连杆坐标系的步骤

对于一个新机构，可以按照下面的步骤正确地建立连杆坐标系。

1）找出各关节轴，并标出(或画出)这些轴线的延长线。在下面的步骤 2 至步骤 5 中，仅考虑两个相邻的轴线(关节轴 i 和 $i+1$)。

2）找出关节轴 i 和 $i+1$ 之间的公垂线或关节轴 i 和 $i+1$ 的交点，以关节轴 i 和 $i+1$ 的交点或公垂线与关节轴 i 的交点作为连杆坐标系$\{i\}$的原点。

3）规定 $\hat{Z}_i$ 轴沿关节轴 i 的指向。

4）规定 $\hat{X}_i$ 轴沿公垂线的指向，如果关节轴 i 和 $i+1$ 相交，则规定 $\hat{X}_i$ 轴垂直于关节轴 i 和 $i+1$ 所在的平面。

5）按照右手定则确定 $\hat{Y}_i$ 轴。

6）当第一个关节变量为 0 时，规定坐标系$\{0\}$和$\{1\}$重合。对于坐标系$\{N\}$，其原点和 $\hat{X}_N$ 的方向可以任意选取。但是在选取时，通常尽量使连杆参数为 0。

例 3.3 图 3-6a 所示为一个平面三连杆机械臂。因为三个关节均为转动关节，因此经常称该操作臂为 RRR（或 3R）**机构**。图 3-6b 为该机械臂的简图。注意在三个关节轴上均标有双斜线，表示这些关节轴线平行。在机械臂上建立连杆坐标系并写出 Denavit-Hartenberg 参数。

74

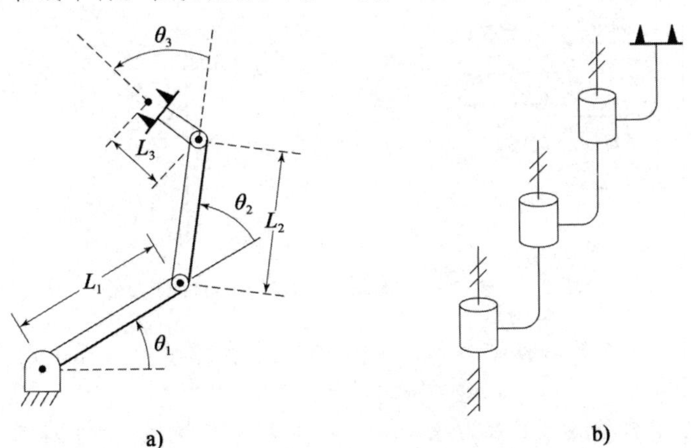

图 3-6　一个三连杆平面机械臂。右侧用简图表示这个机械臂，各轴上标记的斜线表示它们相互平行

我们首先定义参考坐标系，即坐标系{0}，它固定在基座上。当第一个关节变量值(θ_1)为 0 时坐标系{0}与坐标系{1}重合。因此我们建立的坐标系{0}如图 3-7 所示，且$\hat{Z}_0$轴与关节 1 轴线重合。这个机械臂所有的关节轴线都与机械臂所在的平面垂直。由于该机械臂位于一个平面上，因此所有的 $\hat{Z}$ 轴相互平行，没有连杆偏距——所有的 d_i 都为 0。所有关节都是旋转关节，因此当转角都为 0 时，所有的$\hat{X}$轴一定在一条直线上。

由上面的分析很容易确定各坐标系如图 3-7 所示。图 3-8 给出了相应的连杆参数。

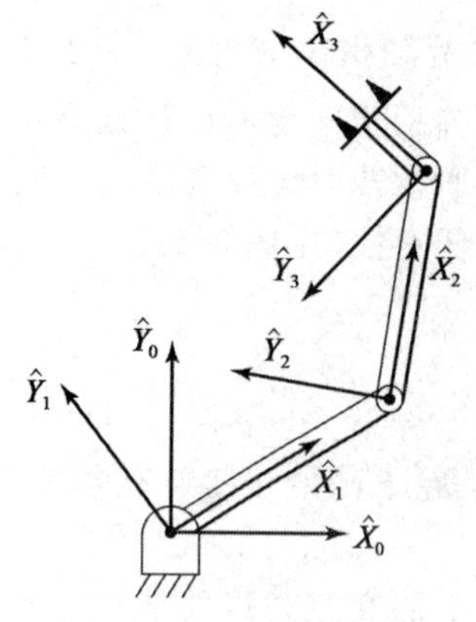

图 3-7 连杆坐标系的配置

i	α_{i-1}	a_{i-1}	d_i	θ_i
1	0	0	0	θ_1
2	0	L_1	0	θ_2
3	0	L_2	0	θ_3

图 3-8 三连杆平面操作臂的连杆参数

注意到由于所有的关节轴都是平行的，且所有的 $\hat{Z}$ 轴都垂直纸面向外，因此 α_i 都为 0。这显然是一个非常简单的机构。同样注意到我们的运动学分析最后常常归结到一个坐标系里，这个坐标系的原点位于最后一个关节轴上，因此在连杆参数里没有 l_3。关于末端执行器的连杆偏距将在后面单独予以讨论。

例 3.4 图 3-9a 所示为一个三自由度机器人，其中包括一个移动关节。该操作臂称为“RPR 型机构”(一种定义关节类型和顺序的表示方法)。它是一种“柱坐标”机器人，俯视时前两个关节可看作是极坐标形式，最后一个关节(关节 3)可提供机械手的转动。图 3-9b为该操作臂的简图。注意表示移动关节的符号，“点”表示两个相邻关节轴的交点。实际上关节轴 1 与关节轴 2 是相互垂直的。

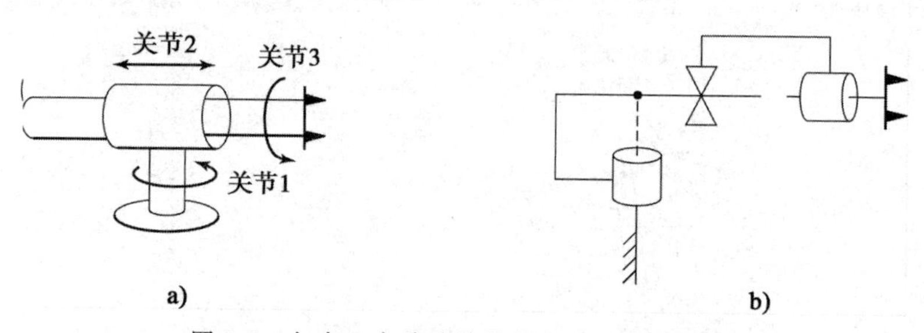

图 3-9 包含一个移动关节的三自由度操作臂

图 3-10a 所示是操作臂的移动关节处于最小伸展状态时的情况。图 3-10b 表示连杆坐标系的配置。

75
~
76

注意到在该图中机器人所处的位置 $\theta_1=0$，所以坐标系{0}和坐标系{1}完全重合。注意，坐标系{0}虽然没有建在机器人法兰基座的最底部，但仍然刚性地固连于连杆 0 上，即机器人固定不动的部分。正如同我们应用连杆坐标系进行运动学分析时并不需要一直向上描述到机械手的外部一样，因此反过来也就不必将连杆坐标系固连于机器人基座的最底端。只要把坐标系{0}建立在固定连杆 0 的任意位置，把坐标系{N}(即最后一个坐标系)建立在操作臂的末端连杆的任意位置就行了。其他连杆偏距在后面可用一般方法进行处理。

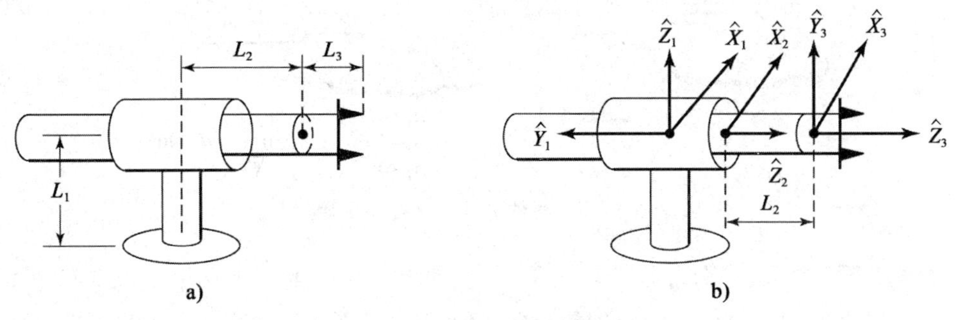

图 3-10　连杆坐标系的配置

注意到转动关节绕相连坐标系的 $\hat{Z}$ 轴旋转，而移动关节沿 $\hat{Z}$ 轴平移。对于移动关节 i，θ_i 是常量，d_i 是变量。如果连杆处于最小伸展状态时 d_i 为 0，则连杆坐标系{2}如图所示，这时连杆偏距 d_2 给出了实际偏移量。图 3-11 给出了相应的连杆参数。

i	α_{i-1}	a_{i-1}	d_i	θ_i
1	0	0	0	θ_1
2	90°	0	d_2	0
3	0	0	L_2	θ_3

图 3-11　例 3.4 RPR 型操作臂的连杆参数表

注意到对于该机器人 θ_2 值为零，d_2 是变量。由于关节轴 1 和关节轴 2 相交，所以 a_1 为 0。为使 $\hat{Z}_1$ 与 $\hat{Z}_2$ 重合，$\hat{Z}_1$ 需旋转(绕 $\hat{X}_1$ 轴)的角度 α_1 必为 90 度。

77

例 3.5 图 3-12a 所示是一个三连杆、3R 型操作臂，其中关节轴 1 与关节轴 2 相交，而关节轴 2 和关节轴 3 相互平行。图 3-12b 是该操作臂的运动简图。注意，简图上的标注表示前两个轴相互垂直，后两个轴相互平行。

坐标系的建立和 Denavit-Hartenberg 参数并不是唯一的，为证明这一点，下面是关于坐标系{1}和坐标系{2}的几种可能的正确配置形式。

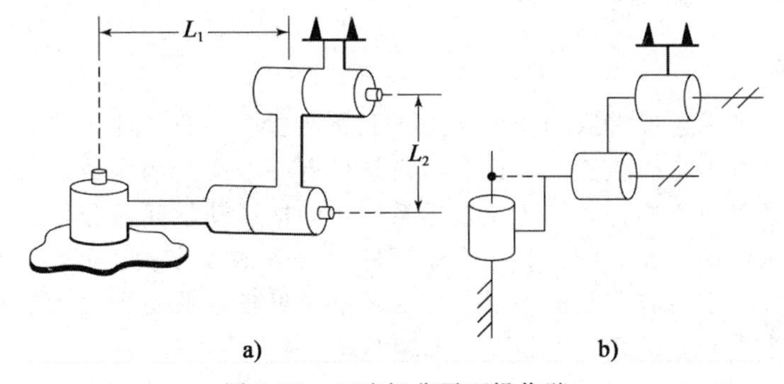

图 3-12　三连杆非平面操作臂

图 3-13 所示是由于 $\hat{Z}_2$ 有两个方向，因此坐标系的配置及相应参数也有两种选择。

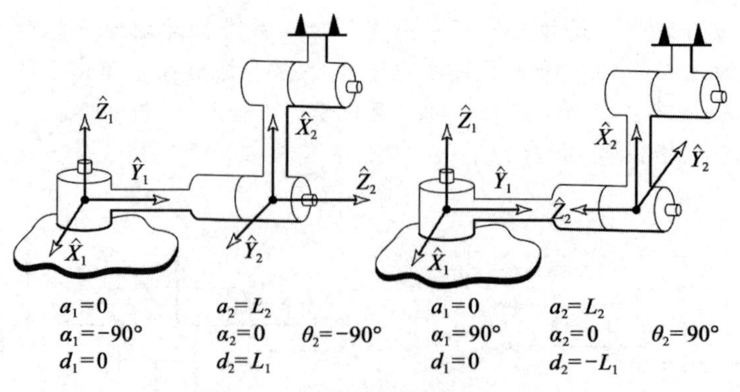

图 3-13 两种可能的坐标系配置

一般情况下，当$\hat{Z}_i$与$\hat{Z}_{i+1}$相交时，$\hat{X}_i$有两种选择。在本例中，由于关节轴 1 和关节轴 2 相交，因此$\hat{X}_1$的方向有两种选择。图 3-14 所示是$\hat{X}_1$选择另一个方向时，两种可能的坐标系的配置形式。

实际上，当$\hat{Z}_1$方向向下时，相应于前面的 4 种选择还有 4 种可能的坐标系的配置形式。

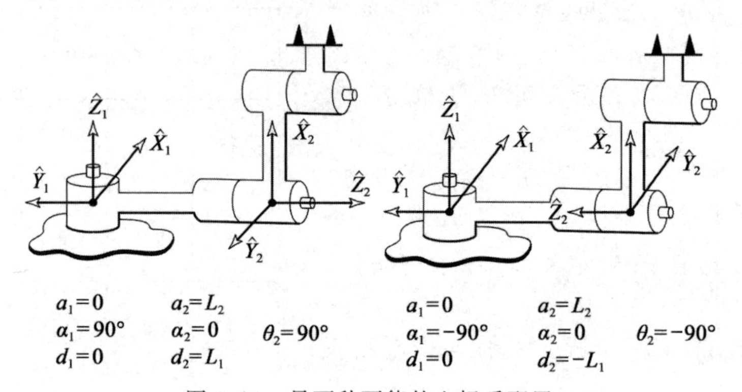

图 3-14 另两种可能的坐标系配置

3.5 操作臂运动学

78 ~ 79

在这一节，我们导出相邻连杆间坐标系变换的一般形式，然后将这些独立的变换联系起来求出连杆 n 相对于连杆 0 的位置和姿态。

连杆变换的推导

我们希望建立坐标系$\{i\}$相对于坐标系$\{i-1\}$的变换。一般这个变换是由 4 个连杆参数构成的函数。对任意给定的机器人，这个变换是只有一个变量的函数，另外 3 个参数由机械系统确定。通过对每个连杆逐一建立坐标系，我们把运动学问题分解成 n 个子问题。为了解决每个子问题，即${}^{i-1}_{i}T$，我们将每个子问题再分解成 4 个次子问题。4 个变换中的每一个变换都是仅有一个连杆参数的函数，通过观察能够很容易写出它的形式。首先我们为每个连杆定义 3 个中间坐标系——$\{P\}$、$\{Q\}$和$\{R\}$。

图 3-15 所示是与前述一样的一对关节，图中表示了坐标系$\{P\}$、$\{Q\}$和$\{R\}$的定义。注意，为了表示简洁起见，在每一个坐标系中仅给出了$\hat{X}$轴和$\hat{Z}$轴。由于旋转 α_{i-1}，因此坐标系$\{R\}$与坐标系$\{i-1\}$不同；由于位移 a_{i-1}，因此坐标系$\{Q\}$与坐标系$\{R\}$不同；由

于转角 θ_i，因此坐标系$\{P\}$与坐标系$\{Q\}$不同；由于位移 d_i，因此坐标系$\{i\}$与坐标系$\{P\}$不同。如果想把在坐标系$\{i\}$中定义的矢量变换成在坐标系$\{i-1\}$中的描述，这个变换矩阵可以写成

$$^{i-1}P = {}^{i-1}_{R}T\ {}^{R}_{Q}T\ {}^{Q}_{P}T\ {}^{P}_{i}T\ {}^{i}P \tag{3.1}$$

或

$$^{i-1}P = {}^{i-1}_{i}T\ {}^{i}P \tag{3.2}$$

这里

$${}^{i-1}_{i}T = {}^{i-1}_{R}T\ {}^{R}_{Q}T\ {}^{Q}_{P}T\ {}^{P}_{i}T \tag{3.3}$$

80

考虑每一个变换矩阵，式(3.3)可以写成

$${}^{i-1}_{i}T = R_X(\alpha_{i-1})D_X(a_{i-1})R_Z(\theta_i)D_Z(d_i) \tag{3.4}$$

或

$${}^{i-1}_{i}T = \mathrm{Screw}_X(a_{i-1},\alpha_{i-1})\mathrm{Screw}_Z(d_i,\theta_i) \tag{3.5}$$

这里 $\mathrm{Screw}_Q(r,\ \phi)$代表沿 $\hat{Q}$ 轴平移 r，再绕 $\hat{Q}$ 轴旋转角度 ϕ 的组合变换。矩阵连乘计算出式(3.4)，得到${}^{i-1}_{i}T$ 的一般表达式

$${}^{i-1}_{i}T = \begin{bmatrix} c\theta_i & -s\theta_i & 0 & a_{i-1} \\ s\theta_i c\alpha_{i-1} & c\theta_i c\alpha_{i-1} & -s\alpha_{i-1} & -s\alpha_{i-1}d_i \\ s\theta_i s\alpha_{i-1} & c\theta_i s\alpha_{i-1} & c\alpha_{i-1} & c\alpha_{i-1}d_i \\ 0 & 0 & 0 & 1 \end{bmatrix} \tag{3.6}$$

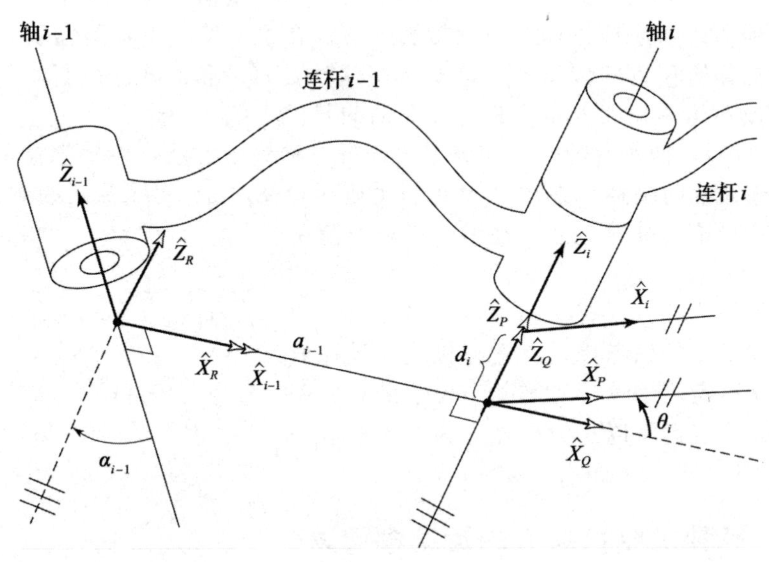

图 3-15 中间坐标系$\{P\}$、$\{Q\}$和$\{R\}$的定位

例 3.6 图 3-11 是图 3-9 所示机器人对应的连杆参数，试用这些参数计算各个连杆的变换矩阵。

把相应的参数代入式(3.6)，可得

$${}^{0}_{1}T = \begin{bmatrix} c\theta_1 & -s\theta_1 & 0 & 0 \\ s\theta_1 & c\theta_1 & 0 & 0 \\ 0 & 0 & 1 & 0 \\ 0 & 0 & 0 & 1 \end{bmatrix},\ {}^{1}_{2}T = \begin{bmatrix} 1 & 0 & 0 & 0 \\ 0 & 0 & -1 & -d_2 \\ 0 & 1 & 0 & 0 \\ 0 & 0 & 0 & 1 \end{bmatrix},\ {}^{2}_{3}T = \begin{bmatrix} c\theta_3 & -s\theta_3 & 0 & 0 \\ s\theta_3 & c\theta_3 & 0 & 0 \\ 0 & 0 & 1 & l_2 \\ 0 & 0 & 0 & 1 \end{bmatrix} \tag{3.7}$$

当推导出这些连杆变换矩阵时，会发现用它来验证经验常识非常方便。例如，每个变换矩阵的第四列元素表示了下一级坐标系原点的坐标。

连杆变换的连乘

如果已经定义了连杆坐标系和相应的连杆参数，就能直接建立运动学方程。由连杆参数值，我们可以计算出各个连杆变换矩阵。把这些连杆变换矩阵连乘就能得到一个坐标系$\{N\}$相对于坐标系$\{0\}$的变换矩阵

81

$$ {}^{0}_{N}T = {}^{0}_{1}T\,{}^{1}_{2}T\,{}^{2}_{3}T\cdots{}^{N-1}_{N}T \tag{3.8}$$

变换矩阵${}^{0}_{N}T$是关于n个关节变量的函数。如果能得到机器人关节位置传感器的值，机器人末端连杆在笛卡儿坐标系里的位置和姿态就能通过${}^{0}_{N}T$计算出来。

3.6 驱动器空间、关节空间和笛卡儿空间

对于一个具有n个自由度的操作臂来说，它的所有连杆位置可由一组n个关节变量加以确定。这样的一组变量常被称为$n\times1$的**关节向量**。所有关节向量组成的空间称为**关节空间**。至此，我们关心的是如何将已知的关节空间描述转化为在**笛卡儿空间**中的描述。当位置是在空间中相互正交的轴上测量，且姿态是按照第2章中的任何一种规定测量时，我们称这个空间为笛卡儿空间，有时称为任务空间和操作空间。

到目前为止，我们一直假设每个运动关节都是直接由某种驱动器驱动。然而，对于许多工业机器人并非如此。例如，有时用两个驱动器以差动的方式驱动一个关节，有时候用直线驱动器通过四连杆机构来驱动旋转关节。在这些情况下，就需要考虑驱动器位置。由于测量操作臂位置的传感器常常安装在驱动器上，因此进行控制器运算时必须把关节向量表示成一组驱动器变量方程，即**驱动向量**。

如图3-16所示，操作臂的位置和姿态描述有三种表示方法：**驱动器空间**描述、**关节空间**描述和**笛卡儿空间**描述。在本章中我们主要讨论图3-16实线箭头表示的映射关系。在第4章我们将讨论逆映射关系，在图中用虚线箭头表示。

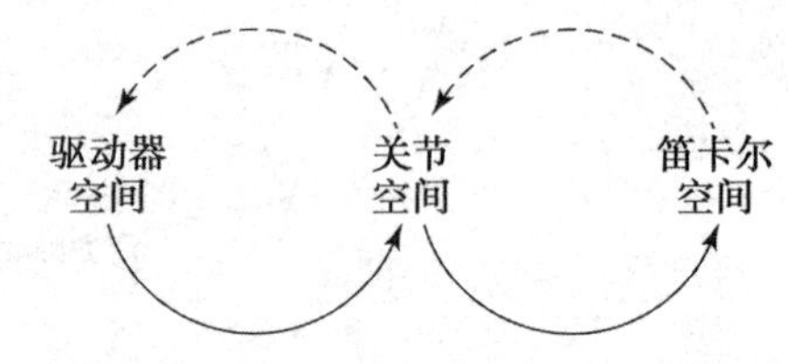

图3-16 不同运动学描述之间的映射

关节驱动器的连接方式有很多种，可以列出一个目录，在这里我们不予以考虑。在进行机器人设计或分析时，都必须确定驱动器位置和关节位置的对应关系。在下一节中，我们将以工业机器人为对象求解一个典型问题。

3.7 实例：两种工业机器人的运动学问题

82

常用的工业机器人可以有很多不同的运动学构型[2-3]。在本节中，我们将分析两种典型工业机器人的运动学问题。首先我们分析Unimation公司的PUMA 560机器人，一个六自由度转动关节操作臂。我们将建立以关节角度为变量的运动学方程。在该例中，我们不分析驱动器空间和关节空间之间关系的问题。其次，我们分析Yasukawa公司Motoman L-3机器人，一个五自由度转动关节型机器人。对这个例子我们进行了详细分析，包括驱动器-关节之间的变换。初次阅读本书时可以跳过这个例子不看。

PUMA 560

Unimation PUMA 560(图 3-17)是一个六自由度机器人，所有关节均为转动关节(即它是一个 6R 机构)。图 3-18 所示是所有关节角为零位时连杆坐标系的分布情况。[⊖] 图 3-19 所示是机器人小臂的细节。

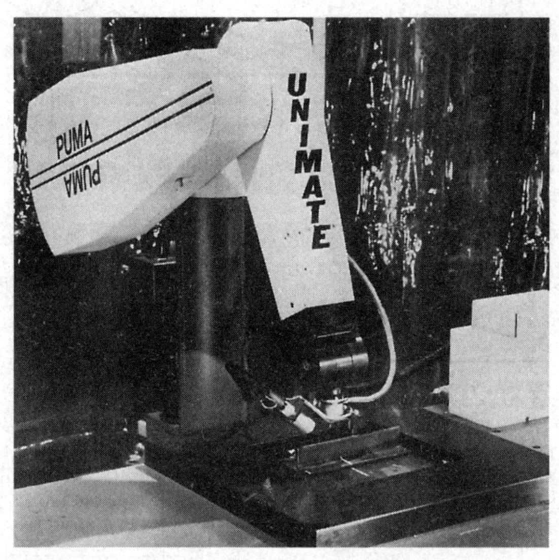

图 3-17 Unimation 公司 PUMA 560 机器人。经 Unimation 有限公司许可，公司地址 Shelter Rock Lane，Danbury，Conn.

83

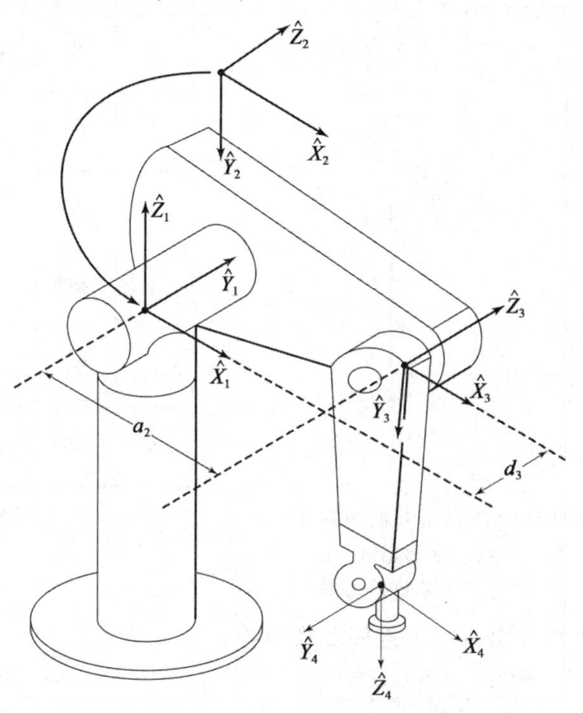

图 3-18 PUMA 560 操作臂运动参数和坐标系分布

⊖ Unimation 对于关节零位的定义有些不同，例如，$\theta_3^* = \theta_3 - 180°$，这里 θ_3^* 是 Unimation 对于关节 3 位置的规定。

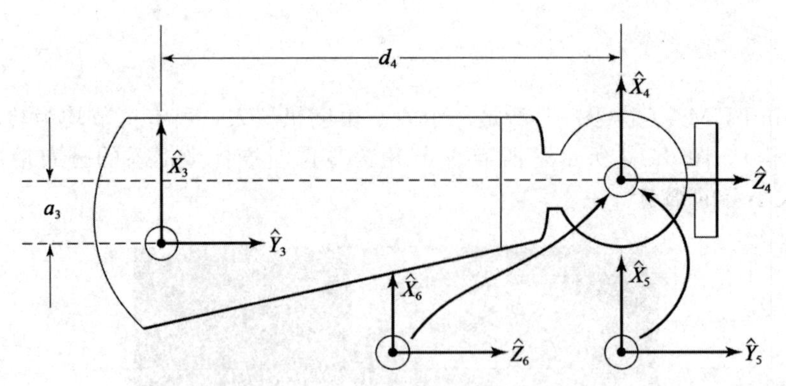

图 3-19 PUMA 560 小臂的运动参数和坐标系分布

注意，当 θ_1 为 0 时，坐标系{0}(未表示在图中)与坐标系{1}重合。还要注意，这台机器人与许多工业机器人一样，关节 4、5 和 6 的轴线相交于同一点，并且交点与坐标系{4}、{5}、{6}的原点重合，而且关节轴 4、5、6 相互垂直。图 3-20 所示为机器人腕部机构的运动简图。

与该连杆坐标系布置对应的连杆参数如图 3-21 所示。对于 PUMA 560，在操作臂的腕部有一套轮系将关节 4、5、6 的运动耦合在一起，因此针对这 3 个关节，需要对关节空间和驱动器空间加以区分，并分两步求出完整的运动解。但是，在此例中我们只讨论从关节空间到笛卡儿空间的运动解。

84

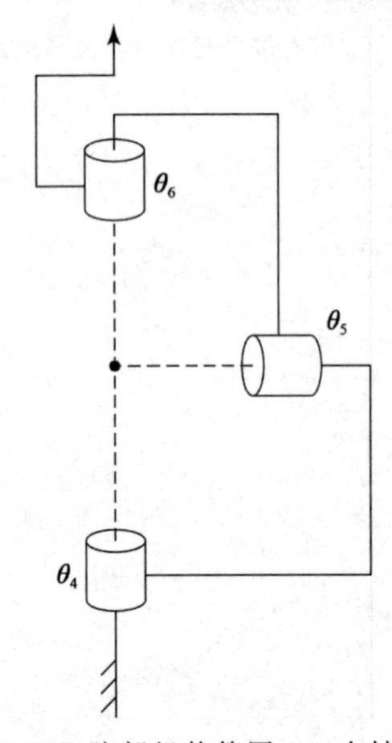

图 3-20 3R 腕部机构简图。三个轴相互垂直并相交于一点。这种设计用于 PUMA 560 和许多工业机器人中

i	α_{i-1}	a_{i-1}	d_i	θ_i
1	0	0	0	θ_1
2	-90°	0	0	θ_2
3	0	a_2	d_3	θ_3
4	-90°	a_3	d_4	θ_4
5	90°	0	0	θ_5
6	-90°	0	0	θ_6

图 3-21 PUMA 560 的连杆参数

根据式(3.6)，可以求出每一个连杆变换矩阵：

$$ {}^0_1T=\begin{bmatrix} c\theta_1 & -s\theta_1 & 0 & 0\\ s\theta_1 & c\theta_1 & 0 & 0\\ 0 & 0 & 1 & 0\\ 0 & 0 & 0 & 1\end{bmatrix},\quad {}^1_2T=\begin{bmatrix} c\theta_2 & -s\theta_2 & 0 & 0\\ 0 & 0 & 1 & 0\\ -s\theta_2 & -c\theta_2 & 0 & 0\\ 0 & 0 & 0 & 1\end{bmatrix} $$

$$
{}_{3}^{2}T=\begin{bmatrix} c\theta_3 & -s\theta_3 & 0 & a_2 \\ s\theta_3 & c\theta_3 & 0 & 0 \\ 0 & 0 & 1 & d_3 \\ 0 & 0 & 0 & 1 \end{bmatrix},\ {}_{4}^{3}T=\begin{bmatrix} c\theta_4 & -s\theta_4 & 0 & a_3 \\ 0 & 0 & 1 & d_4 \\ -s\theta_4 & -c\theta_4 & 0 & 0 \\ 0 & 0 & 0 & 1 \end{bmatrix}
$$

$$
{}_{5}^{4}T=\begin{bmatrix} c\theta_5 & -s\theta_5 & 0 & 0 \\ 0 & 0 & -1 & 0 \\ s\theta_5 & c\theta_5 & 0 & 0 \\ 0 & 0 & 0 & 1 \end{bmatrix},\ {}_{6}^{5}T=\begin{bmatrix} c\theta_6 & -s\theta_6 & 0 & 0 \\ 0 & 0 & 1 & 0 \\ -s\theta_6 & -c\theta_6 & 0 & 0 \\ 0 & 0 & 0 & 1 \end{bmatrix} \tag{3.9}
$$

85~86

将各个连杆矩阵连乘得到${}_{6}^{0}T$。在连乘中，得到的中间结果有助于求解第4章中的逆运动学问题。从${}_{5}^{4}T$和${}_{6}^{5}T$相乘开始：

$$
{}_{6}^{4}T={}_{5}^{4}T\,{}_{6}^{5}T=\begin{bmatrix} c_5c_6 & -c_5s_6 & -s_5 & 0 \\ s_6 & c_6 & 0 & 0 \\ s_5c_6 & -s_5s_6 & c_5 & 0 \\ 0 & 0 & 0 & 1 \end{bmatrix} \tag{3.10}
$$

式中c_5是$\cos\theta_5$的缩写，s_5是$\sin\theta_5$的缩写，等等。[⊖]于是有：

$$
{}_{6}^{3}T={}_{4}^{3}T\,{}_{6}^{4}T=\begin{bmatrix} c_4c_5c_6-s_4s_6 & -c_4c_5s_6-s_4c_6 & -c_4s_5 & a_3 \\ s_5c_6 & -s_5s_6 & c_5 & d_4 \\ -s_4c_5c_6-c_4s_6 & s_4c_5s_6-c_4c_6 & s_4s_5 & 0 \\ 0 & 0 & 0 & 1 \end{bmatrix} \tag{3.11}
$$

因为关节2和关节3通常是平行的，所以${}_{2}^{1}T$和${}_{3}^{2}T$的乘积用和差化积公式将得到一个简化的表达式。只要两个旋转关节轴平行就可以这样处理，因此得到：

$$
{}_{3}^{1}T={}_{2}^{1}T\,{}_{3}^{2}T=\begin{bmatrix} c_{23} & -s_{23} & 0 & a_2c_2 \\ 0 & 0 & 1 & d_3 \\ -s_{23} & -c_{23} & 0 & -a_2s_2 \\ 0 & 0 & 0 & 1 \end{bmatrix} \tag{3.12}
$$

这里使用了和差化积公式(见附录A)：

$$
\begin{aligned} c_{23}&=c_2c_3-s_2s_3 \\ s_{23}&=c_2s_3+s_2c_3 \end{aligned}
$$

则得：

$$
{}_{6}^{1}T={}_{3}^{1}T\,{}_{6}^{3}T=\begin{bmatrix} {}^{1}r_{11} & {}^{1}r_{12} & {}^{1}r_{13} & {}^{1}p_x \\ {}^{1}r_{21} & {}^{1}r_{22} & {}^{1}r_{23} & {}^{1}p_y \\ {}^{1}r_{31} & {}^{1}r_{32} & {}^{1}r_{33} & {}^{1}p_z \\ 0 & 0 & 0 & 1 \end{bmatrix}
$$

其中：

$$
\begin{aligned} {}^{1}r_{11}&=c_{23}[c_4c_5c_6-s_4s_6]-s_{23}s_5s_6 \\ {}^{1}r_{21}&=-s_4c_5c_6-c_4s_6 \\ {}^{1}r_{31}&=-s_{23}[c_4c_5c_6-s_4s_6]-c_{23}s_5c_6 \end{aligned}
$$

⊖ 这取决于表达式占用空间的大小，下列三种表示：$\cos\theta_5$、$c\theta_5$、c_5都是可以的。

$$
\begin{aligned}
{}^{1}r_{12} &= -c_{23}[c_4c_5s_6+s_4c_6]+s_{23}s_5s_6 \\
{}^{1}r_{22} &= s_4c_5s_6-c_4c_6 \\
{}^{1}r_{32} &= s_{23}[c_4c_5s_6+s_4c_6]+c_{23}s_5s_6 \\
{}^{1}r_{13} &= -c_{23}c_4s_5-s_{23}c_5 \\
{}^{1}r_{23} &= s_4s_5 \\
{}^{1}r_{33} &= s_{23}c_4s_5-c_{23}c_5 \\
{}^{1}p_x &= a_2c_2+a_3c_{23}-d_4s_{23} \\
{}^{1}p_y &= d_3 \\
{}^{1}p_z &= -a_3s_{23}-a_2s_2-d_4c_{23}
\end{aligned}
\tag{3.13}
$$

87

最后，得到 6 个连杆坐标变换矩阵的乘积：

$$
{}_{6}^{0}T={}_{1}^{0}T{}_{6}^{1}T=\begin{bmatrix} r_{11} & r_{12} & r_{13} & p_x \\ r_{21} & r_{22} & r_{23} & p_y \\ r_{31} & r_{32} & r_{33} & p_z \\ 0 & 0 & 0 & 1 \end{bmatrix}
$$

其中：

$$
\begin{aligned}
r_{11} &= c_1[c_{23}(c_4c_5c_6-s_4s_5)-s_{23}s_5c_6]+s_1(s_4c_5c_6+c_4s_6) \\
r_{21} &= s_1[c_{23}(c_4c_5c_6-s_4s_6)-s_{23}s_5c_6]-c_1(s_4c_5c_6+c_4s_6) \\
r_{31} &= -s_{23}(c_4c_5c_6-s_4s_6)-c_{23}s_5c_6 \\
\\
r_{12} &= c_1[c_{23}(-c_4c_5s_6-s_4c_6)+s_{23}s_5s_6]+s_1(c_4c_6-s_4c_5s_6) \\
r_{22} &= s_1[c_{23}(-c_4c_5s_6-s_4c_6)+s_{23}s_5s_6]-c_1(c_4c_6-s_4c_5s_6) \\
r_{32} &= -s_{23}(-c_4c_5s_6-s_4c_6)+c_{23}s_5s_6 \\
\\
r_{13} &= -c_1(c_{23}c_4s_5+s_{23}c_5)-s_1s_4s_5 \\
r_{23} &= -s_1(c_{23}c_4s_5+s_{23}c_5)+c_1s_4s_5 \\
r_{33} &= s_{23}c_4s_5-c_{23}c_5 \\
\\
p_x &= c_1[a_2c_2+a_3c_{23}-d_4s_{23}]-d_3s_1 \\
p_y &= s_1[a_2c_2+a_3c_{23}-d_4s_{23}]+d_3c_1 \\
p_z &= -a_3s_{23}-a_2s_2-d_4c_{23}
\end{aligned}
\tag{3.14}
$$

方程(3.14)构成 PUMA 560 的运动学方程。它们说明如何计算机器人坐标系{6}相对于坐标系{0}的位置和姿态。方程(3.14)是该操作臂所有运动学分析的基本方程。

Yasukawa Motoman L-3

Yasukawa Motoman L-3 是一种通用的五自由度工业操作臂(见图 3-22)。与前面的例子不同，Motoman 机器人不是一个简单的开环运动链，而是将两个线性驱动器通过四杆机构将连杆 2 和 3 耦合连接。通过链传动，关节 4 和关节 5 由两套差动布置的驱动器驱动。

在本例中，我们分两步求解运动学问题。第一步，我们根据驱动器位置计算关节角；第二步，我们根据关节角计算末端连杆的笛卡儿位置和姿态。在第二步中，我们把此系统看作一个简单的 5R 开环运动链来讨论。

图 3-23 所示的连杆机构把驱动器 2 连接到机器人的连杆 2 和 3 上。驱动器是一个线性驱动器，它控制 DC 线段的长度。三角形 ABC 是不变的，因此 BD 的长度不变。当连杆运动时，关节 2 绕点 B 转动，驱动器绕点 C 作微小转动。下面对与驱动器 2 相关的常量(长度和角度)加以定义：

$$\gamma_2 = AB, \phi_2 = AC, \alpha_2 = BC$$

$$\beta_2 = BD, \Omega_2 = \angle JBD, l_2 = BJ$$

给下列变量定义：

$$\theta_2 = -\angle JBQ, \psi_2 = \angle CBD, g_2 = DC$$

图 3-24 所示的连杆机构把驱动器 3 连接到机器人的连杆 2 和连杆 3 上。驱动器是一个线性驱动器，它控制 HG 线段的长度。三角形 EFG 是不变的，因此 FH 的长度不变。当连杆运动时，关节 3 绕点 J 转动，驱动器绕点 G 转动。下面对与驱动器 3 相关的常数(长度和角度)加以定义：

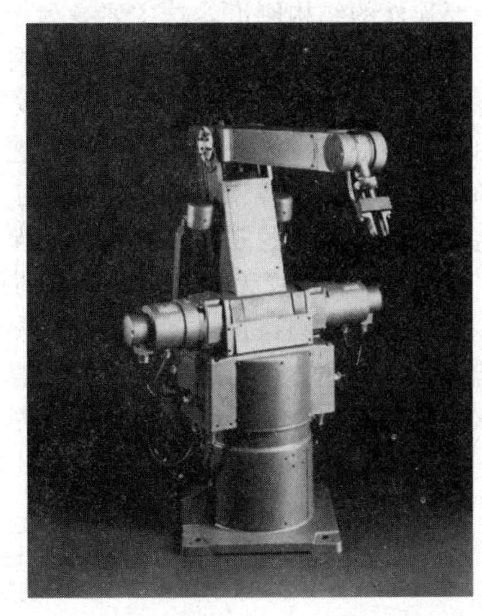

图 3-22 Yasukawa 公司机器人 Motoman L-3。经 Yasukawa 公司许可

$$\gamma_3 = EF, \phi_3 = EG, \alpha_3 = GF$$

$$\beta_3 = HF, l_3 = JK$$

88~89

给下列变量定义：

$$\theta_3 = \angle PJK, \psi_3 = \angle GFH, g_3 = GH$$

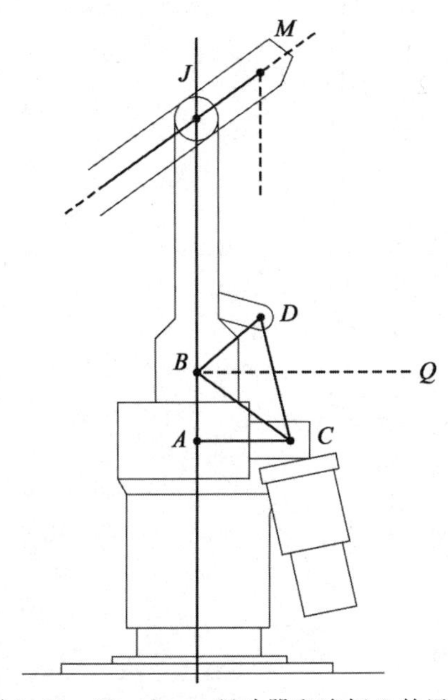

图 3-23 Yasukawa 驱动器和连杆 2 的运动示意图

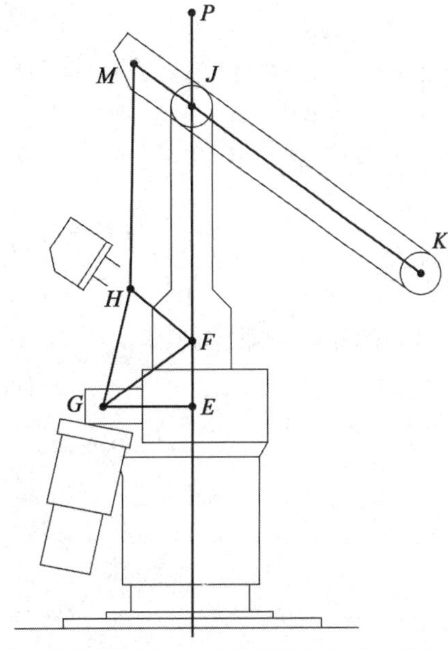

图 3-24 Yasukawa 驱动器和连杆 3 的运动示意图

驱动器和连杆的布局具有以下功能特点。驱动器 2 对关节 2 进行位置控制，此时，连杆 3 的姿态相对于机器人基座不变。驱动器 3 对连杆 3 相对于机器人基座进行姿态调节

(而不是像串联型机器人那样相对于前一个连杆)。这种连杆布局的目的是为了增强机器人主要连件的结构刚度，这主要是为了提高机器人的定位精度。

关节 4 和关节 5 的驱动器固连在机器人的连杆 1 上，它们的轴线与关节 2 的轴线平行(图 3-23 和图 3-24 中的 B 点和 F 点)。它们通过两组链传动驱动腕关节，一组在连杆 2 的内部，另一组在连杆 3 的内部。在连杆 2 和连杆 3 的驱动器的共同作用下，此传动系统的功能如下：驱动器 4 对关节 4 相对于机器人基座进行位置控制，不是相对于前面的连杆 3。这使得驱动器 4 的姿态不变，从而保证连杆 4 相对于机器人基座的姿态不变，而且与关节 2 和关节 3 的位置无关。驱动器 5 的运动如同直接连接在关节 5 上一样。

90

现在，我们讨论由一组驱动器参数(A_i)等效映射成一组关节参数(θ_i)的方程。在这种情况下，这些方程可以由平面几何直接得出——大多数情况只应用余弦定律[⊖]。对每一个驱动器，这些方程中都会出现放大常数 k_i 和偏移常数 λ_i。例如。驱动器 1 直接连在关节轴 1 上，因此这个变换比较简单，它只是一个比例因子加一个偏距。由此得：

$$
\begin{aligned}
\theta_1 &= k_1 A_1 + \lambda_1 \\
\theta_2 &= \cos^{-1}\left(\frac{(k_2 A_2 + \lambda_2)^2 - \alpha_2^2 - \beta_2^2}{-2\alpha_2\beta_2}\right) + \tan^{-1}\left(\frac{\phi_2}{\gamma_2}\right) + \Omega_2 - 270^\circ \\
\theta_3 &= \cos^{-1}\left(\frac{(k_3 A_3 + \lambda_3)^2 - \alpha_3^2 - \beta_3^2}{-2\alpha_3\beta_3}\right) - \theta_2 + \tan^{-1}\left(\frac{\phi_3}{\gamma_3}\right) - 90^\circ \\
\theta_4 &= -k_4 A_4 - \theta_2 - \theta_3 + \lambda_4 + 180^\circ \\
\theta_5 &= -k_5 A_5 + \lambda_5
\end{aligned} \tag{3.15}
$$

91

图 3-25 所示为连杆坐标系。图中所示的操作臂的位置对应于关节矢量 $\Theta=(0, -90^\circ, 90^\circ, 90^\circ, 0)$。图 3-26 所示为操作臂的连杆参数。求得的连杆变换矩阵为：

$$
{}^0_1T=\begin{pmatrix} c\theta_1 & -s\theta_1 & 0 & 0 \\ s\theta_1 & c\theta_1 & 0 & 0 \\ 0 & 0 & 1 & 0 \\ 0 & 0 & 0 & 1 \end{pmatrix},\
{}^1_2T=\begin{pmatrix} c\theta_2 & -s\theta_2 & 0 & 0 \\ 0 & 0 & 1 & 0 \\ -s\theta_2 & -c\theta_2 & 0 & 0 \\ 0 & 0 & 0 & 1 \end{pmatrix},\
{}^2_3T=\begin{pmatrix} c\theta_3 & -s\theta_3 & 0 & l_2 \\ s\theta_3 & c\theta_3 & 0 & 0 \\ 0 & 0 & 1 & 0 \\ 0 & 0 & 0 & 1 \end{pmatrix}
$$

$$
{}^3_4T=\begin{pmatrix} c\theta_4 & -s\theta_4 & 0 & l_3 \\ s\theta_4 & c\theta_4 & 0 & 0 \\ 0 & 0 & 1 & 0 \\ 0 & 0 & 0 & 1 \end{pmatrix},\
{}^4_5T=\begin{pmatrix} c\theta_5 & -s\theta_5 & 0 & 0 \\ 0 & 0 & -1 & 0 \\ s\theta_5 & c\theta_5 & 0 & 0 \\ 0 & 0 & 0 & 1 \end{pmatrix} \tag{3.16}
$$

由式(3.16)的矩阵相乘得到${}^0_5T$：

$$
{}^0_5T=\begin{pmatrix} r_{11} & r_{12} & r_{13} & p_x \\ r_{21} & r_{22} & r_{23} & p_y \\ r_{31} & r_{32} & r_{33} & p_z \\ 0 & 0 & 0 & 1 \end{pmatrix}
$$

式中：

$$
\begin{aligned}
r_{11} &= c_1 c_{234} c_5 - s_1 s_5 \\
r_{21} &= s_1 c_{234} c_5 + c_1 s_5 \\
r_{31} &= -s_{234} c_5
\end{aligned}
$$

⊖ 如果一个直角三角形的三个角分别为 a、b 和 c，角 a 与边 A 相对，以此类推。那么有 $A^2=B^2+C^2-2BC\cos a$。

$$
\begin{aligned}
r_{12} &= -c_1 c_{234} s_5 - s_1 c_5 \\
r_{22} &= -s_1 c_{234} s_5 + c_1 c_5 \\
r_{32} &= s_{234} s_5 \\
r_{13} &= c_1 s_{234} \\
r_{23} &= s_1 s_{234} \\
r_{33} &= c_{234} \\
p_x &= c_1 (l_2 c_2 + l_3 c_{23}) \\
p_y &= s_1 (l_2 c_2 + l_3 c_{23}) \\
p_z &= -l_2 s_2 - l_3 s_{23}
\end{aligned}
\tag{3.17}
$$

92~93

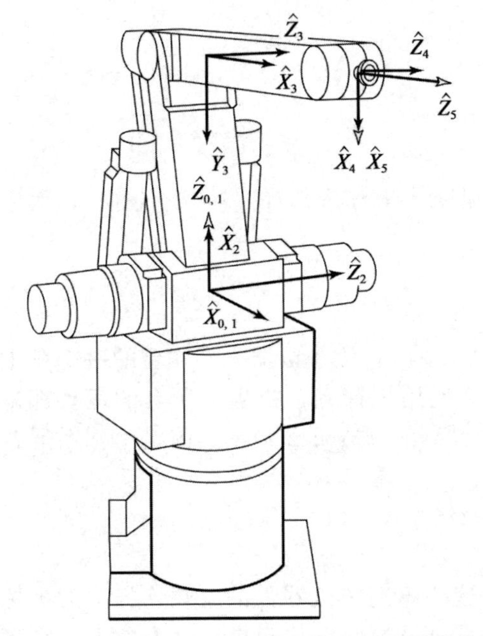

图 3-25 Yasukawa L-3 机器人的连杆坐标系分布

i	α_{i-1}	a_{i-1}	d_i	θ_i
1	0	0	0	θ_1
2	-90°	0	0	θ_2
3	0	L_2	0	θ_3
4	0	L_3	0	θ_4
5	90°	0	0	θ_5

图 3-26 Yasukawa L-3 操作臂的连杆参数

我们通过两步计算得到 Yasukawa Motoman 机器人的运动学方程。第一步，由驱动器矢量计算关节矢量；第二步，由关节矢量计算腕部坐标系的位置和姿态。如果我们只计算笛卡儿坐标系中的位置而不计算关节角度，就可以推导出由驱动器空间直接向笛卡儿空间映射的方程。这些方程在一定程度比两步方法计算简单一些(见习题 3.10)。

3.8 坐标系的标准命名

为了规范起见，有必要给机器人和工作空间专门命名和确定专门的“标准”坐标系。图 3-27 所示为一典型的情况，机器人抓持某种工具，并把工具末端移动到操作者指定的位置。图 3-27 所示的 5 个坐标系就是需要进行命名的坐标系。这 5 个坐标系的命名以及随后在机器人的编程和控制系统中的应用便于以简单易懂的方式给用户提供通用性。所有机器人的运动都将按照这些坐标系描述。

94

图 3-27 所示为坐标系的简化定义。

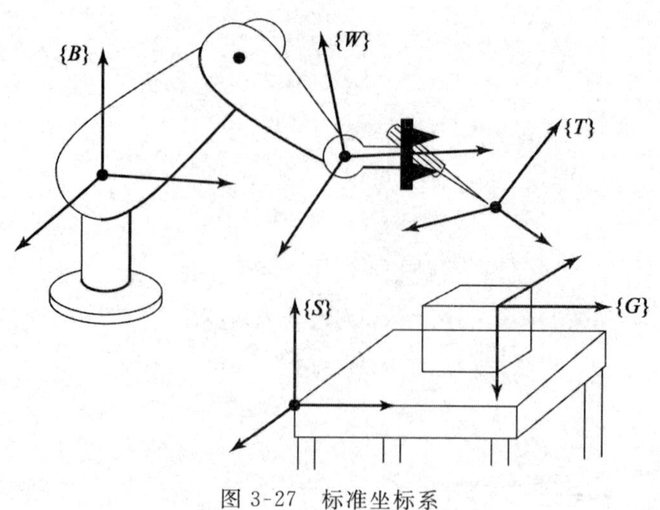

图 3-27 标准坐标系

基坐标系{B}

基坐标系$\{B\}$位于操作臂的基座上。它仅是赋予坐标系$\{0\}$的另一个名称。因为它固连在机器人的静止部位，所以有时称为连杆 0。

固定坐标系{S}

固定坐标系$\{S\}$位置与任务相关。在图 3-28 中，它位于机器人工作台的一个角上。就机器人系统的用户来说，固定坐标系$\{S\}$是一个通用坐标系，机器人所有的运动都是相对于它来执行的。有时称它为任务坐标系、世界坐标系或通用坐标系。固定坐标系通常根据基坐标系确定，即${}^B_ST$。

腕部坐标系{W}

腕部坐标系$\{W\}$附于操作臂的末端连杆。这个固连在机器人的末端连杆上的坐标系也可以称为坐标系$\{N\}$。大多数情况，腕部坐标系$\{W\}$的原点位于操作臂手腕上，它随着操作臂的末端连杆移动。它根据基坐标系确定，即$\{W\}={}^B_WT={}^0_NT$。

工具坐标系{T}

95

工具坐标系$\{T\}$附于机器人所夹持工具的末端。当手部没有夹持工具时，工具坐标系$\{T\}$的原点位于机器人的指尖之间。工具坐标系通常相对于腕部坐标系来确定。在图 3-28 中，工具坐标系的原点定义在机器人抓持轴销的末端。

目标坐标系{G}

目标坐标系$\{G\}$是对机器人移动工具到达的位置描述。特指在机器人运动结束时，工具坐标系应当与目标坐标系重合。目标坐标系$\{G\}$通常根据固定坐标系来确定。在图 3-28 中，目标坐标系为位于将要插入轴销的轴孔。

不失一般性，所有机器人的运动都可以按照这些坐标系描述，它们为描述机器人的工作提供了一种标准语言。

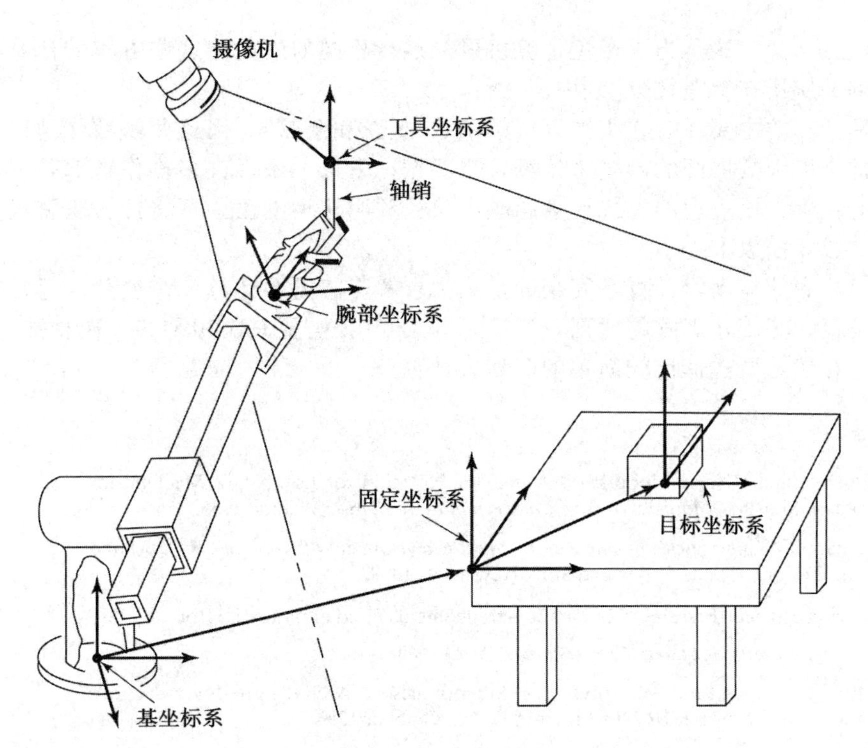

图 3-28 标准坐标系分布示例

3.9 工具的位置

机器人的首要功能之一是能够计算它所夹持的工具(或空抓手)相对于某个坐标系的位置和姿态，也就是说，需要计算工具坐标系{T}相对于固定坐标系{S}的变换矩阵。只要通过运动学方程计算出$^{B}_{W}T$，就可以应用第 2 章所述的笛卡儿变换计算{T}相对于{S}的变换矩阵。求解一个简单的变换方程可得：

$$^{S}_{T}T = ^{B}_{S}T^{-1}\ ^{B}_{W}T ^{W}_{T}T \tag{3.18}$$

方程(3.18)在某些机器人系统中称为**定位**函数，用它可计算手臂的位置。对于图 3-28 中的情况，**定位**结果是轴销相对于工作台顶角处的位置和姿态。

方程(3.18)是广义的运动学方程。根据连杆的几何形状，由基座端(可看成一个固定连杆)的广义变换矩阵($^{B}_{S}T$)和另一端的执行器坐标变换矩阵($^{W}_{T}T$)可以计算运动学方程$^{S}_{T}T$。这些附加变换可以包括工具的偏距和扭转角，且适用于任意固定坐标系。

3.10 计算问题

在许多实际的操作臂系统中，求解运动学方程所需的时间是一个必须考虑问题。在本节中，我们将针对 PUMA 560 机器人，简单讨论有关操作臂运动学数值计算的几个问题，以式(3.14)为例。

一种选择就是使用定点或浮点数表示相关的变量。为便于软件开发，许多计算采用浮点运算，因为程序员不需考虑进行标量运算时变量的相对大小。然而，在对速度要求比较严格的情况下，可以采用定点数表示法，因为变量的变化范围比较小，而且变化范围很容易确定。粗略估计一下定点表示法计算所需的位数一般不会超过 24 位[4]。

对像式(3.14)这样的式子做因式分解，以增加局部变量的代价来减少乘和加的次数

96 (这样做是经济的)。这是为了避免计算机重复运行相同的语句。这些方程的计算机辅助自动因式分解的应用在参考文献[5]中。

运动学计算的主要耗时在于计算超越函数(正弦和余弦)。当这些函数作为标准库的一部分时，常常以级数展开的形式来计算，需要做许多次乘法。许多操作臂都是占用一部分内存空间的代价，用查表的方式计算超越函数。利用这种方法，可将计算正弦或余弦所需时间减少 2 或 3 倍以上[6]。

式(3.14)中的运动学计算是冗余的，式中求解姿态需要计算 9 个变量。通常减少计算量的方法是仅计算旋转矩阵的两列，然后计算叉乘(仅需要 6 次相乘和 3 次相加)得到矩阵的第三列。显然，要选择比较简单的两列去计算。

参考文献

[1] J. Denavit and R.S. Hartenberg, "A Kinematic Notation for Lower-Pair Mechanisms Based on Matrices," *Journal of Applied Mechanics*, pp. 215–221, June 1955.

[2] J. Lenarčič, "Kinematics," in *The International Encyclopedia of Robotics*, R. Dorf and S. Nof, Editors, John C. Wiley and Sons, New York, 1988.

[3] J. Colson and N.D. Perreira, "Kinematic Arrangements Used in Industrial Robots," *13th Industrial Robots Conference Proceedings*, April 1983.

[4] T. Turner, J. Craig, and W. Gruver, "A Microprocessor Architecture for Advanced Robot Control," 14th ISIR, Stockholm, Sweden, October 1984.

[5] W. Schiehlen, "Computer Generation of Equations of Motion," in *Computer Aided Analysis and Optimization of Mechanical System Dynamics*, E.J. Haug, Editor, Springer-Verlag, Berlin & New York, 1984.

[6] C. Ruoff, "Fast Trigonometric Functions for Robot Control," *Robotics Age*, November 1981.

习题

3.1 [15]计算例 3.3 中平面机械臂的运动学方程。

3.2 [37]一个与 PUMA 560 相似的机械臂，其中关节 3 由移动关节代替。假定图 3-18 中移动关节可沿 $\hat{X}_1$ 方向滑动，但是这里仍有一个等效偏距 d_3 需要考虑。如果需要，自己给定附加条件。求解运动学方程。

3.3 [25]图 3-29 所示为 3 自由度手臂，与例 3.3 的机械臂相似，其中关节轴 1 与另外两轴不平行。轴 1 和轴 2 之间的夹角为 90°。求解连杆参数和运动学方程 ${}^B_WT$。注意不需要定义杆 3。

3.4 [22]图 3-30 所示为 3 自由度机械臂，关节 1 和关节 2 相互垂直，关节 2 和关节 3 相互平行。如图所示，所有关节都处于初始位置。关节转角的正方向都已标出。在这个机械臂的草图中定义连杆坐标系{0}到{3}并表示在图中。求变换矩阵 ${}^0_1T$、${}^1_2T$ 和 ${}^2_3T$。

97

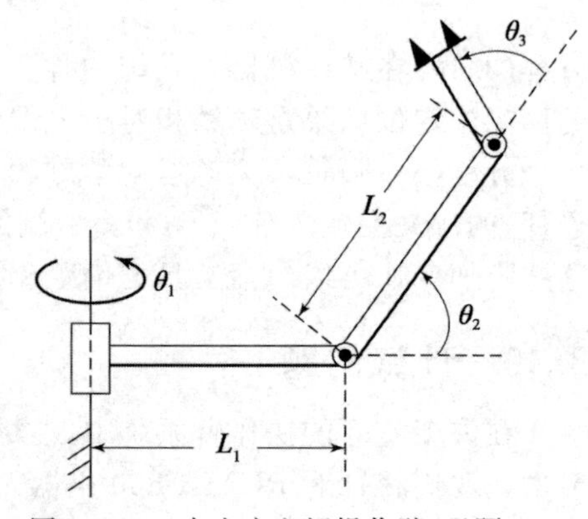

图 3-29 3 自由度空间操作臂(习题 3.3)

3.5 [26]编写一个计算 PUMA 560 运动学方程的子程序。为提高运算速度，尽量减少相乘的次数。使用程序头(与 C 语言相似)

```
Procedure KIN(VAR theta: vec6; VAR wrelb: frame);
```

计算正弦或余弦估计需要 5 次乘法，计算加法估计需要 0.333 次乘法以及赋值语句需要 0.2 次乘法。计算平方根需要 4 次乘法。你需要多少次乘法？

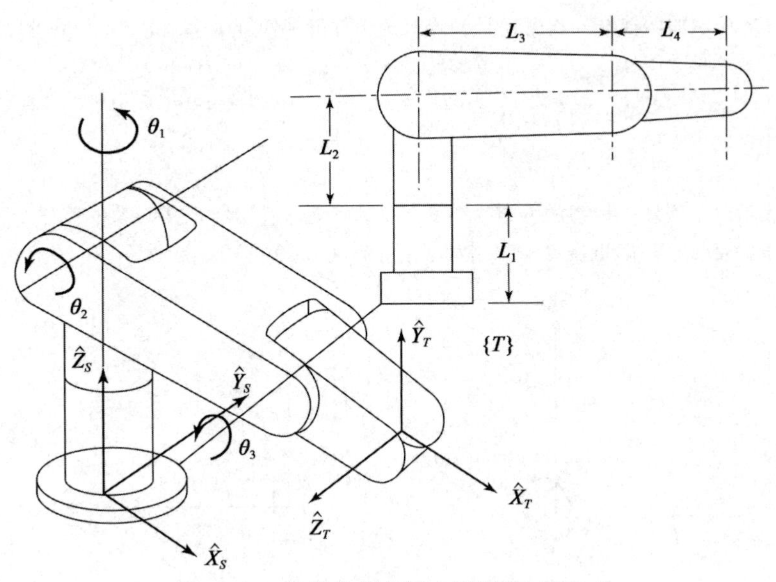

图 3-30　3R 操作臂的两个视图(习题 3.4)

3.6　[20]编写一个子程序，计算例 3.4 中圆柱坐标型机械臂的运动学方程，使用程序头(与 C 语言相似)

```
Procedure KIN(VAR jointvar: vec3; VAR wrelb: frames);
```

计算正弦或余弦估计需要 5 次乘法，计算加法估计需要 0.333 次乘法以及赋值语句需要 0.2 次乘法。计算平方根需要 4 次乘法。你需要多少次乘法？

3.7　[22]编写一个子程序，计算习题 3.3 中机械臂的运动学方程，使用程序头(与 C 语言相似)

```
Procedure KIN(VAR theta: vec3; VAR wrelb: frame);
```

计算正弦或余弦估计需要 5 次乘法，计算加法估计需要 0.333 次乘法以及赋值语句需要 0.2 次乘法。计算平方根需要 4 次乘法。你需要多少次乘法？

98~99

3.8　[13]在图 3-31 中，没有确知工具的位置${}^W_TT$。机器人利用力控制对工具末端进行检测直到把工件插入位于${}^S_GT$ 的孔中(即目标)。在这个“标定”过程中(坐标系{G}和坐标系{T}是重合的)，通过读取关节角度传感器，进行运动学计算得到机器人的位置${}^B_WT$。假定已知${}^B_ST$ 和${}^S_GT$，求计算未知工具坐标系${}^W_TT$ 的变换方程。

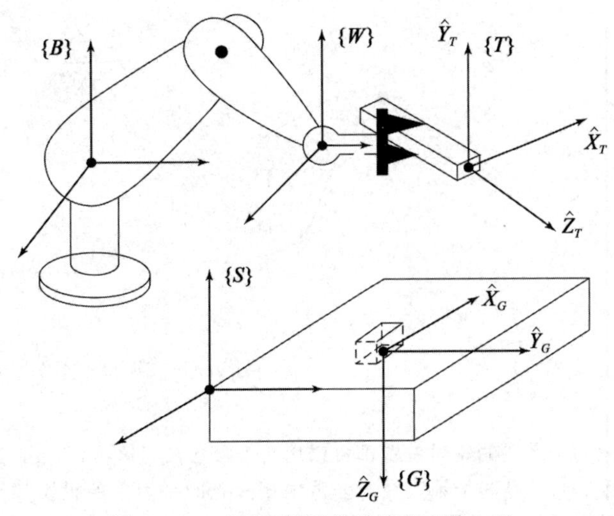

图 3-31　工具坐标系的确定(习题 3.8)

3.9 [11]图 3-32a 所示的两连杆操作臂，已知连杆的坐标变换矩阵为${}^0_1T$和${}^1_2T$。相乘的结果为：

$$
{}^0_2T=\begin{pmatrix} c\theta_1 c\theta_2 & -c\theta_1 s\theta_2 & s\theta_1 & l_1 c\theta_1 \\ s\theta_1 c\theta_2 & -s\theta_1 s\theta_2 & -c\theta_1 & l_1 s\theta_1 \\ s\theta_2 & c\theta_2 & 0 & 0 \\ 0 & 0 & 0 & 1 \end{pmatrix}
$$

图 3-32b 表示出了连杆坐标系的分布。当 $\theta_1=0$ 时，坐标系{0}和坐标系{1}重合。第二个连杆的长度为 l_2，求矢量${}^0P_{\text{tip}}$，即机械臂末端相对于坐标系{0}的表达式。

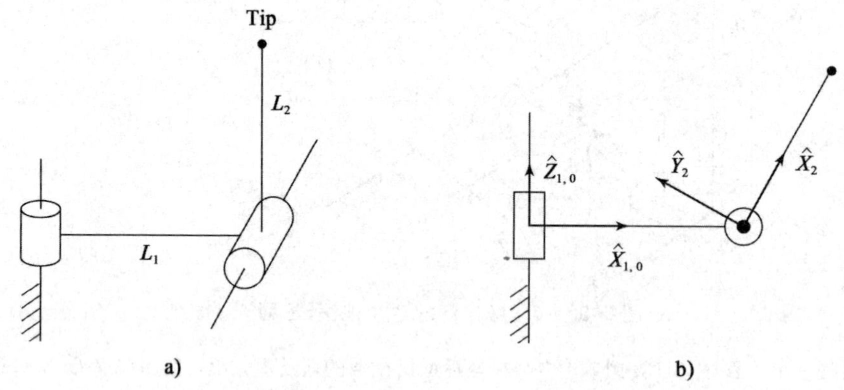

图 3-32 标有坐标系分布的两连杆机械臂(习题 3.9)

3.10 [39]推导 Yasukawa Motoman 机器人的运动学方程(见 3.7 节)，要求由驱动器的参数直接计算出腕部坐标系的位置和姿态，而不用先计算关节角度。此求解过程只需要 33 次乘法、2 次求平方根和 6 次正弦或余弦计算。

3.11 [17]图 3-33 所示为某一机器人腕部的示意图，它有 3 个相交但不正交的轴。给出腕部的连杆坐标系(类似于 3 自由度操作臂)，并求连杆参数。

3.12 [08]是否任意一个刚体的坐标变换都可以按照方程(3.6)的形式用 4 个参数(a，α，d，θ)表达出来？

3.13 [15]建立图 3-34 所示的 5 自由度操作臂的连杆坐标系。

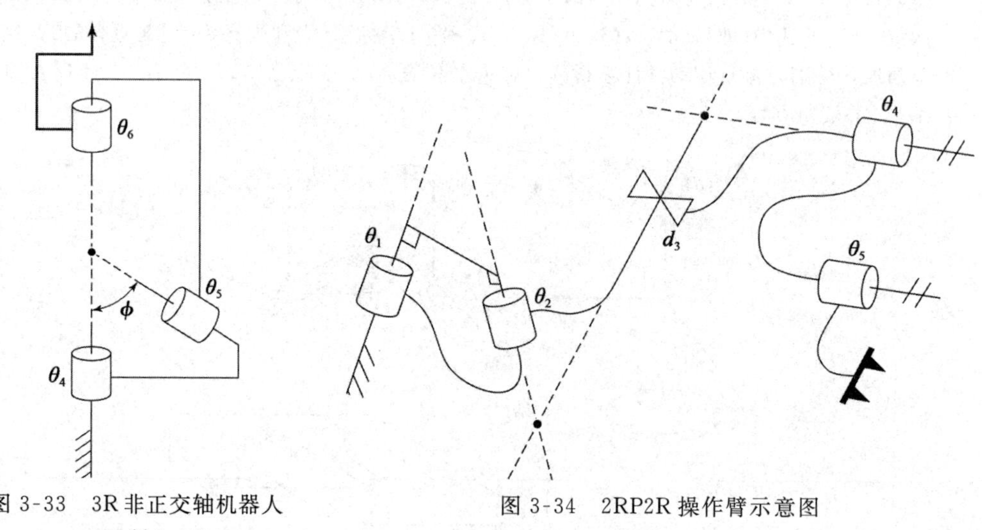

图 3-33 3R 非正交轴机器人(习题 3.11)

图 3-34 2RP2R 操作臂示意图(习题 3.13)

100~101

3.14 [20]空间中的任意两条直线的相对位置都可以用两个参数来表达，a 和 α，其中 a 是连接这两条直线的公垂线的长度，角 α 是两个轴线在与公垂线相垂直的平面上的投影的夹角。已知，一条直线通过 p 点，用单位矢量 $\hat{m}$ 表示其方向；另一条直线通过 q 点，用单位矢量 $\hat{n}$ 表示其方向，写出 a

和 α 的表达式。

3.15 [15]建立图 3-35 中的 3 自由度操作臂的连杆坐标系。

3.16 [15]建立图 3-36 中 RPR 平面机器人的连杆坐标系，并给出连杆参数。

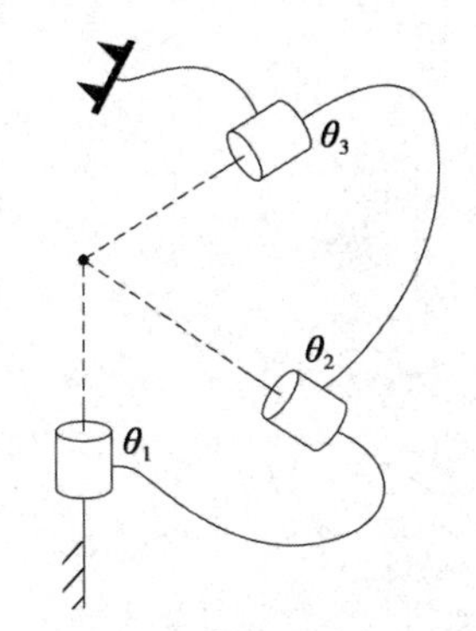

图 3-35 3R 操作臂示意图(习题 3.15)

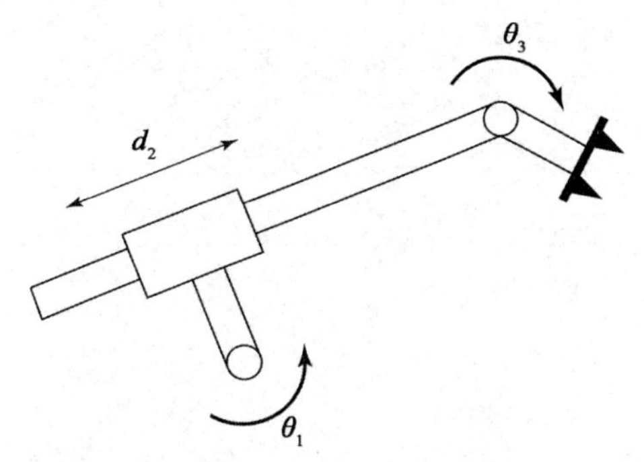

图 3-36 RPR 平面机器人(习题 3.16)

3.17 [15]建立图 3-37 中三连杆机器人的连杆坐标系。

3.18 [15]建立图 3-38 中三连杆机器人的连杆坐标系。

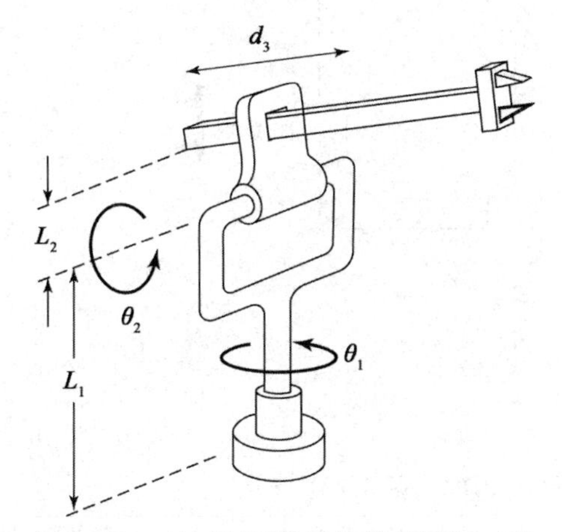

图 3-37 三连杆 RRP 操作臂(习题 3.17)

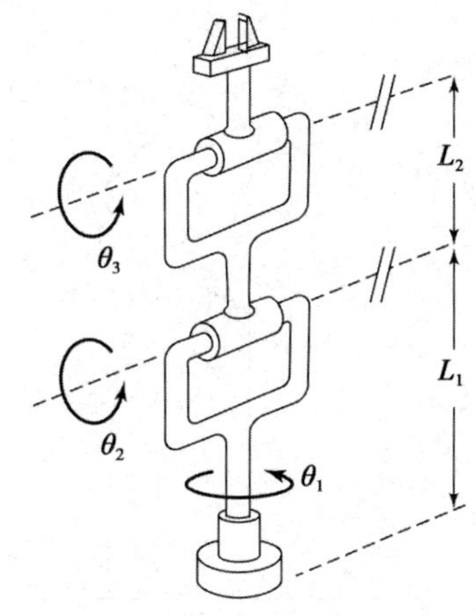

图 3-38 三连杆 RRR 操作臂(习题 3.18)

3.19 [15]建立图 3-39 中三连杆机器人的连杆坐标系。

3.20 [15]建立图 3-40 中三连杆机器人的连杆坐标系。

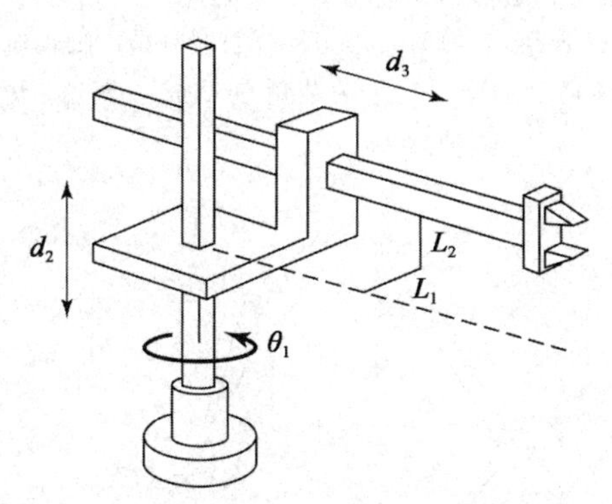

图 3-39 三连杆 RPP 操作臂(习题 3.19)

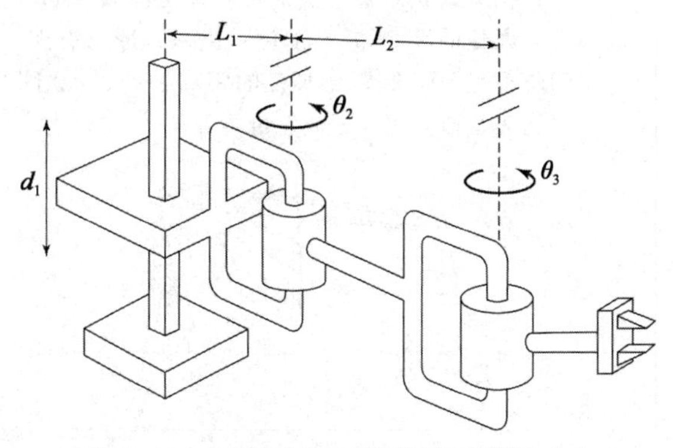

图 3-40 三连杆 PRR 操作臂(习题 3.20)

3.21 [15]建立图3-41中三连杆机器人的连杆坐标系。

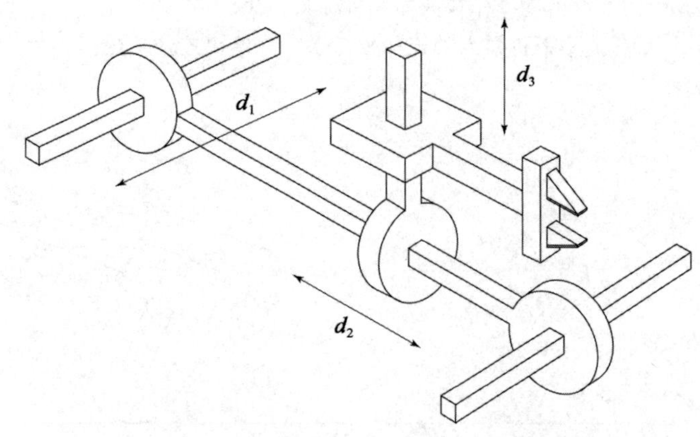

图 3-41 三连杆 PPP 操作臂(习题 3.21)

3.22 [18]建立图3-42中P3R机器人的连杆坐标系。给出坐标系的分布，确定 d_2、d_3 和 a_2 的符号。

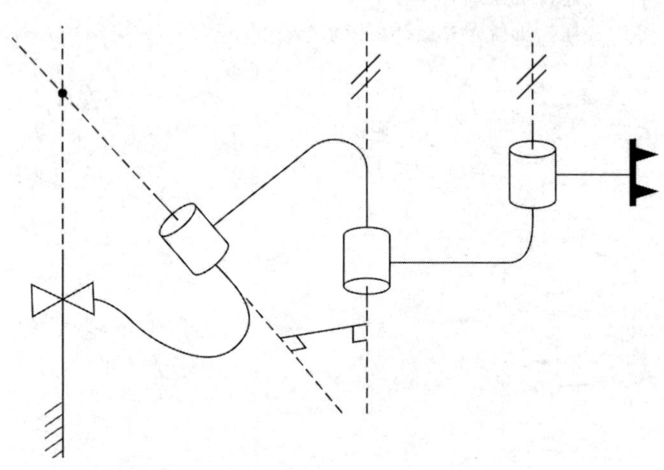

图 3-42 P3R 操作臂示意图(习题 3.22)

3.23 [15]画出如图3-43所示的龙门吊车的连杆坐标系。它有4个自由度(其中有一个是冗余自由度)。

3.24 [18]针对3.7节中的PUMA 560机器人运动学，比较两种方法的计算时间。第一种方法是直接计算式(3.14)中的每一个元素，第二种是利用$(r_{12} \quad r_{22} \quad r_{32})^{\mathrm{T}} \times (r_{13} \quad r_{23} \quad r_{33})^{\mathrm{T}}$ 计算第一列。计算正弦或余弦需要5次乘法，加法需要0.333次乘法，赋值语句需要0.2次乘法。

102~103

3.25 [32]人腿的尺寸如下(单位：毫米)(原书有误——译者注)：股骨长500，胫骨长400，脚踝到后跟的距离是50，脚踝到脚趾的距离是150。如图3-44所示的腿，三个关节角 $\Theta=(\theta_{\text{hip}}, \theta_{\text{knee}}, \theta_{\text{ankle}})$，当腿完全垂直时，3个变量为0。

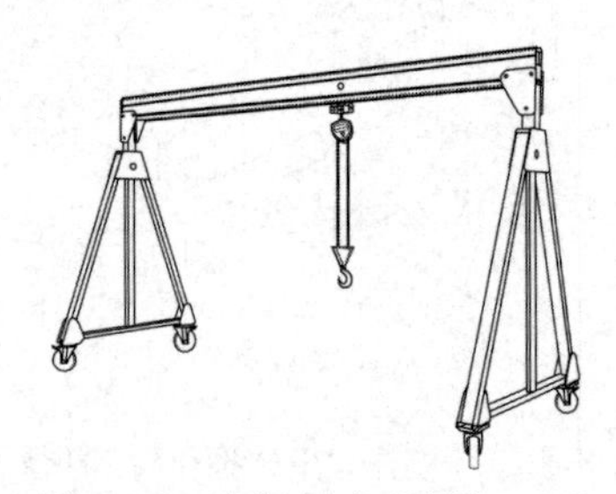

图 3-43 龙门吊车(习题 3.23)

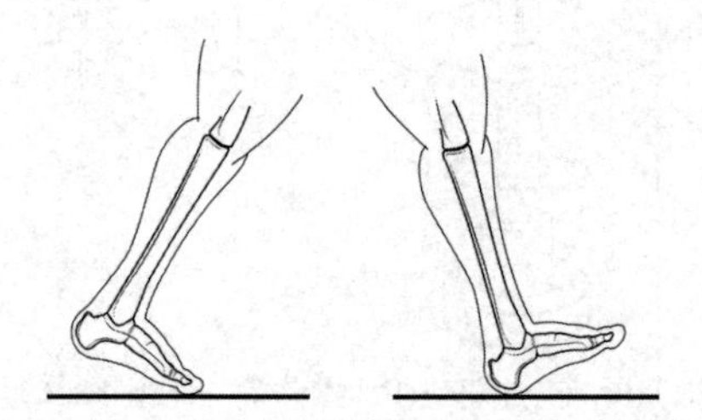

图3-44 脚趾离地和脚跟触地的步幅(习题 3.25)

a)画出附着在腿上的坐标系。

b)给出连杆参数，假定坐标系原点共面。

c)计算步幅。步幅是脚趾触地点与脚跟离地点之间的距离，采用以下关节矢量：触地点 $\Theta_{\text{toe-contant}}=(-4.15° \quad -38.3° \quad -2.57°)$，离地点 $\Theta_{\text{heel-contant}}=(9.64° \quad -19.9° \quad 31.8°)$，假设触地点、脚踝点和离地点共线。

3.26 [35]有一些 6R 喷涂机器人的管线穿过中空的小臂，使得机器人更容易到达复杂的零件形状。Motoman EPX2800 如图 3-45 所示，它与 PUMA 560(如图 3-18 和图 3-19 所示)不同，其关节 4、5 和 6 的轴线不相交于一点。关节轴线 4 和关节轴线 5 的夹角是 45°，关节轴线 5 和关节轴线 6 的夹角也是 45°。画出机器人 EPX2800 的连杆坐标系，并给出连杆参数，包括如图所示位形的 $\theta_{1\cdots6}$。在如图所示的位形中，各连杆坐标系的原点共面。假设坐标系{6}的原点在操作臂末端的法兰盘上。

104~105

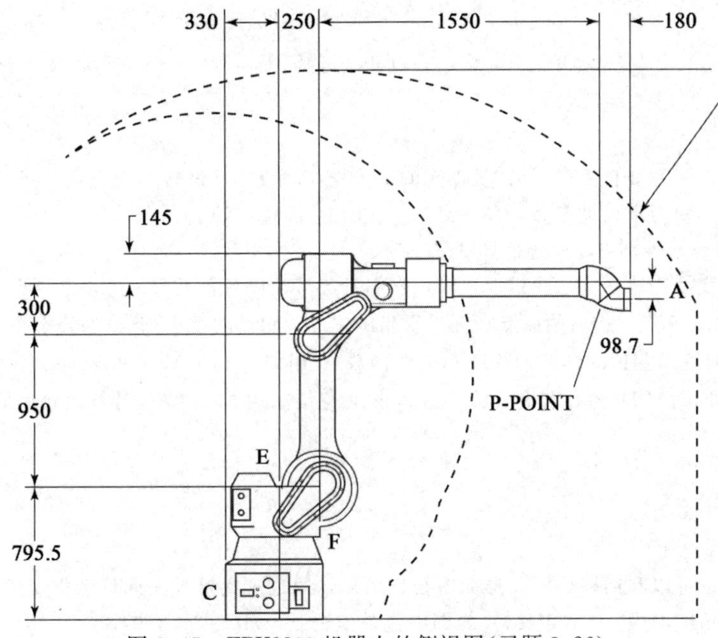

图 3-45 EPX2800 机器人的侧视图(习题 3.26)

3.27 [40] PUMA 560 机器人抓持一个销状工具，如图 3-28 所示，但是工具的位置 ${}^{W}_{T}T$ 未知。在不知道坐标系{S}中某固定点的坐标时，我们仍可以确定工具偏移量$({}^{6}p_x, {}^{6}p_y, {}^{6}p_z)$。这是通过目测，将工具点与固定点重合两次，每次重合的时候手腕的姿态不同。给定两次重合时的机器人位形，写出计算工具偏移量 ${}^{6}P$ 的方程。

3.28 [15]如图 3-37 所示的操作臂，给出连杆参数。

3.29 [15]如图 3-38 所示的操作臂，给出连杆参数。

3.30 [15]如图 3-39 所示的操作臂，给出连杆参数。

3.31 [15]如图 3-40 所示的操作臂，给出连杆参数。

编程练习

106

1. 写一子程序，计算例 3.3 的平面 3R 机器人的运动学方程，其输入为关节角度，输出为坐标系(腕坐标系相对于基坐标系)的变换矩阵。使用程序头(与 C 语言相似)

```
Procedure KIN(VAR theta: vec3; VAR wrelb: frame);
```

在这里变量“wrelb”是腕坐标系相对于基坐标系的变换矩阵 ${}^{B}_{W}T$。这种“坐标系”由一个 2×2 的旋转矩阵和一个 2×1 的位置矢量组成。如果需要，可以用 3×3 的齐次变换矩阵表示这个坐标系，该矩阵的第三行为(0 0 1)。(这个操作臂的数据：$l_1=l_2=0.5$米。)

2. 写一子程序，计算工具相对于固定坐标系的位置。其输入为关节角度矢量：

```
Procedure WHERE(VAR theta: vec3; VAR trels: frame);
```

显然，“WHERE”必须用工具坐标系和机器人基坐标系的描述来计算工具相对于固定坐标系的位置。${}^W_TT$ 和${}^S_BT$ 的值应存储于全局变量中(作为第二种选择，也可以把它们作为 WHERE 中的输入变量)。

3. 对于某个任务，工具坐标系和固定坐标系可由用户按下述定义：

$${}^W_TT=(x\quad y\quad \theta)=(0.1\quad 0.2\quad 30.0)$$

$${}^B_ST=(x\quad y\quad \theta)=(-0.1\quad 0.3\quad 0.0)$$

107

按照下列机械手的三个位形(单位为度)计算工具相对于固定坐标系的位置和姿态：

$$(\theta_1\quad \theta_2\quad \theta_3)=(0.0\quad 90.0\quad -90.0)$$

$$(\theta_1\quad \theta_2\quad \theta_3)=(-23.6\quad -30.3\quad 48.0)$$

$$(\theta_1\quad \theta_2\quad \theta_3)=(130.0\quad 40.0\quad 12.0)$$

MATLAB 练习

本练习主要讨论平面3自由度、3R机器人的D-H参数和正向(位置和姿态)运动学变换方程(见图3-6和图3-7)。已知下列固定长度参数：$L_1=4$，$L_2=3$ 和 $L_3=2$(米)。

a)求D-H参数。可以根据图3-8检查计算结果。

b)推导相邻的齐次变换矩阵${}^{i-1}_{\ \ i}T(i=1,2,3)$，它们是关节角度变量$\theta_i(i=1,2,3)$的函数。通过观察法推导常量矩阵${}^3_HT$。这里，$\{H\}$的原点在夹爪手指的中心，$\{H\}$的姿态与$\{3\}$的姿态相同。

c)用MATLAB符号法求正运动学解${}^0_3T$和${}^0_HT$(θ_i的函数)。用$s_i=\sin(\theta_i)$，$c_i=\cos(\theta_i)$等简写结果。由于Z_i轴相互平行，因此可以用和差化积公式将$(\theta_1+\theta_2+\theta_3)$化简。用MATLAB计算正向运动学解(${}^0_3T$和${}^0_HT$)。输入参数为：

i) $\Theta=\{\theta_1\quad \theta_2\quad \theta_3\}^T=\{0\quad 0\quad 0\}^T$

ii) $\Theta=\{10°\quad 20°\quad 30°\}^T$

iii) $\Theta=\{90°\quad 90°\quad 90°\}^T$

对于这三种情况，可以利用操作臂位形简图校核结果，通过观察推导正向运动学变换(参考由从旋转矩阵和位置矢量的角度考虑${}^0_HT$的定义)。简图中包括坐标系$\{H\}$、$\{3\}$和$\{0\}$。

108

d)用Corke MATLAB Robotics工具箱检验计算结果。试用函数link()、robot()和fkine()。

操作臂逆运动学

4.1 引言

上一章中讨论了已知关节角，计算工具坐标系相对于固定坐标系的位置和姿态的问题。在本章中，将研究难度更大的逆运动学问题：已知工具坐标系相对于固定坐标系的期望位置和姿态，如何计算一系列满足期望要求的关节角？第 3 章重点讨论操作臂**正运动学问题**，而本章重点讨论操作臂**逆运动学问题**。

本章的问题是求出要求的关节角，使得工具坐标系$\{T\}$位于固定坐标系$\{S\}$的特定位姿，该问题可分为两部分：首先，进行坐标系变换求出相对于基坐标系$\{B\}$的腕部坐标系$\{W\}$；然后，应用逆运动学求关节角。

4.2 解的存在性

求解操作臂运动学方程是一个非线性问题。已知${}^0_NT$ 的数值，试图求出 θ_1，θ_2，…，θ_n。着重考虑式(3.14)给出的方程。对于 PUMA 560 操作臂来说，对这个问题的确切表述如下：已知${}^0_6T$ 的 16 个数值(其中 4 个无意义)，求解式(3.14)的 6 个关节角 $\theta_1 \sim \theta_6$。

对于具有 6 个自由度的操作臂(对应于式(3.14))来说，有 12 个方程，其中 6 个是未知的。然而，在由${}^0_6T$ 的旋转矩阵分量生成的 9 个方程中，只有 3 个是独立的。将这 3 个方程与由${}^0_6T$ 的位置矢量分量生成的 3 个方程联立，6 个方程中含有 6 个未知量。这些方程为非线性超越方程，很难求解。(3.14)中的方程所描述的机器人的连杆参数很简单，多个 α_i 是 0 或$\pm 90°$，许多连杆偏距和长度也为 0。显而易见，一般 6 自由度机构(所有连杆参数均不为 0)的运动方程要比(3.14)中的方程复杂得多。同任何非线性方程组一样，我们必须考虑其解的存在、多解以及求解方法。

解的存在性

解是否存在的问题首先要提到操作臂的**工作空间**。简单地说，工作空间是操作臂末端执行器所能到达的范围。若要求解存在，则被指定的目标点必须在工作空间内。有时下面两种工作空间的定义也是很有用的。**灵巧工作空间**指机器人的末端执行器能够从各个方向到达的空间区域。也就是说，机器人末端执行器可以从任意方向到达灵巧工作空间的每一个点。**可达工作空间**是机器人至少从一个方向上可以到达的空间。显然，灵巧工作空间是可达工作空间的子集。

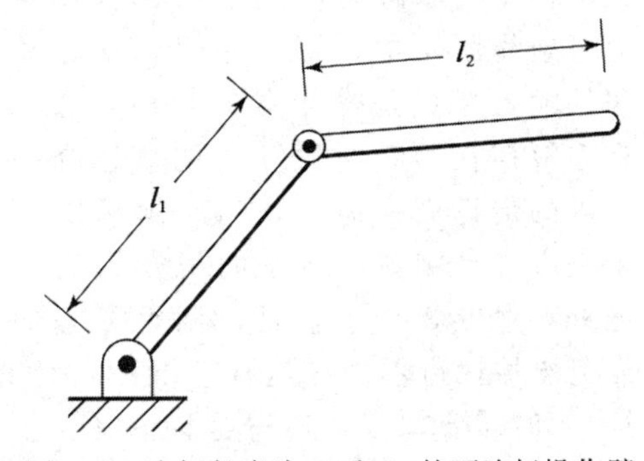

图 4-1 连杆长度为 l_1 和 l_2 的两连杆操作臂

现在讨论图 4-1 所示两连杆操作臂的工作空间。如果 $l_1=l_2$，则可达工作空间是半径为 $2l_1$ 的圆，而灵巧工作空间仅是单独的一点，即原点。如果 $l_1 \neq l_2$，则不存在灵巧工作空间，而可达工

作空间为一外径为 l_1+l_2、内径为 $|l_1-l_2|$ 的圆环。在可达工作空间内部，末端执行器有两种可能的方向，在工作空间的边界上只有一种可能的方向。

这里讨论的两连杆操作臂的工作空间是假设所有关节能够旋转 360°，这在实际机构中是很少见的。当关节旋转角°不能达到 360°时，显然工作空间的范围或可达姿态的数目相应减少。例如，对于图 4-1 所示的操作臂，θ_1 的运动范围为 360°，但只有当 $0\leqslant\theta_2\leqslant 180°$ 时，可达工作空间才具有相同的范围，而此时在工作空间的每一个点仅有一个可达姿态。

110

当操作臂少于 6 自由度时，它不能达到三维空间内一般的目标位置和姿态。显然，图 4-1中的平面操作臂不能伸出平面，因此凡是 Z 坐标不为 0 的目标点均不可达。在很多实际情况中，具有 4 个或 5 个自由度的操作臂能够超出平面操作，但显然不能到达一般的目标点。必须逐个研究这种操作臂以便弄清楚它的工作空间。通常，这种机器人的工作空间是某个机器人的工作空间的子集。如果给定一个一般的目标点，值得研究的问题是：对于少于 6 个自由度的操作臂来说，哪些是最近的可达目标点？

工作空间也取决于工具坐标系的变换，因为我们谈论可达空间点，通常是指工具末端点。一般来说，工具变换与操作臂的运动学和逆运动学无关，所以一般常研究腕部坐标系 $\{W\}$ 的工作空间。对于一个给定的末端执行器，定义工具坐标系 $\{T\}$，给定目标坐标系 $\{G\}$，去计算相应的坐标系 $\{W\}$。接着我们会问：$\{W\}$ 的期望位置和姿态是否在这个工作空间内？这里，我们所研究的工作空间(从计算的角度出发)与用户关心的工作空间是有区别的，用户关心的是末端执行器($\{T\}$坐标系)的工作空间。

如果腕部坐标系的期望位置和姿态在这个工作空间内，那么至少存在一个解。

多解问题

在求解运动学方程时可能遇到的另一个问题就是多解问题。由于具有 3 个旋转关节的平面操作臂可从任何姿态到达工作空间内的任何位置，因此其在平面中有较大的灵巧工作空间(假定适当的连杆长度和足够大的关节运动范围)。图 4-2 所示为在某一位置和姿态下带有末端执行器的三连杆平面操作臂。虚线表示第二个位形，在这个位形下，末端执行器的可达位置和姿态与第一个位形相同。

111

因为系统最终只能选择一个解，因此操作臂的多解现象会产生一些问题。解的选择标准是变化的，然而比较合理的选择应当是取最近解。例如，在图 4-3 中，如果操作臂处于点 A，我们希望它移动到点 B，最近解就是使得每一个运动关节的运动量最小。因此，在没有障碍的情况下可选择图 4-3 中上侧虚线所示的位形。这表明逆运动学程序的输入变量是操作臂的当前位置。如果有多解存在，我们的算法能够选择关节空间内的最近解。但是，“近”解可能有几种定义方式。例如，典型的机器人有 3 个大连杆，附带 3 个小连杆，调整姿态的连杆靠近末端执行器。在这种情况下，计算“较近”解时需要加权，使得这种选择主要移动小连杆而不是移动大连杆。在存在障碍的

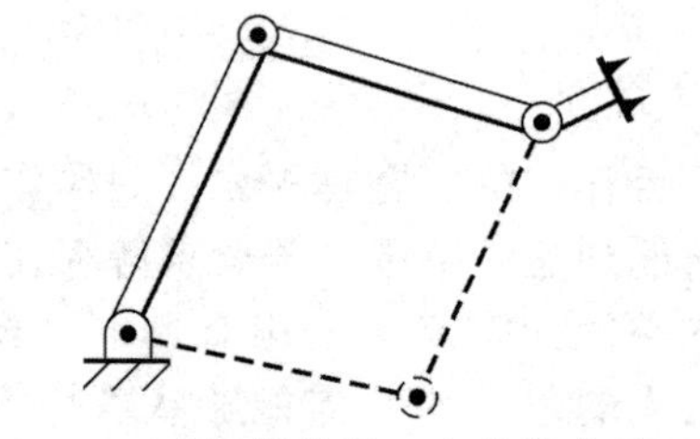

图 4-2 三连杆操作臂。虚线代表第二个解

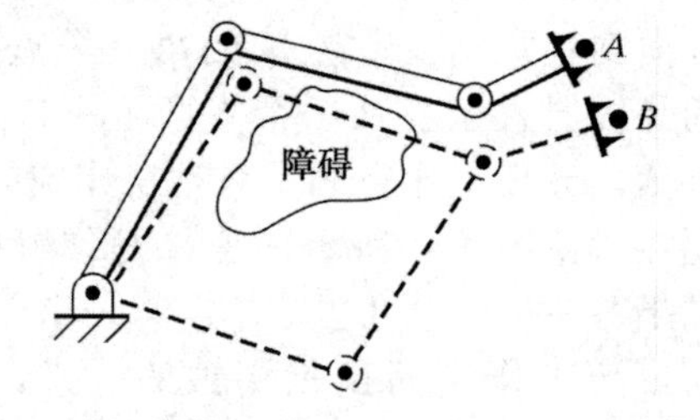

图 4-3 到达 B 点有两个解，其中一个解会引起碰撞

情况下，“较近”解可能发生碰撞，这时只能选择“较远”解——为此，一般需要计算全部可能的解。这样，在图 4-3 中，障碍的存在意味着需要按照下侧虚线所示的位形才能到达 B 点。

解的个数不仅取决于操作臂的关节数量，它还是连杆参数（对于旋转关节操作臂来说为 α_i、a_i 和 d_i）和关节运动范围的函数。例如，PUMA 560 机器人到达一个确定的目标有 8 个不同的解，图 4-4 所示为其中的 4 个解，它们对于手部来说具有相同的位置和姿态。对于图中所示的每一种情况，都存在另外一种解，其中最后三个关节“翻转”为另外一种位形，如下式所示：

$$\begin{aligned}\theta_4' &= \theta_4 + 180^\circ \\ \theta_5' &= -\theta_5 \\ \theta_6' &= \theta_6 + 180^\circ\end{aligned} \tag{4.1}$$

112

总之，对于一个操作目标共有 8 个解。由于关节运动范围的限制，这 8 个解中的某些解是不能实现的。

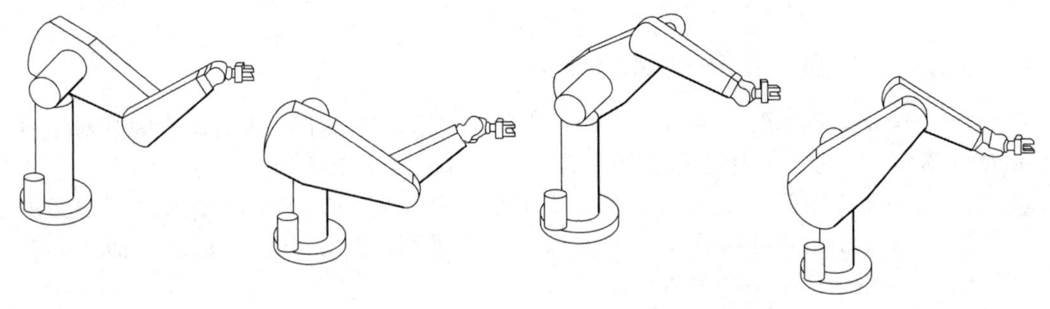

图 4-4 PUMA 560 的 4 个解

通常，连杆的非零参数越多，到达某一特定目标的方式也越多。以一个具有 6 个旋转关节的操作臂为例，图 4-5 表明解的最大数目与等于零的连杆长度参数（a_i）的数目有关。非零参数越多，解的最大数目就越大。对于一个全部为旋转关节的 6 自由度操作臂来说，可能多达 16 种解[1,6]。

a_i	解的个数
$a_1 = a_3 = a_5 = 0$	$\leqslant 4$
$a_3 = a_5 = 0$	$\leqslant 8$
$a_3 = 0$	$\leqslant 16$
所有 $a_i \neq 0$	$\leqslant 16$

图 4-5 解的个数与非零的 a_i

解法

与线性方程组不同，非线性方程组没有通用的求解算法。针对解法问题，最好对已知操作臂“解”的构成形式加以定义。

如果关节变量能够通过一种算法确定，这种算法可以求出与已知位置和姿态相关的全部关节变量，那么操作臂便是可解的[2]。

113

对于多解情况，这个定义的要点正是我们要求它能求得*所有*的解。因此，在求解操作臂问题时我们不考虑某些数值迭代程序，即这些方法不能保证求出全部的解。

我们把操作臂的全部求解方法分成两大类：**封闭解**和**数值解**。由于数值解的迭代性质，因此它一般要比相应封闭解的求解速度慢得多。实际上在大多数情况下，我们并不喜欢应用数值解法求解运动学问题。对运动学方程的数值迭代解法本身已构成一个完整的研究领域(参见[6，11-12])，这已超出本书的范围。

下面主要讨论封闭解方法。在本书中，“封闭形式”意指基于解析形式的解法，或者对于不高于 4 次的多项式不用迭代便可完全求解。可将封闭解的求解方法分为两类：**代数法**和**几何法**。有时它们的区别并不明显，在几何方法中引入了代数描述，因此这两种方法是相似的。这两种方法或许仅是求解过程不同。

根据可解的定义，最近在运动学方面的一个主要研究成果是，所有包含转动关节和移动关节的串联型 6 自由度机构均是可解的。但是这种解一般是数值解，对于 6 自由度机器人来说，只有在特殊情况下才有解析解。这种存在解析解(封闭解)的机器人具有如下特性：存在几个正交关节轴或者有多个 α_i 为 0 或 ±90°。一般计算数值解比计算解析解耗时，因此，在设计操作臂时重要的问题是使封闭解存在。操作臂的设计者很快就发现了这个问题，并且现在工业操作臂被设计得足够简单，从而能够得到封闭解。

具有 6 个旋转关节的操作臂存在封闭解的充分条件是相邻的三根关节轴相交于一点，在 4.6 节中将对这个条件进行讨论。当今设计的 6 自由度操作臂几乎都有三根相交轴。例如，PUMA 560 的 4、5、6 轴相交。

114

4.3　当 $n<6$ 时操作臂子空间的描述

对于一个给定的操作臂来说，一系列可达目标坐标系构成了可达工作空间。对于一个 n 自由度操作臂($n<6$)，可达工作空间可看成是 n 自由度**子空间**的一部分。同样一个 6 自由度的操作臂的工作空间是空间的子集，更简单的操作臂的工作空间是这个子空间的子集。例如，图 4-1 中两连杆机器人的子空间是一个平面，其工作空间是该平面的一个子集，即当 $l_1=l_2$ 时为一个半径为 l_1+l_2 的圆。

确定 n 自由度操作臂子空间的一种方法就是给出腕部坐标系或工具坐标系的表达式，它是含有 n 个变量的函数。如果将这 n 个变量看作自由变量，那么它们所有的可能取值就构成了这个子空间。

例 4.1　试描述第 3 章中图 3-6 所示三连杆操作臂 ${}^B_WT$ 的子空间。

已知 ${}^B_WT$ 的子空间为：

$$
{}^B_WT=\begin{bmatrix} c_\phi & -s_\phi & 0.0 & x \\ s_\phi & c_\phi & 0.0 & y \\ 0.0 & 0.0 & 1.0 & 0.0 \\ 0 & 0 & 0 & 1 \end{bmatrix} \tag{4.2}
$$

式中，x、y 给出了腕关节的位置，ϕ 给出了末端连杆的姿态。当 x、y 和 ϕ 可以取任意值时，就得到了子空间。任何不满足式(4.2)的腕部坐标系均在这个操作臂的子空间之外(从而位于这个工作空间之外)。连杆长度和关节运动范围限定了这个操作臂的工作空间为子空间的一个子集。

115

例 4.2　试描述图 4-6 所示两自由度极坐标操作臂 ${}^0_2T$ 的子空间。已知

$$
{}^0P_{2ORG}=\begin{bmatrix} x \\ y \\ 0 \end{bmatrix} \tag{4.3}
$$

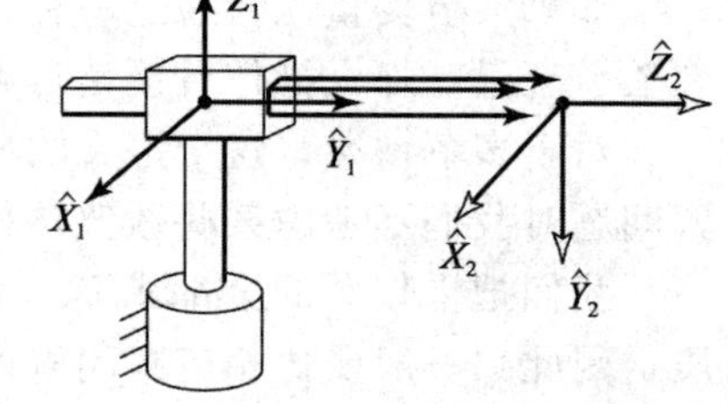

图 4-6　两连杆极坐标操作臂

式中，x 和 y 可以取任意值。它的姿态则是受限制的，

因为${}^0\hat{Z}_2$轴的方向取决于 x 和 y，${}^0\hat{Y}_2$轴的方向总是向下，而${}^0\hat{X}_2$轴的方向可以通过计算叉乘${}^0\hat{Y}_2 \times {}^0\hat{Z}_2$求得。由 x 和 y 有

$$
{}^0\hat{Z}_2 = \begin{bmatrix} \dfrac{x}{\sqrt{x^2+y^2}} \\ \dfrac{y}{\sqrt{x^2+y^2}} \\ 0 \end{bmatrix} \tag{4.4}
$$

因而，求得子空间为

$$
{}_2^0T = \begin{bmatrix} \dfrac{y}{\sqrt{x^2+y^2}} & 0 & \dfrac{x}{\sqrt{x^2+y^2}} & x \\ \dfrac{-x}{\sqrt{x^2+y^2}} & 0 & \dfrac{y}{\sqrt{x^2+y^2}} & y \\ 0 & -1 & 0 & 0 \\ 0 & 0 & 0 & 1 \end{bmatrix} \tag{4.5}
$$

对具有 n 自由度操作臂的目标点进行定义，我们通常采用 n 个参数来确定这个目标点。也就是说，如果给定 6 自由度的目标点，一般自由度 $n<6$ 的操作臂是无法到达这个目标点的。在这种情况下，可寻找一个位于操作臂子空间内的可达目标点代替原目标点，并且和原期望目标点尽可能“靠近”。

因此，对于少于 6 个自由度的操作臂来说，当确定一般目标点时，求解方法如下：

1）已知一般目标坐标系${}_G^ST$，计算一个修正的目标坐标系${}_{G'}^ST$，使得${}_{G'}^ST$位于操作臂的子空间内，并且和${}_G^ST$尽可能“靠近”。应预先确定“靠近”标准。

2）将${}_{G'}^ST$作为期望目标，计算逆运动学来求关节角。注意，如果目标点不在操作臂的工作空间内，将可能没有解。

首先确定工具坐标系原点到期望目标点的位置，然后选择一个接近期望姿态的可达姿态。正如我们在例 4.1 和例 4.2 中所见的，子空间的计算取决于操作臂的几何特征。对每个操作臂必须单独考虑，从而得到相应的计算方法。

116

为了计算使得操作臂能够到达距期望坐标系最近的可达坐标系的关节角，在 4.7 节中给出了将一般目标点投影到 5 自由度操作臂子空间的例子。

4.4 代数解法和几何解法

为了介绍运动学方程的求解方法，这里用两种不同方法对一个平面三连杆操作臂进行求解。

代数解法

以第 3 章中所介绍的三连杆平面操作臂为例，它的连杆参数如图 4-7 所示。

按照第 3 章中所介绍的方法，应用这些连杆参数很容易求得这个机械臂的运动学方程：

$$
{}_W^BT = {}_3^0T = \begin{bmatrix} c_{123} & -s_{123} & 0.0 & l_1c_1+l_2c_{12} \\ s_{123} & c_{123} & 0.0 & l_1s_1+l_2s_{12} \\ 0.0 & 0.0 & 1.0 & 0.0 \\ 0 & 0 & 0 & 1 \end{bmatrix} \tag{4.6}
$$

117

为了集中讨论逆运动学问题，我们假设必要的变换已经完成，即${}^{B}_{W}T$已经完成，使得目标点的位置由腕部坐标系相对基坐标系来确定。由于我们研究的是平面操作臂，因此通过确定三个量 x、y 和 ϕ 很容易确定这些目标点的位置，其中 ϕ 是连杆 3 在平面内的姿态(与 $+\hat{X}$ 轴相关)。因此，与其给出通用的${}^{B}_{W}T$ 作为目标点的描述，还不如假定变换矩阵具有如下形式：

$$
{}^{B}_{W}T = \begin{bmatrix} c_{\phi} & -s_{\phi} & 0.0 & x \\ s_{\phi} & c_{\phi} & 0.0 & y \\ 0.0 & 0.0 & 1.0 & 0.0 \\ 0 & 0 & 0 & 1 \end{bmatrix} \tag{4.7}
$$

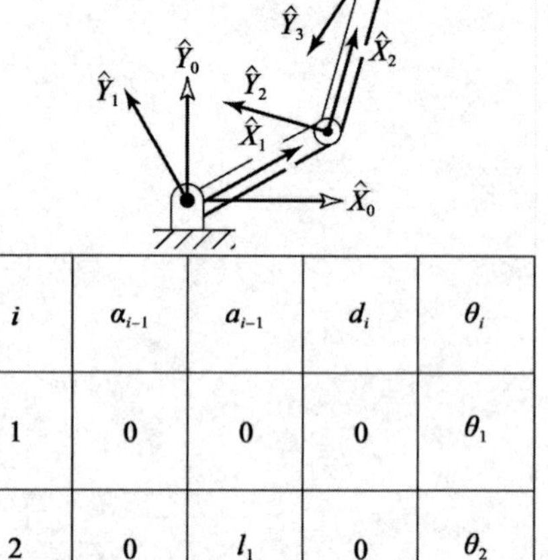

i	α_{i-1}	a_{i-1}	d_i	θ_i
1	0	0	0	θ_1
2	0	l_1	0	θ_2
3	0	l_2	0	θ_3

图 4-7　平面三连杆操作臂和它的连杆参数

所有可达目标点必须位于式(4.7)描述的子空间上。令式(4.6)和式(4.7)相等，可以求得 4 个非线性方程，进而求出 θ_1、θ_2 和 θ_3：

$$c_{\phi} = c_{123} \tag{4.8}$$

$$s_{\phi} = s_{123} \tag{4.9}$$

$$x = l_1 c_1 + l_2 c_{12} \tag{4.10}$$

$$y = l_1 s_1 + l_2 s_{12} \tag{4.11}$$

现在用代数方法求解式(4.8)～式(4.11)。将式(4.10)和式(4.11)同时平方，然后相加，得到

$$x^2 + y^2 = l_1^2 + l_2^2 + 2 l_1 l_2 c_2 \tag{4.12}$$

这里利用了

$$
\begin{aligned}
c_{12} &= c_1 c_2 - s_1 s_2 \\
s_{12} &= c_1 s_2 + s_1 c_2
\end{aligned} \tag{4.13}
$$

由式(4.12)求解 c_2，得到：

$$c_2 = \frac{x^2 + y^2 - l_1^2 - l_2^2}{2 l_1 l_2} \tag{4.14}$$

上式有解的条件是式(4.14)右边的值必须在－1～1。在这个解法中，这个约束条件可用来检查解是否存在。从物理结构上看，如果约束条件不满足，则目标点位置太远，操作臂不可达。

假定目标点在工作空间内，s_2 的表达式为

$$s_2 = \pm \sqrt{1 - c_2^2} \tag{4.15}$$

最后，应用双变量反正切公式㊀计算 θ_2，得

118

$$\theta_2 = \text{Atan2}(s_2, c_2) \tag{4.16}$$

式(4.15)的符号选择对应于多解，我们可选择“肘部朝上”解或“肘部朝下”解。在确定 θ_2 时，再次应用循环方法来求解运动学参数，即常用的先确定期望关节角的正弦和余弦，然后应用双变量反正切公式的方法。这样确保得出所有的解，且所求的角度是在适当的象限里。

㊀ 见 2.8 节。

求出了 θ_2，可以根据式(4.10)和式(4.11)求出 θ_1。将式(4.10)和式(4.11)写成如下形式：

$$x = k_1 c_1 - k_2 s_1 \tag{4.17}$$

$$y = k_1 s_1 + k_2 c_1 \tag{4.18}$$

式中

$$\begin{aligned} k_1 &= l_1 + l_2 c_2 \\ k_2 &= l_2 s_2 \end{aligned} \tag{4.19}$$

为了求解这种形式的方程，可进行变量代换，实际上就是改变常数 k_1 和 k_2 的形式。

如果

$$r = + \sqrt{k_1^2 + k_2^2} \tag{4.20}$$

并且

$$\gamma = \mathrm{Atan2}(k_2, k_1)$$

则

$$\begin{aligned} k_1 &= r\cos\gamma \\ k_2 &= r\sin\gamma \end{aligned} \tag{4.21}$$

式(4.17)和式(4.18)可以写成

$$\frac{x}{r} = \cos\gamma\cos\theta_1 - \sin\gamma\sin\theta_1 \tag{4.22}$$

$$\frac{y}{r} = \cos\gamma\sin\theta_1 + \sin\gamma\cos\theta_1 \tag{4.23}$$

因此

$$\cos(\gamma + \theta_1) = \frac{x}{r} \tag{4.24}$$

$$\sin(\gamma + \theta_1) = \frac{y}{r} \tag{4.25}$$

利用双变量反正切公式，得

$$\gamma + \theta_1 = \mathrm{Atan2}\left(\frac{y}{r}, \frac{x}{r}\right) = \mathrm{Atan2}(y, x) \tag{4.26}$$

从而

$$\theta_1 = \mathrm{Atan2}(y, x) - \mathrm{Atan2}(k_2, k_1) \tag{4.27}$$

119

注意，θ_2 符号的选取将导致 k_2 符号的变化，因此影响到 θ_1。应用式(4.20)和式(4.21)进行变换求解的方法经常出现在求解运动学问题中，即式(4.10)或式(4.11)的求解方法。同时注意，如果 $x=y=0$，则式(4.27)无定义，此时 θ_1 可取任意值。

最后，由式(4.8)和式(4.9)能够求出 θ_1、θ_2、θ_3 的和：

$$\theta_1 + \theta_2 + \theta_3 = \mathrm{Atan2}(s_\phi, c_\phi) = \phi \tag{4.28}$$

由于 θ_1 和 θ_2 已知，从而可以解出 θ_3。两个或两个以上连杆在平面内运动的操作臂是比较典型的问题。在求解过程中出现了关节角之和的表达式。

总之，用代数方法求解运动学方程就是将给定的方程转换到解已知的形式。对于许多常见的几何问题，经常会出现多种形式的超越方程。在前面的章节中已经遇到了其中的几种形式。更详细的内容在附录 C 中列出。

几何解法

在几何解法求出操作臂的解中，需将操作臂的空间几何参数分解成为平面几何问题。

用这种方法在求解许多操作臂时(特别是当 $\alpha_i=0$ 或 ± 90 时)是相当容易的。然后应用平面几何工具可以求出关节角度[7]。对于如图 4-7 所示的具有 3 自由度的操作臂来说，由于操作臂是平面的，因此我们可以利用平面几何关系直接求解。

图 4-8 中画出了由 l_1、l_2 以及连接坐标系{0}的原点和坐标系{3}的原点的连线所组成的三角形。图中虚线表示该三角形的另一种可能情况，坐标系{3}能够到达相同的位置。对于实线表示的三角形，利用余弦定理求解 θ_2：

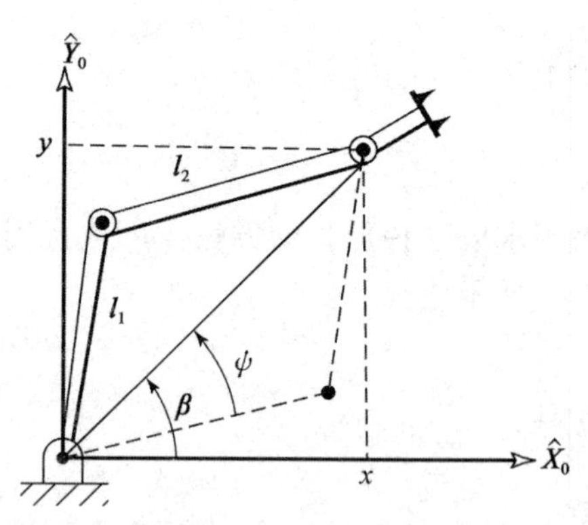

图 4-8 平面三连杆机器人的平面几何关系

120

$$x^2+y^2=l_1^2+l_2^2-2l_1l_2\cos(180+\theta_2) \tag{4.29}$$

现在，$\cos(180+\theta_2)=-\cos(\theta_2)$，所以有

$$c_2=\frac{x^2+y^2-l_1^2-l_2^2}{2l_1l_2} \tag{4.30}$$

为使该三角形成立，到目标点的距离 $\sqrt{x^2+y^2}$ 必须小于或等于两个连杆的长度之和 l_1+l_2。用计算方法对目标点的这个条件进行验证，以便证明该解的存在性。当目标点超出操作臂的运动范围时，这个条件不满足。假设解存在，那么由该方程所解得的 θ_2 应在 $-180°\sim 0$ 范围内，因为只有这些值能够使图 4-8 中的三角形成立。另一个可能的解(由虚线所示的三角形)可以通过对称关系 $\theta'_2=-\theta_2$ 得到。

为求解 θ_1，需要建立图 4-8 所示的 ψ 和 β 角的表达式。首先，β 可以位于任意象限，这是由 x 和 y 的符号决定的。为此，应用双变量反正切公式：

$$\beta=\mathrm{Atan2}(y,x) \tag{4.31}$$

再利用余弦定理解出 ψ：

$$\cos\psi=\frac{x^2+y^2+l_1^2-l_2^2}{2l_1\sqrt{x^2+y^2}} \tag{4.32}$$

这里，求反余弦，使 $0\leqslant\psi\leqslant 180°$，以便使式(4.32)的几何关系成立。利用几何法求解时，上述考量是经常要用到的，我们只能在一组变量满足几何关系时才能应用这些公式。接着，我们可得到

$$\theta_1=\beta\pm\psi \tag{4.33}$$

式中，当 $\theta_2<0$ 时，取“+”号；当 $\theta_2>0$ 时，取“−”号。

为了算出最后一个连杆的姿态，三个关节角度需要相加：

$$\theta_1+\theta_2+\theta_3=\phi \tag{4.34}$$

由上式求出 θ_3，求解结束。

4.5 简化成多项式的代数解法

即使只有一个变量(如 θ)，超越方程往往也很难求解，因为它一般常以 $\sin\theta$ 和 $\cos\theta$ 的形式出现。可进行下列变换，用单一变量 u 来表示：

$$u=\tan\frac{\theta}{2}$$

$$\cos\theta=\frac{1-u^2}{1+u^2} \tag{4.35}$$

$$\sin\theta = \frac{2u}{1+u^2}$$

121

这是在求解运动学方程中经常用到的一种很重要的几何变换方法。这个变换是把超越方程变换成关于 u 的多项式方程。附录 A 中列出了这些变换关系和一些三角恒等式。

例 4.3 将超越方程

$$a\cos\theta + b\sin\theta = c \tag{4.36}$$

变换成含有半角正切的多项式，以求解 θ。

采用式(4.35)的变换式，将上式乘以 $1+u^2$，得

$$a(1-u^2) + 2bu = c(1+u^2) \tag{4.37}$$

取 u 的幂次排序

$$(a+c)u^2 - 2bu + (c-a) = 0 \tag{4.38}$$

由一元二次方程求解公式解出：

$$u = \frac{b \pm \sqrt{b^2 + a^2 - c^2}}{a+c} \tag{4.39}$$

因此

$$\theta = 2\tan^{-1}\left(\frac{b \pm \sqrt{b^2 + a^2 - c^2}}{a+c}\right) \tag{4.40}$$

如果从式(4.39)中解出 u 是复数，则原来的超越方程可能不存在实根。注意，如果 $a+c=0$，那么反正切的自变量就会无穷大，因此 $\theta=180°$。如果用计算机来计算，应该预先检查分母是否为 0。当式(4.38)中的二次项被消去后，这个二次方程就降阶为线性方程了(附录 C 中给出另外一个解)。

4 次多项式便具有封闭形式的解[8,9]，所以能够用 4 阶(或低于 4 阶)的代数方程求解的操作臂是相当简单的，它们被称为**有封闭解的**操作臂。

4.6 三轴相交的 Pieper 解法

如前所述，尽管一般的 6 自由度机器人没有封闭解，但在某些特殊情况下还是可解的。Pieper[3,4]研究了 3 个连续轴相交于一点的 6 自由度操作臂。⊖ 在本节中，我们将介绍 Pieper 提出的方法，这种方法是针对 6 个关节均为旋转关节且后面 3 个轴相交的操作臂。该方法可应用于其他形式的操作臂，包括移动关节，感兴趣的读者可参看文献[4]。Pieper 的研究成果主要应用于商业化的工业机器人中。

122

当最后的 3 个轴相交时，连杆坐标系{4}、{5}和{6}的原点均位于这个交点上。这点在基坐标系中的位置是

$$^{0}P_{4ORG} = {}^{0}_{1}T\,{}^{1}_{2}T\,{}^{2}_{3}T\,{}^{3}P_{4ORG} = \begin{bmatrix} x \\ y \\ z \\ 1 \end{bmatrix} \tag{4.41}$$

或者，当 $i=4$ 时，由式(3.6)的第 4 列有

⊖ 包括具有 3 个连续平行轴的操作臂，可以认为它们的交点在无穷远处。

$$ {}^{0}P_{4ORG} = {}^{0}_{1}T\,{}^{1}_{2}T\,{}^{2}_{3}T \begin{bmatrix} a_3 \\ -d_4 s\alpha_3 \\ d_4 c\alpha_3 \\ 1 \end{bmatrix} \tag{4.42} $$

或

$$ {}^{0}P_{4ORG} = {}^{0}_{1}T\,{}^{1}_{2}T \begin{bmatrix} f_1(\theta_3) \\ f_2(\theta_3) \\ f_3(\theta_3) \\ 1 \end{bmatrix} \tag{4.43} $$

式中

$$ \begin{bmatrix} f_1 \\ f_2 \\ f_3 \\ 1 \end{bmatrix} = {}^{2}_{3}T \begin{bmatrix} a_3 \\ -d_4 s\alpha_3 \\ d_4 c\alpha_3 \\ 1 \end{bmatrix} \tag{4.44} $$

在式(4.44)中，对于${}^{2}_{3}T$应用式(3.6)得出f_1的表达式：

$$ \begin{aligned} f_1 &= a_3 c_3 + d_4 s\alpha_3 s_3 + a_2 \\ f_2 &= a_3 c\alpha_2 s_3 - d_4 s\alpha_3 c\alpha_2 c_3 - d_4 s\alpha_2 c\alpha_3 - d_3 s\alpha_2 \\ f_3 &= a_3 s\alpha_2 s_3 - d_4 s\alpha_3 s\alpha_2 c_3 + d_4 c\alpha_2 c\alpha_3 + d_3 c\alpha_2 \end{aligned} \tag{4.45} $$

在式(4.43)中，对于${}^{0}_{1}T$和${}^{1}_{2}T$应用式(3.6)得

$$ {}^{0}P_{4ORG} = \begin{bmatrix} c_1 g_1 - s_1 g_2 \\ s_1 g_1 + c_1 g_2 \\ g_3 \\ 1 \end{bmatrix} \tag{4.46} $$

式中

$$ \begin{aligned} g_1 &= c_2 f_1 - s_2 f_2 + a_1 \\ g_2 &= s_2 c\alpha_1 f_1 + c_2 c\alpha_1 f_2 - s\alpha_1 f_3 - d_2 s\alpha_1 \\ g_3 &= s_2 s\alpha_1 f_1 + c_2 s\alpha_1 f_2 + c\alpha_1 f_3 + d_2 c\alpha_1 \end{aligned} \tag{4.47} $$

现在写出${}^{0}P_{4ORG}$绝对值平方的表达式，这里$r=x^2+y^2+z^2$，从式(4.46)可以看出

123

$$ r = g_1^2 + g_2^2 + g_3^2 \tag{4.48} $$

所以，对于g_i，由式(4.47)得

$$ r = f_1^2 + f_2^2 + f_3^2 + a_1^2 + d_2^2 + 2d_2 f_3 + 2a_1(c_2 f_1 - s_2 f_2) \tag{4.49} $$

现在，写出式(4.46)中Z方向分量的方程，那么表示这个方程组的两个方程如下：

$$ \begin{aligned} r &= (k_1 c_2 + k_2 s_2)2a_1 + k_3 \\ z &= (k_1 s_2 - k_2 c_2)s\alpha_1 + k_4 \end{aligned} \tag{4.50} $$

式中

$$ \begin{aligned} k_1 &= f_1 \\ k_2 &= -f_2 \\ k_3 &= f_1^2 + f_2^2 + f_3^2 + a_1^2 + d_2^2 + 2d_2 f_3 \\ k_4 &= f_3 c\alpha_1 + d_2 c\alpha_1 \end{aligned} \tag{4.51} $$

式(4.50)很有用，因为它消去了因变量 θ_1，并且因变量 θ_2 的关系式简单。

现在讨论如何由(4.50)求解 θ_3，分三种情况：

1）若 $a_1=0$，则 $r=k_3$，这里 r 是已知的。右边(k_3)仅是关于 θ_3 的函数。代入式(4.35)后，由包含 $\tan\frac{\theta_3}{2}$ 的二次方程可以解出 θ_3。

2）若 $s\alpha_1=0$，则 $z=k_4$，这里 z 是已知的。再次代入式(4.35)后，利用上面的一元二次方程可以解出 θ_3。

3）否则，从式(4.50)中消去 s_2 和 c_2，得到

$$\frac{(r-k_3)^2}{4a_1^2}+\frac{(z-k_4)^2}{s^2\alpha_1}=k_1^2+k_2^2 \tag{4.52}$$

代入式(4.35)后，可得到一个4次方程，由此可解出 θ_3。[⊖]

解出 θ_3 后，就可以根据式(4.50)解出 θ_2，再根据式(4.46)解出 θ_1。

为了完成求解工作，还需要求出 θ_4、θ_5、θ_6。由于这些轴相交，故这些关节角只影响末端连杆的方向，我们只需要 ${}^0_6R$ 的旋转分量就计算出这三个角度。在求出 θ_1、θ_2、θ_3 后，可以由 $\theta_4=0$ 时连杆坐标系{4}相对于基坐标系的方向计算出 ${}^4_0R|_{\theta_4=0}$。坐标系{6}的期望方向与连杆坐标系{4}的方向的差别仅在于最后三个关节的作用。由于 ${}^0_6R$ 已知，因此这个问题可以通过如下计算得出结果：

$${}^4_6R|_{\theta_4=0}={}^0_4R^{-1}|_{\theta_4=0}{}^0_6R \tag{4.53}$$

124

对于大多数操作臂来说，完全可以将第2章介绍的 Z-Y-Z 欧拉角解法应用于 ${}^4_6R|_{\theta_4=0}$ 解出最后三个关节角。对于任何一个4、5、6轴相交的操作臂来说，最后三个关节角能够通过一组合适的欧拉角来定义。最后的三个关节通常有两种解，因此这种操作臂解的总数就是前三个关节解的数量的2倍。

4.7 操作臂逆运动学实例

在本节中，将研究两个工业机器人的逆运动学问题。一种是仅用代数方法求操作臂的解，另一种是用部分代数方法和部分几何方法求操作臂的解。下面的解法并不适用于解决所有机器人运动学问题，但是对于大多数通用操作臂来说，这些解法是最常用的。注意，前面提到的 Pieper 的解法(在前一节中)能够适用于这些操作臂，但在这里我们选择一种不同的方法来求解，以便对各种有效解法有所了解。

Unimation PUMA 560 机器人

作为一个适用于6自由度操作臂的代数解法的例子，我们对第3章中提出的 PUMA 560 的运动学方程进行求解。这种解法类似于文献[5]。

当 ${}^0_6T$ 中的数值已知时，我们希望通过下列方程

$${}^0_6T=\begin{bmatrix} r_{11} & r_{12} & r_{13} & p_x \\ r_{21} & r_{22} & r_{23} & p_y \\ r_{31} & r_{32} & r_{33} & p_z \\ 0 & 0 & 0 & 1 \end{bmatrix}={}^0_1T(\theta_1){}^1_2T(\theta_2){}^2_3T(\theta_3){}^3_4T(\theta_4){}^4_5T(\theta_5){}^5_6T(\theta_6) \tag{4.54}$$

⊖ 注意 $f_1^2+f_2^2+f_3^2=a_3^2+d_4^2+d_3^2+a_2^2+2d_4d_3c\alpha_3+2a_2a_3c_3+2a_2d_4s\alpha_3s_3$。

解出 θ_i。

整理式(4.54)，将含有 θ_1 的部分移到方程的左边

$$[{}^0_1T(\theta_1)]^{-1}\,{}^0_6T = {}^1_2T(\theta_2)\,{}^2_3T(\theta_3)\,{}^3_4T(\theta_4)\,{}^4_5T(\theta_5)\,{}^5_6T(\theta_6) \tag{4.55}$$

将${}^0_1T$ 转置，将式(4.55)写成

$$\begin{pmatrix} c_1 & s_1 & 0 & 0 \\ -s_1 & c_1 & 0 & 0 \\ 0 & 0 & 1 & 0 \\ 0 & 0 & 0 & 1 \end{pmatrix}\begin{pmatrix} r_{11} & r_{12} & r_{13} & p_x \\ r_{21} & r_{22} & r_{23} & p_y \\ r_{31} & r_{32} & r_{33} & p_z \\ 0 & 0 & 0 & 1 \end{pmatrix} = {}^1_6T \tag{4.56}$$

式中${}^1_6T$ 由第 3 章的式(3.13)给出。这种在方程两边同乘以变换的逆矩阵的技巧经常有助于分离变量求解。

令式(4.56)两边的元素(2，4)相等，得到

125

$$-s_1p_x + c_1p_y = d_3 \tag{4.57}$$

为求解这种形式的方程，可进行三角恒等变换

$$\begin{aligned} p_x &= \rho\cos\phi \\ p_y &= \rho\sin\phi \end{aligned} \tag{4.58}$$

式中

$$\begin{aligned} \rho &= \sqrt{p_x^2 + p_y^2} \\ \phi &= \mathrm{Atan2}(p_y, p_x) \end{aligned} \tag{4.59}$$

将式(4.58)代入式(4.57)，得

$$c_1s_\phi - s_1c_\phi = \frac{d_3}{\rho} \tag{4.60}$$

由差角公式得

$$\sin(\phi - \theta_1) = \frac{d_3}{\rho} \tag{4.61}$$

因此

$$\cos(\phi - \theta_1) = \pm\sqrt{1 - \frac{d_3^2}{\rho^2}} \tag{4.62}$$

则

$$\phi - \theta_1 = \mathrm{Atan2}\left(\frac{d_3}{\rho}, \pm\sqrt{1 - \frac{d_3^2}{\rho^2}}\right) \tag{4.63}$$

最后，θ_1 的解可以写为

$$\theta_1 = \mathrm{Atan2}(p_y, p_x) - \mathrm{Atan2}\left(d_3, \pm\sqrt{p_x^2 + p_y^2 - d_3^2}\right) \tag{4.64}$$

注意到相应于式(4.64)的正负号，θ_1 可以有两种解。现在，θ_1 已知，则式(4.56)的左边已知。如果令式(4.56)两边的元素(1，4)和元素(3，4)分别相等，得

$$\begin{aligned} c_1p_x + s_1p_y &= a_3c_{23} - d_4s_{23} + a_2c_2 \\ -p_z &= a_3s_{23} + d_4c_{23} + a_2s_2 \end{aligned} \tag{4.65}$$

如果将式(4.65)和式(4.57)平方后相加，得

$$a_3c_3 - d_4s_3 = K \tag{4.66}$$

式中

$$K=\frac{p_x^2+p_y^2+p_z^2-a_2^2-a_3^2-d_3^2-d_4^2}{2a_2} \tag{4.67}$$

126

注意，从式(4.66)中已经消去与 θ_1 有关的项，于是式(4.66)和式(4.57)的形式相同，因此采用同样的三角恒等变换可以得出 θ_3 的解：

$$\theta_3=\mathrm{Atan2}(a_3,d_4)-\mathrm{Atan2}(K,\pm\sqrt{a_3^2+d_4^2-K^2}) \tag{4.68}$$

式(4.68)中的±号使得 θ_3 有两个不同的解。如果重新整理式(4.54)，使 θ_2 以及左边所有的函数均为已知：

$$[{}^0_3T(\theta_2)]^{-1}\,{}^0_6T={}^3_4T(\theta_4){}^4_5T(\theta_5){}^5_6T(\theta_6) \tag{4.69}$$

或

$$\begin{bmatrix} c_1c_{23} & s_1c_{23} & -s_{23} & -a_2c_3 \\ -c_1s_{23} & -s_1s_{23} & -c_{23} & a_2s_3 \\ -s_1 & c_1 & 0 & -d_3 \\ 0 & 0 & 0 & 1 \end{bmatrix}\begin{bmatrix} r_{11} & r_{12} & r_{13} & p_x \\ r_{21} & r_{22} & r_{23} & p_y \\ r_{31} & r_{32} & r_{33} & p_z \\ 0 & 0 & 0 & 1 \end{bmatrix}={}^3_6T \tag{4.70}$$

式中，${}^3_6T$ 由第 3 章的式(3.11)确定。令式(4.70)两边的元素(1，4)和元素(2，4)相等，得到

$$\begin{aligned} c_1c_{23}p_x+s_1c_{23}p_y-s_{23}p_z-a_2c_3&=a_3 \\ -c_1s_{23}p_x-s_1s_{23}p_y-c_{23}p_z+a_2s_3&=d_4 \end{aligned} \tag{4.71}$$

从这组方程可以同时解出 s_{23} 和 c_{23}，结果为

$$\begin{aligned} s_{23}&=\frac{(-a_3-a_2c_3)p_z+(c_1p_x+s_1p_y)(a_2s_3-d_4)}{p_z^2+(c_1p_x+s_1p_y)^2} \\ c_{23}&=\frac{(a_2s_3-d_4)p_z-(a_3+a_2c_3)(c_1p_x+s_1p_y)}{p_z^2+(c_1p_x+s_1p_y)^2} \end{aligned} \tag{4.72}$$

上式中分母相等，且为正数，所以可求得 θ_2 和 θ_3 的和为

$$\begin{aligned} \theta_{23}=\mathrm{Atan2}[&(-a_3-a_2c_3)p_z-(c_1p_x+s_1p_y)(d_4-a_2s_3), \\ &(a_2s_3-d_4)p_z-(a_3+a_2c_3)(c_1p_x+s_1p_y)] \end{aligned} \tag{4.73}$$

根据 θ_1 和 θ_3 解的 4 种组合，由式(4.73)算出 4 个 θ_{23} 的值。然后，计算 θ_2 的 4 个可能的解为

$$\theta_2=\theta_{23}-\theta_3 \tag{4.74}$$

式中做减法时应针对不同的情况适当选取 θ_3。

现在，式(4.70)中左边完全已知，令式(4.70)两边的元素(1，3)和元素(3，3)分别相等，得

$$\begin{aligned} r_{13}c_1c_{23}+r_{23}s_1c_{23}-r_{33}s_{23}&=-c_4s_5 \\ -r_{13}s_1+r_{23}c_1&=s_4s_5 \end{aligned} \tag{4.75}$$

只要 $s_5\neq0$，就可解出 θ_4：

$$\theta_4=\mathrm{Atan2}(-r_{13}s_1+r_{23}c_1,-r_{13}c_1c_{23}-r_{23}s_1c_{23}+r_{33}s_{23}) \tag{4.76}$$

127

当 $\theta_5=0$ 时，操作臂处于奇异位形，此时关节轴 4 和关节轴 6 共线，引起机器人末端连杆相同的运动。在这种情况下，所有结果(所有可能的解)都是 θ_4 与 θ_6 的和或差。这种情况可以通过检查式(4.76)中 Atan2 的两个变量是否都接近零来判断。如果是，则 θ_4 可以任意选取[⊖]，当计算出 θ_6 时，相应地选取 θ_4。

改写式(4.54)，使公式左边均为 θ_4 和其他已知量的函数，即

⊖ 通常取关节 4 的当前值。

$$[{}^0_4T(\theta_4)]^{-1}\ {}^0_6T = {}^4_5T(\theta_5){}^5_6T(\theta_6) \tag{4.77}$$

式中，$[{}^0_4T(\theta_4)]^{-1}$由下式给出

$$\begin{pmatrix} c_1c_{23}c_4+s_1s_4 & s_1c_{23}c_4-c_1s_4 & -s_{23}c_4 & -a_2c_3c_4+d_3s_4-a_3c_4 \\ -c_1c_{23}s_4+s_1c_4 & -s_1c_{23}s_4-c_1c_4 & s_{23}s_4 & a_2c_3s_4+d_3c_4+a_3s_4 \\ -c_1s_{23} & -s_1s_{23} & -c_{23} & a_2s_3-d_4 \\ 0 & 0 & 0 & 1 \end{pmatrix} \tag{4.78}$$

并且${}^4_6T$由第3章中的式(3.10)给出。令式(4.77)两边的元素(1，3)和元素(3，3)分别相等，得

$$\begin{aligned} r_{13}(c_1c_{23}c_4+s_1s_4)+r_{23}(s_1c_{23}c_4-c_1s_4)-r_{33}(s_{23}c_4) &= -s_5 \\ r_{13}(-c_1s_{23})+r_{23}(-s_1s_{23})+r_{33}(-c_{23}) &= c_5 \end{aligned} \tag{4.79}$$

由此可以求出θ_5：

$$\theta_5 = \operatorname{Atan2}(s_5, c_5) \tag{4.80}$$

式中，s_5和c_5由式(4.79)给出。

再次应用上述方法，可以计算出$({}^0_5T)^{-1}$，并将式(4.54)写为如下形式：

$$({}^0_5T)^{-1}\ {}^0_6T = {}^5_6T(\theta_6) \tag{4.81}$$

如前所述，令式(4.77)两边的元素(3，1)和元素(1，1)分别相等，得

$$\theta_6 = \operatorname{Atan2}(s_6, c_6) \tag{4.82}$$

式中

$$\begin{aligned} s_6 &= -r_{11}(c_1c_{23}s_4-s_1c_4)-r_{21}(s_1c_{23}s_4+c_1c_4)+r_{31}(s_{23}s_4) \\ c_6 &= r_{11}[(c_1c_{23}c_4+s_1s_4)c_5-c_1s_{23}s_5]+r_{21}[(s_1c_{23}c_4-c_1s_4)c_5-s_1s_{23}s_5] \\ &\quad -r_{31}(s_{23}c_4c_5+c_{23}s_5) \end{aligned}$$

128

由于在式(4.64)和式(4.68)中出现了±号，因此这些方程会有4种解。此外，由于操作臂"翻转"腕关节可得到另外4个解。对于以上计算出的4种解，由腕关节翻转可得到

$$\begin{aligned} \theta_4' &= \theta_4+180° \\ \theta_5' &= -\theta_5 \\ \theta_6' &= \theta_6+180° \end{aligned} \tag{4.83}$$

当计算出所有8种答案以后，由于关节运动范围的限制要将其中的一些解(甚至全部)舍去。在余下的有效解中，通常选取一个最接近于当前操作臂位形的解。

Yasukawa Motoman L-3型机器人

正如第3章中第二个例子，这里将要求解Yasukawa Motoman L-3型机器人的运动学方程。这个解将由部分代数解以及部分几何解组成。Motoman L-3有3个特征使它的逆运动学问题完全不同于PUMA机器人。第一，由于这种操作臂只有5个关节，因此它的末端执行器的位置和姿态不能保证到达一般目标坐标系。第二，这种四杆机构以及链传动方式使得一个驱动器同时驱动两个甚至更多个铰链。第三，驱动器的位置极限并不是常数，而是取决于其他驱动器的位置，因此判断一组驱动器运动是否在某一范围内是没有意义的。

如果考虑Motoman操作臂的子空间的特性(同样适用于许多具有5个自由度的操作臂)，可以很快看到这个子空间可以通过在可达姿态施加一个约束来描述。工具端指向$\hat{Z}_T$轴必须位于"操作臂的平面内"，该面是一个包含关节1的轴以及轴4和轴5交点的垂直面。该机器人达到最邻近的一般姿态，可以以最小旋转量改变工具端的指向，使该指向位于上述

平面内。不需要给出一个子空间的显式表达，而只需要建立一种将一般目标坐标系投影到这个子空间的方法。注意，对于这种情况的讨论仅仅针对腕部坐标系和工具坐标系相差一个沿 $\hat{Z}_{\omega}$ 的平移的情况。

如图 4-9 所示，我们利用法线 $\hat{M}$ 以及工具端的期望指向 $\hat{Z}_T$ 来定义操作臂平面。这个指向必须以某一矢量 $\hat{K}$ 旋转 θ 角，以便在这个平面内产生一个新的指向 $\hat{Z}'_T$。显然，使 θ 最小的 $\hat{K}$ 位于这个平面内，同时与 $\hat{Z}_T$ 和 $\hat{Z}'_T$ 垂直。

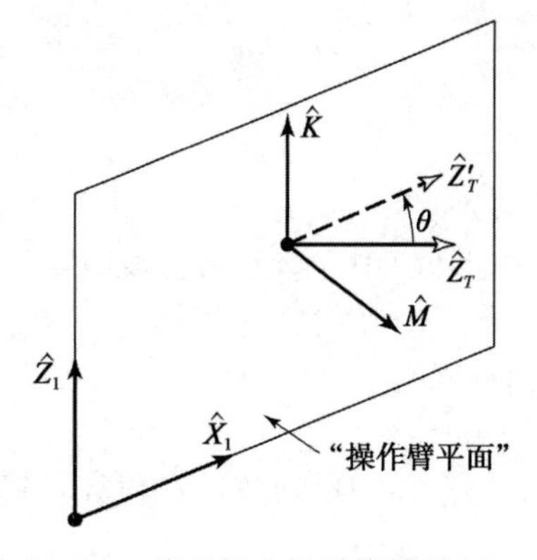

图 4-9 将目标坐标系旋转到 Motoman 操作臂的子空间

对于任何给定的目标坐标系，$\hat{M}$ 的定义如下：

$$\hat{M}=\frac{1}{\sqrt{p_x^2+p_y^2}}\begin{pmatrix}-p_y\\ p_x\\ 0\end{pmatrix} \tag{4.84}$$

式中，p_x 和 p_y 是期望工具端位置的 x 和 y 坐标，则 K 由下式给出：

$$K=\hat{M}\times\hat{Z}_T \tag{4.85}$$

129

新的 $\hat{Z}'_T$ 为

$$\hat{Z}'_T=\hat{K}\times\hat{M} \tag{4.86}$$

θ 的旋转量为

$$\begin{aligned}\cos\theta&=\hat{Z}_T\cdot\hat{Z}'_T\\ \sin\theta&=(\hat{Z}_T\times\hat{Z}'_T)\cdot\hat{K}\end{aligned} \tag{4.87}$$

应用 Rodrique 公式(参见习题 2.20)，有

$$\hat{Y}'_T=c\theta\hat{Y}_T+s\theta(\hat{K}\times\hat{Y}_T)+(1-c\theta)(\hat{K}\cdot\hat{Y}_T)\hat{K} \tag{4.88}$$

最后可以计算出新的工具端旋转矩阵其余的未知列

$$\hat{X}'_T=\hat{Y}'_T\times\hat{Z}'_T \tag{4.89}$$

式(4.84)～式(4.89)描述了一种将已知的一般目标姿态投影到 Motoman 机器人子空间的方法。

假定所给的腕部坐标系${}^B_WT$ 在操作臂的子空间内，我们按照下述方法求解运动学方程。在求解 Motoman L-3 运动学方程时，可以构造连杆变换矩阵的乘积：

$${}^0_5T={}^0_1T\,{}^1_2T\,{}^2_3T\,{}^3_4T\,{}^4_5T \tag{4.90}$$

如果令

$${}^0_5T=\begin{pmatrix}r_{11}&r_{12}&r_{13}&p_x\\ r_{21}&r_{22}&r_{23}&p_y\\ r_{31}&r_{32}&r_{33}&p_z\\ 0&0&0&1\end{pmatrix} \tag{4.91}$$

式(4.90)两边同时前乘${}^0_1T^{-1}$，得到

$${}^0_1T^{-1}\,{}^0_5T={}^1_2T\,{}^2_3T\,{}^3_4T\,{}^4_5T \tag{4.92}$$

130

式中左边为

$$\begin{pmatrix}c_1r_{11}+s_1r_{21}&c_1r_{12}+s_1r_{22}&c_1r_{13}+s_1r_{23}&c_1p_x+s_1p_y\\ -r_{31}&-r_{32}&-r_{33}&-p_z\\ -s_1r_{11}+c_1r_{21}&-s_1r_{12}+c_1r_{22}&-s_1r_{13}+c_1r_{23}&-s_1p_x+c_1p_y\\ 0&0&0&1\end{pmatrix} \tag{4.93}$$

右边为

$$\begin{pmatrix} * & * & s_{234} & * \\ * & * & -c_{234} & * \\ s_5 & c_5 & 0 & 0 \\ 0 & 0 & 0 & 1 \end{pmatrix} \tag{4.94}$$

式(4.94)中一些元素并没有给出。令方程两边的元素(3，4)相等，得

$$-s_1 p_x + c_1 p_y = 0 \tag{4.95}$$

由此求得[㊀]

$$\theta_1 = \text{Atan2}(p_y, p_x) \tag{4.96}$$

令元素(3，1)和(3，2)相等，得

$$\begin{aligned} s_5 &= -s_1 r_{11} + c_1 r_{21} \\ c_5 &= -s_1 r_{12} + c_1 r_{22} \end{aligned} \tag{4.97}$$

由上式计算 θ_5 得

$$\theta_5 = \text{Atan2}(r_{21} c_1 - r_{11} s_1, r_{22} c_1 - r_{12} s_1) \tag{4.98}$$

令元素(2，3)和(1，3)相等，得

$$\begin{aligned} c_{234} &= r_{33} \\ s_{234} &= c_1 r_{13} + s_1 r_{23} \end{aligned} \tag{4.99}$$

由此得

$$\theta_{234} = \text{Atan2}(r_{13} c_1 + r_{23} s_1, r_{33}) \tag{4.100}$$

为了分别解出 θ_2、θ_3 和 θ_4，可应用几何方法。图 4-10 所示为操作臂平面内关节轴 2 处的点 A、关节轴 3 处的点 B 和关节轴 4 处的点 C。

对于三角形 ABC 应用余弦定理，有

$$\cos\theta_3 = \frac{p_x^2 + p_y^2 + p_z^2 - l_2^2 - l_3^2}{2 l_2 l_3} \tag{4.101}$$

则有[㊁]

$$\theta_3 = \text{Atan2}(\sqrt{1-\cos^2\theta_3}, \cos\theta_3) \tag{4.102}$$

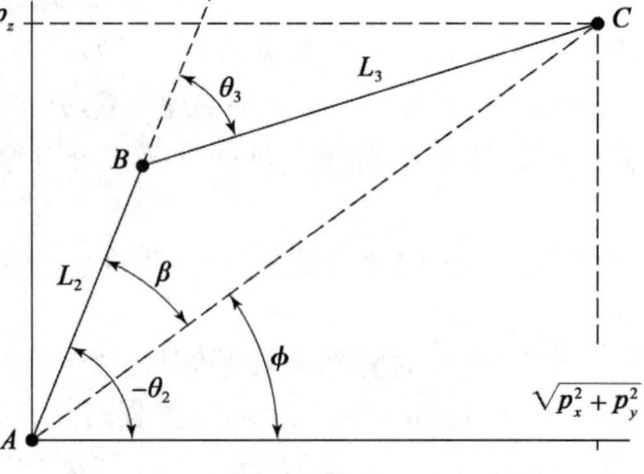

图 4-10　平面内的 Motoman 操作臂

131

从图 4-10 可以看出 $\theta_2 = -\phi - \beta$，或

$$\theta_2 = -\text{Atan2}(p_z, \sqrt{p_x^2 + p_y^2}) - \text{Atan2}(l_3 \sin\theta_3, l_2 + l_3 \cos\theta_3) \tag{4.103}$$

最终得到

$$\theta_4 = \theta_{234} - \theta_2 - \theta_3 \tag{4.104}$$

关节角度已经求出，还须进一步计算求出驱动器值。参见 3.7 节，通过求解式(3.16)得出驱动器参数 A_i：

$$A_1 = \frac{1}{k_1}(\theta_1 - \lambda_1)$$

㊀ 对于这种操作臂，第二个解受到关节运动范围的限制，因此可不必计算。

㊁ 对于这种操作臂，第二个解受到关节运动范围的限制，因此可不必计算。

$$A_2 = \frac{1}{k_2}\left(\sqrt{-2\alpha_2\beta_2\cos\left(\theta_2 - \Omega_2 - \tan^{-1}\left(\frac{\phi_2}{\gamma_2}\right) + 270°\right) + \alpha_2^2 + \beta_2^2} - \lambda_2\right)$$

$$A_3 = \frac{1}{k_3}\left(\sqrt{-2\alpha_3\beta_3\cos\left(\theta_2 + \theta_3 - \tan^{-1}\left(\frac{\phi_3}{\gamma_3}\right) + 90°\right) + \alpha_3^2 + \beta_3^2} - \lambda_3\right)$$

$$A_4 = \frac{1}{k_4}(180° + \lambda_4 - \theta_2 - \theta_3 - \theta_4)$$

$$A_5 = \frac{1}{k_5}(\lambda_5 - \theta_5) \tag{4.105}$$

因为驱动器运动范围已被限定，因此必须检查计算出的结果是否在这个范围之内。事实上，这个“在范围内”的检查是复杂的。由于机构布局使得驱动器之间相互作用，彼此的运动范围相互影响。对于 Motoman 机器人，驱动器 2 和 3 相互作用而且始终要满足下列关系：

$$A_2 - 10\,000 > A_3 > A_2 + 3000 \tag{4.106}$$

132

即驱动器 3 的运动范围是驱动器 2 位置的函数，同样

$$32\,000 - A_4 < A_5 < 55\,000 \tag{4.107}$$

现在，关节 5 转 1 圈相当于驱动器码盘的 25 600 个计数脉冲，因此当 $A_4 > 2600$ 时，A_5 有两个可能的解。这是 Yasukawa Motoman L-3 机器人唯一可能产生大于一个解的情况。

4.8 标准坐标系

求解关节角的能力是许多机器人控制系统的核心问题。再次参考虑图 4-11 所示的标准坐标系的范例。

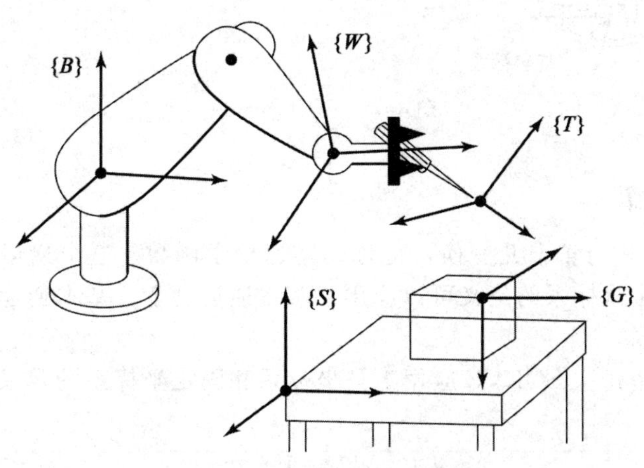

图 4-11 “标准”坐标系的位置

在一般的机器人系统中，应用这些坐标系的说明(如图 4-12 所示)如下：

1) 由用户确定系统中固定坐标系的位置，这个坐标系可能在工作面的一角，如图 4-12 所示，或者附于一个移动的传送带上。固定坐标系{S}是相对于基坐标系{B}定义的。

2) 用户通过给定坐标系{T}的参数给出机器人工具的描述。机器人抓持的每一种工具都有一个相应的工具坐标系{T}。注意，以不同的方式抓持相同的工具，工具坐标系{T}的定义是不同的。工具坐标系{T}是相对于腕部坐标系{W}的，即 ${}^W_T T$。

3) 用户通过给定相对于固定坐标系的目标坐标系{G}的描述来指定机器人运动的目标

点。对于机器人的某些运动，$\{T\}$和$\{S\}$的定义经常保持不变。在这种情况下，一旦它们被定义，用户仅需给出一系列$\{G\}$的参数。

133

在许多系统中，工具坐标系的定义($^{W}_{T}T$)是一个常量(例如，工具坐标系由两指尖中心的原点来定义)。固定坐标系可以是固定的，也可以由用户通过机器人简单示教。在这些系统中，并不需要用户搞清楚这5种标准坐标系，他只需要考虑根据相对于工作区域(由固定坐标系确定)移动工具到达位置(目标)。

4) 机器人系统需要计算一系列的关节角度使关节运动，工具坐标系从起始位置以光滑的方式运动，直到$\{T\}=\{G\}$时运动结束。

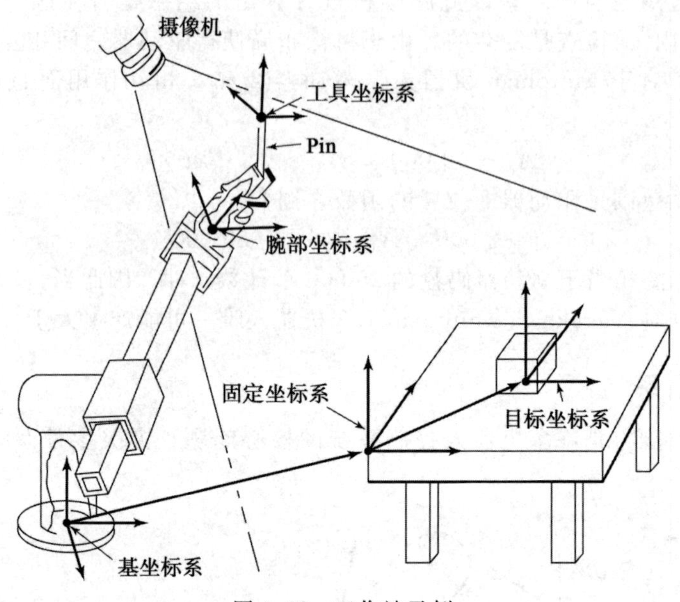

图 4-12　工作站示例

4.9　操作臂求解

SOLVE 函数可进行笛卡儿变换，也称为逆运动学函数。这个逆运动学是广义的，使得工具坐标系和固定坐标系的定义可以应用于基本逆运动学。基本逆运动学求解相对于基坐标系的腕部坐标系。

给定目标坐标系$^{S}_{T}T$，SOLVE 应用工具坐标系和固定坐标系的定义来计算$\{W\}$相对于$\{B\}$的位置$^{B}_{W}T$：

$$^{B}_{W}T = {}^{B}_{S}T \, {}^{S}_{T}T \, {}^{W}_{T}T^{-1} \tag{4.108}$$

134

然后，逆运动学将$^{B}_{W}T$ 作为输入，计算 θ_1 到 θ_n。

4.10　重复精度和精度

现今许多工业机器人能够运动到示教的目标点。**示教点**是操作臂运动实际要达到的点，同时关节位置传感器读取关节角并存储。当命令机器人返回这个空间点时，每个关节都移动到已存储的关节角的位置。在这样简单的“示教和再现”的操作臂中，不存在逆运动学问题，因为没有在笛卡儿坐标系里指定目标点。当制造商在确定操作臂返回示教点的精度时，就是在确定操作臂的**重复精度**。

只要目标位置和姿态是用笛卡儿坐标来确定的，为了求出关节角，就必须要计算逆运动学问题。对于可用笛卡儿坐标描述目标位置的系统，它可以将操作臂移动到工作空间中不曾示教过的点，这些点或许以前从未达到过。我们称这些点为**计算点**。对许多操作臂作业来说这种能力是必需的。例如，如果用计算机视觉系统来定位机器人必须抓持的工件，那么机器人必须能够移动到视觉传感器指定的笛卡儿坐标。到达这个计算点的精度就被称作为操作臂的**精度**。

操作臂的精度不会超过其重复精度。显然，精度受到机器人运动学方程中参数精度的影响。Denavit-Hartenberg 参数中的误差将会引起逆运动学方程中关节角的计算误差。因此，尽管绝大多数工业机器人的重复精度非常好，但是操作臂之间的精度通常相当差，并且不同操作臂之间的精度相差相当大。通过对操作臂运动学参数做辨识，标定技术可以提高操作臂的精度[10]。

4.11 计算问题

在许多路径控制方法中(这将在第 7 章中进行讨论)，需要以相当高的速率计算操作臂的逆运动学问题，例如 30 Hz 甚至更快。因此，计算效率是一个重要问题。这些速度上的要求并不包括应用数值计算技术的影响(实际上是迭代算法)，因此，在此对这个问题不做讨论。

3.10 节的主要内容是讨论正运动学问题，但也适用于逆运动学问题。对于逆运动学问题，一个关于 Atan2 的查表法子程序经常被用于提高计算速度。

多解的计算结构也十分重要。并行计算所有的解通常效率是相当高的，而不是依次顺序计算。当然在某些应用中，如果并不需要所有的解，则只计算一个解就可以节省不少的计算时间。

当用几何方法求逆运动学解时，在得到第一个解后，有时可以通过对各种角度做简单操作来计算多解问题。即第一个解的计算是相当费时的，但是通过计算角度的和或差以及加减 π 等方法可以很快求得其余的解。 135

参考文献

[1] B. Roth, J. Rastegar, and V. Scheinman, "On the Design of Computer Controlled Manipulators," *On the Theory and Practice of Robots and Manipulators*, Vol. 1, First CISM-IFToMM Symposium, September 1973, pp. 93–113.

[2] B. Roth, "Performance Evaluation of Manipulators from a Kinematic Viewpoint," *Performance Evaluation of Manipulators*, National Bureau of Standards, special publication, 1975.

[3] D. Pieper and B. Roth, "The Kinematics of Manipulators Under Computer Control," *Proceedings of the Second International Congress on Theory of Machines and Mechanisms*, Vol. 2, Zakopane, Poland, 1969, pp. 159–169.

[4] D. Pieper, "The Kinematics of Manipulators Under Computer Control," Unpublished Ph.D. Thesis, Stanford University, 1968.

[5] R.P. Paul, B. Shimano, and G. Mayer, "Kinematic Control Equations for Simple Manipulators," *IEEE Transactions on Systems, Man, and Cybernetics*, Vol. SMC-11, No. 6, 1981.

[6] L. Tsai and A. Morgan, "Solving the Kinematics of the Most General Six- and Five-degree-of-freedom Manipulators by Continuation Methods," Paper 84-DET-20, ASME Mechanisms Conference, Boston, October 7–10, 1984.

[7] C.S.G. Lee and M. Ziegler, "Geometric Approach in Solving Inverse Kinematics of PUMA Robots," *IEEE Transactions on Aerospace and Electronic Systems*, Vol. AES-20, No. 6, November 1984.

[8] W. Beyer, *CRC Standard Mathematical Tables*, 25th edition, CRC Press, Inc., Boca Raton, FL, 1980.

[9] R. Burington, *Handbook of Mathematical Tables and Formulas*, 5th edition, McGraw-Hill, New York, 1973.

[10] J. Hollerbach, "A Survey of Kinematic Calibration," in *The Robotics Review*, O. Khatib, J. Craig, and T. Lozano-Perez, Editors, MIT Press, Cambridge, MA, 1989.

[11] Y. Nakamura and H. Hanafusa, "Inverse Kinematic Solutions with Singularity Robustness for Robot Manipulator Control," *ASME Journal of Dynamic Systems, Measurement, and Control*, Vol. 108, 1986.

[12] D. Baker and C. Wampler, "On the Inverse Kinematics of Redundant Manipulators," *International Journal of Robotics Research*, Vol. 7, No. 2, 1988.

[13] L.W. Tsai, *Robot Analysis: The Mechanics of Serial and Parallel Manipulators*, Wiley, New York, 1999.

习题

4.1 [15]绘制第 3 章中习题 3.3 的三连杆操作臂指端工作空间的简图。已知 $l_1=15.0$，$l_2=10.0$ 和 $l_3=3.0$。

4.2 [26]推导第 3 章习题 3.3 的三连杆操作臂的逆运动学方程。

136

4.3 [12]绘制第 3 章例 3.4 中 3 自由度操作臂指端工作空间的简图。

4.4 [24]推导第 3 章例 3.4 的 3 自由度操作臂的逆运动学方程。

4.5 [38]编写一个 Pascal(或者 C)子程序，用来计算 PUMA 560 操作臂在如下关节范围的所有可能解。

$$-170.0<\theta_1<170.0$$
$$-225.0<\theta_2<45.0$$
$$-250.0<\theta_3<75.0$$
$$-135.0<\theta_4<135.0$$
$$-100.0<\theta_5<100.0$$
$$-180.0<\theta_6<180.0$$

将这些数值(单位：英寸[⊖])代入 4.7 节的方程中：

$$a_2=17.0$$
$$a_3=0.8$$
$$d_3=4.9$$
$$d_4=17.0$$

4.6 [15] 编写一个简单的算法，用于从一组可能解中选择最近的解。

4.7 [10]编制一个表，列出可能影响操作臂重复精度的因素。编制第二个表，列出影响机器人精度的其他因素。

4.8 [12]已知一个三连杆平面旋转关节操作臂手部的期望位置和姿态，有两个可能的解。如果再加入一个旋转关节(在这种情况下所有连杆仍然处于同一平面)，将会有多少个解?

137

4.9 [26]图 4-13 所示为一个具有旋转关节的两连杆平面操作臂，对于这个操作臂，第二个连杆长度为第一个连杆长度的一半，即 $l_1=2l_2$。关节的运动范围(角度)为

$$0<\theta_1<180$$
$$-90<\theta_2<180$$

绘出第二个连杆末端近似可达工作空间(范围)的简图。

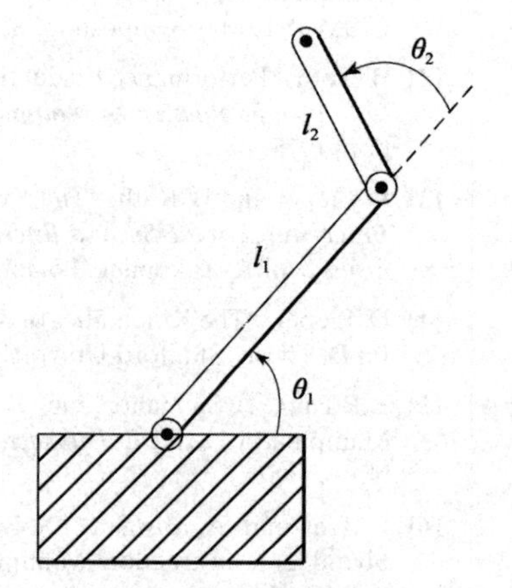

图 4-13 两连杆平面操作臂(习题 4.9)

⊖ 1 英寸=0.0254 米。

4.10 [23]推导第 3 章例 3.4 中操作臂的子空间表达式。

4.11 [24]一个 2 自由度工作台用于弧焊任务的工件定向。工作台台面(连杆 2)相对于基座(连杆 0)的正运动学变换为

$$
{}^0_2T=\begin{pmatrix} c_1c_2 & -c_1s_2 & s_1 & l_2s_1+l_1 \\ s_2 & c_2 & 0 & 0 \\ -s_1c_2 & s_1s_2 & c_1 & l_2c_1+h_1 \\ 0 & 0 & 0 & 1 \end{pmatrix}
$$

已知与台面(连杆 2)固连的坐标系的单位方向${}^2\hat{V}$，求逆运动学解 θ_1 和 θ_2 使得该方向矢量沿${}^0\hat{Z}$方向(即向上)。存在多解吗？如果不能得出唯一解，存在奇异条件吗？

4.12 [22]有图 4-14 所示的两个 3R 机构。在两种情况下，三个轴都相交于一点(在所有位形中，交点在空间固定不变)。图 4-14a 所示的连杆扭角 $\alpha_i=90°$，图 4-14b 所示的连杆扭角 $\alpha_1=\phi$，$\alpha_2=180°-\phi$。

138

可以看出图 4-14a 所示的机构符合 Z-Y-Z 欧拉角，因此连杆 3 的姿态相对于连杆 0 的姿态可以是任意的(图中箭头所示)。因为 $\phi\neq 90°$，因此可以看出第二个机构的姿态不能像连杆 3 那样是任意的。画出第二个机构不可达的姿态集合。注意，假设所有的关节都能旋转360°(即无限制)，并假设连杆可互相穿过(即工作空间不受自身碰撞的限制)。

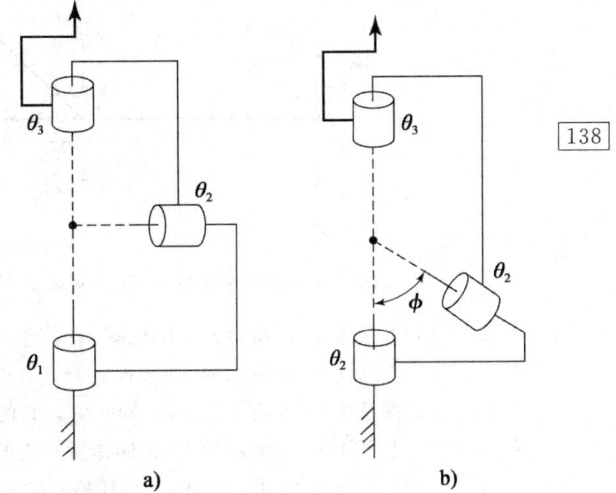

图 4-14 两个 3R 机构(习题 4.12)

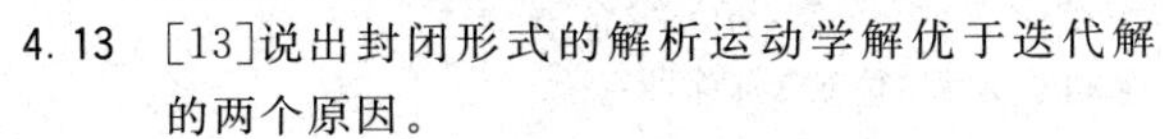
4.13 [13]说出封闭形式的解析运动学解优于迭代解的两个原因。

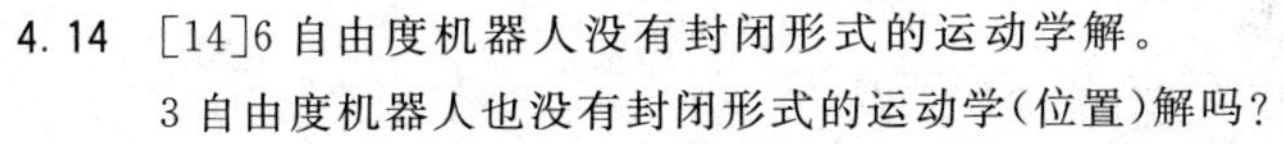
4.14 [14]6 自由度机器人没有封闭形式的运动学解。3 自由度机器人也没有封闭形式的运动学(位置)解吗？

4.15 [38]写出一个子程序求解封闭形式的一元二次方程参见[8，9]。

4.16 [25]图 4-15 所示为一个 4R 操作臂，非零连杆参数为 $a_1=1$，$\alpha_2=45°$，$d_3=\sqrt{2}$和 $a_3=\sqrt{2}$，这个机构的位形为 $\Theta=(0，90°，-90°，0)^T$，每个关节的运动范围为$\pm180°$，对于

$$
{}^0P_{4ORG}=(1.1，1.5，1.707)^T
$$

求所有 θ_3 的值。

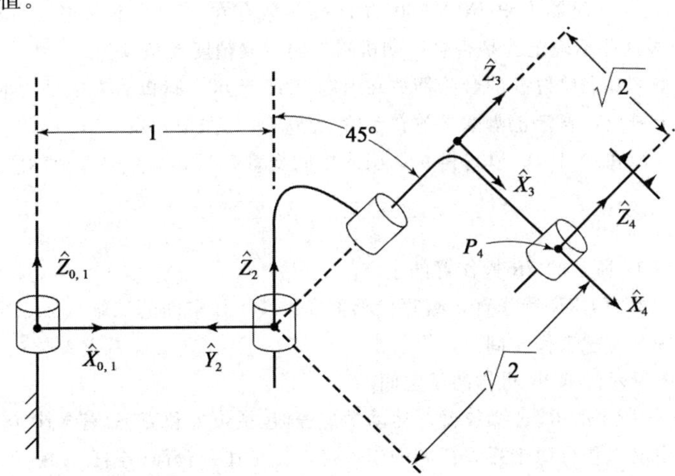

图 4-15 4R 操作臂，图示位置 $\Theta=[0，90°，-90°，0]^T$(习题 4.16 和习题 4.33)

4.17 [25]图4-16所示为一个4R操作臂，非零连杆参数为$\alpha_1=-90°$，$d_2=1$，$\alpha_2=45°$，$d_3=1$和$a_3=1$，这个机构的位形为$\Theta=(0, 0, 90°, 0)^T$，每个关节的运动范围为±180°，对于

$$^0P_{4ORG}=(0.0, 1.0, 1.414)^T$$

139

求所有θ_3的值。

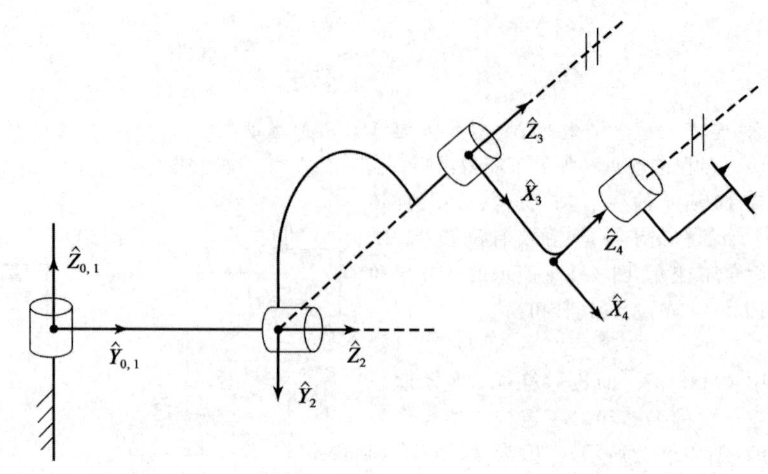

图4-16 4R操作臂，图示位置$\Theta=[0, 0, 90°, 0]^T$（习题4.17和习题4.34）

4.18 [15]参见图3-37所示的RRP操作臂，它的运动学方程（位置）有多少个解？

4.19 [15]参见图3-38所示的RRR操作臂，它的运动学方程（位置）有多少个解？

4.20 [15]参见图3-39所示的RPP操作臂，它的运动学方程（位置）有多少个解？

4.21 [15]参见图3-40所示的PRR操作臂，它的运动学方程（位置）有多少个解

4.22 [15]参见图3-41所示的PPP操作臂，它的运动学方程（位置）有多少个解

4.23 [38]对于某个问题给出下列运动学方程：

$$\sin\xi = a\sin\theta + b$$
$$\sin\phi = c\cos\theta + d$$
$$\psi = \xi + \phi$$

已知a、b、c、d和ψ，在一般情况下，θ有4个解。求一个特定条件，使得θ只有2个解。

4.24 [20]已知在连杆坐标系$\{i-1\}$中的连杆坐标系$\{i\}$的描述，求4个Danavit-Hartenberg参数，它们是$^{i-1}_{i}T$中元素的函数。

4.25 [18]如图3-21所示，机器人PUMA 560的D-H参数存在一定的不确定性。对于每4个参数（a，α，d和θ），说明这些不确定性是否会影响机器人的重复精度或精度。

4.26 [18]假定有一个200个单位高的台阶摆放在习题3.25所示人腿机器人模型之前。如果脚跟点在髋关节之前400个单位，确定把脚掌平放在台阶上所需要的关节角度。

140

4.27 [20]重算式(4.17)和式(4.18)以解得θ_1，引入中间变量$h_1\equiv\tan(\theta_1/2)$，使得

$$s_1=\frac{2h_1}{1+h_1^2} \text{ 和 } c_1=\frac{1-h_1^2}{1+h_1^2}$$

4.28 [25]描述如图4-17所示的5R操作臂的子空间。

4.29 [25]对于例3.3中的RRR操作臂，编写代码生成指端工作空间的二维点云。用不同的颜色区分灵活可达工作空间和可达工作空间。

4.30 [22]描述例3.4所示的RPR机构的子空间^0_3T。

4.31 [23]考虑图3-36所示的RPR操作臂。运动学方程（包括位置和姿态）有多少个解？

4.32 [24]一个2自由度工作台用于弧焊任务的工件定向。工作台台面（连杆2）相对于基座（连杆0）的正运动学变换为

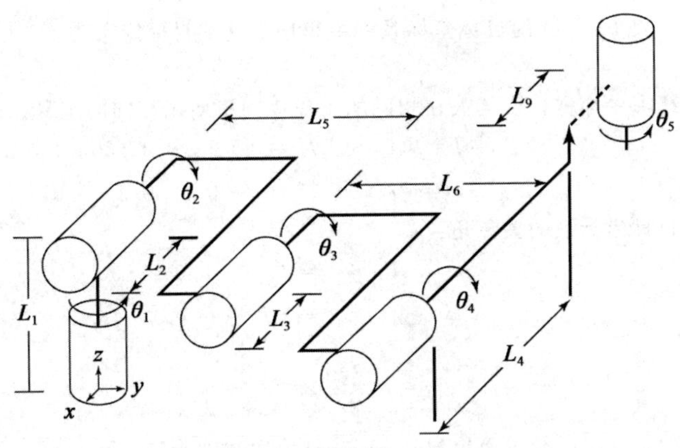

图 4-17　5R 操作臂

$$
{}^{0}_{2}T=\begin{pmatrix} c_1c_2 & -c_1s_2 & s_1 & l_2s_1+l_1 \\ -s_1c_2 & s_1s_2 & c_1 & 0 \\ -s_2 & -c_2 & 0 & l_2c_2+h_1 \\ 0 & 0 & 0 & 1 \end{pmatrix}
$$

已知与台面(连杆 2)固连的坐标系的单位方向${}^2\hat{V}$，求逆运动学解 θ_1 和 θ_2 使得该方向矢量沿${}^0\hat{Y}$方向。存在多解吗？如果不能得出唯一解，存在奇异条件吗？

4.33　[25]4R 操作臂的原理图如图 4-15 所示。非零连杆参数是 $a_1=1$，$\alpha_2=45°$，$d_3=\sqrt{2}$ 和 $a_3=\sqrt{2}$。图中所示位形对应为 $\Theta=(0, 90°, -90°, 0)^T$。每一个关节的转动范围是±180°。确定所有的 θ_3 使得 [141]

$$
{}^0P_{4ORG}=(1.30, 1.11, 1.87)^T
$$

4.34　[25]4R 操作臂的原理图如图 4-16 所示。非零连杆参数是 $\alpha_1=-90°$，$d_2=1$，$\alpha_2=45°$，$d_3=1$ 和 $a_3=1$。图中所示位形对应为 $\Theta=(0, 0, 90°, 0)^T$。每一个关节的转动范围是±180°。确定所有的 θ_3 使得

$$
{}^0P_{4ORG}=(-1.29, 1.99, 0.0947)^T
$$

编程练习

1. 写出一个计算 4.4 节中三连杆操作臂的逆运动学子程序。这个子程序应以如下形式传递变量。

```
Procedure INVKIN(VAR wrelb: frame; VAR current, near, far:
vec3; VAR sol: boolean);
```

其中，wrelb 是一个输入量，代表相对于基坐标系的腕部坐标系；current 也是一个输入量，代表机器人当前的位置信息(通过关节角矢量给出)；near 是最接近的解；far 是第二个解；sol 是一个表示是否找到解的标志(如果未找到解，则 Sol=FALSE)。连杆长度(米)为

$$
l_1=l_2=0.5
$$

关节运动范围为

$$
-170°\leqslant\theta_i\leqslant 170°
$$

测试你的程序，用 KIN 反复调用这个程序，证明它们的确是互逆的。

2. 一个工具连接在操作臂的连杆 3 上，工具坐标系相对于腕部坐标系的描述为${}^W_TT$。相对于机器人基坐标系，用户要求的工作空间可表示为固定坐标系${}^B_ST$。写出这个子程序

```
Procedure SOLVE(VAR trels: frame; VAR current, near, far:
vec3; VAR sol: boolean);
```

其中 trels 代表相对于坐标系{S}的坐标系{T}。其他参数均在 INVKIN 子程序中。{T}和{S}定义为全局变量或常数。SOLVE 用来调用 TMULT、TINVERT 和 INVKIN。

3. 写出一个由 x、y 和 ϕ 描述的目标坐标系的主程序。这个目标定义为$\{T\}$相对于$\{S\}$，用户可用这种方法确定目标。

像第 2 章编程练习中那样，机器人在相同的工作空间里使用相同的工具。因此，$\{T\}$和$\{S\}$定义为

$$^{W}_{T}T=(x \quad y \quad \theta)=(0.1 \quad 0.2 \quad 30.0)$$

142

$$^{B}_{S}T=(x \quad y \quad \theta)=(-0.1 \quad 0.3 \quad 0.0)$$

计算下列三个目标坐标系的关节角：

$$(x_1 \quad y_1 \quad \phi_1)=(0.0 \quad 0.0 \quad -90.0)$$
$$(x_2 \quad y_2 \quad \phi_2)=(0.6 \quad -0.3 \quad 45.0)$$
$$(x_3 \quad y_3 \quad \phi_3)=(-0.4 \quad 0.3 \quad 120.0)$$
$$(x_4 \quad y_4 \quad \phi_4)=(0.8 \quad 1.4 \quad 30.0)$$

假定机器人开始运动时所有关节角为 0.0，并且依次运动到这三个目标位置。程序可以找到前一个目标点的最接近的解。你可以反复调用 SOLVE 和 WHERE 保证它们的确是互逆函数。

MATLAB 练习

这个练习集中讨论平面 3 自由度 3R 机器人的姿态逆运动学解(参见图 3-6 和图 3-7，图 3-8 中给出了 D-H 参数)。已知固定长度参数如下：$L_1=4$，$L_2=3$ 和 $L_3=2$(m)。

a)用手工推导，求这个机器人的姿态逆运动学解析解：已知$^{0}_{H}T$，计算$\{\theta_1 \quad \theta_2 \quad \theta_3\}$所有可能的多重解。(文中给出了三种方法，选择其中一种。)提示：为了简化这个方程，首先从$^{0}_{H}T$ 和 L_3 计算$^{0}_{3}T$。

b)编写一个 MATLAB 程序求解平面 3R 机器人的全部姿态逆运动学解(即求出所有可能的多重解)。根据以下输入要求对你的程序进行测试：

i) $^{0}_{H}T=\begin{pmatrix}1 & 0 & 0 & 9\\0 & 1 & 0 & 0\\0 & 0 & 1 & 0\\0 & 0 & 0 & 1\end{pmatrix}$

ii) $^{0}_{H}T=\begin{pmatrix}0.5 & -0.866 & 0 & 7.5373\\0.866 & 0.5 & 0 & 3.9266\\0 & 0 & 1 & 0\\0 & 0 & 0 & 1\end{pmatrix}$ (原书有误——译者注)

iii) $^{0}_{H}T=\begin{pmatrix}0 & 1 & 0 & -3\\-1 & 0 & 0 & 2\\0 & 0 & 1 & 0\\0 & 0 & 0 & 1\end{pmatrix}$

iv) $^{0}_{H}T=\begin{pmatrix}0.866 & -0.5 & 0 & -3.1245\\-0.5 & 0.866 & 0 & 8.1674\\0 & 0 & 1 & 0\\0 & 0 & 0 & 1\end{pmatrix}$ (原书有误——译者注)

143~144

对于所有情况，使用循环校验来验证你的结果，将每一组关节角的结果(针对每一个多重解)代入姿态正运动学 MATLAB 程序中，证明你原来求得的$^{0}_{H}T$。

c)应用 Corke MATLAB 机器人工具箱验证所有结果。试用函数 ikine()。

雅可比：速度和静力

5.1 引言

在本章中，我们将机器人操作臂的讨论扩展到静态定位问题以外。我们研究刚体线速度和角速度的表示方法，并且运用这些概念去分析操作臂的运动。我们将讨论作用在刚体上的力，然后应用这些概念去研究操作臂静力学的应用问题。

可以看到关于速度和静力的研究将得出一个称为操作臂**雅可比**[⊖]的实矩阵，该矩阵将在本章中介绍。

在本章中对机构运动学领域的研究内容并没有作深入讨论。本章的大部分讨论仅限于机器人学专题中的一些基本概念。建议感兴趣的读者可进一步参考一些力学专著[1-3]。

5.2 时变位置和姿态的符号表示

在研究刚体运动的描述之前，先简单讨论一些基本知识：矢量的导数、角速度的表示法和符号。

位置矢量的导数

速度(以及第6章中的加速度)是需要研究的基本问题，可用下面符号表示某个矢量的导数：

$$
{}^{B}V_{Q}=\frac{\mathrm{d}}{\mathrm{d}t}{}^{B}Q=\lim_{\Delta t\to 0}\frac{{}^{B}Q(t+\Delta t)-{}^{B}Q(t)}{\Delta t} \tag{5.1}
$$

位置矢量的速度可以看成用位置矢量描述的空间一点的线速度。由式(5.1)可以看出，我们计算 Q 相对于坐标系$\{B\}$的微分。例如，如果相对于坐标系$\{B\}$，Q 不随时间变化，那么速度就为零，尽管在其他一些坐标系中 Q 是变化的。因此，重要的是必须说明一个矢量相对于哪个坐标系求导。

像其他矢量一样，速度矢量能在任意坐标系中描述，其参考坐标系可以用左上标注明。因此，如果在坐标系$\{A\}$中表示式(5.1)的速度矢量，可以写为

$$
{}^{A}({}^{B}V_{Q})=\frac{{}^{A}\mathrm{d}}{\mathrm{d}t}{}^{B}Q \tag{5.2}
$$

可以看出，在通常的情况下速度矢量都是与空间的某点相关的，而描述此点速度的数值取决于两个坐标系：一个是进行求导运算的坐标系，另一个是描述这个速度矢量的坐标系。

在式(5.1)中，速度是在求导坐标系中描述的，因此这个结果用左上标 B 注明。但是，为简单起见，在两个上标相同时，不需要给出外层上标，即可以写为

$$
{}^{B}({}^{B}V_{Q})={}^{B}V_{Q} \tag{5.3}
$$

最后，由于进行参考坐标系变换的旋转矩阵已可清楚地表示这个关系，因此总是省略掉外

⊖ 数学上称它为“雅可比矩阵”，但机器人学家通常简称为“雅可比”。

部左上标，可以写为

$$^{A}(^{B}V_{Q})={}^{A}_{B}R\,^{B}V_{Q} \tag{5.4}$$

通常按照式(5.4)右边的形式给出速度的表达式，因此描述速度的符号总是代表求导坐标系中的速度，而没有外部左上标。

经常讨论的是一个坐标系原点的速度，这个坐标系是相对某个常见的世界参考坐标系的，而不考虑相对于任意坐标系中一般的点的速度。对于这种情况，定义一个缩写符号

$$\upsilon_{C}={}^{U}V_{CORG} \tag{5.5}$$

式中的点为坐标系$\{C\}$的原点，参考坐标系为$\{U\}$。例如，用符号υ_C表示坐标系$\{C\}$的速度；$^{A}\upsilon_{C}$是坐标系$\{C\}$的原点在坐标系$\{A\}$中表示的速度(尽管求导是相对于坐标系$\{U\}$进行的)。

146

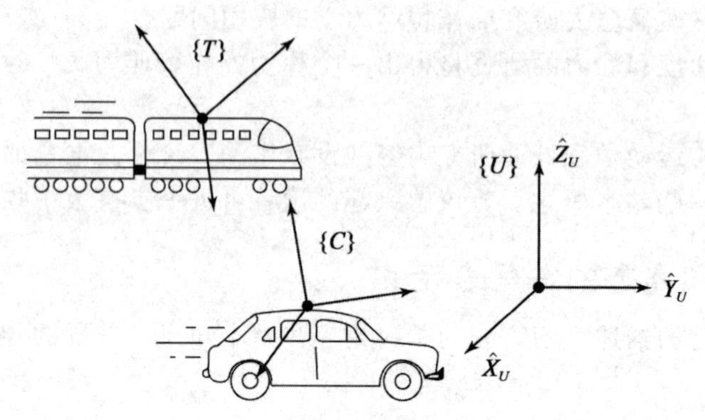

图 5-1 几个线性运动坐标系的例子

例 5.1 图5-1所示为固定的世界坐标系$\{U\}$，坐标系$\{T\}$固连在速度为100英里/小时的火车上，坐标系$\{C\}$固连在速度为30英里/小时的汽车上。两车的前进方向为$\{U\}$的$\hat{X}$方向。旋转矩阵${}^{U}_{T}R$和${}^{U}_{C}R$为已知且为常数。

求$\frac{^{U}\mathrm{d}}{\mathrm{d}t}{}^{U}P_{CORG}$。

$$\frac{^{U}\mathrm{d}}{\mathrm{d}t}{}^{U}P_{CORG}={}^{U}V_{CORG}=\upsilon_{C}=30\hat{X}$$

求$^{C}(^{U}V_{TORG})$。

$$^{C}(^{U}V_{TORG})={}^{C}\upsilon_{T}={}^{C}_{U}R\upsilon_{T}={}^{C}_{U}R(100\hat{X})={}^{U}_{C}R^{-1}100\hat{X}$$

求$^{C}(^{\mathrm{T}}V_{CORG})$。

$$^{C}(^{\mathrm{T}}V_{CORG})={}^{C}_{T}R\,^{T}V_{CORG}=-{}^{U}_{C}R^{-1}\,{}^{U}_{T}R70\hat{X}$$

角速度矢量

现在介绍**角速度矢量**，用符号Ω表示。线速度描述了点的一种属性，角速度描述了刚体的一种属性。坐标系总是固连在被描述的刚体上，所以可以用角速度来描述坐标系的旋转运动。

在图5-2中，$^{A}\Omega_{B}$描述了坐标系$\{B\}$相对于坐标系$\{A\}$的旋转。从物理意义上讲，$^{A}\Omega_{B}$的方向就是$\{B\}$相对于$\{A\}$的瞬时旋转轴，$^{A}\Omega_{B}$的大小表示旋转速率。像任意矢量一样，角速度矢量也可以在任意坐标系中描述，所以需要附加另一个左上标，例如，$^{C}(^{A}\Omega_{B})$就是坐标系$\{B\}$相对于坐标系$\{A\}$的角速度在坐标系中$\{C\}$中的描述。

147

对于一种重要的情况，我们再介绍一种简化符号。当参考坐标系是已知的这一简单情况，不需要用符号表示：

$$\omega_C = {}^U\Omega_C \tag{5.6}$$

这里，ω_C 为坐标系$\{C\}$相对于某个已知参考坐标系$\{U\}$的角速度。例如，${}^A\omega_C$ 是坐标系$\{C\}$的角速度在坐标系$\{A\}$中的描述(尽管这个角速度是相对于坐标系$\{U\}$的)。

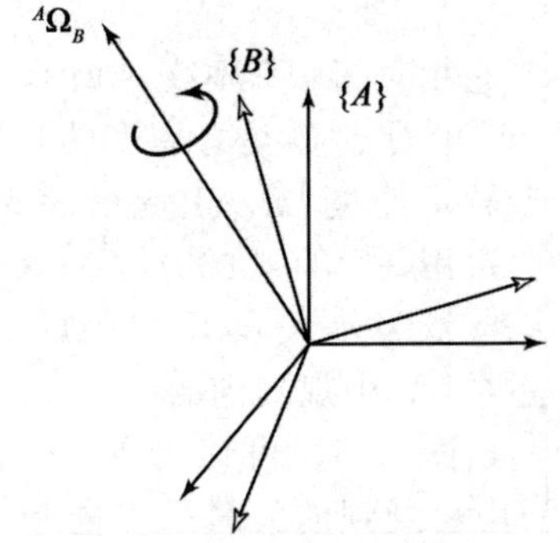

图 5-2 坐标系$\{B\}$相对于坐标系$\{A\}$以角速度为${}^A\Omega_B$旋转

5.3 刚体的线速度和角速度

在本节中，将讨论刚体的运动描述，至少与速度有关。这些概念将第 2 章中关于平移和转动的描述扩展到随时间变化的情况。在第 6 章中，还要将这些概念扩展到加速度。

与第 2 章中一样，把坐标系固连在所要描述的刚体上。刚体运动等同于一个坐标系相对于另一个坐标系的运动。

线速度

把坐标系$\{B\}$固连在一刚体上，要求描述${}^BQ$相对于坐标系$\{A\}$的运动，如图 5-3 所示。这里我们认为坐标系$\{A\}$是固定的。

坐标系$\{B\}$的位置是相对于坐标系$\{A\}$确定的，用位置矢量${}^AP_{BORG}$和旋转矩阵${}^A_BR$来描述。此时，假定方向${}^A_BR$不随时间变化，即 Q 点相对于坐标系$\{A\}$的运动是由于${}^AP_{BORG}$或${}^BQ$随时间的变化引起的。

求解坐标系$\{A\}$中的点 Q 的线速度是非常简单的。只要写出坐标系$\{A\}$中的两个速度分量，求其和为：

$$ {}^AV_Q = {}^AV_{BORG} + {}^A_BR\,{}^BV_Q \tag{5.7}$$

式(5.7)只适用于坐标系$\{B\}$和坐标系$\{A\}$的姿态保持不变的情况。

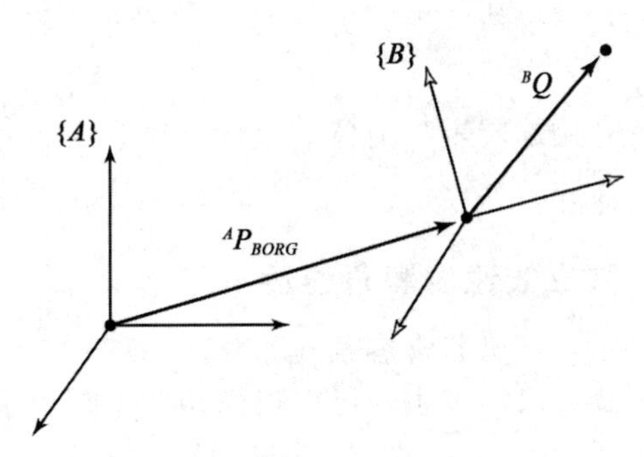

图 5-3 坐标系$\{B\}$以速度${}^AV_{BORG}$相对于坐标系$\{A\}$平移

148

角速度

现在讨论两坐标系的原点重合、相对线速度为零的情况，而且它们的原点始终保持重合。一个或两个坐标系固连在刚体上，但是为清楚起见，图 5-4 没有表示出刚体。

坐标系$\{B\}$相对于坐标系$\{A\}$的方向是随时间变化的。如图 5-4 所示，$\{B\}$相对于$\{A\}$旋转速度用矢量${}^A\Omega_B$来表示。已知矢量${}^BQ$确定了坐标系$\{B\}$中一个固定点的位置。现在，考虑最重要的问题：从坐标系$\{A\}$看固定在坐标系$\{B\}$中的矢量，如果该系统是转动的，这个矢量是如何随时间变化？

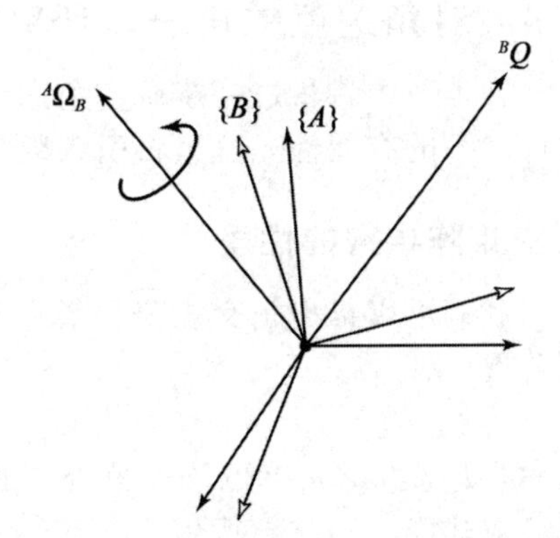

图 5-4 固定在坐标系$\{B\}$中的矢量${}^BQ$以角速度${}^A\Omega_B$相对于坐标系$\{A\}$旋转

假设从坐标系$\{B\}$看矢量Q是不变的，即

$$^{B}V_{Q}=0 \tag{5.8}$$

尽管它相对于$\{B\}$不变，但是很显然从坐标系$\{A\}$中看点Q是有速度的，这个速度是由于旋转角速度$^{A}\Omega_{B}$引起的。为求点Q的速度，可用一个直观的方法。图5-5所示为两个瞬时量表示矢量Q绕$^{A}\Omega_{B}$旋转。这是从坐标系$\{A\}$中观测到的。

149

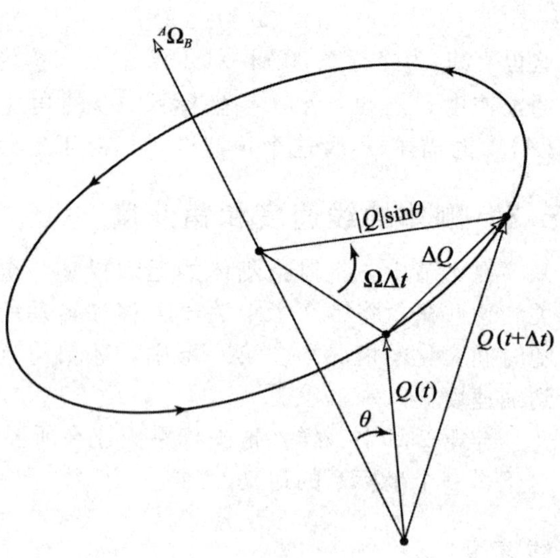

图5-5 由角速度引起的点的速度

由图5-5，可以计算出这个从坐标系$\{A\}$中观测到的矢量的方向和大小变化。第一，显然^{A}Q的微分增量一定垂直于$^{A}\Omega_{B}$和^{A}Q；第二，从图5-5可以看出微分增量的大小为

$$|\Delta Q|=(|^{A}Q|\sin\theta)(|^{A}\Omega_{B}|\Delta t) \tag{5.9}$$

有了大小和方向这些条件即可得到矢量叉积。实际上，这些矢量的大小和方向满足下面算式

$$^{A}V_{Q}={}^{A}\Omega_{B}\times{}^{A}Q \tag{5.10}$$

在一般情况下，矢量Q是相对于坐标系$\{B\}$变化的，因此要加上此分量，得

$$^{A}V_{Q}={}^{A}(^{B}V_{Q})+{}^{A}\Omega_{B}\times{}^{A}Q \tag{5.11}$$

利用旋转矩阵消掉双上标，注意在任一瞬时矢量^{A}Q的描述为${}^{A}_{B}R\,{}^{B}Q$，最后得到

$$^{A}V_{Q}={}^{A}_{B}R\,{}^{B}V_{Q}+{}^{A}\Omega_{B}\times{}^{A}_{B}R\,{}^{B}Q \tag{5.12}$$

联立线速度和角速度

可以非常容易地将式(5.12)扩展到原点不重合的情况，通过把原点的线速度加到式(5.12)中去，可以得到相对于坐标系$\{A\}$的坐标系$\{B\}$中的固定矢量的速度普遍公式：

150

$$^{A}V_{Q}={}^{A}V_{BORG}+{}^{A}_{B}R\,{}^{B}V_{Q}+{}^{A}\Omega_{B}\times{}^{A}_{B}R\,{}^{B}Q \tag{5.13}$$

式(5.13)是关于从固定坐标系观测运动坐标系中的矢量导数的最终结果。

5.4 对角速度的进一步研究

在本节中，将进一步研究角速度，特别是式(5.10)的导数。前一节用几何方法证明了式(5.10)的有效性，这里将引入数学方法。初次阅读本书的读者可以跳过本节。

正交矩阵导数的性质

我们可以推出正交矩阵和某一反对称矩阵之间的一种特殊关系。对于任何$n\times n$正交矩阵R，有

$$RR^{\mathrm{T}}=I_{n} \tag{5.14}$$

式中，I_n是$n\times n$单位阵。另外，我们关心的是$n=3$，R为正常正交阵，即旋转阵的情况。对式(5.14)求导得到

$$\dot{R}R^{\mathrm{T}}+R\dot{R}^{\mathrm{T}}=0_{n} \tag{5.15}$$

式中0_n为$n\times n$的零矩阵。式(5.15)可以写为

$$\dot{R}R^{\mathrm{T}}+(\dot{R}R^{\mathrm{T}})^{\mathrm{T}}=0_n \tag{5.16}$$

定义

$$S=\dot{R}R^{\mathrm{T}} \tag{5.17}$$

由式(5.16)得

$$S+S^{\mathrm{T}}=0_n \tag{5.18}$$

S 为反对称矩阵。因此正交阵的导数与反对称矩阵之间存在如下特性，可写为

$$S=\dot{R}R^{-1} \tag{5.19}$$

旋转参考系的点速度

假定固定矢量${}^{B}P$ 相对于坐标系$\{B\}$是不变的，在另一个坐标系$\{A\}$中的描述为

$$^{A}P={}_{B}^{A}R\,{}^{B}P \tag{5.20}$$

如果坐标系$\{B\}$是旋转的(${}_{B}^{A}\dot{R}$ 的导数非零)，${}^{A}P$ 也是变化的，即使${}^{B}P$ 为常数，即

$$^{A}\dot{P}={}_{B}^{A}\dot{R}\,{}^{B}P \tag{5.21}$$

或用速度符号写为

$$^{A}V_{P}={}_{B}^{A}\dot{R}\,{}^{B}P \tag{5.22}$$

151

在式(5.22)中代入${}^{B}P$ 的表达式，得

$$^{A}V_{P}={}_{B}^{A}\dot{R}\,{}_{B}^{A}R^{-1}\,{}^{A}P \tag{5.23}$$

对于正交矩阵利用式(5.19)，有

$$^{A}V_{P}={}_{B}^{A}S\,{}^{A}P \tag{5.24}$$

式中用 S 的上下标表明它是与旋转矩阵${}_{B}^{A}R$ 有关的反对称矩阵。由于它出现在式(5.24)中，且为了便于理解，这里所说的反对称矩阵通常称为**角速度矩阵**。

反对称矩阵和矢量叉积

如果反对称矩阵 S 的各元素如下

$$S=\begin{pmatrix}0 & -\Omega_z & \Omega_y\\ \Omega_z & 0 & -\Omega_x\\ -\Omega_y & \Omega_x & 0\end{pmatrix} \tag{5.25}$$

定义 3×1 的列矢量

$$\Omega=\begin{pmatrix}\Omega_x\\ \Omega_y\\ \Omega_z\end{pmatrix} \tag{5.26}$$

容易证明

$$SP=\Omega\times P \tag{5.27}$$

其中，P 为任意矢量，×表示矢量叉积。

与 3×3 的角速度矩阵相对应的 3×1 矢量 Ω 称为**角速度矢量**，这已在 5.2 节中作了介绍。

因此，与式(5.24)联立可写为

$$^{A}V_{P}={}^{A}\Omega_{B}\times{}^{A}P \tag{5.28}$$

式中与 Ω 相关的符号表明确定坐标系{B}相对于坐标系{A}运动的角速度矢量。

角速度矢量的物理意义

结论可以证明式(5.28)中的矢量是确实存在的，现在我们希望了解它的物理意义。Ω 可以通过旋转矩阵的直接求导求得。即

$$\dot{R}=\lim_{\Delta t\to 0}\frac{R(t+\Delta t)-R(t)}{\Delta t} \tag{5.29}$$

现在把 $R(t+\Delta t)$写为两个矩阵的组合

152

$$R(t+\Delta t)=R_K(\Delta\theta)R(t) \tag{5.30}$$

式中，在时间间隔 Δt，绕轴 $\hat{K}$ 的微量旋转为 $\Delta\theta$。利用式(5.30)，式(5.29)可写为

$$\dot{R}=\lim_{\Delta t\to 0}\left(\frac{R_K(\Delta\theta)-I_3}{\Delta t}R(t)\right) \tag{5.31}$$

即

$$\dot{R}=\left(\lim_{\Delta t\to 0}\frac{R_K(\Delta\theta)-I_3}{\Delta t}\right)R(t) \tag{5.32}$$

对式(2.80)进行角度微分变换得

$$P_K(\Delta\theta)=\begin{bmatrix}1 & -k_z\Delta\theta & k_y\Delta\theta\\ k_z\Delta\theta & 1 & -k_x\Delta\theta\\ -k_y\Delta\theta & k_x\Delta\theta & 1\end{bmatrix} \tag{5.33}$$

所以，式(5.32)可写为

$$\dot{R}=\left(\lim_{\Delta t\to 0}\frac{\begin{bmatrix}1 & -k_z\Delta\theta & k_y\Delta\theta\\ k_z\Delta\theta & 1 & -k_x\Delta\theta\\ -k_y\Delta\theta & k_x\Delta\theta & 1\end{bmatrix}}{\Delta t}\right)R(t) \tag{5.34}$$

最后，用 Δt 除以这个矩阵，并取极限得

$$\dot{R}=\begin{bmatrix}0 & -k_z\dot{\theta} & k_y\dot{\theta}\\ k_z\dot{\theta} & 0 & -k_x\dot{\theta}\\ -k_y\dot{\theta} & k_x\dot{\theta} & 0\end{bmatrix}R(t) \tag{5.35}$$

因此有

$$\dot{R}R^{-1}=\begin{bmatrix}0 & -\Omega_z & \Omega_y\\ \Omega_z & 0 & -\Omega_x\\ -\Omega_y & \Omega_x & 0\end{bmatrix} \tag{5.36}$$

式中

$$\Omega=\begin{bmatrix}\Omega_x\\ \Omega_y\\ \Omega z\end{bmatrix}=\begin{bmatrix}k_x\dot{\theta}\\ k_y\dot{\theta}\\ k_z\dot{\theta}\end{bmatrix}=\dot{\theta}\hat{K} \tag{5.37}$$

角速度矢量 Ω 的物理意义是在任一时刻，旋转坐标系姿态的变化可以看作是绕某个轴 $\hat{K}$ 的旋转。这个**瞬时旋转轴**，可作为单位矢量，与绕这个轴的旋转速度标量($\dot{\theta}$)构成角速

度矢量。

角速度的其他表示法

角速度的其他表示是可能的，例如，假设一个旋转刚体的角速度可以用 Z-Y-Z 欧拉角速率表示：

$$\dot{\Theta}_{Z'Y'Z'}=\begin{bmatrix}\dot{\alpha}\\ \dot{\beta}\\ \dot{\gamma}\end{bmatrix} \tag{5.38}$$

153

通过这种形式的描述，或应用 24 种**角度组合**当中的任意一种描述，就可以推导出相应的角速度矢量。

已知

$$\dot{R}R^{\mathrm{T}}=\begin{bmatrix}0 & -\Omega_z & \Omega_y\\ \Omega_z & 0 & -\Omega_x\\ -\Omega_y & \Omega_x & 0\end{bmatrix} \tag{5.39}$$

从这个矩阵方程可以得到 3 个独立的方程，即

$$\begin{aligned}\Omega_x&=\dot{r}_{31}r_{21}+\dot{r}_{32}r_{22}+\dot{r}_{33}r_{23}\\ \Omega_y&=\dot{r}_{11}r_{31}+\dot{r}_{12}r_{32}+\dot{r}_{13}r_{33}\\ \Omega_z&=\dot{r}_{21}r_{21}+\dot{r}_{22}r_{12}+\dot{r}_{23}r_{13}\end{aligned} \tag{5.40}$$

通过式(5.40)和按照角度组合符号表示 R，可以得到角度组合速度和相应的角速度矢量两者之间关系的表达式。该结果可以化成矩阵形式，例如，对于 $Z-Y-Z$ 欧拉角

$$\Omega=E_{Z'Y'Z'}(\Theta_{Z'Y'Z'})\dot{\Theta}_{Z'Y'Z'} \tag{5.41}$$

式中，$E(\cdot)$是一个雅可比矩阵，它表示了角度组合速度矢量和角速度矢量的关系，同时它也是这个角度组合瞬时值的函数。$E(\cdot)$的形式取决于给定的角坐标系，因此，用一个上标表示这个角坐标系。

例 5.2 构造 E 矩阵，表示 Z-Y-Z 欧拉角与角速度矢量的关系，即求式(5.41)中的 $E_{Z'Y'Z'}$。

应用式(2.72)和式(5.40)，通过必要的符号微分，可以得到

$$E_{Z'Y'Z'}=\begin{bmatrix}0 & -s\alpha & c\alpha s\beta\\ 0 & c\alpha & s\alpha s\beta\\ 1 & 0 & c\beta\end{bmatrix} \tag{5.42}$$

5.5 机器人连杆的运动

在考虑机器人连杆运动时，一般使用连杆坐标系{0}作为参考坐标系。因此，v_i 是连杆坐标系{i}原点的线速度，ω_i 是连杆坐标系{i}的角速度。

在任一瞬时，机器人的每个连杆都具有一定的线速度和角速度。图 5-6 表明了连杆 i 的这些矢量。在该例中，这些矢量均是定义在参考坐标系{i}中的。

5.6 连杆之间的速度“传递”

现在讨论计算机器人连杆线速度和角速度的问题。操作臂是一个链式结构，每一个连

[154] 杆都能相对于与之相邻的连杆运动。由于这种结构的特点，我们可以由基坐标系开始依次计算各连杆的速度。连杆 $i+1$ 的速度就是连杆 i 的速度加上那些由关节 $i+1$ 引起的新的速度分量。[⊖]

如图 5-6 所示，将机构的每一个连杆看作一个刚体，可以用线速度矢量和角速度矢量描述其运动。进一步，我们可以用连杆坐标系本身描述这些速度，而不用基坐标系。图 5-7所示为连杆 i 和 $i+1$，以及定义在连杆坐标系中的速度矢量。

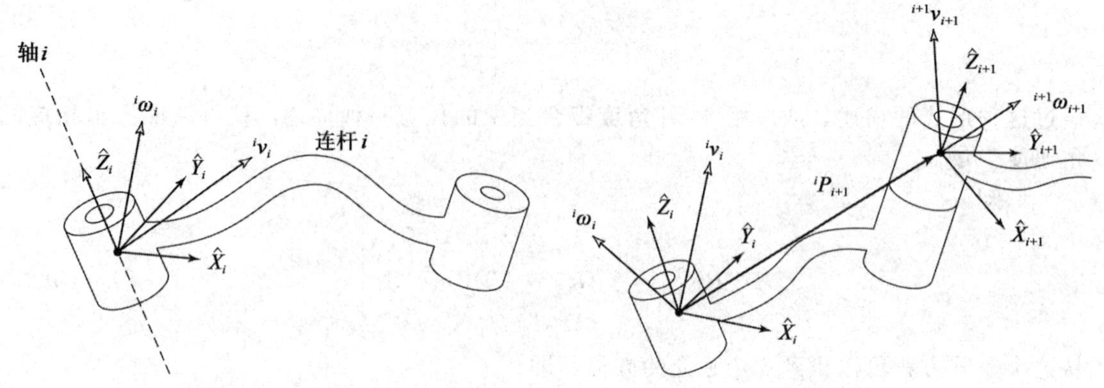

图 5-6 连杆 i 的速度可以用矢量 v_i 和 ω_i 确定，在任何坐标系中均可以这样表示，包括坐标系$\{i\}$

图 5-7 相邻连杆的速度矢量

[155] 当两个 ω 矢量都是相对于相同的坐标系时，那么这些角速度能够相加。因此，连杆 $i+1$ 的角速度就等于连杆 i 的角速度加上一个由于关节 $i+1$ 的角速度引起的分量。参照坐标系$\{i\}$，上述关系可写成

$$ {}^{i}\omega_{i+1} = {}^{i}\omega_{i} + {}_{i+1}^{\ i}R\,\dot{\theta}_{i+1}\,{}^{i+1}\hat{Z}_{i+1} \tag{5.43}$$

注意到

$$\dot{\theta}_{i+1}\,{}^{i+1}\hat{Z}_{i+1} = {}^{i+1}\begin{bmatrix} 0 \\ 0 \\ \dot{\theta}_{i+1} \end{bmatrix} \tag{5.44}$$

我们曾利用坐标系$\{i\}$与坐标系$\{i+1\}$之间的旋转变换矩阵表达由于坐标系$\{i\}$的关节运动引起的附加旋转分量。这个旋转矩阵绕关节 $i+1$ 的旋转轴进行旋转变换，变换为在坐标系$\{i\}$中的描述后，这两个角速度分量才能够相加。

在式(5.43)两边同时左乘${}^{i+1}_{\ \ i}R$，可以得到连杆 $i+1$ 的角速度相对于坐标系$\{i+1\}$的表达式：

$$ {}^{i+1}\omega_{i+1} = {}^{i+1}_{\ \ i}R\,{}^{i}\omega_{i} + \dot{\theta}_{i+1}\,{}^{i+1}\hat{Z}_{i+1} \tag{5.45}$$

坐标系$\{i+1\}$原点的线速度等于坐标系$\{i\}$原点的线速度加上一个由于连杆 $i+1$ 的角速度引起的新的分量。这与式(5.13)描述的情况完全相同，由于${}^{i}P_{i+1}$在坐标系$\{i\}$中是常数，所以其中一项就消失了。因此有

$$ {}^{i}v_{i+1} = {}^{i}v_{i} + {}^{i}\omega_{i} \times {}^{i}P_{i+1} \tag{5.46}$$

上式两边同时左乘${}^{i+1}_{\ \ i}R$，得

⊖ 注意线速度跟一点有关，而角速度跟一个刚体有关。因此，“连杆的速度”指的是连杆坐标系原点的线速度和连杆的角速度。

$$ {}^{i+1}v_{i+1} = {}^{i+1}_{i}R({}^{i}v_i + {}^{i}\omega_i \times {}^{i}P_{i+1}) \tag{5.47} $$

式(5.45)和式(5.47)可能是本章中最重要的结论。对于关节 $i+1$ 为移动关节的情况，相应的关系为

$$ {}^{i+1}\omega_{i+1} = {}^{i+1}_{i}R\,{}^{i}\omega_i $$
$$ {}^{i+1}v_{i+1} = {}^{i+1}_{i}R({}^{i}v_i + {}^{i}\omega_i \times {}^{i}P_{i+1}) + \dot{d}_{i+1}\,{}^{i+1}\hat{Z}_{i+1} \tag{5.48} $$

从一个连杆到下一个连杆依次应用这些公式，可以计算出最后一个连杆的角速度 ${}^{N}\omega_N$ 和线速度 ${}^{N}v_N$，注意，这两个速度是在坐标系$\{N\}$中表达的。在后面可以看到，这个结果是非常有用的。如果用基坐标系来表达角速度和线速度的话，就可以用 ${}^{0}_{N}R$ 去左乘速度，向基坐标进行旋转变换。

例 5.3 图 5-8 所示是具有两个转动关节的操作臂。计算出操作臂末端的速度，将它表达成关节速度的函数。给出两种形式的解答，一种是用坐标系{3}表示的，另一种是用坐标系{0}表示的。

如图 5-9 所示，坐标系{3}固连于操作臂末端，求用坐标系{3}表示的该坐标系原点的速度。对于这个问题的第二部分，求用坐标系{0}表示的这些速度。同以前一样，首先在连杆上建立坐标系(如图 5-9 所示)。

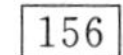

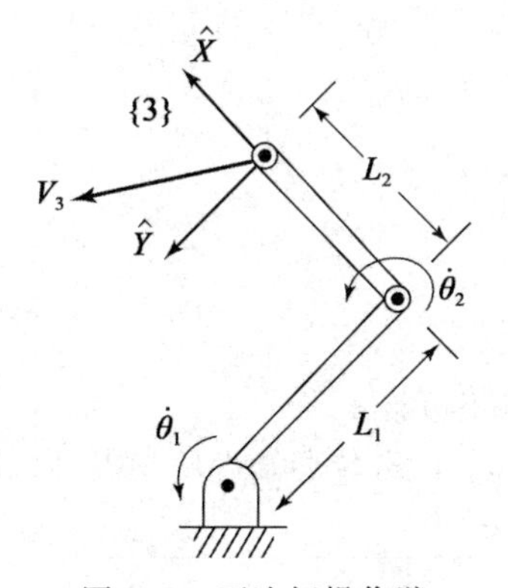

图 5-8 两连杆操作臂

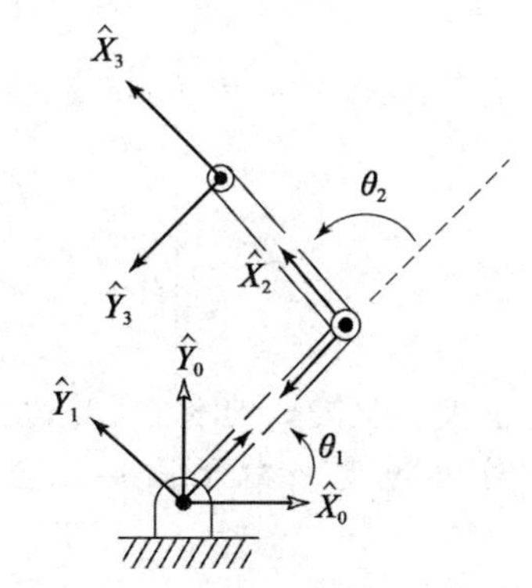

图 5-9 两连杆操作臂的坐标系配置

从基坐标系{0}开始，运用式(5.45)和式(5.47)依次计算出每个坐标系原点的速度，其中基坐标系的速度为 0。由于式(5.45)和式(5.47)将应用到连杆变换，因此先将它们计算如下：

$$ {}^{0}_{1}T = \begin{bmatrix} c_1 & -s_1 & 0 & 0 \\ s_1 & c_1 & 0 & 0 \\ 0 & 0 & 1 & 0 \\ 0 & 0 & 0 & 1 \end{bmatrix} $$

$$ {}^{1}_{2}T = \begin{bmatrix} c_2 & -s_2 & 0 & l_1 \\ s_2 & c_2 & 0 & 0 \\ 0 & 0 & 1 & 0 \\ 0 & 0 & 0 & 1 \end{bmatrix} $$

$$ {}^{2}_{3}T = \begin{bmatrix} 1 & 0 & 0 & l_2 \\ 0 & 1 & 0 & 0 \\ 0 & 0 & 1 & 0 \\ 0 & 0 & 0 & 1 \end{bmatrix} \tag{5.49} $$

157

注意这些和例 3.3 的操作臂中的结果是一致的，且关节 3 的转角恒为 0 度。坐标系{2}和坐标系{3}之间的变换不必化成标准的连杆变换形式(尽管这样做可能是有用的)。对各连杆依次使用式(5.45)和式(5.47)，计算如下

$$^{1}\omega_{1}=\begin{bmatrix}0\\0\\\dot{\theta}_{1}\end{bmatrix} \tag{5.50}$$

$$^{1}v_{1}=\begin{bmatrix}0\\0\\0\end{bmatrix} \tag{5.51}$$

$$^{2}\omega_{2}=\begin{bmatrix}0\\0\\\dot{\theta}_{1}+\dot{\theta}_{2}\end{bmatrix} \tag{5.52}$$

$$^{2}v_{2}=\begin{bmatrix}c_{2}&s_{2}&0\\-s_{2}&c_{2}&0\\0&0&1\end{bmatrix}\begin{bmatrix}0\\l_{1}\dot{\theta}_{1}\\0\end{bmatrix}=\begin{bmatrix}l_{1}s_{2}\dot{\theta}_{1}\\l_{1}c_{2}\dot{\theta}_{1}\\0\end{bmatrix} \tag{5.53}$$

$$^{3}\omega_{3}={}^{2}\omega_{2} \tag{5.54}$$

$$^{3}v_{3}=\begin{bmatrix}l_{1}s_{2}\dot{\theta}_{1}\\l_{1}c_{2}\dot{\theta}_{1}+l_{2}(\dot{\theta}_{1}+\dot{\theta}_{2})\\0\end{bmatrix} \tag{5.55}$$

式(5.55)即为答案。同时，坐标系{3}的角速度由式(5.54)给出。

为了得到这些速度相对于固定基坐标系的表达，用旋转矩阵 ${}^{0}_{3}R$ 对它们作旋转变换，即

$${}^{0}_{3}R={}^{0}_{1}R\quad{}^{1}_{2}R\quad{}^{2}_{3}R=\begin{bmatrix}c_{12}&-s_{12}&0\\s_{12}&c_{12}&0\\0&0&1\end{bmatrix} \tag{5.56}$$

通过这个变换可以得到

$$^{0}v_{3}=\begin{bmatrix}-l_{1}s_{1}\dot{\theta}_{1}-l_{2}s_{12}(\dot{\theta}_{1}+\dot{\theta}_{2})\\l_{1}c_{1}\dot{\theta}_{1}+l_{2}c_{12}(\dot{\theta}_{1}+\dot{\theta}_{2})\\0\end{bmatrix} \tag{5.57}$$

在这里，指出式(5.45)和式(5.47)的两个完全不同的用途是很重要的。首先，可以利用它们推导解析表达式，见上面的例 5.3。在这里，可利用符号方程推导直到得出形如式(5.55)的方程，针对某个应用问题可应用计算机进行计算。其次，式(5.45)和式(5.47)写出来后，就可以通过直接计算得出。这样很容易将它们写成子程序，然后通过迭代方法计算出连杆速度。这样一来，它们可以用于任何一个操作臂，而不必为每个特定的操作臂推导方程。然而，计算的数值解是隐式的结构。我们常关心如同式(5.55)所示的解析解的结构。如果我们不厌其烦地去计算式(5.50)到式(5.57)，通常会发现，留给计算机的计算量就会较少。

158

5.7 雅可比

雅可比矩阵是多维形式的导数。例如，假设有 6 个函数，每个函数都有 6 个独立的变量：

$$
\begin{aligned}
y_1 &= f_1(x_1, x_2, x_3, x_4, x_5, x_6) \\
y_2 &= f_2(x_1, x_2, x_3, x_4, x_5, x_6) \\
&\vdots \\
y_6 &= f_6(x_1, x_2, x_3, x_4, x_5, x_6)
\end{aligned}
\tag{5.58}
$$

也可以用矢量符号表示这些等式：

$$Y = F(X) \tag{5.59}$$

现在，如果想要计算出 y_i 的微分关于 x_j 的微分的函数，可简单应用多元函数求导法则计算，得到

$$
\begin{aligned}
\delta y_1 &= \frac{\partial f_1}{\partial x_1}\delta x_1 + \frac{\partial f_1}{\partial x_2}\delta x_2 + \cdots + \frac{\partial f_1}{\partial x_6}\delta x_6 \\
\delta y_2 &= \frac{\partial f_2}{\partial x_1}\delta x_1 + \frac{\partial f_2}{\partial x_2}\delta x_2 + \cdots + \frac{\partial f_2}{\partial x_6}\delta x_6 \\
&\vdots \\
\delta y_6 &= \frac{\partial f_6}{\partial x_1}\delta x_1 + \frac{\partial f_6}{\partial x_2}\delta x_2 + \cdots + \frac{\partial f_6}{\partial x_6}\delta x_6
\end{aligned}
\tag{5.60}
$$

将上述式子写成更为简单的矢量表达式：

$$\delta Y = \frac{\partial F}{\partial X}\delta X \tag{5.61}$$

式(5.61)中的 6×6 偏微分矩阵就是我们所说的雅可比矩阵。注意到，如果 $f_1(X)$ 到 $f_6(X)$ 都是非线性函数，那么这些偏微分都是 x_i 的函数，因此可以采用如下表示

$$\delta Y = J(X)\delta X \tag{5.62}$$

将上式两端同时除以时间的微分，可以将雅可比矩阵看成 X 中的速度向 Y 中速度的映射：

$$\dot{Y} = J(X)\dot{X} \tag{5.63}$$

在任一瞬时，X 都有一个确定的值，$J(X)$ 是个线性变换。在每一个新时刻，如果 X 改变，线性变换也会随之而变。所以，雅可比是时变的线性变换。

159

在机器人学中，通常使用雅可比将关节速度与操作臂末端的笛卡儿速度联系起来，例如

$${}^0v = {}^0J(\Theta)\dot{\Theta} \tag{5.64}$$

式中，Θ 是操作臂关节角矢量，v 是笛卡儿速度矢量。在式(5.64)中，我们给雅可比表达式附加了左上标，以此表示笛卡儿速度所参考的坐标系。有时，由于参考坐标系很明显而不用说明，或者对后续推导并不重要，这个左上标就可以略去。注意到，对于任意已知的操作臂位形，关节速度和操作臂末端速度的关系是线性的，然而这种线性关系仅是瞬时的，因为在下一刻，雅可比矩阵就会有微小的变化。对于通常的 6 关节机器人，雅可比矩阵是 6×6 维的，$\dot{\Theta}$ 是 6×1 维的，${}^0v$ 也是 6×1 维的。这个 6×1 笛卡儿速度矢量是由一个 3×1 的线速度矢量和一个 3×1 的角速度矢量排列起来的：

$${}^0v = \begin{bmatrix} {}^0\upsilon \\ {}^0\omega \end{bmatrix} \tag{5.65}$$

可以定义任何维数的雅可比矩阵(包括非方阵形式)。雅可比矩阵的行数等于操作臂在笛卡儿空间中的自由度数量，雅可比矩阵的列数等于操作臂的关节数量。例如，对于平面操作臂，雅可比矩阵不可能超过 3 行，但对于冗余度平面操作臂，可以有任意多个列(列数和关节数相等)。

对于两连杆的操作臂，可以写出一个 2×2 的雅可比矩阵将关节速度和末端执行器的速度联系起来。通过例 5.3 的结果，可以很容易地给出两连杆操作臂的雅可比矩阵。可以写出坐标系{3}中的雅可比表达式(由式(5.55))

$$ {}^{3}J(\Theta)=\begin{bmatrix} l_1 s_2 & 0 \\ l_1 c_2+l_2 & l_2 \end{bmatrix} \tag{5.66}$$

由式(5.57)可以写出坐标系{0}中的雅可比表达式

$$ {}^{0}J(\Theta)=\begin{bmatrix} -l_1 s_1-l_2 s_{12} & -l_2 s_{12} \\ l_1 c_1+l_2 c_{12} & l_2 c_{12} \end{bmatrix} \tag{5.67}$$

注意，在上述两种情况下，都选择了一个方阵将关节速度和末端执行器的速度联系起来。当然，也可以选择包含末端执行器角速度的 3×2 雅可比矩阵。

通过从式(5.58) 到式(5.62)建立雅可比矩阵的过程，我们会发现，也可以通过对机构的运动方程直接求导得到雅可比矩阵。这样可以直接求得线速度，但却得不到 3×1 的方向矢量，而这个矢量的导数就是 ω。因而，我们已经介绍了一种方法，就是通过依次使用式(5.45) 和式(5.47)求出雅可比矩阵。也可以应用另外的几种方法来求(例如，参阅[4])，在 5.8 节中将简要介绍其中一种方法。采用本文所述方法求雅可比矩阵的原因之一，就是为第 6 章讨论的内容作准备。在第 6 章中，我们将采用类似的方法来计算操作臂的动力学方程。

160

雅可比矩阵参考坐标系的变换

已知坐标系{B}中的雅可比矩阵，即

$$\begin{bmatrix} {}^{B}v \\ {}^{B}\omega \end{bmatrix} = {}^{B}\nu = {}^{B}J(\Theta)\dot{\Theta} \tag{5.68}$$

我们关心的是给出雅可比矩阵在另一个坐标系{A}中的表达式。首先，注意到已知坐标系{B}中的 6×1 笛卡儿速度矢量可以通过如下变换得到相对于坐标系{A}的表达式

$$\begin{bmatrix} {}^{A}v \\ {}^{A}\omega \end{bmatrix} = \left[\begin{array}{c|c} {}^{A}_{B}R & 0 \\ \hline 0 & {}^{A}_{B}R \end{array}\right] \begin{bmatrix} {}^{B}v \\ {}^{B}\omega \end{bmatrix} \tag{5.69}$$

因此，可以得到

$$\begin{bmatrix} {}^{A}v \\ {}^{A}\omega \end{bmatrix} = \left[\begin{array}{c|c} {}^{A}_{B}R & 0 \\ \hline 0 & {}^{A}_{B}R \end{array}\right] {}^{B}J(\Theta)\dot{\Theta} \tag{5.70}$$

显然，利用下列关系式可以完成雅可比矩阵参考坐标系的变换：

$$ {}^{A}J(\Theta) = \left[\begin{array}{c|c} {}^{A}_{B}R & 0 \\ \hline 0 & {}^{A}_{B}R \end{array}\right] {}^{B}J(\Theta) \tag{5.71}$$

5.8 奇异性

已知一个线性变换可以将关节速度和笛卡儿速度联系起来，那么自然会提出一个问题：这个线性变换矩阵是可逆的吗？也就是说，这个矩阵是非奇异的吗？如果这个矩阵是

非奇异的，那么已知笛卡儿速度，就可以对该矩阵求逆计算出关节的速度：

$$\dot{\Theta} = J^{-1}(\Theta)v \tag{5.72}$$

这是一个重要的关系式。例如，要求机器人手部在笛卡儿空间以某个速度矢量运动。应用式(5.72)，可以计算出沿着这个路径每一瞬时所需的关节速度。这样，雅可比矩阵可逆性的实质问题就在于：雅可比矩阵对于所有的 Θ 值都是可逆的吗？如果不是，在什么位置不可逆？

大多数操作臂都有使得雅可比矩阵奇异的 Θ 值。这些位置就称为**机构的奇异位形**或简称**奇异性**。所有操作臂在工作空间的边界都存在奇异位形，并且大多数操作臂在它们的工作空间内也有奇异位形。对奇异位形分类的深入研究已超出本书讨论范围，更多的有关内容可以参见[5]。在本书中，我们没有给出奇异性的严格定义，而是大致将它们分为两类：

1) **工作空间边界的奇异位形**出现在操作臂完全展开或者收回使得末端执行器处于或非常接近工作空间边界的情况。

161

2) **工作空间内部的奇异位形**总是远离工作空间的边界，通常是由于两个或两个以上的关节轴线共线引起的。

当操作臂处于奇异位形时，它会失去一个或多个自由度(在笛卡儿空间中观察)。这也就是说，在笛卡儿空间的某个方向上(或某个子空间中)，无论选择什么样的关节速度，都不能使机器人手臂运动。显然，这种情况也会在机器人工作空间边界发生。

例 5.4 对于例 5.3 所示的简单两连杆操作臂，奇异位形在什么位置？奇异位形的物理意义是什么？它们是工作空间边界奇异位形还是工作空间内部奇异位形？

为了求出机构的奇异点，必须首先计算机构的雅可比矩阵行列式的值。在行列式的值为 0 的位置，雅可比矩阵非满秩，也就是奇异的：

$$DET[J(\Theta)] = \begin{vmatrix} l_1 s_2 & 0 \\ l_1 c_2 + l_2 & l_2 \end{vmatrix} = l_1 l_2 s_2 = 0 \tag{5.73}$$

显然，当 θ_2 为 0 或者 180 度时，机构处于奇异位形。从物理意义上讲，当 $\theta_2=0$ 时，操作臂完全展开。处于这种位形时，末端执行器仅可以沿着笛卡儿坐标的某个方向(垂直于手臂方向)运动。因此，操作臂失去了一个自由度。同样，当 $\theta_2=180°$ 时，操作臂完全收回，手臂也只能沿着一个方向运动，而不能在两个方向运动。由于这类奇异位形处于操作臂工作空间的边界上，因此将它们称为工作空间边界的奇异位形。注意，无论雅可比矩阵是相对于坐标系{0}还是其他坐标系，奇异性分析的结果都是相同的。

在机器人控制系统中应用式(5.72)的危险在于，在奇异位形，雅可比矩阵的逆不存在！当操作臂接近奇异点位置时，关节速度会趋向于无穷大。

例 5.5 如图 5-10 所示，对于例 5.3 中的两连杆机器人，末端执行器沿着 $\hat{X}$ 轴以 1.0 m/s 的速度运动。当操作臂远离奇异位形时，关节速度都在允许范围内。但是当 $\theta_2=0$ 时，操作臂接近奇异位形，此时关节速度趋向于无穷大。

首先计算坐标系{0}中雅可比矩阵的逆：

$${}^0J^{-1}(\Theta) = \frac{1}{l_1 l_2 s_2}\begin{bmatrix} l_1 c_{12} & l_2 s_{12} \\ -l_1 c_1 - l_2 c_{12} & -l_1 s_1 - l_2 s_{12} \end{bmatrix} \tag{5.74}$$

162

然后，当末端执行器以 1 m/s 的速度沿 $\hat{X}$ 方向运动时，应用式(5.74)，按照操作臂位置的函数计算出关节速度：

$$\dot{\theta}_1=\frac{c_{12}}{l_1 s_2}$$

$$\dot{\theta}_2=-\frac{c_1}{l_2 s_2}-\frac{c_{12}}{l_1 s_2} \tag{5.75}$$

显然，当操作臂伸展到接近于 $\theta_2=0$ 时，两个关节的速度都趋向于无穷大。

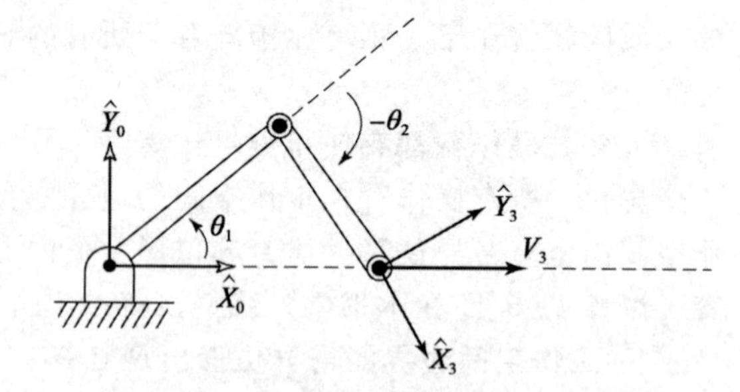

图 5-10 末端以恒定的线速度运动的两连杆操作臂

例 5.6 对于 PUMA 560 操作臂，给出两个奇异位形的位置。

当 θ_3 接近于 -90.0 度时存在一个奇异位形，作为练习，请读者计算出 θ_3 的准确值（见习题 5.14）。在这种情况下，连杆 2 和连杆 3 完全展开，这与例 5.3 的两连杆操作臂处于奇异位形的情况相同。这种情况属于工作空间边界的奇异位形。

只要 $\theta_5=0.0$ 度，操作臂都处于奇异位形。在这个位形，关节轴 4 和关节轴 6 成一直线，所以这两个关节轴的动作都会使末端执行器产生相同的运动，这样操作臂就好像失去一个自由度一样。由于这个奇异位形出现在工作空间内部，所以它属于工作空间内部的奇异位形。

5.9 操作臂的静力

操作臂的链式结构特性自然让我们想到力和力矩是如何从一个连杆向下一个连杆“传递”的。考虑操作臂的自由末端（末端执行器）在工作空间推动某个物体，或用手部抓举着某个负载的典型情况。我们希望求出保持系统静态平衡的关节力矩。

对于操作臂的静力，首先锁定所有的关节使得操作臂成为一个结构。然后对这种结构中的连杆进行讨论，在各连杆坐标系中写出力和力矩的平衡关系。最后，为了保持操作臂的静态平衡，计算出需要在各关节轴依次施加多大的静力矩。通过这种方法，可以求出为了使末端执行器支撑住某个静负载所需的一组关节力矩。

163

在本节中，不考虑作用在连杆上的重力（这将留到第 6 章中讨论）。我们所讨论的关节静力和静力矩是由施加在最后一个连杆上的静力或静力矩（或两者共同）引起的，例如，当操作臂的末端执行器和环境接触时就是这样的。

我们为相邻杆件所施加的力和力矩定义以下特殊的符号：

f_i = 连杆 $i-1$ 施加在连杆 i 上的力，

n_i = 连杆 $i-1$ 施加在连杆 i 上的力矩。

我们按照惯例建立连杆坐标系。图 5-11 所示为施加在连杆 i 上的静力和静力矩（除了重力以外）。将这些力相加并令其和为 0，有

$$^{i}f_i-{}^{i}f_{i+1}=0 \tag{5.76}$$

将绕坐标系 $\{i\}$ 原点的力矩相加，有

$$^{i}n_i-{}^{i}n_{i+1}-{}^{i}P_{i+1}\times{}^{i}f_{i+1}=0 \tag{5.77}$$

如果我们从施加于机器人末端执行器的力和力矩的描述开始，就可以计算出作用于每一个连杆的力和力矩，从末端连杆到基座（连杆 0）进行计算。为此，对式（5.76）和式（5.77）进行整理，以便从高序号连杆向低序号连杆进行迭代求解。结果如下

$$^if_i = {}^if_{i+1} \tag{5.78}$$

$$^in_i = {}^in_{i+1} + {}^iP_{i+1} \times {}^if_{i+1} \tag{5.79}$$

164

为了按照定义在连杆自身坐标系中的力和力矩写出这些表达式，用坐标系$\{i+1\}$相对于坐标系$\{i\}$的旋转矩阵进行变换，就得到了最重要的连杆之间的静力"传递"表达式：

$$^if_i = {}_{i+1}^{i}R\,^{i+1}f_{i+1} \tag{5.80}$$

$$^in_i = {}_{i+1}^{i}R\,^{i+1}n_{i+1} + {}^iP_{i+1} \times {}^if_i \tag{5.81}$$

最后，提出了一个重要的问题：为了平衡施加在连杆上的力和力矩，需要施加在关节上的力矩有多大？除了绕关节轴的力矩之外，力和力矩矢量的所有分量都可以由操作臂机构本身来平衡。因此，为了求出保持系统静平衡的关节力矩，应计算关节轴矢量和施加在连杆上的力矩矢量的点乘：

$$\tau_i = {}^in_i^T\,{}^i\hat{Z}_i \tag{5.82}$$

对于关节 i 是移动关节的情况，可以算出关节驱动力为

$$\tau_i = {}^if_i^T\,{}^i\hat{Z}_i \tag{5.83}$$

注意，即使对于线性的关节力，我们也使用符号 τ。

按照惯例，通常将使关节角增大的旋转方向定义为关节力矩的正方向。

式(5.80)到式(5.83)给出一种方法，可以计算静态下为了施加于操作臂末端执行器的力和力矩所需的关节力。

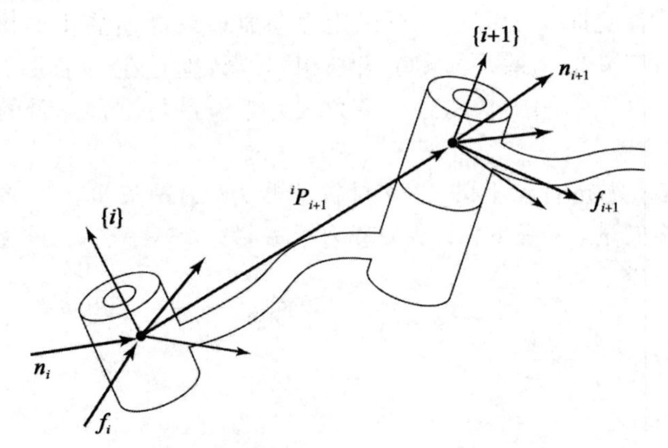

图 5-11 单个连杆的静力-力矩平衡

例 5.7 例 5.3 的两连杆操作臂在末端执行器施加力矢量^3F（可以认为该力是施加在坐标系{3}原点上的）。按照位形函数和作用力的函数给出所需关节力矩(参见图 5-12)。

165

应用式(5.80)～式(5.82)，从末端连杆开始向机器人的基座计算：

$$^2f_2 = \begin{bmatrix} f_x \\ f_y \\ 0 \end{bmatrix} \tag{5.84}$$

$$^2n_2 = l_2\hat{X}_2 \times \begin{bmatrix} f_x \\ f_y \\ 0 \end{bmatrix} = \begin{bmatrix} 0 \\ 0 \\ l_2 f_y \end{bmatrix} \tag{5.85}$$

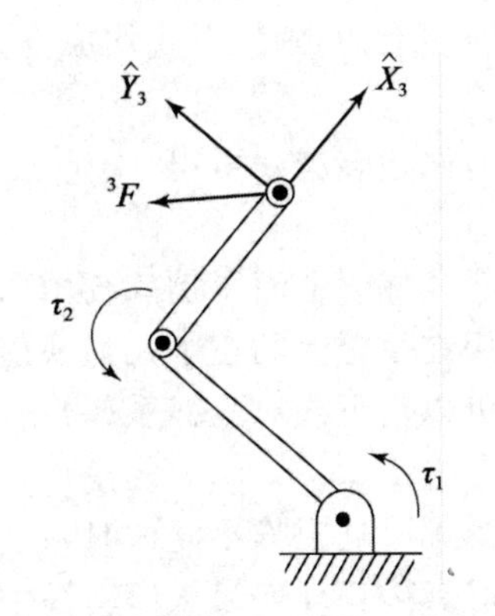

图 5-12 两连杆操作臂在末端对外施加力

$$
{}^{1}f_{1}=\begin{bmatrix}c_2 & -s_2 & 0\\ s_2 & c_2 & 0\\ 0 & 0 & 1\end{bmatrix}\begin{bmatrix}f_x\\ f_y\\ 0\end{bmatrix}=\begin{bmatrix}c_2 f_x - s_2 f_y\\ s_2 f_x + c_2 f_y\\ 0\end{bmatrix} \tag{5.86}
$$

$$
{}^{1}n_{1}=\begin{bmatrix}0\\ 0\\ l_2 f_y\end{bmatrix}+l_1\hat{X}_1\times{}^{1}f_1=\begin{bmatrix}0\\ 0\\ l_1 s_2 f_x + l_1 c_2 f_y + l_2 f_y\end{bmatrix} \tag{5.87}
$$

于是有

$$
\tau_1 = l_1 s_2 f_x + (l_2 + l_1 c_2) f_y \tag{5.88}
$$

$$
\tau_2 = l_2 f_y \tag{5.89}
$$

可将这个关系写成矩阵算子：

$$
\tau=\begin{bmatrix}l_1 s_2 & l_2 + l_1 c_2\\ 0 & l_2\end{bmatrix}\begin{bmatrix}f_x\\ f_y\end{bmatrix} \tag{5.90}
$$

这个矩阵是式(5.66)中求出的雅可比矩阵的转置，但这并不是巧合！

5.10 力域中的雅可比

在静态下，关节力矩完全与在手部上的力平衡。当力作用在机构上时，如果机构经过一个位移，就作了功(从技术意义上讲)。功被定义为作用力通过一段距离，它是以能量为单位的标量。如令位移趋向于无穷小就可以用**虚功**原理来描述静止的情况。功具有能量的单位，所以它在任何广义坐标系下的测量值都相同。特别是在笛卡儿空间作的功应当等于关节空间作的功。在多维空间中，功是一个力或力矩矢量与位移矢量的点积。于是有

$$
\mathcal{F}\cdot\delta\chi=\tau\cdot\delta\Theta \tag{5.91}
$$

166

式中$\mathcal{F}$是一个作用在末端执行器上的6×1维笛卡儿力-力矩矢量，$\delta\chi$是末端执行器的6×1维无穷小笛卡儿位移矢量，τ是6×1维关节力矩矢量，$\delta\Theta$是6×1维无穷小的关节位移矢量。式(5.91)也可写成

$$
\mathcal{F}^{\mathrm{T}}\delta\chi=\tau^{\mathrm{T}}\delta\Theta \tag{5.92}
$$

雅可比矩阵的定义为

$$
\delta\chi = J\delta\Theta \tag{5.93}
$$

因此可写出

$$
\mathcal{F}^{\mathrm{T}}J\delta\Theta=\tau^{\mathrm{T}}\delta\Theta \tag{5.94}
$$

对所有的$\delta\Theta$，上式均成立，因此有

$$
\mathcal{F}^{\mathrm{T}}J=\tau^{\mathrm{T}} \tag{5.95}
$$

对两边转置，可得：

$$
\tau = J^{\mathrm{T}}\mathcal{F} \tag{5.96}
$$

式(5.96)证明了例5.6中两连杆操作臂的特殊情况具有一般意义：雅可比矩阵的转置将作用在手臂上的笛卡儿力映射成了等效关节力矩。当得到相对于坐标系{0}的雅可比矩阵后，可以由下式对坐标系{0}中的力矢量进行变换：

$$
\tau = {}^{0}J^{\mathrm{T}}\,{}^{0}\mathcal{F} \tag{5.97}
$$

当雅可比矩阵不满秩时，存在某些特定的方向，末端执行器在这些方向上不能施加期望的静态力。即如果式(5.97)中的雅可比矩阵奇异，$\mathcal{F}$在某些方向(这些方向定义了雅可比矩阵的零空间[6])上的增大或减小与所求τ的值无关。这也意味着，在奇异位形的附近，机

械特性趋向于无穷大，以致只要很小的关节力矩就可在末端执行器产生很大的力。[⊖]因此，在力域中和在位置域中奇异都是存在的。

注意式(5.97)是一个非常有趣的关系式，它可将一个笛卡儿空间的量转变为一个关节空间的量而无须计算任何运动学函数的逆解。在后面章节中讨论控制问题时将应用这个关系。

5.11 速度和静力的笛卡儿变换

可以根据 6×1 维的刚体广义速度表达式进行讨论：

$$\mathcal{v}=\begin{bmatrix} v \\ \omega \end{bmatrix} \tag{5.98}$$

同样，考虑 6×1 维的广义力矢量表达式，即

$$\mathcal{F}=\begin{bmatrix} F \\ N \end{bmatrix} \tag{5.99}$$

167

式中 F 是一个 3×1 力矢量，N 是一个 3×1 的力矩矢量。很自然地可以想到用 6×6 变换阵将这些量从一个坐标系映射到另一个坐标系。这和在连杆之间速度和力的传递中已经作过的工作完全一致。这里，用矩阵算子的形式写出式(5.45)和式(5.47)，将在坐标系$\{A\}$中的广义速度矢量变换为在坐标系$\{B\}$的描述。

这里涉及的两个坐标系之间是刚性连接的，所以在式(5.45)中出现的$\dot{\theta}_{i+1}$在推导关系式时被置成零

$$\begin{bmatrix} {}^{B}v_{B} \\ {}^{B}\omega_{B} \end{bmatrix}=\begin{bmatrix} {}^{B}_{A}R & -{}^{B}_{A}R\,{}^{A}P_{BORG}\times \\ 0 & {}^{B}_{A}R \end{bmatrix}\begin{bmatrix} {}^{A}v_{A} \\ {}^{A}\omega_{A} \end{bmatrix} \tag{5.100}$$

式中，叉乘可看成是矩阵算子

$$P\times=\begin{bmatrix} 0 & -p_z & p_y \\ p_z & 0 & -p_x \\ -p_y & p_x & 0 \end{bmatrix} \tag{5.101}$$

现在，式(5.100)将一个坐标系的速度与另一个坐标系的速度相联系，因此这个 6×6 算子被称为**速度变换矩阵**，用符号 T_v 表示。在这种情况中，它是一个把$\{A\}$中的速度映射到$\{B\}$中的速度的速度变换，所以可用下列表达式将式(5.100)表示成紧凑的形式：

$${}^{B}\mathcal{v}_{B}={}^{B}_{A}T_{v}\,{}^{A}\mathcal{v}_{A} \tag{5.102}$$

已知$\{B\}$中速度值，为了计算在$\{A\}$中的速度描述，可以对式(5.100)求逆：

$$\begin{bmatrix} {}^{A}v_{A} \\ {}^{A}\omega_{A} \end{bmatrix}=\begin{bmatrix} {}^{A}_{B}R & {}^{A}P_{BORG}\times{}^{A}_{B}R \\ 0 & {}^{A}_{B}R \end{bmatrix}\begin{bmatrix} {}^{B}v_{B} \\ {}^{B}\omega_{B} \end{bmatrix} \tag{5.103}$$

或

$${}^{A}\mathcal{v}_{A}={}^{A}_{B}T_{v}\,{}^{B}\mathcal{v}_{B} \tag{5.104}$$

注意从坐标系到坐标系的速度变换是由${}^{A}_{B}T$(或它的逆变换)确定的，并且应被看作是瞬时的结果，除非两个坐标系之间的关系是静止不变的。同样，由式(5.80)和式(5.81)可得6×6的矩阵，它可将在坐标系$\{B\}$中描述的广义力矢量变换成在坐标系$\{A\}$中的描述，即为

⊖ 假设两连杆平面操作臂在几乎完全伸展的时候，其末端执行器在与表面接触。在此种位形下，“很小”的力矩可以产生任意大的力。

$$\begin{bmatrix} {}^{A}F_{A} \\ {}^{A}N_{A} \end{bmatrix} = \begin{bmatrix} {}^{A}_{B}R & 0 \\ {}^{A}P_{BORG} & {}^{A}_{B}R \end{bmatrix} \begin{bmatrix} {}^{B}F_{B} \\ {}^{B}N_{B} \end{bmatrix} \tag{5.105}$$

可以写成紧凑形式

$${}^{A}\mathcal{F}_{A} = {}^{A}_{B}T_{f}\ {}^{B}\mathcal{F}_{B} \tag{5.106}$$

168 式中 T_f 用来表示一个**力-力矩变换**。

速度和力变换矩阵与雅可比矩阵相似，把不同坐标系中的速度和力联系起来。

例 5.8 图 5-13 所示为一个持有工具的末端执行器。在操作臂上的末端执行器的位置安装了一个腕力传感器。这个装置能够测量施加在它上面的力和力矩。

假设传感器的输出为 6×1 的矢量 ${}^{S}\mathcal{F}$，它由传感器坐标系 $\{S\}$ 中表示的 3 个力和 3 个力矩组成。我们真正感兴趣的是要知道施加在工具末端的力和力矩 ${}^{T}\mathcal{F}$。求出从 $\{S\}$ 到工具坐标系 $\{T\}$ 的 6×6 力-力矩矢量的变换矩阵。已知从 $\{T\}$ 到 $\{S\}$ 的变换 ${}^{S}_{T}T$。(注意，这里的 $\{S\}$ 是传感器坐标系，而不是固定坐标系。)

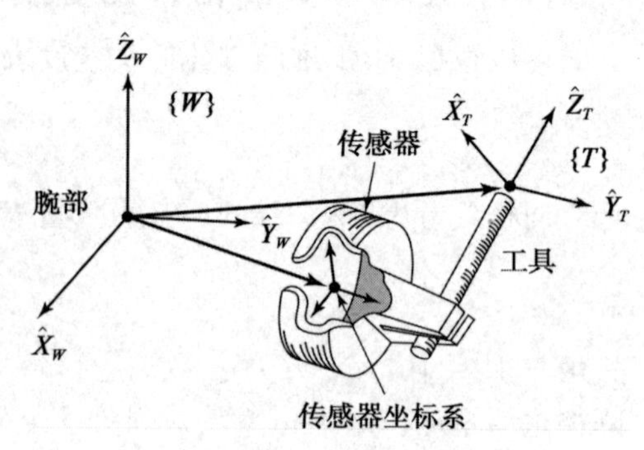

图 5-13 带有力传感器的坐标系

这是式(5.106)的简单应用。首先，从 ${}^{S}_{T}T$ 求出逆 ${}^{T}_{S}T$。${}^{T}_{S}T$ 由 ${}^{T}_{S}R$ 和 ${}^{T}P_{SORG}$ 组成。然后应用式(5.106)得到

$${}^{T}\mathcal{F}_{T} = {}^{T}_{S}T_{f}\ {}^{S}\mathcal{F}_{S} \tag{5.107}$$

式中

$${}^{T}_{S}T_{f} = \begin{bmatrix} {}^{T}_{S}R & 0 \\ {}^{T}P_{SORG} \times {}^{T}_{S}R & {}^{T}_{S}R \end{bmatrix} \tag{5.108}$$

参考文献

[1] K. Hunt, *Kinematic Geometry of Mechanisms*, Oxford University Press, New York, 1978.

169

[2] K.R. Symon, *Mechanics*, 3rd edition, Addison-Wesley, Reading, MA, 1971.

[3] I. Shames, *Engineering Mechanics*, 2nd edition, Prentice-Hall, Englewood Cliffs, NJ, 1967.

[4] D. Orin and W. Schrader, "Efficient Jacobian Determination for Robot Manipulators," in *Robotics Research: The First International Symposium*, M. Brady and R.P. Paul, Editors, MIT Press, Cambridge, MA, 1984.

[5] B. Gorla and M. Renaud, *Robots Manipulateurs*, Cepadues-Editions, Toulouse, 1984.

[6] B. Noble, *Applied Linear Algebra*, Prentice-Hall, Englewood Cliffs, NJ, 1969.

[7] J.K. Salisbury and J. Craig, "Articulated Hands: Kinematic and Force Control Issues," *International Journal of Robotics Research*, Vol. 1, No. 1, Spring 1982.

[8] C. Wampler, "Wrist Singularities: Theory and Practice," in *The Robotics Review 2*, O. Khatib, J. Craig, and T. Lozano-Perez, Editors, MIT Press, Cambridge, MA, 1992.

[9] D.E. Whitney, "Resolved Motion Rate Control of Manipulators and Human Prostheses," *IEEE Transactions on Man-Machine Systems*, 1969.

习题

5.1 [10]用在坐标系{0}中表达的式(5.67)中的雅可比矩阵重做例 5.4。是否和例 5.3 的结果一致？

5.2 [25]求出第 3 章习题 3.3 中的 3 自由度操作臂雅可比矩阵。在坐标系{4}中写出此矩阵，坐标系{4}是位于手部末端且与坐标系{3}的姿态相同。

5.3 [35]求出第 3 章习题 3.3 中的 3 自由度操作臂雅可比矩阵。在坐标系{4}中写出此矩阵，坐标系{4}是位于手部末端且与坐标系{3}的姿态相同。用 3 种方法推导雅可比矩阵：从基座到末端的速度传递；从末端到基座的静力传递；直接对运动学方程的微分。

5.4 [8]证明在力域中的奇异位形与在位置域中的奇异位形相同。

5.5 [39]计算 PUMA 560 在坐标系{6}中的雅可比矩阵。

5.6 [47]任何具有 3 个旋转关节且连杆长度非零的机构在其工作空间内一定有一条奇异点轨迹，该说法是否正确？

5.7 [7]画出一个 3 自由度机构的草图，它的线速度雅可比矩阵在操作臂所有位形下是 3×3 的单位矩阵。用一两句话描述其运动学。

5.8 [18]一般机构有时存在某些特定的位形，称作“各向同性点”，这时雅可比矩阵的各列正交且模相同[7]。对于例 5.3 的两连杆操作臂，求出存在的各向同性点。提示：对 l_1 和 l_2 有什么要求？

5.9 [50]求出一般 6 自由度操作臂中存在各向同性点的必要条件(见习题 5.8)。

5.10 [7]对于例 5.3 的两连杆操作臂，求出将关节力矩变换成手部的 2×1 力矢量 ^3F 的变换矩阵。

5.11 [14]已知

$$
{}^A_BT=\begin{bmatrix}0.866 & -0.500 & 0.000 & 10.0\\ 0.500 & 0.866 & 0.000 & 0.0\\ 0.000 & 0.000 & 1.000 & 5.0\\ 0 & 0 & 0 & 1\end{bmatrix}
$$

170

如果在坐标系{A}原点的速度矢量是

$$
{}^A\nu=\begin{bmatrix}0.0\\ 2.0\\ -3.0\\ 1.414\\ 1.414\\ 0.0\end{bmatrix}
$$

求出以坐标系{B}的原点为参考点的 6×1 速度矢量。

5.12 [15]对于习题 3.3 的三连杆操作臂，求与操作臂在工作空间边界上的奇异位形对应的一组关节角，以及与操作臂在工作空间内部的奇异位形对应的另一组关节角。

5.13 [9]某一两连杆操作臂的雅可比矩阵为：

$$
{}^0J(\Theta)=\begin{bmatrix}-l_1s_1-l_2s_{12} & -l_2s_{12}\\ l_1c_1+l_2c_{12} & l_2c_{12}\end{bmatrix}
$$

忽略重力，求出使操作臂产生静力矢量 $^0F=10\hat{X}_0$ 的关节扭矩。

5.14 [18]如果 PUMA 560 的连杆参数 a_3 为 0，则当 $\theta_3=-90.0°$ 时会出现工作空间边界奇异。求出当奇异发生时，θ_3 的表达式。并证明如果 a_3 为 0 时，结果为 $\theta_3=-90.0°$。提示：在此位形下，一条直线穿过关节轴 2 和 3，并经过轴 4、5 和 6 的交点。

5.15 [24]根据第 3 章例 3.4 操作臂的 3 个关节速率计算工具末端的线速度，求出 3×3 雅可比矩阵。求出坐标系{0}的雅可比矩阵。

5.16 [20]一个用 *Z-Y-Z* 欧拉角描述的 3R 操作臂(即用式(2.72)给出的正向运动学解，且 $\alpha=\theta_1$，$\beta=\theta_2$，$\gamma=\theta_3$)，求出联系关节速度和末端连杆角速度的雅可比矩阵。

5.17 [31]假设一般 6 自由度机器人，对所有的 i 已知 $^0\hat{Z}_i$ 和 $^0P_{iorg}$，即已知各连杆坐标系的单位 Z 矢量在基坐标系下的值，并且已知各个杆坐标系的原点在基坐标系下的值。给出我们关心的工具点(相对于连杆 n 固定)的速度，并且 $^0P_{tool}$ 已知。现在，对于旋转关节，由关节 i 的速度引起的工具末端的速度为

$$^{0}v_{i}=\dot{\theta}_{i}\,{}^{0}\hat{Z}_{i}\times({}^{0}P_{\mathrm{tool}}-{}^{0}P_{iorg})\tag{5.109}$$

并且由此关节的速度引起的连杆 n 的角速度为

$$^{0}\omega_{i}=\dot{\theta}_{i}\,{}^{0}\hat{Z}_{i}\tag{5.110}$$

分别对 $^{0}v_{i}$ 和 $^{0}\omega_{i}$ 求和可得出工具端的全部线速度和角速度。仿照式(5.109)和式(5.110)求出对于移动关节 i 的表达式，且根据 $\hat{Z}_{i}$，P_{iorg}、P_{tool} 写出一个任意的6自由度操作臂的6×6雅可比矩阵。

5.18 [18]已知一个3R机器人的正向运动解为

$$^{0}_{3}T=\begin{pmatrix}c_1c_{23} & -c_1s_{23} & s_1 & l_1c_1+l_2c_1c_2\\ s_1c_{23} & -s_1s_{23} & -c_1 & l_1s_1+l_2s_1c_2\\ s_{23} & c_{23} & 0 & l_2s_2\\ 0 & 0 & 0 & 1\end{pmatrix}$$

171

求 $^{0}J(\Theta)$，将其乘以关节速度矢量，求坐标系{3}的原点相对于坐标系{0}的线速度。

5.19 [15]一个RP操作臂，连杆2的原点位置为

$$^{0}P_{2ORG}=\begin{pmatrix}a_1c_1-d_2s_1\\ a_1s_1+d_2c_1\\ 0\end{pmatrix}$$

求出将两个关节速率和坐标系{2}原点的线速度联系起来的2×2雅可比矩阵。求出使操作臂处于奇异位形的 Θ 值。

5.20 [20]解释这句话的含义："一个处于奇异位形的 n 自由度操作臂可以看作是一个处于 $n-1$ 维空间的冗余操作臂。"

5.21 [18]除了例5.6中介绍的PUMA 560奇异点以外，再给出一个工作空间内的奇异点。提示：这个位形某种程度上跟习题5.14类似。

5.22 [22]利用习题3.25的腿模型，为了平衡95 N外力，求所需的关节力矩 τ。外力作用在脚尖触地点，朝竖直方向，此时 $\Theta=(10.5°，-44.0°，3.55°)$。

5.23 [35]证明 ${}^{A}_{B}T_{f}\neq{}^{A}_{B}T_{v}^{\mathrm{T}}$。

5.24 [18]如图4-15所示的4R操作臂的雅可比维数是多少?

5.25 [25]对于例5.3的2R操作臂，$l_1=500$ mm，$l_2=400$ mm 和 $\Theta=(30°\quad 75°)$，通过使用微小的关节扰动，从数值上估算相对于坐标系{0}的雅可比。该雅可比矩阵的单位是什么？将该矩阵与式(5.57)解析计算得到的数值对比。

5.26 [25]重做例5.5，但是使用相对于坐标系{3}的雅可比矩阵。结果与例5.5相同吗?

5.27 [22]对于例4.2中的操作臂，给出2×2雅可比，利用关节速度计算工具末端点的线性速度。给出该RP操作臂的所有奇异点。

5.28 [14]假定

$$\begin{pmatrix}0.612 & -0.5 & 0.612 & 1\\ 0.354 & 0.866 & 0.354 & 3\\ -0.707 & 0 & 0.707 & 7\\ 0 & 0 & 0 & 1\end{pmatrix}$$

如果在坐标系{A}原点处的速度为

$$\begin{pmatrix}5\\ 1\\ 3\\ -0.9\\ 0\\ 0.5\end{pmatrix}$$

求出以坐标系$\{B\}$原点为参考点的 6×1 速度矢量。

5.29 [9]某一两连杆操作臂有如下雅可比：

$$^{0}J(\Theta)=\begin{pmatrix}-l_1s_1-l_2s_{12} & -l_2s_{12}\\ l_1c_1+l_2c_{12} & l_2c_{12}\end{pmatrix}$$

忽略重力，为了使操作臂施加力矢量$^{0}F=5\hat{X}_0+3\hat{Y}_0$，需要多大的关节力矩？

172

5.30 [24]对于第 3 章例 3.4 中的操作臂，给出 3×3 雅可比，利用关节速度计算工具末端点的线速度。给出在坐标系$\{0\}$和坐标系$\{3\}$中的雅可比。

编程练习

1. 有两个相对固定的坐标系$\{A\}$和$\{B\}$，即$^{A}_{B}T$ 是不变的。在平面的情况下，定义坐标系$\{A\}$的速度

$$^{A}v_A=\begin{pmatrix}^{A}\dot{x}_A\\ ^{A}\dot{y}_A\\ ^{A}\dot{z}_\theta\end{pmatrix}$$

写出一个子程序，已知$^{A}_{B}T$ 和$^{A}v_A$，计算$^{B}v_B$。提示：此平面机构与式(5.100)类似。应用程序头语句如下(或用相应的 C 语言)：

```
Procedure Veltrans (VAR brela: frame; VAR vrela, vrelb:
vec3);
```

式中“vrela”是相对于坐标系$\{A\}$的速度$^{A}v_A$，并且“vrelb”是子程序的输出(相对于坐标系$\{B\}$的速度$^{B}v_B$)。

2. 求三连杆平面操作臂的 3×3 雅可比矩阵(见例 3.3)。为推导雅可比矩阵，应进行速度传递分析(方法如同例 5.2)或静力分析(方法如同例 5.6)。写出雅可比矩阵的推导过程。
编写一个子程序计算出坐标系$\{3\}$中的雅可比，即关节角度的函数$^{3}J(\Theta)$。注意坐标系$\{3\}$为原点在关节 3 轴上的标准连杆坐标系。应用程序头语句如下(或用相应的 C 语言)：

```
Procedure Jacobian (VAR theta: vec3; Var Jac: mat33);
```

操作臂的数据为 $l_2=l_2=0.5$ 米。

3. 为某一任务，一个工具坐标系和一个固定坐标系的定义如下(单位为米和度)：

$$^{W}_{T}T=(x\quad y\quad \theta)=(0.1\quad 0.2\quad 30.0)$$

$$^{B}_{S}T=(x\quad y\quad \theta)=(0.0\quad 0.0\quad 0.0)$$

在某一时刻，工具末端的位置为

$$^{S}_{T}T=(x\quad y\quad \theta)=(0.6\quad -0.3\quad 45.0)$$

在同一时刻，测得的关节速率(度/秒)为

$$\dot{\Theta}=(\dot{\theta}_1\quad \dot{\theta}_2\quad \dot{\theta}_3)=(20.0\quad -10.0\quad 12.0)$$

计算工具末端相对于自身坐标系的线速度和角速度，即$^{T}v_T$。如果多于一个解，求出所有的解。

MATLAB 练习

这个练习重点为平面 3 自由度 3R 机器人(见图 3-6 和图 3-7；DH 参数由图 3-8 给出)的雅可比矩阵及行列式、速度控制仿真和静力学反解。

173

速度控制方法[9]是基于操作臂速度方程$^{k}\dot{X}={}^{k}J\dot{\Theta}$，式中$^{k}J$ 是雅可比矩阵，$\dot{\Theta}$ 是关节相对速度矢量，$^{k}\dot{X}$ 是要求的笛卡儿速度矢量(包括平移和旋转)，k 表示雅可比矩阵和笛卡儿速度表达式所在的坐标系。下图所示为速度控制算法仿真框图：

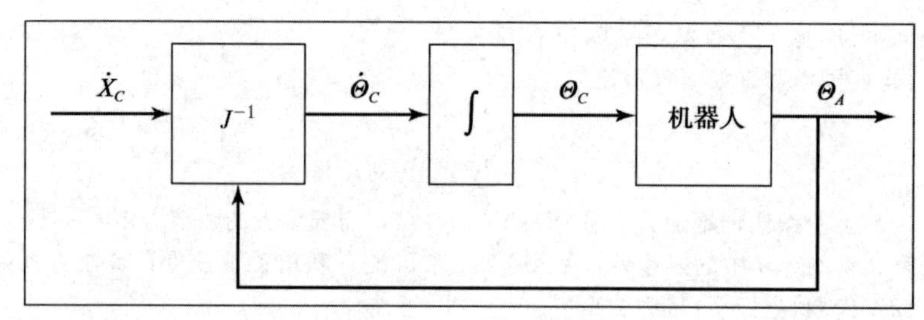

分步速度控制算法框图

正如图中所示，速度控制算法计算期望的关节速率 $\dot{\Theta}_C$ 以得到期望的笛卡儿速度 $\dot{X}_C$；必须按此框图在每个仿真步进行计算。雅可比矩阵随位形 Θ_A 改变。出于仿真的目的，假定期望的关节角度 Θ_C 总是和实际得到的关节角度 Θ_A 相同(在实际中很难满足)。对平面3自由度3R机器人，$k=0$ 时速度方程 ${}^k\dot{X}={}^kJ\dot{\Theta}$ 为

$$
{}^0\begin{Bmatrix}\dot{x}\\\dot{y}\\\omega_z\end{Bmatrix}={}^0\begin{bmatrix}-L_1s_1-L_2s_{12}-L_3s_{123} & -L_2s_{12}-L_3s_{123} & -L_3s_{123}\\ L_1c_1+L_2c_{12}+L_3c_{123} & L_2c_{12}+L_3c_{123} & L_3c_{123}\\ 1 & 1 & 1\end{bmatrix}\begin{Bmatrix}\dot{\theta}_1\\\dot{\theta}_2\\\dot{\theta}_3\end{Bmatrix}
$$

式中 $s_{123}=\sin(\theta_1+\theta_2+\theta_3)$，$c_{123}=\cos(\theta_1+\theta_2+\theta_3)$，等等。注意 ${}^0\dot{X}$ 表达了手部坐标系(位于图3-6中夹持器的中心)原点相对于基坐标系{0}原点的笛卡儿速度，并在坐标系{0}中表达。

目前大多数的工业机器人无法直接给出 $\dot{\Theta}_C$ 指令，所以必须首先将这些期望关节相对速率进行积分得到期望关节角度 Θ_C，就可以在每个时步对机器人发出指令。实际上，最简单可行的积分工作得很好，假定控制时步 Δt 很小：$\Theta_{\text{new}}=\Theta_{\text{old}}+\dot{\Theta}\Delta t$。在MATLAB的分步速度仿真中，假定期望的 Θ_{new} 可被虚拟机器人全部完成。(第6章和第9章中提出了动力学和控制的方法，为此就无须做出这种简化假定。)在完成下一步速度计算之前，一定要用新的位形 Θ_{new} 更新雅可比矩阵。

写出一个MATLAB程序计算雅可比矩阵并对平面3R机器人进行分步速度控制仿真。已知机器人连杆长度 $L_1=4$，$L_2=3$，$L_3=2$(m)；起始关节角 $\Theta=\{\theta_1\quad\theta_2\quad\theta_3\}^{\mathrm{T}}=\{10°\quad 20°\quad 30°\}^{\mathrm{T}}$，并且恒定的期望笛卡儿速度 ${}^0\{\dot{X}\}=\{\dot{x}\quad\dot{y}\quad\omega_z\}^{\mathrm{T}}=\{0.2\quad -0.3\quad -0.2\}^{\mathrm{T}}$(m/s，m/s，rad/s)，仿真5秒钟，时步为 $dt=0.1$ s。在同一个程序循环中，计算静力学逆解，即计算关节力矩 $T=\{\tau_1\quad\tau_2\quad\tau_3\}^{\mathrm{T}}$(Nm)，已知恒定的期望笛卡儿力和力矩为 ${}^0\{W\}=\{f_x\quad f_y\quad m_z\}^{\mathrm{T}}=\{1\quad 2\quad 3\}^{\mathrm{T}}$(N，N，Nm)。同样，在相同的循环中，在每个时步在屏幕上对这个机器人进行动画显示，这样就可以观察仿真运动是否正确。

174

a) 对指定的数值，画出5张图(请按每组数据分别画出)：

1) 3个主动关节速率 $\dot{\Theta}=\{\dot{\theta}_1\quad\dot{\theta}_2\quad\dot{\theta}_3\}^{\mathrm{T}}$ 与时间的关系；

2) 3个主动关节角 $\Theta=\{\theta_1\quad\theta_2\quad\theta_3\}^{\mathrm{T}}$ 与时间的关系；

3) ${}^0_HT$ 的3个笛卡儿分量，$X=\{x\quad y\quad\phi\}^{\mathrm{T}}$($\phi$ 应使用单位rad)与时间的关系；

4) 雅可比矩阵行列式 $|J|$ 与时间的关系——在分步速度仿真中对靠近奇异位形的程度进行评价；

5) 3个活动关节力矩 $T=\{\tau_1\quad\tau_2\quad\tau_3\}^{\mathrm{T}}$ 与时间的关系。

在每个图中认真标出各个分量(最好用手画)；同时，标出轴的名称和单位。

b) 用Corke MATLAB机器人工具箱检查一系列起始和最终关节角的雅可比矩阵结果。试用函数jacob0()。注意：雅可比函数工具箱适用于坐标系{3}相对于坐标系{0}的运动，而不适用于由问题指定的坐标系{H}相对于坐标系{0}的运动。jacob0()给出了坐标系{0}中雅可比矩阵的结果；jacobn()将给出坐标系{3}中的结果。

175 ~ 176

操作臂动力学

6.1 引言

到目前为止，对操作臂的研究只着重于运动学。已研究了静态位置、静力和速度；但是，从未考虑引起运动所需的力。本章，将考虑操作臂的运动方程——由执行器作用的力矩或施加在操作臂上的外力使操作臂按照这个方程运动。

在机构动力学领域有很多的书籍著作。确实，此领域需要多年的研究。显然，我们无法涵盖此领域的各个方面。但是，某些动力学问题的方程似乎特别地适用于操作臂。特别地，使用在串联结构操作臂的方法自然是我们研究的对象。

关于操作臂的动力学存在两个问题以待解决。第一个问题，已知一个轨迹点，Θ、$\dot{\Theta}$和 $\ddot{\Theta}$，并且希望求出期望的关节力矩矢量 τ。此动力学方程对操作臂控制问题(见第 10 章)很有用。第二个问题是计算在施加一组关节力矩下机构将如何运动。也就是说，已知一个力矩矢量 τ，计算出操作臂的运动结果 Θ、$\dot{\Theta}$、$\ddot{\Theta}$。这对操作臂的仿真很有用。

177

6.2 刚体的加速度

现在分析刚体的加速度问题。一般地，对刚体的线速度和角速度进行求导分别得到线加速度和角加速度。即

$$^{B}\dot{V}_{Q}=\frac{\mathrm{d}}{\mathrm{d}t}{}^{B}V_{Q}=\lim_{\Delta t\to 0}\frac{^{B}V_{Q}(t+\Delta t)-{}^{B}V_{Q}(t)}{\Delta t} \tag{6.1}$$

和

$$^{A}\dot{\Omega}_{B}=\frac{\mathrm{d}}{\mathrm{d}t}{}^{A}\Omega_{B}=\lim_{\Delta t\to 0}\frac{^{A}\Omega_{B}(t+\Delta t)-{}^{A}\Omega_{B}(t)}{\Delta t} \tag{6.2}$$

当刚体所处的瞬时参考坐标系为世界坐标系$\{U\}$时，可用下列符号表示刚体的速度，即

$$\dot{v}_{A}={}^{U}\dot{V}_{AORG} \tag{6.3}$$

和

$$\dot{\omega}_{A}={}^{U}\dot{\Omega}_{A} \tag{6.4}$$

线加速度

由式(5.12)(这是第 5 章中的一个重要结论)，在坐标系$\{A\}$的原点与坐标系$\{B\}$的原点重合的情况下，速度矢量^{B}Q可表示为：

$$^{A}V_{Q}={}^{A}_{B}R\,{}^{B}V_{Q}+{}^{A}\Omega_{B}\times{}^{A}_{B}R\,{}^{B}Q \tag{6.5}$$

式子左边描述的是矢量^{A}Q 随着时间变化的情况。由于两个坐标系的原点重合，因此可以把式(6.5)改写成以下形式：

$$\frac{\mathrm{d}}{\mathrm{d}t}({}^{A}_{B}R\,{}^{B}Q)={}^{A}_{B}R\,{}^{B}V_{Q}+{}^{A}\Omega_{B}\times{}^{A}_{B}R\,{}^{B}Q \tag{6.6}$$

这种形式的方程在求解相应的加速度方程时很方便。

对式(6.5)求导，当坐标系$\{A\}$和$\{B\}$的原点重合时，可得到${}^BQ$的加速度在坐标系$\{A\}$中的表达式：

$$ {}^A\dot{V}_Q = \frac{\mathrm{d}}{\mathrm{d}t}({}^A_BR\,{}^BV_Q) + {}^A\dot{\Omega}_B \times {}^A_BR\,{}^BQ + {}^A\Omega_B \times \frac{\mathrm{d}}{\mathrm{d}t}({}^A_BR\,{}^BQ) \tag{6.7} $$

对上式中的第一项和最后一项应用式(6.6)，则式(6.7)右边变为：

$$ {}^A_BR\,{}^B\dot{V}_Q + {}^A\Omega_B \times {}^A_BR\,{}^BV_Q + {}^A\dot{\Omega}_B \times {}^A_BR\,{}^BQ + {}^A\Omega_B \times ({}^A_BR\,{}^BV_Q + {}^A\Omega_B \times {}^A_BR\,{}^BQ) \tag{6.8} $$

将上式中的同类项合并，整理得：

178

$$ {}^A_BR\,{}^B\dot{V}_Q + 2{}^A\Omega_B \times {}^A_BR\,{}^BV_Q + {}^A\dot{\Omega}_B \times {}^A_BR\,{}^BQ + {}^A\Omega_B \times ({}^A\Omega_B \times {}^A_BR\,{}^BQ) \tag{6.9} $$

最后，为了将结论推广到两个坐标系原点不重合的一般情况，我们附加一个表示坐标系$\{B\}$原点线加速度的项，最终得到一般表达式：

$$ {}^A\dot{V}_{BORG} + {}^A_BR\,{}^B\dot{V}_Q + 2{}^A\Omega_B \times {}^A_BR\,{}^BV_Q + {}^A\dot{\Omega}_B \times {}^A_BR\,{}^BQ + {}^A\Omega_B \times ({}^A\Omega_B \times {}^A_BR\,{}^BQ) \tag{6.10} $$

值得指出的是，当${}^BQ$是常量时，即

$$ {}^BV_Q = {}^B\dot{V}_Q = 0 \tag{6.11} $$

在这种情况下，式(6.10)简化为：

$$ {}^A\dot{V}_Q = {}^A\dot{V}_{BORG} + {}^A\Omega_B \times ({}^A\Omega_B \times {}^A_BR\,{}^BQ) + {}^A\dot{\Omega}_B \times {}^A_BR\,{}^BQ \tag{6.12} $$

上式常用于计算旋转关节操作臂的连杆的线加速度。当操作臂的连接为移动关节时，常用式(6.10)的更一般形式。

角加速度

假设坐标系$\{B\}$以角速度${}^A\Omega_B$相对于坐标系$\{A\}$转动，同时坐标系$\{C\}$以角速度${}^B\Omega_C$相对于坐标系$\{B\}$转动。为求${}^A\Omega_C$，在坐标系$\{A\}$中进行矢量相加：

$$ {}^A\Omega_C = {}^A\Omega_B + {}^A_BR\,{}^B\Omega_C \tag{6.13} $$

对上式求导，得

$$ {}^A\dot{\Omega}_C = {}^A\dot{\Omega}_B + \frac{\mathrm{d}}{\mathrm{d}t}({}^A_BR\,{}^B\Omega_C) \tag{6.14} $$

将式(6.6)代入上式右侧最后一项中，得

$$ {}^A\dot{\Omega}_C = {}^A\dot{\Omega}_B + {}^A_BR\,{}^B\dot{\Omega}_C + {}^A\Omega_B \times {}^A_BR\,{}^B\Omega_C \tag{6.15} $$

上式用于计算操作臂连杆的角加速度。

6.3 质量分布

在单自由度系统中，常常要考虑刚体的质量。对于定轴转动的情况，经常用到惯性矩这个概念。对一个可以在三维空间自由移动的刚体来说，可能存在无穷个旋转轴。在一个刚体绕任意轴做旋转运动时，我们需要一种能够表征刚体质量分布的方式。在这里，我们引入**惯性张量**，它可以看作是对一个物体惯性矩的广义度量。

现在我们定义一组参量，给出刚体质量在参考坐标系中分布的信息。图6-1表示一个

179

刚体，坐标系建立在刚体上。惯性张量可以在任何坐标系中定义，但一般在这个刚体坐标系中定义惯性张量。这里，重要的是用左上标表明已知惯性张量所在的坐标系。坐标系$\{A\}$中的惯性张量可用3×3矩阵表示如下

$$ {}^AI = \begin{bmatrix} I_{xx} & -I_{xy} & -I_{xz} \\ -I_{xy} & I_{yy} & -I_{yz} \\ -I_{xz} & -I_{yz} & I_{zz} \end{bmatrix} \tag{6.16} $$

矩阵中的各元素为

$$\begin{aligned}
I_{xx} &= \iiint_V (y^2+z^2)\rho \mathrm{d}v \\
I_{yy} &= \iiint_V (x^2+z^2)\rho \mathrm{d}v \\
I_{zz} &= \iiint_V (x^2+y^2)\rho \mathrm{d}v \\
I_{xy} &= \iiint_V xy\rho \mathrm{d}v \\
I_{xz} &= \iiint_V xz\rho \mathrm{d}v \\
I_{yz} &= \iiint_V yz\rho \mathrm{d}v
\end{aligned} \tag{6.17}$$

式中刚体由单元体 $\mathrm{d}v$ 组成，单元体的密度为 ρ。每个单元体的位置由矢量 ${}^AP=(x,\ y,\ z)^{\mathrm{T}}$ 确定，如图 6-1 所示。

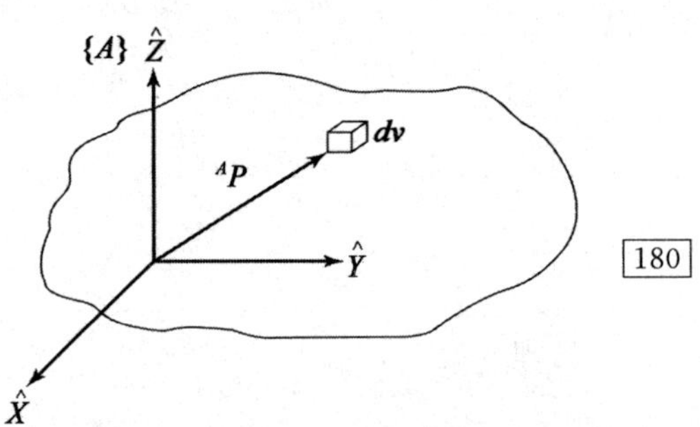

图 6-1 描述物体质量分布的惯性张量，这里 ${}^AP$ 表示单元体 $\mathrm{d}v$ 的位置矢量

I_{xx}、I_{yy} 和 I_{zz} 称为**惯性矩**。它们是单元体质量 $\rho\mathrm{d}v$ 乘以单元体到相应转轴垂直距离的平方在整个刚体上的积分。其余 3 个交叉项称为**惯量积**。对于一个刚体来说，这 6 个相互独立的参量取决于所在坐标系的位置和姿态。当任意选择坐标系的姿态时，可能会使刚体的惯量积为零。此时，坐标系的轴被称为**主轴**，而相应的惯量矩被称为**主惯性矩**。

180

例 6.1 求图 6-2 所示坐标系中长方体的惯性张量。已知长方体密度均匀，其大小为 ρ。

首先，计算惯量矩 I_{xx}。已知体积单元 $\mathrm{d}v=\mathrm{d}x\mathrm{d}y\mathrm{d}z$，故

$$\begin{aligned}
I_{xx} &= \int_0^h\int_0^l\int_0^w (y^2+z^2)\rho\mathrm{d}x\mathrm{d}y\mathrm{d}z \\
&= \int_0^h\int_0^l (y^2+z^2)w\rho\mathrm{d}y\mathrm{d}z \\
&= \int_0^h \left(\frac{l^3}{3}+z^2 l\right)w\rho\mathrm{d}z \\
&= \left(\frac{hl^3w}{3}+\frac{h^3lw}{3}\right)\rho \\
&= \frac{m}{3}(l^2+h^2)
\end{aligned} \tag{6.18}$$

式中 m 是刚体的总质量。同理可得 I_{yy} 和 I_{zz}：

$$I_{yy} = \frac{m}{3}(w^2+h^2) \tag{6.19}$$

和

$$I_{zz} = \frac{m}{3}(l^2+w^2) \tag{6.20}$$

然后计算 I_{xy}：

$$I_{xy} = \int_0^h\int_0^l\int_0^w xy\rho\mathrm{d}x\mathrm{d}y\mathrm{d}z$$

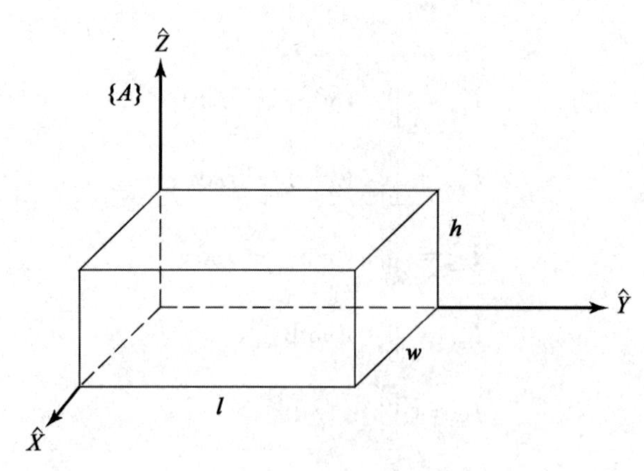

181

图 6-2 均匀密度的刚体

$$
\begin{aligned}
&= \int_0^h \int_0^l \frac{w^2}{2} y\rho \mathrm{d}y\mathrm{d}z \\
&= \int_0^h \frac{w^2 l^2}{4} \rho \mathrm{d}z \\
&= \frac{m}{4} wl
\end{aligned}
\tag{6.21}
$$

同理可得

$$I_{xz} = \frac{m}{4} hw \tag{6.22}$$

和

$$I_{yz} = \frac{m}{4} hl \tag{6.23}$$

因此，图示物体的惯性张量为

$$
{}^{A}I = \begin{bmatrix} \frac{m}{3}(l^2 + h^2) & -\frac{m}{4} wl & -\frac{m}{4} hw \\ -\frac{m}{4} wl & \frac{m}{3}(w^2 + h^2) & -\frac{m}{4} hl \\ -\frac{m}{4} hw & -\frac{m}{4} hl & \frac{m}{3}(l^2 + w^2) \end{bmatrix} \tag{6.24}
$$

可看出，惯性张量是参考坐标系位置和姿态的函数。因此，众所周知的**平行移轴**定理就是惯性张量在整个参考坐标系中平移时的计算方法。平行移轴定理描述了一个以刚体质心为原点的坐标系平移到另一个坐标系时惯性张量的变换关系。假设$\{C\}$是以刚体质心为原点的坐标系，$\{A\}$为任意平移后的坐标系，则平行移轴定理可以表示为[1]

$$
\begin{aligned}
{}^{A}I_{zz} &= {}^{C}I_{zz} + m(x_c^2 + y_c^2) \\
{}^{A}I_{xy} &= {}^{C}I_{xy} - m x_c y_c
\end{aligned}
\tag{6.25}
$$

式中矢量 $P_c = (x_c,\ y_c,\ z_c)^{\mathrm{T}}$ 表示刚体质心在坐标系$\{A\}$中的位置。其余的惯性矩和惯性积都可以通过式(6.25)交换 x、y 和 z 的顺序计算而得。平行移轴定理又可以表示成为矢量-矩阵形式

$$ {}^{A}I = {}^{C}I + m(P_c^{\mathrm{T}} P_c I_3 - P_c P_c^{\mathrm{T}}) \tag{6.26}$$

式中 I_3 是 3×3 单位矩阵。

例 6.2 求例 6.1 中所示刚体的惯性张量。已知坐标系原点在刚体的质心。 182

利用平行移轴定理(6.25)，这里

$$\begin{bmatrix} x_c \\ y_c \\ z_c \end{bmatrix} = \frac{1}{2}\begin{bmatrix} w \\ l \\ h \end{bmatrix}$$

因而得

$$^{C}I_{zz} = \frac{m}{12}(w^2 + l^2)$$

$$^{C}I_{xy} = 0 \tag{6.27}$$

其他参量可以由对称性得出。故在以质心为原点的坐标系中，所求刚体的惯性张量为

$$^{C}I = \begin{bmatrix} \frac{m}{12}(h^2 + l^2) & 0 & 0 \\ 0 & \frac{m}{12}(\omega^2 + h^2) & 0 \\ 0 & 0 & \frac{m}{12}(l^2 + \omega^2) \end{bmatrix} \tag{6.28}$$

从这个结果可以看出所得矩阵为对角矩阵，因而坐标系$\{C\}$的坐标轴为刚体的主轴。

惯性张量还有其他一些性质：

1)如果坐标系的两个坐标轴构成的平面为刚体质量分布的对称平面，则垂直于这个对称平面的坐标轴与另一个坐标轴的惯性积为零。

2)惯性矩永远是正值。惯量积可能是正值或也可能是负值。

3)无论参考坐标系姿态如何变化，三个惯量矩的和保持不变。

4)惯性张量的特征值为刚体的主惯性矩，相应的特征矢量为主轴。

大多数操作臂连杆的几何形状及结构组成都比较复杂，因而很难直接应用式(6.17)来进行求解。一般是使用测量装置(例如惯性摆)来测量每个连杆的惯性矩，而不是通过计算求得。

6.4 牛顿方程和欧拉方程

我们把组成操作臂的连杆都看作刚体。如果知道了连杆质心的位置和惯性张量，那么它的质量分布特征就完全确定了。要使连杆运动，必须对连杆进行加速和减速。连杆运动所需的力是关于连杆期望加速度及其质量分布的函数。牛顿方程以及描述旋转运动的欧拉方程描述了力、惯量和加速度之间的关系。 183

牛顿方程

图 6-3 所示的刚体质心正以加速度 $\dot{v}_C$ 作加速运动。此时，由牛顿方程可得作用在质心上的力 F 引起刚体的加速度为

$$F = m\dot{v}_C \tag{6.29}$$

式中 m 代表刚体的总质量。

欧拉方程

图 6-4 所示为一个旋转刚体，其角速度和角加速度分别为 ω、$\dot{\omega}$。此时，由欧拉方程

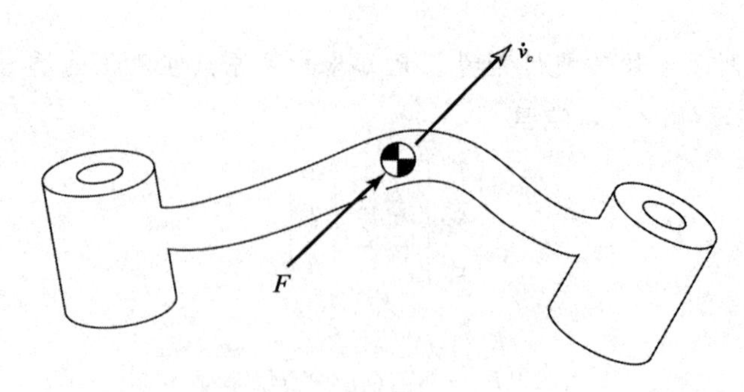

图 6-3　作用于刚体质心的力 F 引起刚体加速度 $\dot{v}_C$

可得作用在刚体上的力矩 N 引起刚体的转动为

$$N={}^{C}I\dot{\omega}+\omega\times{}^{C}I\omega \tag{6.30}$$

式中 ${}^{C}I$ 是刚体在坐标系$\{C\}$中的惯性张量。坐标系$\{C\}$的原点在刚体的质心。

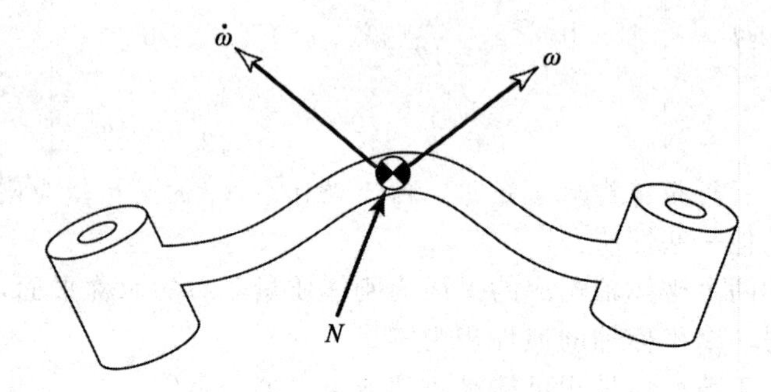

184

图 6-4　作用在刚体上的力矩 N，刚体旋转角速度 ω 和角加速度 $\dot{\omega}$

6.5　牛顿-欧拉递推动力学方程

现在讨论对应于操作臂给定运动轨迹的力矩计算问题。假设已知关节的位置、速度和加速度(Θ, $\dot{\Theta}$, $\ddot{\Theta}$)。结合机器人运动学和质量分布方面的知识，可以计算出驱动关节运动所需的力矩。这个算法是 Luh、Walker 和 Paul 在文献[2]中提出来的。

计算速度和加速度的外推法

为了计算作用在连杆上的惯性力，需要计算操作臂每个连杆质心在某一时刻的角速度、线加速度和角加速度。可应用递推方法完成这些计算。首先对连杆 1 进行计算，接着计算下一个连杆，这样一直外推到连杆 n。

在第 5 章中已经讨论了角速度在连杆之间的“传播”问题，且有(对于第 $i+1$ 个关节的转动)

$$^{i+1}\omega_{i+1}={}^{i+1}_{i}R\,{}^{i}\omega_{i}+\dot{\theta}_{i+1}\,{}^{i+1}\hat{Z}_{i+1} \tag{6.31}$$

由式(6.15)可以得到连杆之间角加速度变换的方程：

$$^{i+1}\dot{\omega}_{i+1}={}^{i+1}_{i}R\,{}^{i}\dot{\omega}_{i}+{}^{i+1}_{i}R\,{}^{i}\omega_{i}\times\dot{\theta}_{i+1}\,{}^{i+1}\hat{Z}_{i+1}+\ddot{\theta}_{i+1}\,{}^{i+1}\hat{Z}_{i+1} \tag{6.32}$$

当第 $i+1$ 个关节是移动关节时，上式可简化为

$$^{i+1}\dot{\omega}_{i+1}={}^{i+1}_{i}R\,{}^{i}\dot{\omega}_{i} \tag{6.33}$$

应用式(6.12)可以得到每个连杆坐标系原点的线加速度：

$$^{i+1}\dot{v}_{i+1}={}^{i+1}_{i}R[{}^{i}\dot{\omega}_{i}\times{}^{i}P_{i+1}+{}^{i}\omega_{i}\times({}^{i}\omega_{i}\times{}^{i}P_{i+1})+{}^{i}\dot{v}_{i}] \tag{6.34}$$

当第 $i+1$ 个关节是移动关节时，上式可简化为(式(6.10))

$$\begin{aligned}^{i+1}\dot{v}_{i+1}=&{}^{i+1}_{i}R[{}^{i}\dot{\omega}_{i}\times{}^{i}P_{i+1}+{}^{i}\omega_{i}\times({}^{i}\omega_{i}\times{}^{i}P_{i+1})+{}^{i}\dot{v}_{i}]\\&+2^{i+1}\omega_{i+1}\times\dot{d}_{i+1}{}^{i+1}\hat{Z}_{i+1}+\ddot{d}_{i+1}{}^{i+1}\hat{Z}_{i+1}\end{aligned} \tag{6.35}$$

同理，应用式(6.12)可以得到每个连杆质心的线加速度：

$$^{i}\dot{v}_{C_i}={}^{i}\dot{\omega}_{i}\times{}^{i}P_{C_i}+{}^{i}\omega_{i}\times({}^{i}\omega_{i}\times{}^{i}P_{C_i})+{}^{i}\dot{v}_{i} \tag{6.36}$$

假定坐标系$\{C_i\}$附加于连杆 i 上，坐标系原点位于连杆质心，且各坐标轴方向与原连杆坐标系$\{i\}$方向相同。由于式(6.36)与关节的运动无关，因此无论是旋转关节还是移动关节，式(6.36)对于第 $i+1$ 个连杆来说也是有效的。

注意，第 1 个连杆的方程非常简单，因为$^{0}\omega_{0}={}^{0}\dot{\omega}_{0}=0$。 185

作用在连杆上的力和力矩

计算出每个连杆质心的线加速度和角加速度之后，运用牛顿-欧拉公式(见 6.4 节)便可以计算出作用在连杆质心上的惯性力和力矩。即

$$\begin{aligned}F_i&=m\dot{v}_{C_i}\\N_i&={}^{C_i}I\dot{\omega}_i+\omega_i\times{}^{C_i}I\omega_i\end{aligned} \tag{6.37}$$

式中坐标系$\{C_i\}$的原点位于连杆质心，各坐标轴方向与原连杆坐标系$\{i\}$方向相同。

计算力和力矩的内推法

计算出每个连杆上的作用力和力矩之后，需要计算这些产生施加在连杆上的力和力矩所对应的关节力矩。

根据典型连杆在无重力状态下的受力图(见图 6-5)列出力平衡方程和力矩平衡方程。每个连杆都受到相邻连杆的作用力和力矩以及附加的惯性力和力矩。在第 5 章中已经定义了一些专用符号用来表示相邻连杆的作用力和力矩，在这里重新写出：

f_i＝连杆 $i-1$ 作用在连杆 i 上的力；

n_i＝连杆 $i-1$ 作用在连杆 i 上的力矩。

将所有作用在连杆 i 上的力相加，得到力平衡方程：

$$^{i}F_{i}={}^{i}f_{i}-{}^{i}_{i+1}R^{i+1}f_{i+1} \tag{6.38}$$

186

将所有作用在质心上的力矩相加，并且令它们的和为零，得到力矩平衡方程：

$$^{i}N_{i}={}^{i}n_{i}-{}^{i}n_{i+1}+(-{}^{i}P_{C_i})\times{}^{i}f_{i}-({}^{i}P_{i+1}-{}^{i}P_{C_i})\times{}^{i}f_{i+1} \tag{6.39}$$

利用力平衡方程(式 6.38)的结果以及附加旋转矩阵的办法，式(6.39)可写成

$$^{i}N_{i}={}^{i}n_{i}-{}^{i}_{i+1}R^{i+1}n_{i+1}-{}^{i}P_{C_i}\times{}^{i}F_{i}-{}^{i}P_{i+1}\times{}^{i}_{i+1}R^{i+1}f_{i+1} \tag{6.40}$$

最后，重新排列力和力矩方程，形成相邻连杆从高序号向低序号排列的迭代关系：

$$^{i}f_{i}={}^{i}_{i+1}R^{i+1}f_{i+1}+{}^{i}F_{i} \tag{6.41}$$

$$^{i}n_{i}={}^{i}N_{i}+{}^{i}_{i+1}R^{i+1}n_{i+1}+{}^{i}P_{C_i}\times{}^{i}F_{i}+{}^{i}P_{i+1}\times{}^{i}_{i+1}R^{i+1}f_{i+1} \tag{6.42}$$

应用这些方程对连杆依次求解，从连杆 n 开始向内递推一直到机器人基座。这些向内递推求力的方法与第 5 章中介绍的静力学递推方法相似，只是惯性力和力矩现在是作用在每个连杆上的。

在静力学中，可通过计算一个连杆施加于相邻连杆的力矩在 $\hat{Z}$ 方向的分量求得关节力矩：

$$\tau_i = {}^i n_i^{\mathrm{T}\,i}\hat{Z}_i \tag{6.43}$$

对于移动关节 i，有

$$\tau_i = {}^i f_i^{\mathrm{T}\,i}\hat{Z}_i \tag{6.44}$$

式中符号 τ 表示线性驱动力。

注意，对一个在自由空间中运动的机器人来说，${}^{N+1}f_{N+1}$ 和 ${}^{N+1}n_{N+1}$ 等于零，因此应用这些方程首先计算连杆 n 时就很简单。如果机器人与环境接触，${}^{N+1}f_{N+1}$ 和 ${}^{N+1}n_{N+1}$ 不为零，力平衡方程中包含了接触力和力矩。

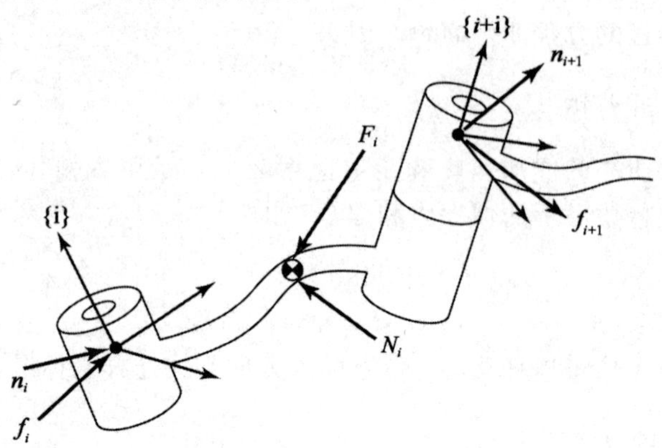

图 6-5 对于单个操作臂连杆的力平衡，包括惯性力

牛顿-欧拉递推动力学算法

由关节运动计算关节力矩的完整算法由两部分组成。第一部分是对每个连杆应用牛顿-欧拉方程，从连杆 1 到连杆 n 向外递推计算连杆的速度和加速度的。第二部分是从连杆 n 到连杆 1 迭代计算连杆间的相互作用力和力矩以及关节驱动力矩。对于转动关节来说，这个算法归纳如下：

外推：i ∶ 0→5

187

$${}^{i+1}\omega_{i+1} = {}^{i+1}_{\ \ i}R\,{}^i\omega_i + \dot{\theta}_{i+1}\,{}^{i+1}\hat{Z}_{i+1} \tag{6.45}$$

$${}^{i+1}\dot{\omega}_{i+1} = {}^{i+1}_{\ \ i}R\,{}^i\dot{\omega}_i + {}^{i+1}_{\ \ i}R\,{}^i\omega_i \times \dot{\theta}_{i+1}\,{}^{i+1}\hat{Z}_{i+1} + \ddot{\theta}_{i+1}\,{}^{i+1}\hat{Z}_{i+1} \tag{6.46}$$

$${}^{i+1}\dot{v}_{i+1} = {}^{i+1}_{\ \ i}R\left({}^i\dot{\omega}_i \times {}^iP_{i+1} + {}^i\omega_i \times \left({}^i\omega_i \times {}^iP_{i+1}\right) + {}^i\dot{v}_i\right) \tag{6.47}$$

$$\begin{aligned}{}^{i+1}\dot{v}_{C_{i+1}} = {}& {}^{i+1}\dot{\omega}_{i+1} \times {}^{i+1}P_{C_{i+1}} \\ & + {}^{i+1}\omega_{i+1} \times \left({}^{i+1}\omega_{i+1} \times {}^{i+1}P_{C_{i+1}}\right) + {}^{i+1}\dot{v}_{i+1}\end{aligned} \tag{6.48}$$

$${}^{i+1}F_{i+1} = m_{i+1}\,{}^{i+1}\dot{v}_{C_{i+1}} \tag{6.49}$$

$${}^{i+1}N_{i+1} = {}^{C_{i+1}}I_{i+1}\,{}^{i+1}\dot{\omega}_{i+1} + {}^{i+1}\omega_{i+1} \times {}^{C_{i+1}}I_{i+1}\,{}^{i+1}\omega_{i+1} \tag{6.50}$$

内推：i ∶ 6→1

$${}^i f_i = {}_{i+1}^{\ \ i}R\,{}^{i+1}f_{i+1} + {}^iF_i \tag{6.51}$$

$${}^i n_i = {}^iN_i + {}_{i+1}^{\ \ i}R\,{}^{i+1}n_{i+1} + {}^iP_{C_i} \times {}^iF_i + {}^iP_{i+1} \times {}_{i+1}^{\ \ i}R\,{}^{i+1}f_{i+1} \tag{6.52}$$

$$\tau_i = {}^i n_i^{\mathrm{T}}\, {}^i\hat{Z}_i \tag{6.53}$$

考虑重力的动力学算法

令${}^0\dot{v}_0=G$就可以将作用在连杆上的重力因素包括到动力学方程中去，其中G与重力矢量大小相等，而方向相反。这等价于机器人正以1g的加速度在做向上加速运动。这个假想的向上加速度与重力作用在连杆上的效果是相同的。因而，不需要其他额外的计算开销，就可以计算重力的影响。

6.6 迭代形式与封闭形式

已知关节位置、速度和加速度，应用方程(6.46)～方程(6.53)就可以计算所需的关节力矩。如同在第5章中计算雅可比矩阵一样，方程(6.46)～方程(6.53)主要应用于两个方面：进行数值计算或作为一种分析方法用于符号方程的推导。

将这些方程用于数值计算是很有用的，因为这些方程适用于任何机器人。只要将待求操作臂的惯性张量、连杆质量、矢量P_{C_i}以及矩阵${}^{i+1}_{\ i}R$代入这些方程中，就可以直接计算出任何运动情况下的关节力矩。

然而，我们经常需要对方程的结构进行研究。例如，重力项的形式是什么？重力影响与惯性力影响相比较哪一个影响较大？为了研究诸如此类的问题，经常需要给出封闭形式的动力学方程。应用牛顿-欧拉方程递推算法对Θ、$\dot{\Theta}$和$\ddot{\Theta}$进行符号推导即可得到这些方程。这与第5章中推导符号形式的雅可比矩阵相似。 188

6.7 封闭形式的动力学方程应用举例

这里我们计算图6-6所示平面二连杆操作臂的封闭形式的动力学方程。为简单起见，假设操作臂的质量分布非常简单：每个连杆的质量都集中在连杆的末端，设其质量分别为m_1和m_2。

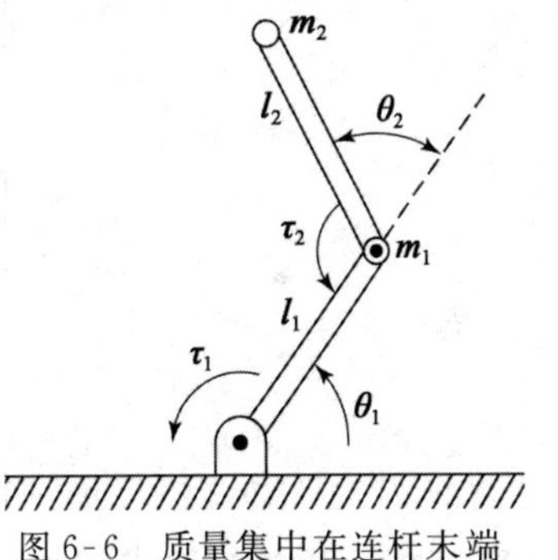

图6-6 质量集中在连杆末端的二连杆平面操作臂

首先，确定牛顿-欧拉递推公式中的各参量的值。每个连杆质心的位置矢量

$$
\begin{aligned}
{}^1P_{C_1} &= l_1\hat{X}_1 \\
{}^2P_{C_2} &= l_2\hat{X}_2
\end{aligned}
$$

由于假设为集中质量，因此每个连杆质心的惯性张量为零矩阵：

$$
\begin{aligned}
{}^{C_1}I_1 &= 0 \\
{}^{C_2}I_2 &= 0
\end{aligned}
$$

末端执行器上没有作用力，因而有

$$
\begin{aligned}
f_3 &= 0 \\
n_3 &= 0
\end{aligned}
$$

机器人基座不旋转，因此有

$$
\begin{aligned}
\omega_0 &= 0 \\
\dot{\omega}_0 &= 0
\end{aligned}
$$

189

包括重力因素，有

$${}^0\dot{v}_0 = g\hat{Y}_0$$

相邻连杆坐标系之间的相对转动由下式给出：

$$
{}^{i}_{i+1}R = \begin{bmatrix} c_{i+1} & -s_{i+1} & 0.0 \\ s_{i+1} & c_{i+1} & 0.0 \\ 0.0 & 0.0 & 1.0 \end{bmatrix}
$$

$$
{}^{i+1}_{i}R = \begin{bmatrix} c_{i+1} & s_{i+1} & 0.0 \\ -s_{i+1} & c_{i+1} & 0.0 \\ 0.0 & 0.0 & 1.0 \end{bmatrix}
$$

应用方程(6.46)～方程(6.53)。

对连杆 1 用外推法求解如下：

$$
{}^{1}\omega_1 = \dot{\theta}_1 \, {}^{1}\hat{Z}_1 = \begin{bmatrix} 0 \\ 0 \\ \dot{\theta}_1 \end{bmatrix}
$$

$$
{}^{1}\dot{\omega}_1 = \ddot{\theta}_1 \, {}^{1}\hat{Z}_1 = \begin{bmatrix} 0 \\ 0 \\ \ddot{\theta}_1 \end{bmatrix}
$$

$$
{}^{1}\dot{v}_1 = \begin{bmatrix} c_1 & s_1 & 0 \\ -s_1 & c_1 & 0 \\ 0 & 0 & 1 \end{bmatrix} \begin{bmatrix} 0 \\ g \\ 0 \end{bmatrix} = \begin{bmatrix} gs_1 \\ gc_1 \\ 0 \end{bmatrix}
$$

$$
{}^{1}\dot{v}_{C_1} = \begin{bmatrix} 0 \\ l_1 \ddot{\theta}_1 \\ 0 \end{bmatrix} + \begin{bmatrix} -l_1 \dot{\theta}_1^2 \\ 0 \\ 0 \end{bmatrix} + \begin{bmatrix} gs_1 \\ gc_1 \\ 0 \end{bmatrix} = \begin{bmatrix} -l_1 \dot{\theta}_1^2 + gs_1 \\ l_1 \ddot{\theta}_1 + gc_1 \\ 0 \end{bmatrix}
$$

$$
{}^{1}F_1 = \begin{bmatrix} -m_1 l_1 \dot{\theta}_1^2 + m_1 g s_1 \\ m_1 l_1 \ddot{\theta}_1 + m_1 g c_1 \\ 0 \end{bmatrix}
$$

$$
{}^{1}N_1 = \begin{bmatrix} 0 \\ 0 \\ 0 \end{bmatrix} \tag{6.54}
$$

对连杆 2 用外推法求解如下：

$$
{}^{2}\omega_2 = \begin{bmatrix} 0 \\ 0 \\ \dot{\theta}_1 + \dot{\theta}_2 \end{bmatrix}
$$

$$
{}^{2}\dot{\omega}_2 = \begin{bmatrix} 0 \\ 0 \\ \ddot{\theta}_1 + \ddot{\theta}_2 \end{bmatrix}
$$

$$
{}^{2}\dot{v}_2 = \begin{bmatrix} c_2 & s_2 & 0 \\ -s_2 & c_2 & 0 \\ 0 & 0 & 1 \end{bmatrix} \begin{bmatrix} -l_1 \dot{\theta}_1^2 + gs_1 \\ l_1 \ddot{\theta}_1 + gc_1 \\ 0 \end{bmatrix} = \begin{bmatrix} l_1 \ddot{\theta}_1 s_2 - l_1 \dot{\theta}_1^2 c_2 + gs_{12} \\ l_1 \ddot{\theta}_1 c_2 + l_1 \dot{\theta}_1^2 s_2 + gc_{12} \\ 0 \end{bmatrix}
$$

$$
{}^{2}\dot{v}_{C_2}=\begin{bmatrix}0\\ l_2(\ddot{\theta}_1+\ddot{\theta}_2)\\ 0\end{bmatrix}+\begin{bmatrix}-l_2(\dot{\theta}_1+\dot{\theta}_2)^2\\ 0\\ 0\end{bmatrix}+\begin{bmatrix}l_1\ddot{\theta}_1 s_2-l_1\dot{\theta}_1^2 c_2+gs_{12}\\ l_1\ddot{\theta}_1 c_2+l_1\dot{\theta}_1^2 s_2+gc_{12}\\ 0\end{bmatrix} \tag{6.55}
$$

$$
{}^{2}F_2=\begin{bmatrix}m_2l_1\ddot{\theta}_1 s_2-m_2l_1\dot{\theta}_1^2 c_2+m_2gs_{12}-m_2l_2(\dot{\theta}_1+\dot{\theta}_2)^2\\ m_2l_1\ddot{\theta}_1 c_2+m_2l_1\dot{\theta}_1^2 s_2+m_2gc_{12}+m_2l_2(\ddot{\theta}_1+\ddot{\theta}_2)\\ 0\end{bmatrix}
$$

$$
{}^{2}N_2=\begin{bmatrix}0\\ 0\\ 0\end{bmatrix}
$$

对连杆 2 用内推法求解如下：

$$
{}^{2}f_2={}^{2}F_2
$$

$$
{}^{2}n_2=\begin{bmatrix}0\\ 0\\ m_2l_1l_2c_2\ddot{\theta}_1+m_2l_1l_2s_2\dot{\theta}_1^2+m_2l_2gc_{12}+m_2l_2^2(\ddot{\theta}_1+\ddot{\theta}_2)\end{bmatrix} \tag{6.56}
$$

对连杆 1 用内推法求解如下：

$$
{}^{1}f_1=\begin{bmatrix}c_2 & -s_2 & 0\\ s_2 & c_2 & 0\\ 0 & 0 & 1\end{bmatrix}\begin{bmatrix}m_2l_1s_2\ddot{\theta}_1-m_2l_1c_2\dot{\theta}_1^2+m_2gs_{12}-m_2l_2(\dot{\theta}_1+\dot{\theta}_2)^2\\ m_2l_1c_2\ddot{\theta}_1+m_2l_1s_2\dot{\theta}_1^2+m_2gc_{12}+m_2l_2(\ddot{\theta}_1+\ddot{\theta}_2)\\ 0\end{bmatrix}
+\begin{bmatrix}-m_1l_1\dot{\theta}_1^2+m_1gs_1\\ m_1l_1\ddot{\theta}_1+m_1gc_1\\ 0\end{bmatrix}
$$

$$
{}^{1}n_1=\begin{bmatrix}0\\ 0\\ m_2l_1l_2c_2\ddot{\theta}_1+m_2l_1l_2s_2\dot{\theta}_1^2+m_2l_2gc_{12}+m_2l_2^2(\ddot{\theta}_1+\ddot{\theta}_2)\end{bmatrix}
+\begin{bmatrix}0\\ 0\\ m_1l_1^2\ddot{\theta}_1+m_1l_1gc_1\end{bmatrix}+\begin{bmatrix}0\\ 0\\ m_2l_1^2\ddot{\theta}_1-m_2l_1l_2s_2(\dot{\theta}_1+\dot{\theta}_2)^2+m_2l_1gs_2s_{12}\\ +m_2l_1l_2c_2(\ddot{\theta}_1+\ddot{\theta}_2)+m_2l_1gc_2c_{12}\end{bmatrix} \tag{6.57}
$$

191

取 ${}^{i}n_i$ 中的 $\hat{Z}$ 方向分量，得关节力矩：

$$
\begin{aligned}
\tau_1=&m_2l_2^2(\ddot{\theta}_1+\ddot{\theta}_2)+m_2l_1l_2c_2(2\ddot{\theta}_1+\ddot{\theta}_2)+(m_1+m_2)l_1^2\ddot{\theta}_1-m_2l_1l_2s_2\dot{\theta}_2^2\\
&-2m_2l_1l_2s_2\dot{\theta}_1\dot{\theta}_2+m_2l_2gc_{12}+(m_1+m_2)l_1gc_1\\
\tau_2=&m_2l_1l_2c_2\ddot{\theta}_1+m_2l_1l_2s_2\dot{\theta}_1^2+m_2l_2gc_{12}+m_2l_2^2(\ddot{\theta}_1+\ddot{\theta}_2)
\end{aligned} \tag{6.58}
$$

式(6.58)将驱动力矩表示为关于关节位置、速度和加速度的函数。注意，如此复杂的函数表达式描述的竟是一个最简单的操作臂。可见，一个封闭形式的 6 自由度操作臂的动力学方程将是相当复杂的。

6.8 操作臂动力学方程的结构

通过忽略一个方程中的某些细节而仅显示方程的某些结构，可以很方便地表示操作臂的动力学方程。

状态空间方程

当牛顿-欧拉方程对操作臂进行分析时，动力学方程可以写成如下形式

$$\tau = M(\Theta)\ddot{\Theta} + V(\Theta,\dot{\Theta}) + G(\Theta) \tag{6.59}$$

式中 $M(\Theta)$ 为操作臂的 $n\times n$ **质量矩阵**，$V(\Theta,\ \dot{\Theta})$ 是 $n\times 1$ 的离心力和哥氏力矢量，$G(\Theta)$ 是 $n\times 1$ 重力矢量。上式称为**状态空间方程**，这是因为式(6.59)中的矢量 $V(\Theta,\ \dot{\Theta})$ 取决于位置和速度[3]。

$M(\Theta)$ 和 $G(\Theta)$ 中的元素都是关于操作臂所有关节的位置 Θ 的复杂函数。而 $V(\Theta,\ \dot{\Theta})$ 中的元素都是关于 Θ 和 $\dot{\Theta}$ 的复杂函数。

可以将操作臂动力学方程中不同类型的项划分为质量矩阵、离心力和哥氏力矢量以及重力矢量。

例 6.3 求 6.7 节中操作臂的 $M(\Theta)$，$V(\Theta,\ \dot{\Theta})$ 和 $G(\Theta)$。

式(6.59)定义了操作臂的质量矩阵 $M(\Theta)$，组成 $M(\Theta)$ 的所有各项均为 Θ 的函数并与 $\ddot{\Theta}$ 相乘。因此有

$$M(\Theta) = \begin{bmatrix} l_2^2 m_2 + 2l_1 l_2 m_2 c_2 + l_1^2(m_1 + m_2) & l_2^2 m_2 + l_1 l_2 m_2 c_2 \\ l_2^2 m_2 + l_1 l_2 m_2 c_2 & l_2^2 m_2 \end{bmatrix} \tag{6.60}$$

操作臂的质量矩阵都是对称和正定的，因而都是可逆的。

速度项 $V(\Theta,\ \dot{\Theta})$ 包含了所有与关节速度有关的项，即

192

$$V(\Theta,\dot{\Theta}) = \begin{bmatrix} -m_2 l_1 l_2 s_2\,\dot{\theta}_2^2 - 2m_2 l_1 l_2 s_2\,\dot{\theta}_1\,\dot{\theta}_2 \\ m_2 l_1 l_2 s_2\,\dot{\theta}_1^2 \end{bmatrix} \tag{6.61}$$

$-m_2 l_1 l_2 s_2\,\dot{\theta}_2^2$ 是与**离心力**有关的项，因为它是关节速度的平方。$-2m_2 l_1 l_2 s_2\,\dot{\theta}_1\dot{\theta}_2$ 是与**哥氏力**有关的项，因为它总是包含两个不同关节速度的乘积。

重力项 $G(\Theta)$ 包含了所有与重力加速度 g 有关的项，因而有

$$G(\Theta) = \begin{bmatrix} m_2 l_2 g c_{12} + (m_1 + m_2) l_1 g c_1 \\ m_2 l_2 g c_{12} \end{bmatrix} \tag{6.62}$$

注意，重力项只与 Θ 有关，而与它的导数无关。

位形空间方程

将动力学方程中的速度项 $V(\Theta,\ \dot{\Theta})$ 写成另外一种形式如下

$$\tau = M(\Theta)\ddot{\Theta} + B(\Theta)(\dot{\Theta}\dot{\Theta}) + C(\Theta)(\dot{\Theta}^2) + G(\Theta) \tag{6.63}$$

式中 $B(\Theta)$ 是 $n\times n(n-1)/2$ 阶的哥氏力系数矩阵，$(\dot{\Theta}\dot{\Theta})$ 是 $n(n-1)/2\times 1$ 阶的关节速度积矢量，即

$$(\dot{\Theta}\dot{\Theta}) = (\dot{\theta}_1\,\dot{\theta}_2\,\dot{\theta}_1\,\dot{\theta}_3 \cdots \dot{\theta}_{n-1}\,\dot{\theta}_n)^{\mathrm{T}} \tag{6.64}$$

$C(\Theta)$是 $n\times n$ 阶离心力系数矩阵，而$(\dot{\Theta}^2)$是 $n\times 1$ 阶矢量，即

$$(\dot{\theta}_1^2\dot{\theta}_2^2\cdots\dot{\theta}_n^2)^{\mathrm{T}} \tag{6.65}$$

式(6.63)称为**位形空间方程**，因为它的系数矩阵仅是操作臂位置的函数[3]。

在这种形式的动力学方程中，计算的复杂性反映在对各种参数的计算方式上，而这些参数仅是操作臂位置 Θ 的函数。在应用中(例如在计算机控制操作臂时)，重要的是要求动力学方程必须随着操作臂的运动不断更新。(式(6.63)表明了哪些参数仅是关节位置的函数，并且能够随着操作臂位形的变化及时更新。)在第 10 章中将讨论与操作臂控制有关的计算方法问题。

例 6.4 求 6.7 节中操作臂的 $B(\Theta)$和 $C(\Theta)$(见式(6.63))。

对于图示的简单二连杆操作臂，有

$$(\dot{\Theta}\dot{\Theta})=(\dot{\theta}_1\dot{\theta}_2)$$

$$(\dot{\Theta}^2)=\begin{bmatrix}\dot{\theta}_1^2\\ \dot{\theta}_2^2\end{bmatrix} \tag{6.66}$$

193

因此有

$$B(\Theta)=\begin{bmatrix}-2m_2l_1l_2s_2\\ 0\end{bmatrix} \tag{6.67}$$

和

$$C(\Theta)=\begin{bmatrix}0 & -m_2l_1l_2s_2\\ m_2l_1l_2s_2 & 0\end{bmatrix} \tag{6.68}$$

6.9 操作臂动力学的拉格朗日方程

牛顿-欧拉方法是基于基本动力学公式(6.29)和公式(6.30)以及作用在连杆之间约束力和力矩分析之上的。替代牛顿-欧拉方法的另一种方法是本节我们将要简要介绍的**拉格朗日动力学方程**。牛顿-欧拉公式可以被认为是一种解决动力学问题的力平衡方法，而拉格朗日公式则是一种基于能量的动力学方法。当然，对于同一个操作臂来说，两种方法得到的运动方程是相同的。我们这里讨论的拉格朗日动力学是比较简单的，有时特指一系列刚性连杆串联的操作臂的情况。更全面的介绍，可参见文献[4]。

首先讨论操作臂动能的表达式。第 i 个连杆的动能 k_i 可以表示为

$$k_i=\frac{1}{2}m_iv_{C_i}^{\mathrm{T}}v_{C_i}+\frac{1}{2}{}^{i}\omega_i^{\mathrm{T}C_i}I_i{}^{i}\omega_i \tag{6.69}$$

式中第一项是基于连杆质心线速度的动能，第二项是连杆的角速度动能。整个操作臂的动能是各个连杆动能之和，即

$$k=\sum_{i=1}^{n}k_i \tag{6.70}$$

式(6.69)中的 v_{C_i} 和${}^{i}\omega_i$ 是Θ 和$\dot{\Theta}$ 的函数。由此我们可知操作臂的动能 $k(\Theta,\dot{\Theta})$可以描述为关节位置和速度的标量函数。事实上，操作臂的动能可以写成

$$k(\Theta,\dot{\Theta})=\frac{1}{2}\dot{\Theta}^{T}M(\Theta)\dot{\Theta} \tag{6.71}$$

这里 $M(\Theta)$是在 6.8 节介绍过的 $n\times n$ 操作臂质量矩阵。我们知道式(6.71)的表达是一种**二次型**[5]，也就是说，将这个矩阵展开后，方程全部是由 $\dot{\theta}_i$ 的二次项组成的。而且，由于

总动能永远是正的，因此操作臂质量矩阵一定是**正定**矩阵。正定矩阵的二次型永远是正值。式(6.71)类似于我们熟悉的质点动能表达式

194

$$k=\frac{1}{2}mv^2 \tag{6.72}$$

实际上操作臂的质量矩阵一定是正定的，这类似于质量总是正数这一事实。

第 i 个连杆的势能 u_i 可以表示为

$$u_i=-m_i\,{}^0g^{\mathrm{T}0}P_{C_i}+u_{\mathrm{ref}_i} \tag{6.73}$$

这里 ${}^0g$ 是 3×1 的重力矢量，${}^0P_{C_i}$ 是位于第 i 个连杆质心的矢量，u_{ref_i} 是使 u_i 的最小值为零的常数㊀。操作臂的总势能为各个连杆势能之和，即

$$u=\sum_{i=1}^{n}u_i \tag{6.74}$$

因为式(6.73)中的 ${}^0P_{C_i}$ 是 Θ 的函数，由此可以看出操作臂的势能 $u(\Theta)$ 可以描述为关节位置的标量函数。

拉格朗日动力学公式给出了一种从标量函数推导动力学方程的方法，我们称这个标量函数为**拉格朗日函数**，即一个机械系统的动能和势能的差值。这里，操作臂的拉格朗日函数可表示为

$$\mathcal{L}(\Theta,\dot{\Theta})=k(\Theta,\dot{\Theta})-u(\Theta) \tag{6.75}$$

则操作臂的运动方程为

$$\frac{\mathrm{d}}{\mathrm{d}t}\frac{\partial\mathcal{L}}{\partial\dot{\Theta}}-\frac{\partial\mathcal{L}}{\partial\Theta}=\tau \tag{6.76}$$

这里 τ 是 $n\times1$ 的激励力矩矢量。对于操作臂来说，方程变为

$$\frac{\mathrm{d}}{\mathrm{d}t}\frac{\partial k}{\partial\dot{\Theta}}-\frac{\partial k}{\partial\Theta}+\frac{\partial u}{\partial\Theta}=\tau \tag{6.77}$$

为简化起见，这里省略了 $k(\cdot)$ 和 $u(\cdot)$ 中的自变量。

例 6.5 在图 6-7 中，RP 操作臂连杆的惯性张量为

195

$$
{}^{C_1}I_1=\begin{bmatrix}I_{xx1}&0&0\\0&I_{yy1}&0\\0&0&I_{zz1}\end{bmatrix}
$$
$$
{}^{C_2}I_2=\begin{bmatrix}I_{xx2}&0&0\\0&I_{yy2}&0\\0&0&I_{zz2}\end{bmatrix} \tag{6.78}
$$

总质量为 m_1 和 m_2。从图 6-7 中可知，连杆 1 的质心与关节 1 的轴相距 l_1，连杆 2 的质心与关节 1 的轴的距离为变量 d_2。用拉格朗日动力学方法求此操作臂的动力学方程。

由式(6.69)，我们可写出连杆 1 的动能为

$$k_1=\frac{1}{2}m_1l_1^2\dot{\theta}_1^2+\frac{1}{2}I_{zz1}\dot{\theta}_1^2 \tag{6.79}$$

连杆 2 的动能为

㊀ 实际上，动力学方程中仅出现势能对于 Θ 的偏导数，因此这个常数是任意的，这相当于势能可以相对于任意一个参考零点来定义。

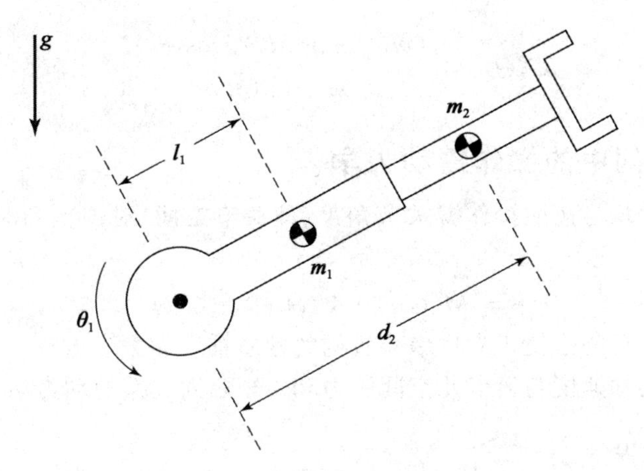

图 6-7 例 6.5 中的 RP 操作臂

$$k_2 = \frac{1}{2}m_2(d_2^2\dot{\theta}_1^2 + \dot{d}_2^2) + \frac{1}{2}I_{yy2}\dot{\theta}_1^2 \tag{6.80}$$

因此，总动能为

$$k(\Theta,\dot{\Theta}) = \frac{1}{2}(m_1 l_1^2 + I_{zz1} + I_{yy2} + m_2 d_2^2)\dot{\theta}_1^2 + \frac{1}{2}m_2\dot{d}_2^2 \tag{6.81}$$

由式(6.73)，可写出连杆 1 的势能

$$u_1 = m_1 l_1 g\sin(\theta_1) + m_1 l_1 g \tag{6.82}$$

连杆 2 的势能

$$u_2 = m_2 g d_2\sin(\theta_1) + m_2 g d_{2\max} \tag{6.83}$$

在这里 $d_{2\max}$是关节 2 的最大运动范围。因此，总势能为

$$u(\Theta) = g(m_1 l_1 + m_2 d_2)\sin(\theta_1) + m_1 l_1 g + m_2 g d_{2\max} \tag{6.84}$$

196

其次，求式(6.77)中的偏导数

$$\frac{\partial k}{\partial\dot{\Theta}} = \begin{bmatrix}(m_1 l_1^2 + I_{zz1} + I_{yy2} + m_2 d_2^2)\dot{\theta}_1 \\ m_2 d_2\end{bmatrix} \tag{6.85}$$

$$\frac{\partial k}{\partial\Theta} = \begin{bmatrix}0 \\ m_2 d_2\dot{\theta}_1^2\end{bmatrix} \tag{6.86}$$

$$\frac{\partial u}{\partial\Theta} = \begin{bmatrix}g(m_1 l_1 + m_2 d_2)\cos(\theta_1) \\ g m_2\sin(\theta_1)\end{bmatrix} \tag{6.87}$$

最后，代入式(6.77)中，得

$$\begin{aligned}\tau_1 &= (m_1 l_1^2 + I_{zz1} + I_{yy2} + m_2 d_2^2)\ddot{\theta}_1 + 2m_2 d_2\dot{\theta}_1\dot{d}_2 + (m_1 l_1 + m_2 d_2)g\cos(\theta_1) \\ \tau_2 &= m_2\ddot{d}_2 - m_2 d_2\dot{\theta}_1^2 + m_2 g\sin(\theta_1)\end{aligned} \tag{6.88}$$

由式(6.88)可看出

$$M(\Theta) = \begin{bmatrix}(m_1 l_1^2 + I_{zz1} + I_{yy2} + m_2 d_2^2) & 0 \\ 0 & m_2\end{bmatrix}$$

$$V(\Theta,\dot{\Theta}) = \begin{bmatrix}2m_2 d_2\dot{\theta}_1\dot{d}_2 \\ -m_2 d_2\dot{\theta}_1^2\end{bmatrix} \tag{6.89}$$

$$G(\Theta)=\begin{bmatrix}(m_1 l_1+m_2 d_2)g\cos(\theta_1)\\ m_2 g\sin(\theta_1)\end{bmatrix}$$

6.10 笛卡儿空间中的操作臂动力学

上述动力学方程均是按照操作臂关节角度(即**关节空间**)对位置和时间的导数建立的，其一般形式为

$$\tau=M(\Theta)\ddot{\Theta}+V(\Theta,\dot{\Theta})+G(\Theta) \tag{6.90}$$

建立关节空间方程的目的是便于应用串联机构的性质推导动力学方程。本节将讨论笛卡儿空间中末端执行器的加速度与笛卡儿空间中力和力矩之间关系的动力学方程。

笛卡儿状态空间方程

在第 10 章和第 11 章将会看到，有时希望应用笛卡儿变量的一般形式[6]建立操作臂的动力学方程。

197

$$\mathcal{F}=M_x(\Theta)\ddot{\chi}+V_x(\Theta,\dot{\Theta})+G_x(\Theta) \tag{6.91}$$

这里$\mathcal{F}$是作用于机器人末端执行器上的力-力矩矢量，χ是一个能够恰当表达末端执行器位置和姿态的笛卡儿矢量[7]。与关节空间相对应，$M_x(\Theta)$是**笛卡儿质量矩阵**，$V_x(\Theta,\dot{\Theta})$是笛卡儿空间中的速度项矢量，$G_x(\Theta)$是笛卡儿空间中的重力项矢量。注意，作用于末端执行器上的虚拟力$\mathcal{F}$实际上可以用关节驱动器的驱动力表示，即通过下面的关系式

$$\tau=J^{\mathrm{T}}(\Theta)\mathcal{F} \tag{6.92}$$

这里雅可比矩阵$J(\Theta)$与$\mathcal{F}$和$\ddot{\chi}$的坐标系相同，这个坐标系通常为工具坐标系$\{T\}$。

可以用下列方法得出式(6.90)和式(6.91)中各项之间的对应关系。首先，用雅可比转置矩阵的逆阵同乘式(6.90)两边得到

$$J^{-\mathrm{T}}\tau=J^{-\mathrm{T}}M(\Theta)\ddot{\Theta}+J^{-\mathrm{T}}V(\Theta,\dot{\Theta})+J^{-\mathrm{T}}G(\Theta) \tag{6.93}$$

或

$$\mathcal{F}=J^{-\mathrm{T}}M(\Theta)\ddot{\Theta}+J^{-\mathrm{T}}V(\Theta,\dot{\Theta})+J^{-\mathrm{T}}G(\Theta) \tag{6.94}$$

其次，求关节空间和笛卡儿空间中加速度之间的关系。由雅可比矩阵的定义得

$$\dot{\chi}=J\dot{\Theta} \tag{6.95}$$

求导得

$$\ddot{\chi}=\dot{J}\dot{\Theta}+J\ddot{\Theta} \tag{6.96}$$

解式(6.96)得关节空间的加速度

$$\ddot{\Theta}=J^{-1}\ddot{\chi}-J^{-1}\dot{J}\dot{\Theta} \tag{6.97}$$

把式(6.97)代入式(6.94)中得

$$\mathcal{F}=J^{-\mathrm{T}}M(\Theta)J^{-1}\ddot{\chi}-J^{-\mathrm{T}}M(\Theta)J^{-1}\dot{J}\dot{\Theta}+J^{-\mathrm{T}}V(\Theta,\dot{\Theta})+J^{-\mathrm{T}}G(\Theta) \tag{6.98}$$

由此可以得出笛卡儿空间动力学方程中各项的表达式

$$\begin{aligned}M_x(\Theta)&=J^{-\mathrm{T}}(\Theta)M(\Theta)J^{-1}(\Theta)\\ V_x(\Theta,\dot{\Theta})&=J^{-\mathrm{T}}(\Theta)(V(\Theta,\dot{\Theta})-M(\Theta)J^{-1}(\Theta)\dot{J}(\Theta)\dot{\Theta})\\ G_x(\Theta)&=J^{-\mathrm{T}}(\Theta)G(\Theta)\end{aligned} \tag{6.99}$$

注意，式(6.99)(原书有误——译者注)中的雅可比矩阵和式(6.91)中的$\mathcal{F}$和χ的坐标

系相同，这个坐标系的选择是任意的㊀。当操作臂接近奇异位置时，笛卡儿空间动力学方程中的某些量将趋于无穷大。 198

例 6.6 对于 6.7 节中的二连杆平面机械臂，求笛卡儿空间形式的动力学方程。按照固连于第二个连杆末端的坐标系，写出它的动力学方程。

我们已经求出了这个操作臂的动力学方程（在 6.7 节中）和雅可比矩阵（式(5.66)），这里我们重新给出

$$J(\Theta)=\begin{bmatrix} l_1 s_2 & 0 \\ l_1 c_2+l_2 & l_2 \end{bmatrix} \tag{6.100}$$

首先计算这个雅可比逆矩阵

$$J^{-1}(\Theta)=\frac{1}{l_1 l_2 s_2}\begin{bmatrix} l_2 & 0 \\ -l_1 c_2-l_2 & l_1 s_2 \end{bmatrix} \tag{6.101}$$

然后将这个雅可比矩阵对时间求导，得

$$\dot{J}(\Theta)=\begin{bmatrix} l_1 c_2 \dot{\theta}_2 & 0 \\ -l_1 s_2 \theta_2 & 0 \end{bmatrix} \tag{6.102}$$

利用式(6.100)和 6.7 节中的结果可得

$$M_x(\Theta)=\begin{bmatrix} m_2+\dfrac{m_1}{s_2^2} & 0 \\ 0 & m_2 \end{bmatrix}$$

$$V_x(\Theta,\dot{\Theta})=\begin{bmatrix} -(m_2 l_1 c_2+m_2 l_2)\dot{\theta}_1^2-m_2 l_2 \theta_2^2-(2m_2 l_2+m_2 l_1 c_2+m_1 l_1 \dfrac{c_2}{s_2^2})\dot{\theta}_1\dot{\theta}_2 \\ m_2 l_1 s_2 \dot{\theta}_1^2+l_1 m_2 s_2 \dot{\theta}_1 \dot{\theta}_2 \end{bmatrix}$$

$$G_x(\Theta)=\begin{bmatrix} m_1 g \dfrac{c_1}{s_2}+m_2 g s_{12} \\ m_2 g c_{12} \end{bmatrix} \tag{6.103}$$

当 $s_2=0$ 时，操作臂位于奇异位置，动力学方程中的某些项将趋于无穷大。例如，当 $\theta_2=0$（机械臂垂直伸出）时，末端执行器的笛卡儿有效质量在连杆 2 末端坐标系 $\hat{X}_2$ 方向上变为无穷大。一般奇异位形存在一个特定的方向的，在这个奇异方向上运动是不可能的，但在与这个方向“正交”的子空间中的一般运动是可能的[8]。

笛卡儿位形空间中的力矩方程

联立式(6.91)和式(6.92)，可以用笛卡儿空间动力学方程写出等价的关节力矩

$$\tau=J^{\mathrm{T}}(\Theta)(M_x(\Theta)\ddot{\chi}+V_x(\Theta,\dot{\Theta})+G_x(\Theta)) \tag{6.104}$$

将上式改写为如下形式有助于进一步讨论

$$\tau=J^{\mathrm{T}}(\Theta)M_x(\Theta)\ddot{\chi}+B_x(\Theta)(\dot{\Theta}\dot{\Theta})+C_x(\Theta)[\dot{\Theta}^2]+G(\Theta) \tag{6.105}$$ 199

式中 $B_x(\Theta)$ 是 $n\times n(n-1)/2$ 阶的哥氏力系数矩阵，$(\dot{\Theta}\dot{\Theta})$ 是 $n(n-1)/2\times 1$ 的关节速度积向量，即

$$(\dot{\Theta}\dot{\Theta})=(\dot{\theta}_1\dot{\theta}_2\dot{\theta}_1\dot{\theta}_3\cdots\dot{\theta}_{n-1}\dot{\theta}_n)^{\mathrm{T}} \tag{6.106}$$

㊀ 为便于计算，可选择笛卡儿坐标系。

$C_x(\Theta)$是$n\times n$阶的离心系数矩阵，$(\dot{\Theta}^2)$是$n\times 1$阶向量，由下式给出

$$(\dot{\theta}_1^2\ \dot{\theta}_2^2 \cdots\ \dot{\theta}_n^2)^{\mathrm{T}} \tag{6.107}$$

注意，在式(6.105)中，$G(\Theta)$与关节空间方程中的相同，但一般情况下，$B_x(\Theta)\neq B(\Theta)$，$C_x(\Theta)\neq C(\Theta)$。

例6.7 根据式(6.105)，求6.7节中操作臂的$B_x(\Theta)$和$C_x(\Theta)$。

如果求出$J^T(\Theta)V_x(\Theta,\dot{\Theta})$的乘积，可得

$$B_x(\Theta)=\begin{bmatrix} m_1 l_1^2 \dfrac{c_2}{s_2}-m_2 l_1 l_2 s_2 \\ m_2 l_1 l_2 s_2 \end{bmatrix} \tag{6.108}$$

和

$$C_x(\Theta)=\begin{bmatrix} 0 & -m_2 l_1 l_2 s_2 \\ m_2 l_1 l_2 s_2 & 0 \end{bmatrix} \tag{6.109}$$

6.11 考虑非刚体影响

值得注意的是，我们推导出的动力学方程未能包含所有作用于操作臂上的力。它们只包含了刚体力学中的那些力，而没有包含摩擦力。然而摩擦力也是一种最重要的力，所有的机构都必然受到摩擦力的影响。在当今的操作臂中，齿轮传动是相当典型的，摩擦力是相当大的——在典型工况下大约相当于操作臂驱动力矩的25%。

为了使动力学方程能够反应实际工况，建立这些摩擦力的模型(至少是近似的)是非常重要的。最简单的摩擦力模型就是**黏性摩擦力**，摩擦力矩与关节运动速度成正比，因此有

$$\tau_{\text{friction}}=v\dot{\theta} \tag{6.110}$$

这里v是黏性摩擦系数。有时应用另一个简单的摩擦力模型，就是库仑摩擦。库仑摩擦是一个常数，它的符号取决于关节速度，即

$$\tau_{\text{friction}}=c\,\mathrm{sgn}(\dot{\theta}) \tag{6.111}$$

其中c是库仑摩擦系数。当$\dot{\theta}=0$时，c值一般取为1，通常称为静摩擦系数；当$\dot{\theta}\neq 0$时，c值小于1，称为动摩擦系数。对某个操作臂关节来说，采用黏性摩擦模型还是库仑摩擦模型是一个比较复杂的问题，这与润滑情况及其他影响因素有关。比较合理的模型是二者兼顾，可表示为

200

$$\tau_{\text{friction}}=c\,\mathrm{sgn}(\dot{\theta})+v\dot{\theta} \tag{6.112}$$

在许多操作臂关节中，摩擦力也与节点位置有关。主要原因是齿轮不是理想圆，齿轮的偏心将会导致摩擦力随关节位置而变化，因此一个比较复杂的摩擦力模型为

$$\tau_{\text{friction}}=f(\theta,\dot{\theta}) \tag{6.113}$$

然后将这些摩擦力模型附加到刚体力学模型中的动力学项中得到一个更完整的模型

$$\tau=M(\Theta)\ddot{\Theta}+V(\Theta,\dot{\Theta})+G(\Theta)+F(\Theta,\dot{\Theta}) \tag{6.114}$$

在这个模型中还忽略了其他一些影响因素。例如，刚性连杆假设意味着在运动方程中未包括弯曲效应(能够引起谐振)。但是这些影响因素的建模十分复杂，已经超出了本书的范围(见文献[9，10])。

6.12 动力学仿真

为了对操作臂的运动进行仿真，我们必须应用上节中建立的动力学模型。由封闭形式

的动力学方程式(6.59)，可通过仿真求出动力学方程中的加速度

$$\ddot{\Theta} = M^{-1}(\Theta)[\tau - V(\Theta,\dot{\Theta}) - G(\Theta) - F(\Theta,\dot{\Theta})] \tag{6.115}$$

可以应用几种已知的**数值积分**方法对加速度积分，计算出位置和速度。

已知操作臂运动的初始条件，通常为下面的形式

$$\begin{aligned} \Theta(0) &= \Theta_0 \\ \dot{\Theta}(0) &= 0 \end{aligned} \tag{6.116}$$

用步长 Δt 对式(6.115)进行数值积分。数值积分的方法有许多种[11]。这里，我们介绍最简单的一种数值积分方法，称为**欧拉积分**法：从 $t=0$ 开始，进行迭代计算

$$\begin{aligned} \dot{\Theta}(t+\Delta t) &= \dot{\Theta}(t) + \ddot{\Theta}(t)\Delta t \\ \Theta(t+\Delta t) &= \Theta(t) + \dot{\Theta}(t)\Delta t + \frac{1}{2}\ddot{\Theta}(t)\Delta t^2 \end{aligned} \tag{6.117}$$

式中，对于每次迭代，要由式(6.115)计算一次 $\ddot{\Theta}$。这样，由已知的输入力矩函数，用数值积分方法即可求出操作臂的位置、速度和加速度。

欧拉积分的概念是简单的，然而可采用更复杂的积分方法进行更精确有效的仿真[11]。如何选择 Δt 的大小是经常遇到的问题。Δt 应当小到将连续时间离散为很小的时间增量时使得这个近似是合理的；但 Δt 不应当过小致使仿真计算时的计算时间过长。 201

6.13 计算问题

因为典型操作臂的动力学方程非常复杂，因此必须考虑计算效率问题。本节中只讨论关节空间动力学问题，关于笛卡儿空间动力学的计算效率问题可参考文献[7，8]。

关于计算效率的历史讨论

仅考虑由前向外计算和由后向内计算的简单情况，在计算式(6.46)～式(6.53)时需要进行的乘法计算和加法计算的次数为

$$126n\text{——}99 \text{ 次乘法}$$
$$106n\text{——}92 \text{ 次加法}$$

式中 n 是连杆的数量(这里至少为 2)。尽管这个计算显得有些复杂，但这个方程的计算效率与前面提到的一些操作臂动力学方程相比要高得多。文献[12，13]中操作臂动力学方程的第一个公式是通过直接拉格朗日计算方法得到的，这种方法大约需要的计算次数为[14]。

$$32n^4 + 86n^3 + 171n^2 + 53n\text{——}128 \text{ 次乘法}$$
$$25n^4 + 66n^3 + 129n^2 + 42n\text{——}96 \text{ 次加法}$$

在典型情况下，即 $n=6$ 时，牛顿-欧拉迭代方法的计算效率将比拉格朗日方法高约 100 倍！当然这两种方法得出的方程式等价的，数值计算的结果是相同的，但是方程的结构大不相同。这并不是说拉格朗日方法不能得到有效的方程。而是说，通过这种比较说明在针对某一问题建立计算方法的时候，必须考虑效率。计算方法效率的相对高低是由连杆的递推计算方法决定的，特别是与变量的表示方法有关[15]。

Renaud[16]和 Liegois 等人[17]早期在建立连杆质量分布公式中做出了贡献。在对人体四肢进行建模时，Stepanenko 和 Vukobratovic[18]开始以牛顿-欧拉方法研究动力学问题而不是用传统的拉格朗日方法。Orin 等人[19]在研究行走机器人腿部运动的计算时对这种方法进行了修改。Orin 研究小组采用局部连杆参考系而不是在惯性参考系中表示力和力矩，

202 从而提高了其效率。他们也注意到了相邻连杆计算的连续性，并且预测可能会存在一个有效的递归公式。Armstrong[20]以及 Luh、Walker 和 Paul[2]对计算效率问题进行了仔细研究，并且提出了关于 $O(n)$ 复杂度的算法。他们通过建立迭代(递归)计算方法和在局部连杆坐标系中表示连杆速度和加速度的方法建立了这种算法。Hollerbach[14]和 Silver[15]又进一步探索了各种各样的计算算法。Hollerbach 和 Sahar[21]指出，对于某些特定的几何结构来说，算法的复杂度可以进一步降低。

封闭形式方程与迭代形式方程计算效率的比较

一般来说，本章介绍的迭代方法在计算任何操作臂动力学方程时都是非常有效的，但是封闭形式的方程对某些特殊的操作臂来说通常更为有效。以 6.7 节中两个连杆的平面操作臂为例，将 $n=2$ 代入 6.13 节中的公式中，可以看出在计算这个两连杆动力学方程中采用迭代算法需要 153 次乘法和 120 次加法计算。然而，这个特殊的两连杆机械臂十分简单：它是平面的，并且它的质量可被视为集中质量。因此，如果用 6.7 节中封闭形式的动力学方程，则需要进行 30 次乘法和 13 次加法计算。由于这种特殊的操作臂过于简单，因此这是一种极端情况，然而它说明封闭形式的方程可能是一种最有效的动力学方程。一些学者在一些文章中也表明，对于任意操作臂，封闭形式的动力学方程比文献[22-27]中介绍的一些通用的方法更为有效。

因此，如果从运动学和动力学意义上讲操作臂的设计是简单的，那么它们的动力学方程也是简单的。可以定义一个**运动学上的简单**操作臂，使得这个操作臂的许多(或者全部)关节角为 0°、90°或−90°，并且许多连杆长度和偏距为零。我们可以定义一个**动力学上的简单**操作臂，使得每个连杆在坐标系$\{C_i\}$中的惯性张量矩阵为对角形。

封闭形式方程的缺点是过于简单使得在建立方程时还需要相当多的人工劳动。然而，目前已开发出的封闭形式运动方程的符号编程装置能够自动进行常用量和三角变换的计算[25，28-30]。

高效的动力学仿真

对操作臂进行动力学数值仿真时，已知操作臂当前的位置、速度和输入力矩，我们感兴趣的是求关节加速度。一种高效的计算方法必须考虑本章中讨论的动力学方程的计算方法，而且能够进行高效的方程(关节加速度)求解和数值积分。文献[31]中介绍了几种高效的动力学仿真方法。 203

存储方法

在任何一种计算方法中，计算和存储是互相矛盾的。在计算操作臂的动力学方程(6.59)时，已经隐含了一种假设，即当求解 τ 值时，希望尽可能快地得出 Θ、$\dot{\Theta}$ 和 $\ddot{\Theta}$。在计算所有可能的 Θ、$\dot{\Theta}$ 和 $\ddot{\Theta}$(适当的计算精度)时，如果需要，我们能以提高存储容量为代价来减轻计算负担。可以通过查询的方法得到需要的动力学信息。

存储容量是相当大的。设想每一个关节角范围被离散为 10 段；同样，设想速度和加速度也被离散为 10 段。对一个 6 关节的操作臂来说，Θ、$\dot{\Theta}$ 和 $\ddot{\Theta}$ 量化空间的单元数量为 $(10\times10\times10)^6$。而且每一个单元中还有 6 个力矩值。假设每一个力矩值需要一个计算字节，那么这个存储空间将有 6×10^{18} 个字节！注意，如果考虑负载质量的变化，那么这个存储空间还需要重新计算，即对于所有可能的负载还要增加一维存储空间。

还有许多减小存储空间的计算方法。例如，如果预先计算出方程(6.63)中的矩阵，则存储空间就只有一维(Θ)而不是三维。通过对 Θ 函数的查询，就会得到一个比较令人满意的计算量(见式(6.63))。对于更详细的论述和其他可能的参数化方法，可以参见[3]和[6]。

参考文献

[1] I. Shames, *Engineering Mechanics*, 2nd edition, Prentice-Hall, Englewood Cliffs, NJ, 1967.

[2] J.Y.S. Luh, M.W. Walker, and R.P. Paul, "On-Line Computational Scheme for Mechanical Manipulators," *Transactions of the ASME Journal of Dynamic Systems, Measurement, and Control*, 1980.

[3] M. Raibert, "Mechanical Arm Control Using a State Space Memory," SME paper MS77-750, 1977.

[4] K.R. Symon, *Mechanics*, 3rd edition, Addison-Wesley, Reading, MA, 1971.

[5] B. Noble, *Applied Linear Algebra*, Prentice-Hall, Englewood Cliffs, NJ, 1969.

[6] O. Khatib, "Commande Dynamique dans L'Espace Operationnel des Robots Manipulateurs en Presence d'Obstacles," These de Docteur-Ingenieur. Ecole Nationale Superieure de l'Aeronautique et de L'Espace (ENSAE), Toulouse.

[7] O. Khatib, "Dynamic Control of Manipulators in Operational Space," Sixth IFTOMM Congress on Theory of Machines and Mechanisms, New Delhi, December 15–20, 1983.

[8] O. Khatib, "The Operational Space Formulation in Robot Manipulator Control," 15th ISIR, Tokyo, September 11–13, 1985.

[9] E. Schmitz, "Experiments on the End-Point Position Control of a Very Flexible One-Link Manipulator," Unpublished Ph.D. Thesis, Department of Aeronautics and Astronautics, Stanford University, SUDAAR No. 547, June 1985.

[10] W. Book, "Recursive Lagrangian Dynamics of Flexible Manipulator Arms," *International Journal of Robotics Research*, Vol. 3, No. 3, 1984.

204

[11] S. Conte and C. DeBoor, *Elementary Numerical Analysis: An Algorithmic Approach*, 2nd edition, McGraw-Hill, New York, 1972.

[12] J. Uicker, "On the Dynamic Analysis of Spatial Linkages Using 4 × 4 Matrices," Unpublished Ph.D dissertation, Northwestern University, Evanston, IL, 1965.

[13] J. Uicker, "Dynamic Behaviour of Spatial Linkages," *ASME Mechanisms*, Vol. 5, No. 68, pp. 1–15.

[14] J.M. Hollerbach, "A Recursive Lagrangian Formulation of Manipulator Dynamics and a Comparative Study of Dynamics Formulation Complexity," in *Robot Motion*, M. Brady et al., Editors, MIT Press, Cambridge, MA, 1983.

[15] W. Silver, "On the Equivalence of Lagrangian and Newton–Euler Dynamics for Manipulators," *International Journal of Robotics Research*, Vol. 1, No. 2, pp. 60–70.

[16] M. Renaud, "Contribution à l'Etude de la Modélisation et de la Commande des Systèmes Mécaniques Articulés," Thèse de Docteur-Ingénieur, Université Paul Sabatier, Toulouse, December 1975.

[17] A. Liegois, W. Khalil, J.M. Dumas, and M. Renaud, "Mathematical Models of Interconnected Mechanical Systems," Symposium on the Theory and Practice of Robots and Manipulators, Poland, 1976.

[18] Y. Stepanenko and M. Vukobratovic, "Dynamics of Articulated Open-Chain Active Mechanisms," *Math-Biosciences* Vol. 28, 1976, pp. 137–170.

[19] D.E. Orin et al, "Kinematic and Kinetic Analysis of Open-Chain Linkages Utilizing Newton–Euler Methods," *Math-Biosciences* Vol. 43, 1979, pp. 107–130.

[20] W.W. Armstrong, "Recursive Solution to the Equations of Motion of an N-Link Manipulator," *Proceedings of the 5th World Congress on the Theory of Machines and Mechanisms*, Montreal, July 1979.

[21] J.M. Hollerbach and G. Sahar, "Wrist-Partitioned Inverse Accelerations and Manipulator Dynamics," MIT AI Memo No. 717, April 1983.

[22] T.K. Kanade, P.K. Khosla, and N. Tanaka, "Real-Time Control of the CMU Direct Drive Arm II Using Customized Inverse Dynamics," *Proceedings of the 23rd IEEE Conference on Decision and Control*, Las Vegas, NV, December 1984.

[23] A. Izaguirre and R.P. Paul, "Computation of the Inertial and Gravitational Coefficients of the Dynamic Equations for a Robot Manipulator with a Load," *Proceedings of the 1985 International Conference on Robotics and Automation*, St. Louis, March 1985, pp. 1024–1032.

[24] B. Armstrong, O. Khatib, and J. Burdick, "The Explicit Dynamic Model and Inertial Parameters of the PUMA 560 Arm," *Proceedings of the 1986 IEEE International Conference on Robotics and Automation*, San Francisco, April 1986, pp. 510–518.

[25] J.W. Burdick, "An Algorithm for Generation of Efficient Manipulator Dynamic Equations," *Proceedings of the 1986 IEEE International Conference on Robotics and Automation*, San Francisco, April 7–11, 1986, pp. 212–218.

[26] T.R. Kane and D.A. Levinson, "The Use of Kane's Dynamical Equations in Robotics," *The International Journal of Robotics Research*, Vol. 2, No. 3, Fall 1983, pp. 3–20.

[27] M. Renaud, "An Efficient Iterative Analytical Procedure for Obtaining a Robot Manipulator Dynamic Model," First International Symposium of Robotics Research, NH, August 1983.

[28] W. Schiehlen, "Computer Generation of Equations of Motion," in *Computer Aided Analysis and Optimization of Mechanical System Dynamics*, E.J. Haug, Editor, Springer-Verlag, Berlin & New York, 1984.

205

[29] G. Cesareo, F. Nicolo, and S. Nicosia, "DYMIR: A Code for Generating Dynamic Model of Robots," in *Advanced Software in Robotics*, Elsevier Science Publishers, North-Holland, 1984.

[30] J. Murray, and C. Neuman, "ARM: An Algebraic Robot Dynamic Modelling Program," IEEE International Conference on Robotics, Atlanta, March 1984.

[31] M. Walker and D. Orin, "Efficient Dynamic Computer Simulation of Robotic Mechanisms," *ASME Journal of Dynamic Systems, Measurement, and Control*, Vol. 104, 1982.

习题

6.1 [12]求一匀质的、坐标原点建立在其质心的刚性圆柱体的惯性张量。

6.2 [32]建立 6.7 节中二连杆操作臂的动力学方程。将每个连杆看作一个匀质矩形刚体。每个连杆的尺寸为 l_i、ω_i 和 h_i，总质量为 m_i。

6.3 [43]建立第 3 章习题 3.3 中的三连杆操作臂的动力学方程。将每个连杆看作一个匀质矩形刚体。每个连杆的尺寸为 l_i、ω_i 和 h_i，总质量为 m_i。

6.4 [13]式(6.46)～式(6.53)表示带有移动关节的机构，建立这个机构的方程组。

6.5 [30]建立图 6-8 中所示的二连杆非平面操作臂的动力学方程。假设每个连杆的质量可视为集中于连杆末端(最外端)的集中质量。质量分别为 m_1 和 m_2，连杆长度为 l_1 和 l_2。这个操作臂与习题 3.3 中的前两个连杆相同。假设作用于每个连杆的黏性摩擦系数分别为 v_1 和 v_2。

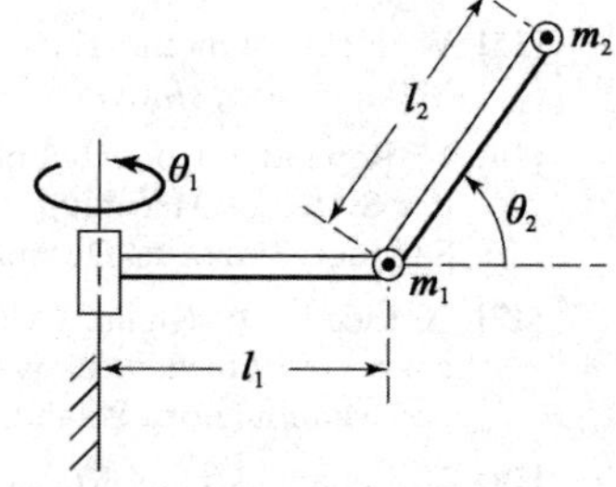

图 6-8 质量集中于连杆末端的二连杆非平面操作臂

6.6 [32]推导 6.7 节中的二连杆平面操作臂基坐标下的笛卡儿空间方程。提示：见例 6.5，但要应用基坐标下雅可比矩阵。

6.7 [18]要存储一个一般三连杆操作臂动力学方程需要多大的内存空间？将每个关节的位置、速度和加速度离散为 16 段。需进行适当的假设。

6.8 [32]推导二连杆操作臂的动力学方程，如图 4-6 所示。已知连杆 1 的惯性张量：

$$^{C_1}I = \begin{bmatrix} I_{xx1} & 0 & 0 \\ 0 & I_{yy1} & 0 \\ 0 & 0 & I_{zz1} \end{bmatrix}$$

206

假定连杆 2 的质量 m_2 集中于末端执行器处。假定重力的方向是向下的($\hat{Z}_1$ 的反方向)。

6.9 [37]推导具有一个移动关节的三连杆操作臂的动力学方程，见图 3-9。已知连杆 1 的惯性张量：

$$^{C_1}I=\begin{pmatrix} I_{xx1} & 0 & 0 \\ 0 & I_{yy1} & 0 \\ 0 & 0 & I_{zz1} \end{pmatrix}$$

连杆 2 质量 m_2 集中于该连杆坐标系的原点处。连杆 3 的惯性张量为：

$$^{C_3}I=\begin{pmatrix} I_{xx3} & 0 & 0 \\ 0 & I_{yy3} & 0 \\ 0 & 0 & I_{zz3} \end{pmatrix}$$

假设重力方向为 $\hat{Z}_1$ 的反方向，每个关节处的黏性摩擦系数为 v_i。

6.10 [35]推导习题 6.8 中的操作臂在笛卡儿空间下的动力学方程。写出坐标系{2}中的方程。

6.11 一个单连杆操作臂的惯性张量为：

$$^{C_1}I=\begin{pmatrix} I_{xx1} & 0 & 0 \\ 0 & I_{yy1} & 0 \\ 0 & 0 & I_{zz1} \end{pmatrix}$$

假定这只是连杆自身的惯量。如果电机电枢的惯量矩为 I_m，齿轮的减速比为 100，那么从电机轴来看，整体的惯性张量是多少[1]？

6.12 [20]如图 6-9 所示单自由度操作臂的总质量为 $m=1$，质心为

$$^1P_C=\begin{pmatrix} 2 \\ 0 \\ 0 \end{pmatrix}$$

惯性张量为

$$^CI_1=\begin{pmatrix} 1 & 0 & 0 \\ 0 & 2 & 0 \\ 0 & 0 & 2 \end{pmatrix}$$

207

从静止 $t=0$ 开始，关节角 θ_1(弧度)按照如下的时间函数运动：

$$\theta_1(t)=bt+ct^2$$

已知在坐标系{1}下，连杆的角加速度和质心的线加速度是时间 t 的函数。

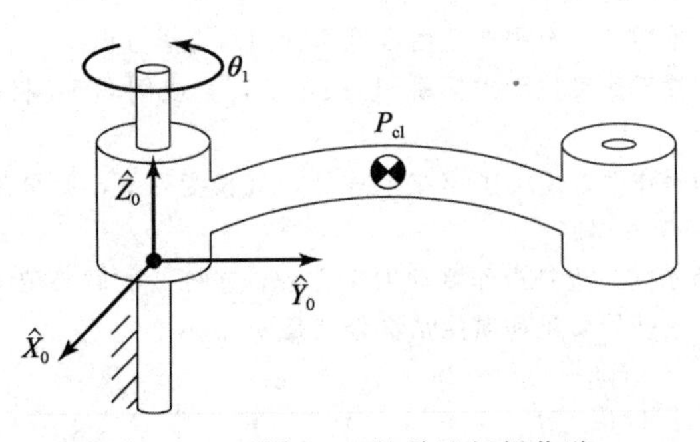

图 6-9 习题 6.12 的单连杆操作臂

6.13 [40]建立图 6-8 中的二连杆非平面操作臂的笛卡儿动力学方程。假设每个连杆的质量可视为集中于连杆末端(最外端)的集中质量。质量分别为 m_1 和 m_2，连杆长度为 l_1 和 l_2。这个操作臂与习题 3.3 中的前两个连杆相同。假设作用于每个连杆的黏性摩擦系数分别为 v_1 和 v_2。写出坐标系{3}下的笛卡儿动力学方程，该坐标系位于操作臂的末端，并且与连杆坐标系{2}的方向相同。

6.14 [18]2 自由度 RP 操作臂的动力学方程如下：

$$\tau_1=m_1(d_1^2+d_2)\ddot{\theta}_1+m_2d_2^2\ddot{\theta}_1+2m_2d_2\dot{d}_2\dot{\theta}_1+g\cos(\theta_1)[m_1(d_1+d_2\dot{\theta}_1)+m_2(d_2+\dot{d}_2)]$$

$$\tau_2 = m_1 \dot{d}_2 \ddot{\theta}_1 + m_2 \ddot{d}_2 - m_1 d_1 \dot{d}_2 - m_2 d_2 \dot{\theta}^2 + m_2 (d_2 + 1) g\sin(\theta_1)$$

其中有一些项显然是不正确的。请将它们指出。

6.15 [28]用牛顿-欧拉方法代替拉格朗日方法推导例6.5中RP操作臂的动力学方程。

6.16 [25]推导图6-10中RP操作臂的动力学方程。忽略摩擦，但要包括重力。(这里，$\hat{X}_0$ 是竖直向上的。)连杆的惯性张量为对角形，分别为 I_{xx1}、I_{yy1}、I_{zz1} 和 I_{xx2}、I_{yy2}、I_{zz2}。连杆的质心分别为：

$$^1P_{C_1} = \begin{bmatrix} 0 \\ 0 \\ -l_1 \end{bmatrix}$$

$$^2P_{C_2} = \begin{bmatrix} 0 \\ 0 \\ 0 \end{bmatrix}$$

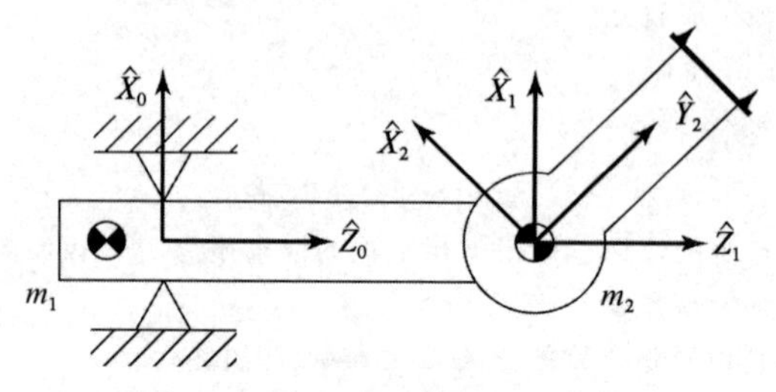

图6-10 习题6.16的PR操作臂

6.17 [40]在操作臂动力学方程中与速度相关的项可以被写成矩阵-向量积的形式，即

208

$$V(\Theta,\dot{\Theta}) = V_m(\Theta,\dot{\Theta})\dot{\Theta}$$

式中下标m代表"矩阵形式"。表示在操作臂质量矩阵对时间的导数和 $V_m(\cdot)$ 之间存在一种特定的联系。即

$$\dot{M}(\Theta) = 2V_m(\Theta,\dot{\Theta}) - S$$

式中 S 是斜对称矩阵。

6.18 [15]给出合理的摩擦模型(即式(6.114)中 $F(\Theta, \dot{\Theta})$)具有的两种属性。

6.19 [28]用拉格朗日方法做习题6.5。

6.20 [28]用拉格朗日方法推导6.7节中2自由度操作臂的动力学方程。

6.21 [24]假定重力势能的参考高度位于坐标系{1}的原点，完成例6.5。将所得运动学方程与式(6.88)比较。

6.22 [25]对于6.7节中的操作臂，增加了第三个连杆，其长度是 l_3，质量是 m_3，不考虑重力。求出新的关节力矩 τ_3 的动力学方程。

6.23 [30]构建如图6-6所示的二连杆操作臂动力学方程，连杆2的质心位于坐标系{2}的原点。连杆1的质心位于其中点。连杆的质量和惯性张量分别是 m_1、m_2。

$$^{C_1}I_1 = \begin{bmatrix} I_{XX1} & 0 & 0 \\ 0 & I_{YY1} & 0 \\ 0 & 0 & I_{ZZ1} \end{bmatrix} \quad 和 \quad ^{C_2}I^2 = \begin{bmatrix} I_{XX2} & 0 & 0 \\ 0 & I_{YY2} & 0 \\ 0 & 0 & I_{ZZ2} \end{bmatrix}$$

6.24 [28]某刚体设置了两个坐标系{A}和{B}，两者用一个旋转变换关联起来。利用 ^AI 写出惯性张量 ^BI。提示：考虑角速度 ω 和角动量 H 的关系：

$$^B\omega = {}^B_AR\,^A\omega$$

$$^AH = {}^AI\,^A\omega$$

$$^BH = {}^BI\,^B\omega = {}^B_AR\,^AH$$

6.25 [41]对于6.7节中的二连杆操作臂使用如下参数，坐标系定义如图4-7所示。

$$m_1 = 2$$
$$m_2 = 1$$
$$l_1 = 4$$
$$l_2 = 3$$

在每个关节上安装一个质量 0.1 的电机来驱动操作臂。电机的峰值扭矩是 220，连续输出的扭矩上限是 160。假设重力加速度是 $-10\hat{Y}_0$。

a)确定该电机是否合适，使得操作一直保持在位姿 $\Theta=(0,\ 0)$。

b)如果在几个周期内，电机需要提供加速度 $\ddot{\Theta}=(0.2,\ 0.4)$，求出最大负载(假定质点与 m_2 重合)。 209

6.26 [34]利用拉格朗日方程完成习题 6.8。

6.27 [27]对图 6-11 所示的小车和单摆系统，利用拉格朗日方程建立其动力学方程。该系统包括质量为 m_c 的小车，质点 m_p，由无质量、长度为 l 的杆与之相连。

6.28 [26]在习题 6.25 中黏性摩擦力影响操作臂关节，给定每个关节的黏性摩擦常数 $v=2$。确定下列情况的关节力矩：

$$\theta = (\pi/6, \pi/3)$$
$$\dot{\theta} = (0.1, 0.5)$$
$$\ddot{\theta} = (0.2, -0.25)$$

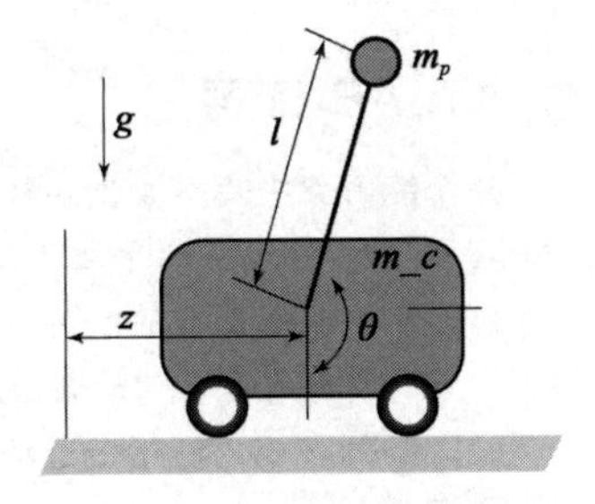

图 6-11 小车和单摆

6.29 [14]求出圆管的惯性张量，均匀密度，参考坐标系位于圆管的质心。

编程练习

1. 推导三连杆操作臂(例 3.3 中)的动力学方程。即将 6.7 节的条件推广到三连杆的情况。已知操作臂参数如下：

$$l_1 = l_2 = 0.5\text{m}$$
$$m_1 = 4.6\text{kg}$$
$$m_2 = 2.3\text{kg}$$
$$m_3 = 1.0\text{kg}$$
$$g = 9.8\text{m/s}^2$$

对前两个连杆来说，假定质量都集中在连杆末端。对连杆 3 来说，假定质心位于坐标系{3}的原点，即靠近连杆的末端。连杆 3 的惯性张量为

$$^{C_3}I = \begin{bmatrix} 0.05 & 0 & 0 \\ 0 & 0.1 & 0 \\ 0 & 0 & 0.1 \end{bmatrix} \text{kg}\cdot\text{m}^2$$

210

相对于连杆坐标系的连杆质心矢量为

$$^1P_{C_1} = l_1\hat{X}_1$$
$$^2P_{C_2} = l_2\hat{X}_2$$
$$^3P_{C_3} = 0$$

2. 写出三连杆操作臂的仿真程序。对于这个简单的欧拉积分程序，应用数值积分(如 6.12 节)方法即可。为使程序代码模块化，可以采用如下定义：

```
Procedure UPDATE(VAR tau: vec3; VAR period: real; VAR theta, thetadot: vec3);
```

其中"tau"是操作臂的力矩指令(在本题中始终为零)，"period"是希望的时间步长(秒)。"theta"和"thetadot"是操作臂的状态。theta 和 thetadot 用每次调用 UPDATE 的"period"秒数来更新。注意，"period"一般情况下要大于数值积分中的积分步长 Δt。例如，尽管数值积分中的步长可能为 0.001 秒，但你可以每 0.1 秒打印一次操作臂的位置和速度。

为了进行这个仿真试验，设定关节力矩指令的值为0(对于全过程)。

a)将操作臂的初始位置设定为

$$(\theta_1 \quad \theta_2 \quad \theta_3) = [-90 \quad 0 \quad 0]$$

仿真几秒钟之后，操作臂的运动是否与你所预计的一致？

b)将操作臂的初始位置设定为

$$(\theta_1 \quad \theta_2 \quad \theta_3) = [30 \quad 30 \quad 10]$$

仿真几秒钟之后，操作臂的运动是否与你所预计的一致？

c)对被仿真的操作臂的每个关节引入黏性摩擦，即给每个关节的动力学方程中加入 $\tau_f = v\dot{\theta}$ 的项，式中每个关节的 $v=5.0$ 牛顿-米-秒。重复上面的试验 b)，运动是否与你所预计的一致？

MATLAB 练习

1. 这个练习集中在平面 2 自由度 2R 机器人的逆动力学分析上(分步速度控制结构，见第 5 章 MATLAB 练习)。这个机器人是平面 3 自由度 3R 机器人的前两个 R—关节和前两个运动连杆(见图 3-6 和图 3-7，DH 参数由图 3-8 的前两行给出)。

计算这个平面 2R 机器人的关节扭矩(也就是解逆动力学问题)，目的是给分步速度控制方法提供每个时间步长内的指令运动。你既可以采用牛顿-欧拉递数值推方法也可以采用习题 6.2 中得出的分析方程。

211

已知：$L_1=1.0$ m，$L_2=0.5$ m，两个连杆质量密度均为 $\rho=7806$ kg/m^3 的实心钢；宽度和厚度为 $w=t=5$ cm。转动关节假定是理想的，将每个连杆的最外边缘连接起来(物理上是不可能的)。

初始角度为 $\Theta=\begin{Bmatrix}\theta_1\\ \theta_2\end{Bmatrix}=\begin{Bmatrix}10^\circ\\ 90^\circ\end{Bmatrix}$。

笛卡儿速度指令(常数)为 ${}^0\dot{X}={}^0\begin{Bmatrix}\dot{x}\\ \dot{y}\end{Bmatrix}={}^0\begin{Bmatrix}0\\ 0.5\end{Bmatrix}$(m/s)。

仿真运动时间 1 秒，控制步长 0.01 秒。

请按下列条件绘出 5 个曲线图(请分开绘制)：

1) 两个关节角(deg)$\Theta=\{\theta_1 \quad \theta_2\}^T$ 与时间的关系曲线；

2) 两个关节速率(rad/s)$\dot{\Theta}=\{\dot{\theta}_1 \quad \dot{\theta}_2\}^T$ 与时间的关系曲线；

3) 两个关节加速度(rad/s^2)$\ddot{\Theta}=\{\ddot{\theta}_1 \quad \ddot{\theta}_2\}^T$ 与时间的关系曲线；

4) ${}^0_HT$ 的 3 个笛卡儿坐标分量为 $X=\{x \quad y \quad \phi\}^T$($\phi$ 的单位应为 rad)与时间的关系曲线；

5) 两个逆动力学关节扭矩(Nm)$T=\{\tau_1 \quad \tau_2\}^T$ 与时间的关系曲线。

仔细绘制每一张图中的曲线(徒手即可!)，同时标出轴的名称和单位。

进行两次仿真：第一次，忽略重力(运动平面与重力是垂直的)；第二次，考虑重力 g，方向为沿 Y 轴负向。

2. 这个练习将集中在 3 自由度 3R 机器人(图 3-6 和图 3-7；DH 参数在图 3-8 中已给出)的瞬态逆动力学解法上。已知长度参数如下给出：$L_1=4$，$L_2=3$，$L_3=2$(m)。作为动力学问题，还必须已知质量和惯性矩：$m_1=20$，$m_2=15$，$m_3=10$(kg)，${}^CI_{ZZ1}=0.5$，${}^CI_{ZZ2}=0.2$，${}^CI_{ZZ3}=0.1$ (kgm^2)。假定每个连杆的重心在其几何中心处，并且假定重力作用在运动平面的 $-Y$ 方向上。在这个练习中，不考虑驱动器的动力学问题和关节处的齿轮传动问题。

a) 编写一个 MATLAB 程序实现下列瞬态运动的牛顿-欧拉迭代逆动力学解法(即给定运动指令，计算所需的关节驱动力矩)：

$$\Theta=\begin{Bmatrix}\theta_1\\ \theta_2\\ \theta_3\end{Bmatrix}=\begin{Bmatrix}10^\circ\\ 20^\circ\\ 30^\circ\end{Bmatrix} \quad \dot{\Theta}=\begin{Bmatrix}\dot{\theta}_1\\ \dot{\theta}_2\\ \dot{\theta}_3\end{Bmatrix}=\begin{Bmatrix}1\\ 2\\ 3\end{Bmatrix}(\text{rad/s}) \quad \ddot{\Theta}=\begin{Bmatrix}\ddot{\theta}_1\\ \ddot{\theta}_2\\ \ddot{\theta}_3\end{Bmatrix}=\begin{Bmatrix}0.5\\ 1\\ 1.5\end{Bmatrix}(\text{rad/s}^2)$$

b)用 Corke MATLAB Robotics Toolbox 检验 a)中的结果。试用函数 rne()和 gravload()。

3. 这个练习将集中在平面 3 自由度 3R 机器人的正动力学解法(参数见 MATLAB 练习第 2 题)。在此情况下，忽略重力(即假定重力的作用方向与运动平面垂直)。用 Corke MATLAB Robotics Toolbox 求解正动力学问题(即已知驱动关节扭矩指令，求解机器人相应的运动)，关节扭矩、初始关节角度和初始关节角速度如下：

212

$$T=\begin{Bmatrix}\tau_1\\ \tau_2\\ \tau_3\end{Bmatrix}=\begin{Bmatrix}20\\ 5\\ 1\end{Bmatrix}(\text{Nm，常量})\quad \Theta_0=\begin{Bmatrix}\theta_{10}\\ \theta_{20}\\ \theta_{30}\end{Bmatrix}=\begin{Bmatrix}-60^\circ\\ 90^\circ\\ 30^\circ\end{Bmatrix}$$

$$\dot{\Theta}_0=\begin{Bmatrix}\dot{\theta}_{10}\\ \dot{\theta}_{20}\\ \dot{\theta}_{30}\end{Bmatrix}=\begin{Bmatrix}0\\ 0\\ 0\end{Bmatrix}(\text{rad/s})$$

仿真时间 4 秒，并且试用函数 fdyn()。

绘出机器人运动计算结果的两个曲线图(请分开绘制)：

1) 三个关节角(deg)$\Theta=\{\theta_1 \quad \theta_2 \quad \theta_3\}^T$ 与时间的关系曲线；

2) 三个关节角速度(rad/s)$\dot{\Theta}=\{\dot{\theta}_1 \quad \dot{\theta}_2 \quad \dot{\theta}_3\}$与时间的关系曲线。

213 ~ 214

仔细绘制每一张图中的曲线(徒手即可!)，同时标出轴的名称和单位。

轨迹生成

7.1 引言

本章讨论计算轨迹的方法，该轨迹描述了操作臂在多维空间中的期望运动。在这里，**轨迹**指的是每个自由度的位置、速度和加速度的时间历程。

这个问题包括如何通过人机交互指定通过空间的一条轨迹或路径。为了使机器人系统的用户便于对操作臂的运动进行描述，不应当要求他们必须写出复杂的时间和空间的函数才能指定机器人任务。相反，应该允许用户通过简单的描述来指定机器人的期望轨迹，然后由系统来完成详细的计算。例如，用户可能只需给定末端执行器的目标位置和姿态，而由系统来确定到达目标的准确路径、时间历程、速度曲线等。

此外，规划好的轨迹如何在计算机中进行描述也是一个值得关注的问题。最后，要研究通过内部表达式计算轨迹的问题，即轨迹生成问题。大多数情况下，在轨迹生成的运行时间内需要计算位置、速度和加速度。这些轨迹由数字计算机计算，因此轨迹点是以某种速率被计算的，叫作**路径更新速率**。在典型的操作臂系统中，路径更新速率在60 Hz～2000 Hz之间。

7.2 关于路径描述和路径生成的综述

在大多数情况下，将操作臂的运动看作工具坐标系$\{T\}$相对于固定坐标系$\{S\}$的运动。终端机器人系统用户也是按这种方式思考的，而且用户会感到按照这种方式描述路径和生成路径会带来很多好处。

当按照工具坐标系相对于固定坐标系的运动来指定路径时，其实是将运动的描述与任何具体的机器人、末端执行器或工件相分离。这就会带来模块化的好处，并可将相同的路径描述应用于不同的操作臂或者用于具有不同工具尺寸的相同操作臂上。进而，总是可以通过规划相对于固定坐标系的运动来确定和规划相对于运动着的工作台(可能是一个传送带)的运动，运行时使得$\{S\}$的定义随时间变化。

如图7-1所示，基本问题是将操作臂从初始位置移动到某个最终期望位置——也就是将工具坐标系从当前值$\{T_{\text{initial}}\}$移动到最终期望值$\{T_{\text{final}}\}$。要注意，一般而言，运动包括工具相对于工作台的姿态变化和位置变化。

有时需要指定运动的更多细节而不只是简单地指定最终的期望位形。一种方法是在路径描述中给出一系列的期望中间点(位于初始位置和最终期望位置之间的过渡点)。因此，为了完成这个运动，工具坐标系必须经过中间点所描述的一系列过渡位置与姿态。每个中间点实际上都是确定工具相对于工作台的位置与姿态的坐标系。**路径点**这个术语包括了所有的中间点以及初始点和最终点。需要记住的是，虽然通常使用“点”这个术语，但实际上它们是表达了位置和姿态信息的位姿。除了运动中的这些空间约束之外，用户可能还希望指定运动的时间属性。例如，在路径描述中可能还需要指定各中间点之间的时间间隔。

通常，期望操作臂的运动是平滑的。为此，要定义一个连续的且具有连续一阶导数的平滑函数。有时还希望二阶导数也是连续的。笨拙、急速的运动会加剧机构的磨损，激起操作臂共振。因此，为了保证路径平滑，必须在各中间点之间对路径的空间和时间特性添加一些限制条件。 216

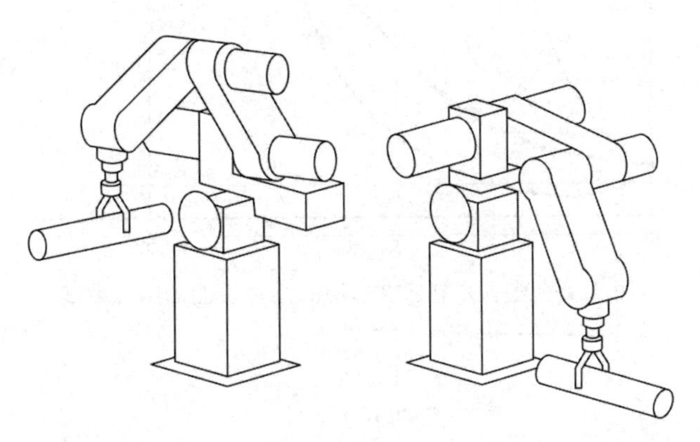

图 7-1 在执行轨迹的过程中，操作臂以平滑的方式从初始位置运动到期望的目标位置

在这里存在着很多种选择，因此可以使用很多方法来指定并规划路径。任何在规定的时间里通过中间点的光滑函数都可以用来指定精确的路径形状。本章将从中选取一些简单的函数进行讨论。其他方法参见文献[1-2]和[13-16]。

7.3 关节空间的规划方法

本节将研究以关节转角的函数来描述轨迹(在空间和时间)的轨迹生成方法。

每个路径点通常是用工具坐标系$\{T\}$相对于固定坐标系$\{S\}$的期望位置和姿态来确定的。应用逆运动学理论，求解出轨迹中每点对应的期望关节角。这样，就得到了经过各中间点并终止于目标点的n个关节中各个关节的平滑函数。对于每个关节而言，由于各路径段所需要的时间是相同的，因此所有的关节将同时到达各中间点，从而得到$\{T\}$在每个中间点上的期望的笛卡儿位置。并非对每个关节指定了相同的时间间隔，对于某个特定的关节而言，其期望的关节角函数与其他关节角函数无关。

因此，应用关节空间规划方法可以获得各中间点的期望位置和姿态。尽管各中间点之间的路径在关节空间中的描述非常简单，但在直角坐标空间中的描述却很复杂。关节空间的规划方法非常便于计算，并且由于关节空间与直角坐标空间之间并不存在连续的对应关系，因而不会发生机构的奇异性问题。

三次多项式

下面考虑在一定时间内将工具从初始位置移动到目标位置的问题。应用逆运动学可以解出对应于目标位置和姿态的各个关节角。操作臂的初始位置是已知的，并用一组关节角进行描述。现在需要确定每个关节的运动函数，其在t_0时刻的值为该关节的初始位置，在t_f时刻的值为该关节的期望目标位置。如图 7-2 所示，有多种平滑函数$\theta(t)$均可用于对关节角进行插值。

为了获得一条确定的光滑运动曲线，显然至少需要对$\theta(t)$施加 4 个约束条件。由初始值和最终值可得到对函数值的两个约束条件：

$$\theta(0)=\theta_0,\quad \theta(t_f)=\theta_f \tag{7.1}$$

217

另外两个约束条件需要保证关节速度连续，即在初始时刻和终止时刻关节速度为零：

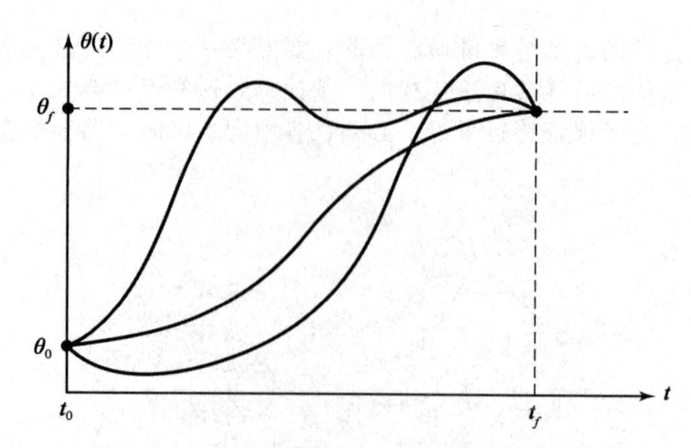

图7-2 某一关节可以选用的几种可能的路径曲线

$$\dot{\theta}(0)=0$$
$$\dot{\theta}(t_f)=0 \tag{7.2}$$

次数至少为3的多项式才能满足这4个约束条件。(一个三次多项式有4个系数，所以它能够满足由式(7.1)和式(7.2)给出的4个约束条件。)这些约束条件唯一确定了一个三次多项式。该三次多项式具有如下形式

$$\theta(t)=a_0+a_1t+a_2t^2+a_3t^3 \tag{7.3}$$

所以对应于该路径的关节速度和加速度显然为

$$\dot{\theta}(t)=a_1+2a_2t+3a_3t^2$$
$$\ddot{\theta}(t)=2a_2+6a_3\mathrm{t} \tag{7.4}$$

把这4个约束条件代入式(7.3)和式(7.4)可以得到含有4个未知量的4个方程：

$$\begin{aligned}\theta_0&=a_0\\ \theta_f&=a_0+a_1t_f+a_2t_f^2+a_3t_f^3\\ 0&=a_1\\ 0&=a_1+2a_2t_f+3a_3t_f^2\end{aligned} \tag{7.5}$$

解出方程中的a_i，可以得到

218

$$\begin{aligned}a_0&=\theta_0\\ a_1&=0\\ a_2&=\frac{3}{t_f^2}(\theta_f-\theta_0)\\ a_3&=-\frac{2}{t_f^3}(\theta_f-\theta_0)\end{aligned} \tag{7.6}$$

应用式(7.6)可以求出从任何起始关节角位置到终止位置的三次多项式。但是该解仅适用于起始关节角速度与终止关节角速度均为零的情况。

例7.1 具有一个旋转关节的单连杆机器人，处于静止状态时，$\theta=15$。期望在3秒内平滑地运动到终止位置，这时的关节角$\theta=75°$。求解出满足该运动的一个三次多项式的系数，并且使操作臂在终止位置为静止状态。画出关节的位置、速度和加速度随时间的变化函数曲线。

代入式(7.6)，可以得到

$$a_0=15.0$$

$$a_1 = 0.0$$
$$a_2 = 20.0$$
$$a_3 = -4.44 \tag{7.7}$$

根据式(7.3)和式(7.4)，可以求得

$$\theta(t) = 15.0 + 20.0t^2 - 4.44t^3$$
$$\dot{\theta}(t) = 40.0t - 13.33t^2$$
$$\ddot{\theta}(t) = 40.0 - 26.66t \tag{7.8}$$

图 7-3 所示为在 40 Hz 时，对应于该运动的关节位置、速度和加速度函数。显然，三次函数的速度曲线为抛物线，加速度曲线为直线。

用于具有中间点的路径的三次多项式

到目前为止，已经讨论了用期望的时间间隔和最终目标点描述的运动。一般而言，希望确定包含中间点的路径。如果操作臂能够停留在每个中间点，那么可以使用 7.3 节的三次多项式求解。

通常，操作臂需要不停歇地经过每个中间点，所以应该归纳出一种能够使三次多项式满足路径约束条件的方法。

与单目标点的情形类似，每个中间点通常是用工具坐标系相对于固定坐标系的期望位置和姿态来确定的。应用逆运动学把每个中间点“转换”成一组期望的关节角。然后，考虑对每个关节求出平滑连接每个中间点的三次多项式。

如果已知各关节在中间点的期望速度，那么就可像前面一样构造出三次多项式；但是，这时在每个终止点的速度限制条件不再为零，而是已知的速度。于是，式(7.3)的限制条件变成：

$$\dot{\theta}(0) = \dot{\theta}_0$$
$$\dot{\theta}(t_f) = \dot{\theta}_f \tag{7.9}$$

描述这个一般三次多项式的 4 个方程为：

$$\theta_0 = a_0$$
$$\theta_f = a_0 + a_1 t_f + a_2 t_f^2 + a_3 t_f^3$$
$$\dot{\theta}_0 = a_1$$
$$\dot{\theta}_f = a_1 + 2a_2 t_f + 3a_3 t_f^2 \tag{7.10}$$

求解方程组中的 a_i，可以得到

$$a_0 = \theta_0$$
$$a_1 = \dot{\theta}_0$$
$$a_2 = \frac{3}{t_f^2}(\theta_f - \theta_0) - \frac{2}{t_f}\dot{\theta}_0 - \frac{1}{t_f}\dot{\theta}_f \tag{7.11}$$

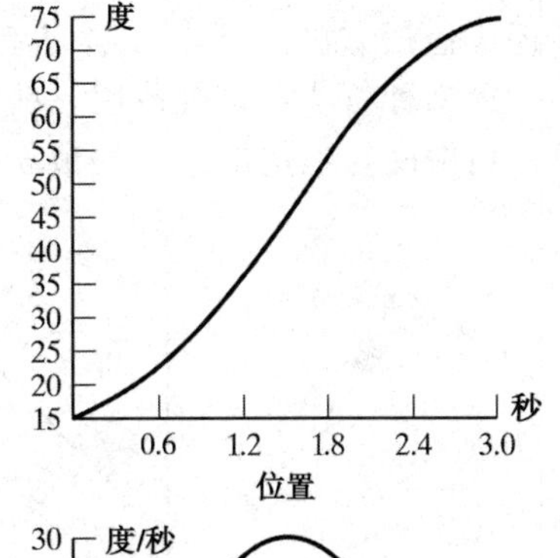

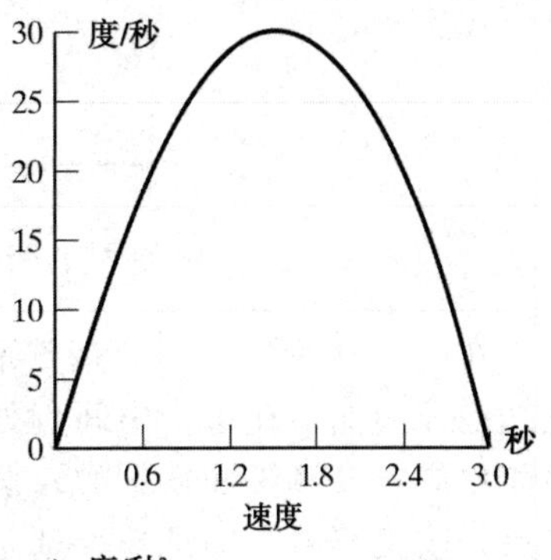

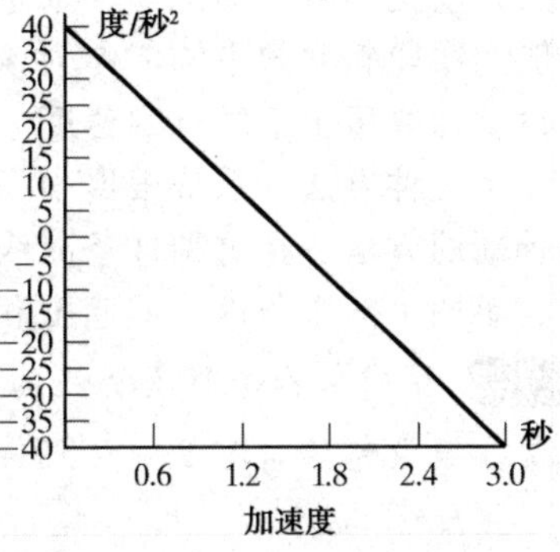

图 7-3 一个三次曲线段的位置、速度和加速度曲线图，起始和终止时均为静止

219~220

$$a_3=-\frac{2}{t_f^3}(\theta_f-\theta_0)+\frac{1}{t_f^2}(\dot{\theta}_f+\dot{\theta}_0)$$

使用式(7.11)，可求出符合任何起始和终止位置以及任何起始和终止速度的三次多项式。

如果在每个中间点处均有期望的关节速度，那么可以简单地将式(7.11)应用到每个曲线段来求出所需的三次多项式。确定中间点处的期望关节速度可以使用以下几种方法：

1)用户给出每个瞬时工具坐标系的笛卡儿线速度和角速度，从而确定每个中间点的期望速度。

2)在笛卡儿空间或关节空间中使用适当的启发算法，系统自动选取中间点的速度。

3)系统自动选取中间点的速度，使得中间点处的加速度连续。

第一种方法，使用在中间点上计算出的操作臂雅可比逆矩阵，把中间点的期望速度"映射"为期望的关节速度。如果操作臂在某个特定的中间点上处于奇异位置，则用户将无法在该点处任意指定速度。对于一个路径生成算法而言，其用处之一就是满足用户指定的期望速度。然而，总是要求用户指定速度也是一个负担。因此一个方便易用的路径规划系统还应包括方法2或3(或者二者兼而有之)。

第二种方法，系统使用一些启发算法来自动地选择合理的过渡速度。考虑在图7-4中所示由中间点确定的某一关节θ的路径。

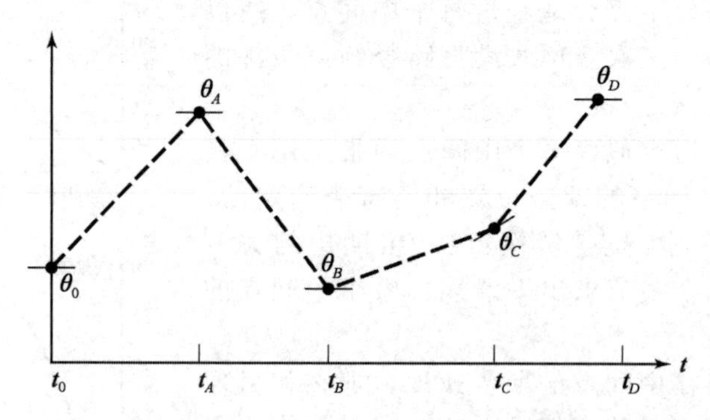

图7-4 在用切线标记的点处具有期望速度的中间点

在图7-4中，已经合理选取了各中间点上的关节速度，并用小的直线段来表示，这些直线段即为曲线在每个中间点处的切线。这种选取结果是通过使用了从概念到计算方法都很简单的启发算法而得到的。假设用直线段把中间点连接起来。如果这些直线的斜率在中间点处改变符号，则把速度选定为零；如果这些直线的斜率没有改变符号，则选取中间点两侧的线段斜率的平均值作为该点的速度。按照此法，系统可以只根据规定的期望中间点来自动选取每个中间点的速度。

221

第三种方法，系统根据中间点处的加速度为连续的原则选取各点的速度。为此，需要一种新的方法。在这种样条曲线中[⊖]，可以将两条三次曲线在连接点处进行拼接，同时需要满足两个约束条件，即速度和加速度均为连续的。

例7.2 试求解两个三次曲线的系数使得两曲线连成的样条曲线在中间点处具有连续的加速度。假设起始角为θ_0，中间点为θ_v，终止点为θ_g。

第一个三次曲线为

⊖ 在这里，术语"样条曲线"只是意味着随时间变化的函数曲线。

$$\theta(t) = a_{10} + a_{11}t + a_{12}t^2 + a_{13}t^3 \tag{7.12}$$

第二个三次曲线为

$$\theta(t) = a_{20} + a_{21}t + a_{22}t^2 + a_{23}t^3 \tag{7.13}$$

在一个时间段内，每个三次曲线的起始时刻为 $t=0$，终止时刻 $t=t_{fi}$，其中 $i=1$ 或 $i=2$。

施加的约束条件为

$$\begin{aligned}
\theta_0 &= a_{10} \\
\theta_v &= a_{10} + a_{11}t_{f1} + a_{12}t_{f1}^2 + a_{13}t_{f1}^3 \\
\theta_v &= a_{20} \\
\theta_g &= a_{20} + a_{21}t_{f2} + a_{22}t_{f2}^2 + a_{23}t_{f2}^3 \\
0 &= a_{11} \\
0 &= a_{21} + 2a_{22}t_{f2} + 3a_{23}t_{f2}^2 \\
a_{11} + 2a_{12}t_{f1} + 3a_{13}t_{f1}^2 &= a_{21}\text{（原书有误——译者注）} \\
2a_{12} + 6a_{13}t_{f1} &= 2a_{22}
\end{aligned} \tag{7.14}$$

222

这些约束条件确定了一个具有 8 个方程和 8 个未知数的线性方程组。当 $t_f=t_{f1}=t_{f2}$ 时可以得到

$$\begin{aligned}
a_{10} &= \theta_0 \\
a_{11} &= 0 \\
a_{12} &= \frac{12\theta_v - 3\theta_g - 9\theta_0}{4t_f^2} \\
a_{13} &= \frac{-8\theta_v + 3\theta_g + 5\theta_0}{4t_f^3} \\
a_{20} &= \theta_v \\
a_{21} &= \frac{3\theta_g - 3\theta_0}{4t_f} \\
a_{22} &= \frac{-12\theta_v + 6\theta_g + 6\theta_0}{4t_f^2} \\
a_{23} &= \frac{8\theta_v - 5\theta_g - 3\theta_0}{4t_f^3}
\end{aligned} \tag{7.15}$$

一般情况下，对于包含 n 个三次曲线段的轨迹来说，当满足中间点处加速度为连续时，其方程组可以写成矩阵形式，用矩阵来求解中间点的速度。该矩阵为三角阵，易于求解[4]。

高次多项式

有时用高次多项式作为路径曲线段。例如，如果要确定在路径曲线段的起始点和终止点的位置、速度和加速度，则需要用一个五次多项式进行插值，即

$$\theta(t) = a_0 + a_1t + a_2t^2 + a_3t^3 + a_4t^4 + a_5t^5 \tag{7.16}$$

其约束条件为

$$\begin{aligned}
\theta_0 &= a_0 \\
\theta_f &= a_0 + a_1t_f + a_2t_f^2 + a_3t_f^3 + a_4t_f^4 + a_5t_f^5 \\
\dot{\theta}_0 &= a_1
\end{aligned}$$

223

$$\dot{\theta}_f = a_1 + 2a_2 t_f + 3a_3 t_f^2 + 4a_4 t_f^3 + 5a_5 t_f^4 \tag{7.17}$$
$$\ddot{\theta}_0 = 2a_2$$
$$\ddot{\theta}_f = 2a_2 + 6a_3 t_f + 12a_4 t_f^2 + 20a_5 t_f^3$$

这些约束条件确定了一个具有6个方程和6个未知数的线性方程组，其解为

$$a_0 = \theta_0$$
$$a_1 = \dot{\theta}_0$$
$$a_2 = \frac{\ddot{\theta}_0}{2}$$
$$a_3 = \frac{20\theta_f - 20\theta_0 - (8\dot{\theta}_f + 12\dot{\theta}_0)t_f - (3\ddot{\theta}_0 - \ddot{\theta}_f)t_f^2}{2t_f^3} \tag{7.18}$$
$$a_4 = \frac{30\theta_0 - 30\theta_f + (14\dot{\theta}_f + 16\dot{\theta}_0)t_f + (3\ddot{\theta}_0 - 2\ddot{\theta}_f)t_f^2}{2t_f^4}$$
$$a_5 = \frac{12\theta_f - 12\theta_0 - (6\dot{\theta}_f + 6\dot{\theta}_0)t_f - (\ddot{\theta}_0 - \ddot{\theta}_f)t_f^2}{2t_f^5}$$

对于一个途经多个给定数据点的轨迹来说，可用多种算法来求解描述该轨迹的平滑函数(多项式或其他函数)[3,4]。在本书中，将不对此进行介绍。

带有抛物线过渡的线性函数

另外一种可选的路径曲线是直线。即简单地从当前的关节位置进行线性插值直到终止位置，如图7-5所示。请记住，尽管在该方法中各关节的运动是线性的，但是末端执行器在空间的运动轨迹一般不是直线。

224

然而，单纯线性插值将导致在起始点和终止点的关节运动速度不连续。为了生成一条位置和速度都连续的平滑运动轨迹，在使用线性函数进行插值时，应该在每个路径点的邻域内增加一段抛物线作为过渡。

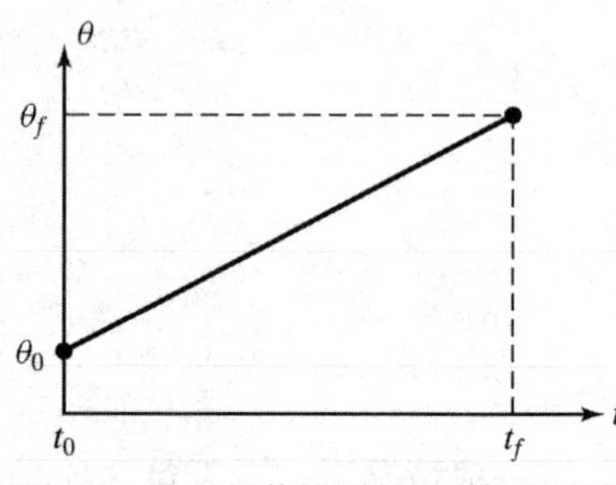

图7-5　线性插值需要无限大的加速度

在运动轨迹的过渡区段内，将使用恒定的加速度平滑地改变速度。图7-6显示了使用这种方法构造的简单路径。直线函数和两个抛物线函数组合成一条完整的位置与速度均连续的路径。

为了构造这样的路径段，假设两端的抛物线区段具有相同的持续时间；因此在这两个过渡区段中采用相同的恒定加速度(模值)。如图7-7所示，这里存在有多个解，但是每个结果都对称于时间中点 t_h 和位置中点 θ_h。由于过渡区段终点的速度必须等于直线部分的速度，所以有

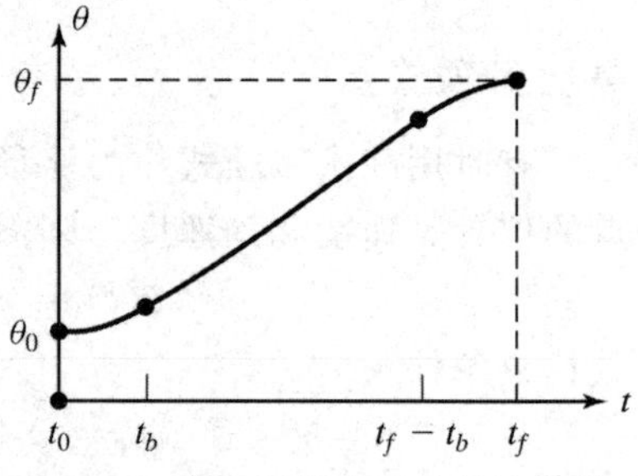

图7-6　带有抛物线过渡的直线段

$$\ddot{\theta} t_b = \frac{\theta_h - \theta_b}{t_h - t_b} \tag{7.19}$$

其中，θ_b 是过渡区段终点的 θ 值，而 $\ddot{\theta}$ 是过渡区段的加速度。θ_b 的值由

$$\theta_b = \theta_0 + \frac{1}{2}\ddot{\theta} t_b^2 \tag{7.20}$$

225

给出。

联立式(7.19)和式(7.20)，且 $t=2t_h$，可以得到

$$\ddot{\theta} t_b^2 - \ddot{\theta} t t_b + (\theta_f - \theta_0) = 0 \tag{7.21}$$

其中，t 是期望的运动时间。对于任意给定的 θ_f、θ_0 和 t，可通过选取满足式(7.21)的 $\ddot{\theta}$ 和 t_b 来获得任一条路径。通常，选择好加速度 $\ddot{\theta}$，再计算式(7.21)，求解出相应的 t_b。选择的加速度必须足够高，否则解将不存在。使用加速度和其他已知参数计算式(7.21)，求解 t_b：

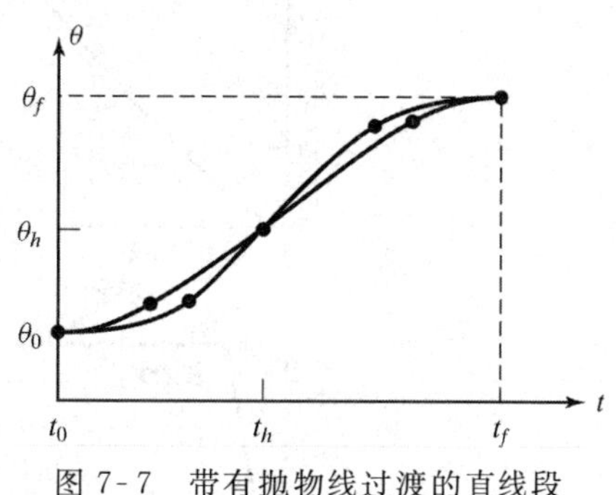

图 7-7 带有抛物线过渡的直线段

$$t_b = \frac{t}{2} - \frac{\sqrt{\ddot{\theta}^2 t^2 - 4\ddot{\theta}(\theta_f - \theta_0)}}{2\ddot{\theta}} \tag{7.22}$$

在过渡区段使用的加速度的限制条件为

$$\ddot{\theta} \geqslant \frac{4(\theta_f - \theta_0)}{t^2} \tag{7.23}$$

当式(7.23)的等号成立时，直线部分的长度缩减为零，整个路径由两个过渡区段组成，且衔接处的斜率相等。如果加速度的取值越来越大，则过渡区段的长度将随之越来越短。当处于极限状态时，即加速度无限大，路径又回到简单的直线情况。

例 7.3 与例 7.1 中讨论的单段路径相似，这里给出两个带有抛物线过渡的直线路径例子。

图 7-8a 给出一种轨迹曲线，加速度 $\ddot{\theta}$ 的值选得较大。在这种情况下，关节迅速加速，然后转为匀速运动，最后减速。图 7-8b 所示的轨迹，由于所选的加速度 $\ddot{\theta}$ 相当小，以致直线区段几乎消失了。

带有抛物线过渡的线性函数用于经过中间点的路径

现在考虑带有抛物线过渡的直线路径，路径上指定了任意数量的中间点。如图 7-9 所示，在关节空间中为某个关节 θ 的运动指定了一组中间点。每两个中间点之间使用线性函数相连，而各中间点附近使用抛物线过渡。

在这里将使用以下符号：用 j、k 和 l 表示三个相邻的路径点。位于路径点 k 处的过渡区段的时间间隔为 t_k。位于点 j 和 k 之间的直线部分的时间间隔为 t_{jk}。点 j 和 k 之间总的时间间隔为 t_{djk}。直线部分的速度为 $\dot{\theta}_{jk}$，而在点 j 处过渡区段的加速度为 $\ddot{\theta}_j$，如图 7-9 所示。

与单段路径的情形相似，存在有许多可能解，这取决于每个过渡区段的加速度值。已知所有的路径点 θ_k、期望的时间区间 t_{djk} 以及每个路径点处加速度的模值 $|\ddot{\theta}_k|$，则可计算出过渡区段的时间间隔 t_k。对于那些内部的路径点，可直接使用下列公式计算：

$$\dot{\theta}_{jk} = \frac{\theta_k - \theta_j}{t_{djk}}$$

$$\ddot{\theta}_k = \mathrm{SGN}(\dot{\theta}_{kl} - \dot{\theta}_{jk})|\ddot{\theta}_k|$$

$$t_k = \frac{\dot{\theta}_{kl} - \dot{\theta}_{jk}}{\ddot{\theta}_k} \tag{7.24}$$

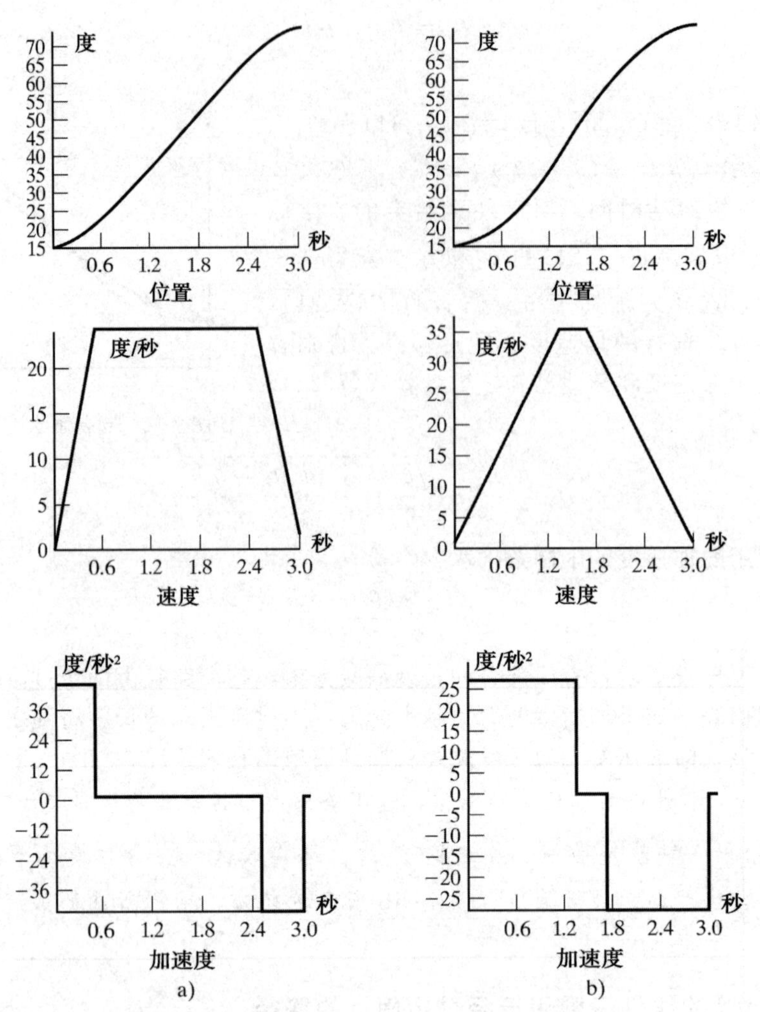

图 7-8　带有抛物线过渡的直线插值的位置、速度和加速度曲线。左边的曲线在过渡区段处的加速度高于右边的曲线

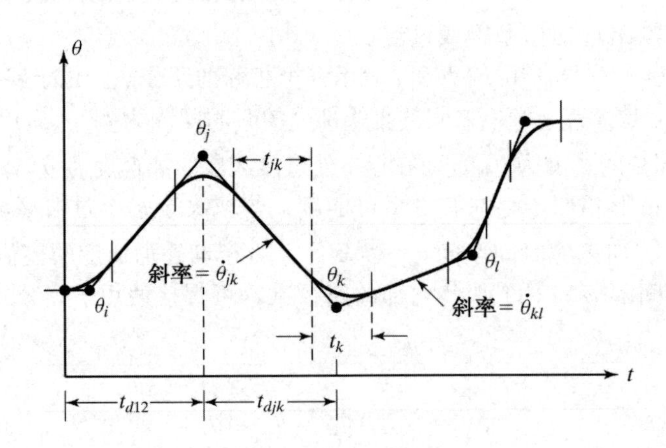

图 7-9　多段带有过渡区段的直线路径

$$t_{jk}=t_{djk}-\frac{1}{2}t_j-\frac{1}{2}t_k$$

226~227

但是，对于第一个路径段和最后一个路径段的处理与上式稍有不同，因为轨迹端部的整个过渡区的持续时间都必须计入这一路径段中。

对于第一个路径段，令线性区段速度的两个表达式相等来求解 t_1：

$$\frac{\theta_2-\theta_1}{t_{d12}-\frac{1}{2}t_1}=\ddot{\theta}_1 t_1 \tag{7.25}$$

由此可解出在起始点处的过渡时间 t_1，然后即可解出 $\dot{\theta}_{12}$ 和 t_{12}：

$$\begin{aligned}
\ddot{\theta}_1&=\mathrm{SGN}(\theta_2-\theta_1)|\ddot{\theta}_1|\\
t_1&=t_{d12}-\sqrt{t_{d12}^2-\frac{2(\theta_2-\theta_1)}{\ddot{\theta}_1}}\\
\dot{\theta}_{12}&=\frac{\theta_2-\theta_1}{t_{d12}-\frac{1}{2}t_1}\\
t_{12}&=t_{d12}-t_1-\frac{1}{2}t_2
\end{aligned}\tag{7.26}$$

同样，对于最后一个路径段(连接点 $n-1$ 到 n)，有：

$$\frac{\theta_{n-1}-\theta_n}{t_{d(n-1)n}-\frac{1}{2}t_n}=\ddot{\theta}_n t_n \tag{7.27}$$

根据上式可求出

228

$$\begin{aligned}
\ddot{\theta}_n&=\mathrm{SGN}(\theta_{n-1}-\theta_n)|\ddot{\theta}_n|\\
t_n&=t_{d(n-1)n}-\sqrt{t_{d(n-1)n}^2+\frac{2(\theta_n-\theta_{n-1})}{\ddot{\theta}_n}}\\
\dot{\theta}_{(n-1)n}&=\frac{\theta_n-\theta_{n-1}}{t_{d(n-1)n}-\frac{1}{2}t_n}\\
t_{(n-1)n}&=t_{d(n-1)n}-t_n-\frac{1}{2}t_{n-1}
\end{aligned}\tag{7.28}$$

式(7.24)～式(7.28)可用来求出多段轨迹中各个过渡区段的时间和速度。通常用户只需给定中间点以及各个路径段的持续时间。在这种情况下，系统使用各个关节的默认加速度值。有时，为了简便起见，系统还可按照默认的速度来计算持续时间。对于各个过渡区段，加速度值必须取得足够大，以便使各路径段具有足够长的直线区段。

例 7.4 定义某个关节的轨迹，用“度”为单位表示各路径点：10，35，25，10。三个路径段的时间间隔分别为 2 秒、1 秒和 3 秒。所有过渡点处的默认加速度模值为 50 度/秒^2。计算各路径段的速度、过渡区段的持续时间和直线区段的持续时间。

对第一个曲线段，利用式(7.26)得到

$$\ddot{\theta}_1=50.0 \tag{7.29}$$

利用式(7.26)求出起始点处过渡区段的持续时间

$$t_1=2-\sqrt{4-\frac{2(35-10)}{50.0}}=0.27 \tag{7.30}$$

从式(7.26)中求出速度 $\dot{\theta}_{12}$

$$\dot{\theta}_{12}=\frac{35-10}{2-0.5(0.27)}=13.50 \tag{7.31}$$

从式(7.24)中求出速度 $\dot{\theta}_{23}$

$$\dot{\theta}_{23}=\frac{25-35}{1}=-10.0 \tag{7.32}$$

然后从式(7.24)得到

$$\ddot{\theta}_2=-50.0 \tag{7.33}$$

再从式(7.24)中求出

$$t_2=\frac{-10.0-13.50}{-50.0}=0.47 \tag{7.34}$$

从式(7.26)中求出路径段1的直线区段的持续时间长度：

$$t_{12}=2-0.27-\frac{1}{2}(0.47)=1.50 \tag{7.35}$$

然后，从式(7.29)中得到

229

$$\ddot{\theta}_4=50.0 \tag{7.36}$$

于是，对于最末路径段，利用式(7.28)求出 t_4

$$t_4=3-\sqrt{9+\frac{2(10-25)}{50.0}}=0.102 \tag{7.37}$$

从式(7.28)中求出速度 $\dot{\theta}_{34}$

$$\dot{\theta}_{34}=\frac{10-25}{3-0.050}=-5.10 \tag{7.38}$$

接着，使用式(7.24)得到

$$\ddot{\theta}_3=50.0 \tag{7.39}$$

从式(7.24)解出 t_3：

$$t_3=\frac{-5.10-(-10.0)}{50}=0.098 \tag{7.40}$$

最终，从式(7.24)中得到

$$t_{23}=1-\frac{1}{2}(0.47)-\frac{1}{2}(0.098)=0.716 \tag{7.41}$$

$$t_{34}=3-\frac{1}{2}(0.098)-0.012=2.849 \tag{7.42}$$

以上给出了轨迹规划的计算结果。在执行过程中，**路径生成器**利用这些数据按照路径更新的速率求出 θ、$\dot{\theta}$ 和 $\ddot{\theta}$ 。

值得注意的是，多段带有抛物线过渡的直线样条曲线实际并没有经过那些路径点，除非操作臂在这些路径点处停留。通常，如果选取的加速度足够大，则实际路径将与期望的路径点非常接近。如果希望操作臂途经并停留在某个路径点，则只需要在路径中重复定义这个路径点。

如果用户希望操作臂精确地经过某个中间点而不停留，则仍可采用前面的办法，但需要做以下补充：系统自动将操作臂希望经过的中间点替换为位于其两侧的两个伪中间点(如图7-10所示)。然后利用前面的办法生成路径。原来的中间点将位于连接两个伪中间点的直线上。除了可要求操作臂精确地经过中间点之外，用户还可以要求操作臂按一定的速度经过该中间点。如果用户没有规定速度，系统就使用适当的启发算法选定速度。术语**穿越点**(而不是“中间点”)被用来定义强迫操作臂准确经过的路径点。

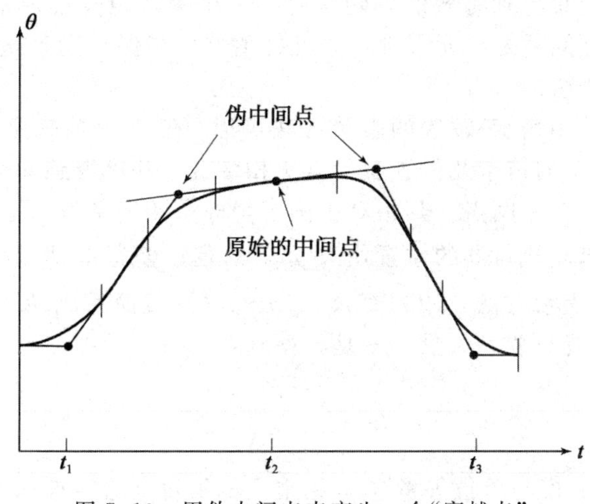

图 7-10 用伪中间点来产生一个“穿越点”

7.4 笛卡儿空间规划方法

如同在 7.3 节提到的，在关节空间中计算出的路径可保证操作臂能够到达中间点和终止点，即使这些路径点是用笛卡儿坐标系来规定。不过，末端执行器在空间中的路径不是直线；而且，其路径的复杂程度取决于操作臂特定的运动学特性。在本节，所考虑的路径生成方法是用笛卡儿位置和姿态关于时间的函数来描述路径形状。此方法可以确定路径点之间的空间路径形状。最常见的路径形状是直线，不过也会使用圆、正弦或其他图形。 230

每个路径点是由工具坐标系相对于固定坐标系的期望位置和姿态来确定的。在基于笛卡儿空间的路径规划中，组合成轨迹的函数都是描述笛卡儿变量的时间的函数。这些路径可直接根据用户指定的路径点进行规划，这些路径点是由$\{T\}$相对于$\{S\}$来描述的，无须事先进行逆运动学求解。可是，执行笛卡儿规划的计算量很大，因为在运行时必须以实时更新路径的速度求出运动学逆解，即在笛卡儿空间生成路径后，作为最后一步，通过求解逆运动学来计算出期望的关节角度。

在机器人学术界和产业界中，已提出了几种生成笛卡儿路径的规划方法[1,2]。作为示例，下节将介绍一种方法。在此方法中，将使用到前面介绍过的用于关节空间中的直线/抛物线样条函数方法。

笛卡儿直线运动

通常，希望能够简单地确定空间路径使工具的末端在空间作直线运动。显然，如果在一条直线上密集地指定许多分离的中间点，那么不管在中间点之间使用何种平滑函数进行连接，工具末端都走直线。但是，如果能让工具在相隔较远的中间点之间走直线则会更为方便一些。这种定义和执行路径的模式被称作**笛卡儿直线运动**。使用直线来定义运动是更为一般意义上的**笛卡儿运动**的子集。在笛卡儿运动中，可以使用笛卡儿变量关于时间的任意函数来定义路径。如果操作臂可以作一般意义的笛卡儿运动，则可以执行诸如椭圆或正弦的运动。 231

在规划和生成笛卡儿直线路径时，最好使用带有抛物线过渡的直线样条函数。在每段的直线部分，位置的三个分量都以线性的方式发生变化，所以末端执行器会沿着直线在空间运动。然而，如果在每个中间点将姿态定义成旋转矩阵，则无法对其分量进行线性插值，因为这样做不一定总得到有效的旋转矩阵。一个旋转矩阵必须是由正交列向量组成，而在两个正确的矩阵之间对矩阵元素进行线性插值并不能保证满足这个条件。因此，将使用另一种姿态的表示方法。

如第 2 章所述，使用**角度-轴线**的表示方法可以只需三个数来定义姿态。如果把这种姿态的表示方法与 3×1 的笛卡儿位置表示方法相结合，就可得到 6×1 的笛卡儿位置与姿态的表示方法。考虑一个中间点，其相对于固定坐标系的定义为${}_A^ST$。坐标系$\{A\}$定义了一个中间点，在该点处末端执行器的位置由${}^SP_{AORG}$给定，姿态由${}_A^SR$ 给定。该旋转矩阵可被转换成“角度-轴线”的表示方法：$ROT({}^S\hat{K}_A，\theta_{SA})$——或简写成${}^SK_A$。这里使用符号 χ 代表该 6×1 的笛卡儿位置与姿态矢量。于是，得到：

$$ {}^S\chi_A = \begin{bmatrix} {}^SP_{AORG} \\ {}^SK_A \end{bmatrix} \tag{7.43} $$

其中，${}^SK_A$ 为旋转量 θ_{SA} 模与单位矢量${}^S\hat{K}_A$ 相乘。如果每个路径点均使用这种方法来表示，那么就可以选择适当的样条函数，使这 6 个分量随时间从一个路径点平滑地移动到下一个路径点。如果采用带有抛物线过渡的直线函数，那么中间点之间的路径则为直线。当经过中间点时，末端执行器的线速度与角速度将作平滑地变化。

注意，与其他一些已提出的笛卡儿-直线-运动规划方法不同，此法不能保证只沿一个“等价轴”从一点到一点运动。相反，该方法只是说明可以应用前面介绍过的关节空间规划的轨迹插值方法得到姿态的平滑变化。

另外需要说明的是，角度-轴线的表示方法并不唯一，即

232

$$ ({}^S\hat{K}_A,\theta_{SA}) = ({}^S\hat{K}_A,\theta_{SA} + n360°) \tag{7.44} $$

其中，n 为任意的正整数或负整数。当操作臂从中间点$\{A\}$运动到中间点$\{B\}$时，总的转角应取最小值。如果$\{A\}$的姿态由${}^SK_A$ 给出，则必须选择特定的${}^SK_B$ 使得$|{}^SK_B-{}^SK_A|$最小。例如，图 7-11 显示了 4 个可能的${}^SK_B$ 及其与给定的${}^SK_A$ 之间的关系。通过对矢量的差(虚线)进行比较，从而判断哪个${}^SK_B$ 会使转动最小化——在此例中，是${}^SK_{B(-1)}$。

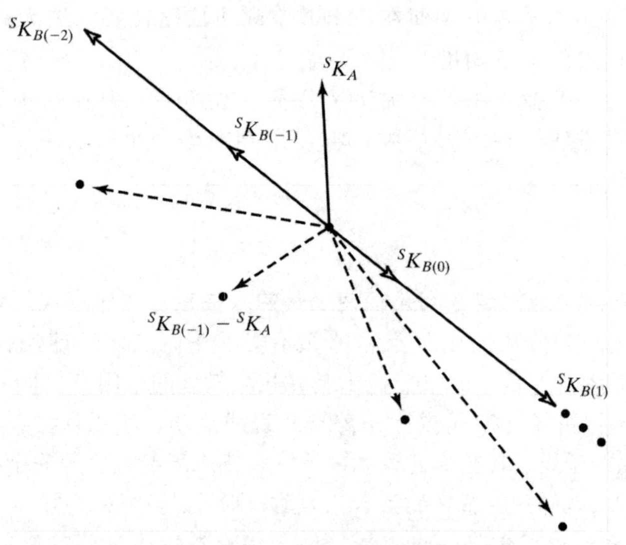

图 7-11 选用“角度-轴线”表示法使转动最小化

一旦对每个中间点选好了 χ 的 6 个值，即可使用前面介绍的用直线和抛物线组合的样条函数进行路径规划。只是要附加一个约束条件：每个自由度的过渡区段的时间间隔必须是相同的。这样才能保证各自由度形成的复合运动在空间形成一条直线。因为各自由度的过渡区段的时间间隔相同，所以在过渡区段的加速度便不相同。因此，在指定过渡区段的时间间隔时，应该使用式(7.24)计算所需要的加速度(而不使用其他方法)。可以通过选择恰当的过渡时间以使加速度不超过上限。

还有许多其他描述笛卡儿路径的姿态并对其插值的方法可以使用。其中，可以使用 2.8 节介绍的 3×1 姿态表示法。例如，某些工业机器人使用与 Z-Y-Z 欧拉角相似的表示方法对姿态进行插值，以使机器人沿笛卡儿直线路径运动。

7.5　笛卡儿路径的几何问题

因为笛卡儿空间中描述的路径形状与关节空间中的路径形状有连续的对应关系，所以笛卡儿空间中的路径容易出现与工作空间和奇异点有关的各种问题。

233

问题之一：无法到达中间点

尽管操作臂的起始点和终止点都在其工作空间内部，但是很有可能在连接这两点的直线上有某些点不在工作空间中。例如图 7-12 所示的平面两杆机器人及其工作空间。在此例中，连杆 2 比连杆 1 短，所以在工作空间的中间存在一个孔，其半径为两连杆长度之差。起始点 A 和终止点 B 被画在工作空间中。在关节空间中规划轨迹从 A 运动到 B 没有问题，但是如果试图在笛卡儿空间中沿直线运动，将无法到达路径上的某些中间点。该例表明了在某些情况下，关节空间中的路径容易实现，而笛卡儿空间中的直线路径将无法实现。⊖

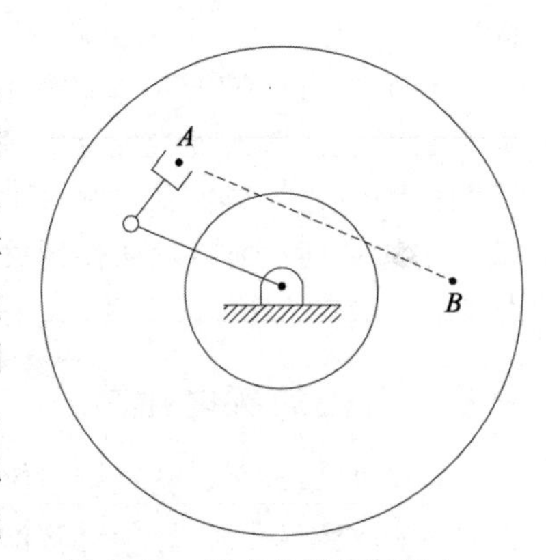

图 7-12　笛卡儿路径问题之一

问题之二：在奇异点附近关节速度增大

从第 5 章可以看到，在操作臂的工作空间中存在着某些位置，在这些位置处无法用有限的关节速度来实现末端执行器在笛卡儿空间中的期望速度。因此，有某些路径(在笛卡儿空间中描述)是操作臂所无法执行的，这一点并不奇怪。例如，如果一个操作臂沿笛卡儿直线路径接近机构的某个奇异位形时，则机器人的一个或多个关节速度可能激增至无穷大。由于机构所容许的轨迹速度是有上限的，因此这通常将导致操作臂偏离期望的路径。

234

例如，图 7-13 给出了一个平面两杆(两杆长相同)机器人，从 A 点沿着路径运动到 B 点。期望的轨迹是使操作臂末端以恒定的速度作直线运动。图中画出了操作臂在运

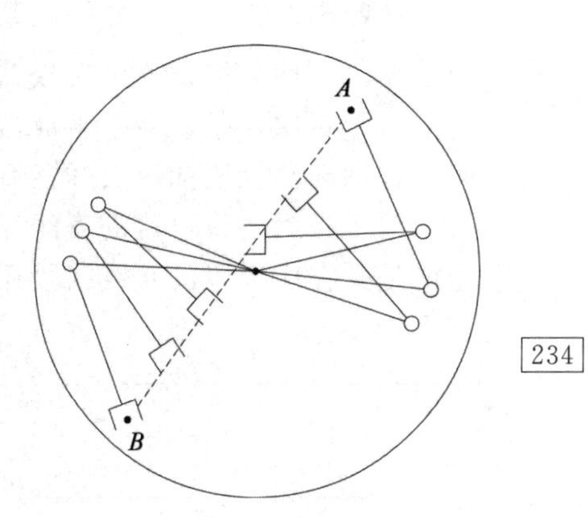

图 7-13　笛卡儿路径问题之二

⊖ 有些机器人系统在移动操作臂之前提前通知用户可能发生的问题，而有些机器人系统则不会提前通知用户，只要操作臂在运动过程中某些关节达到了极限，机器人的运动就会终止。

动过程中的多个中间位置以便于观察其运动。可见，路径上的所有点都可以到达。但是当机器人经过路径的中间部分时，关节 1 的速度非常高。路径越接近关节 1 的轴线，关节 1 的速度就变得越大。一个解决办法是：降低路径的整体运动速度，以保证所有关节的速度不超出其容许范围。这样做可能会使路径的运动速度不再是匀速，但是路径仍然保持为直线。

问题之三：起始点和终止点有不同的解

使用图 7-14 可以说明这个问题。在这里，平面两杆机器人的两个杆长相等，但是关节存在约束，这使机器人到达空间给定点的解的数量减少。尤其是当机器人的终止点不能使用与起始点相同的解到达时，就会出现问题。如图 7-14 所示，操作臂可以使用某些解到达所有的路径点，但并非任何解都可以到达。为此，操作臂的路径规划系统无须使机器人沿路径运动就应该检测到这种问题，并向用户报错。

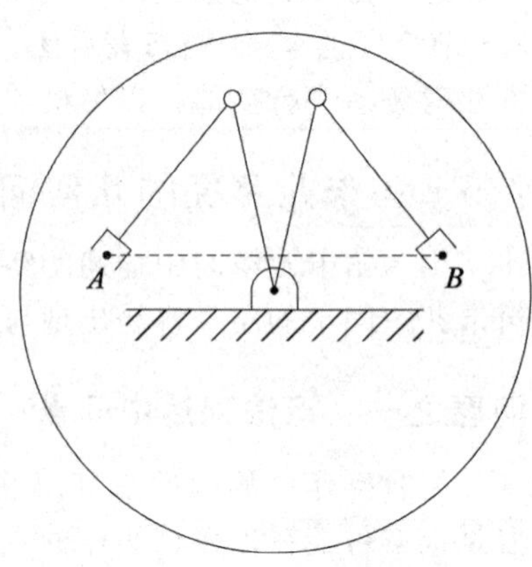

图 7-14 笛卡儿路径问题之三

为了应对在笛卡儿空间轨迹规划中存在的这些问题，大多数工业机器人的控制系统都具有关节空间和笛卡儿空间两种轨迹生成方法。由于使用笛卡儿空间路径存在着一定的难度，所以默认使用关节空间路径，只有在必要时，才使用笛卡儿空间的路径规划方法。

235

7.6 路径的实时生成

在**实时运行**时，路径生成器不断产生用 θ、$\dot{\theta}$ 和 $\ddot{\theta}$ 构造的轨迹，并且将此信息输送至操作臂的控制系统。路径计算的速度应能满足路径更新速率的要求。

关节空间路径的生成

按照前面在 7.3 节介绍的某种样条方法生成的路径，其结果都是有关各个路径段的一组数据。这些数据被路径生成器用来实时计算 θ、$\dot{\theta}$ 和 $\ddot{\theta}$。

对于三次样条，路径生成器只需随 t 的变化不断计算式(7.3)。当到达路径段的终点时，调用新路径段的三次样条系数，重新把 t 置成零，继续生成路径。

对于带抛物线过渡的直线样条曲线，每次更新轨迹时，应首先检测时间 t 的值以判断当前是处在路径段的直线区段还是抛物线过渡区段。在直线区段，对每个关节的轨迹计算如下：

$$\begin{aligned}\theta &= \theta_j + \dot{\theta}_{jk} t \\ \dot{\theta} &= \dot{\theta}_{jk} \\ \ddot{\theta} &= 0\end{aligned} \tag{7.45}$$

236

其中，t 是自第 j 个中间点算起的时间，$\dot{\theta}_{jk}$ 的值在轨迹规划时按式(7.24)计算。在过渡区段，对各关节的轨迹计算如下：

$$t_{\text{inb}} = t - \left(\frac{1}{2}t_j + t_{jk}\right)$$

$$\theta = \theta_j + \dot{\theta}_{jk}(t - t_{\mathrm{inb}}) + \frac{1}{2}\ddot{\theta}_k t_{\mathrm{inb}}^2$$
$$\dot{\theta} = \dot{\theta}_{jk} + \ddot{\theta}_k t_{\mathrm{inb}}$$
$$\ddot{\theta} = \ddot{\theta}_k \tag{7.46}$$

其中，$\dot{\theta}_{jk}$、$\ddot{\theta}_k$、t_j 和 t_{jk} 在轨迹规划时根据式(7.24)～式(7.28)计算。当进入一个新的直线区段时，将 t 重置成$\frac{1}{2}t_k$，继续计算，直到计算出所有表示路径段的数据集合。

笛卡儿空间路径的生成

在 7.4 节中已经介绍了笛卡儿空间路径规划方法，使用路径生成器生成了带有抛物线过渡的直线样条曲线。但是，计算得到的数值表示的是笛卡儿空间的位置和姿态而不是关节变量值，所以这里使用符号 x 来表示笛卡儿位姿矢量的一个分量，并重写式(7.45)和式(7.46)。在曲线的直线区段，x 中的每个自由度按下式计算下：

$$x = x_j + \dot{x}_{jk} t$$
$$\dot{x} = \dot{x}_{jk} \tag{7.47}$$
$$\ddot{x} = 0$$

其中，t 是自第 j 个中间点算起的时间，而 $\dot{x}_{jk}$ 是在轨迹规划过程中由类似于式(7.24)的方程求出的。在过渡区段中，每个自由度的轨迹计算如下：

$$t_{\mathrm{inb}} = t - \left(\frac{1}{2}t_j + t_{jk}\right)$$
$$x = x_j + \dot{x}_{jk}(t - t_{\mathrm{inb}}) + \frac{1}{2}\ddot{x}_k t_{\mathrm{inb}}^2$$
$$\dot{x} = \dot{x}_{jk} + \ddot{x}_k t_{\mathrm{inb}} \tag{7.48}$$
$$\ddot{x} = \ddot{x}_k$$

其中，$\dot{x}_{jk}$、$\ddot{x}_k$、t_j、t_{jk} 的值在轨迹规划过程中计算出，与关节空间的情况完全相同。

最后，这些笛卡儿空间的路径(χ，$\dot{\chi}$，$\ddot{\chi}$)必须被等价变换为关节空间的变量。对此，可以通过运动学反解得到关节位移；用逆雅可比矩阵计算关节速度，用逆雅可比矩阵及其导数计算角加速度[5]。在实际中经常使用的简单方法为：根据路径更新的速率，将 χ 转化成等价的坐标系表示：${}_G^ST$。然后使用 SOLVE 算法(见 4.8 节)求出所需的关节角矢量 Θ。然后用数值微分计算出 $\dot{\Theta}$ 和 $\ddot{\Theta}$。⊖ 于是，算法为 237

$$\chi \rightarrow {}_G^ST$$
$$\Theta(t) = \mathrm{SOLVE}({}_G^ST)$$
$$\dot{\Theta}(t) = \frac{\Theta(t) - \Theta(t - \delta t)}{\delta t} \tag{7.49}$$
$$\ddot{\Theta}(t) = \frac{\dot{\Theta}(t) - \dot{\Theta}(t - \delta t)}{\delta t}$$

然后把 Θ、$\dot{\Theta}$、$\ddot{\Theta}$ 输入给操作臂的控制系统。

⊖ 求导可以为预先定义的轨迹做好，从而得到更好的质量的 $\dot{\Theta}$ 和 $\ddot{\Theta}$。另外，因为大部分控制系统都不需要输入 $\ddot{\Theta}$，所以它没必要计算出来。

7.7 使用机器人编程语言描述路径

在第 12 章，会更详细地讨论**机器人编程语言**。在此，将说明在本章讨论的多种路径如何用机器人编程语言表达。在这些例子中，将使用 *AL* 语言，一种由斯坦福大学开发的机器人编程语言[6]。

符号 *A*、*B*、*C*、*D* 表示 *AL* 语言例子中的“位姿”。它们代表了路径点，假定这些路径点已被示教或文本输入进了系统。假定操作臂从位置 *A* 开始运动。在关节空间使操作臂沿着带有抛物线过渡的直线路径运动，就写入

```
move ARM to C with duration= 3 * seconds;
```

以直线移动到相同的位置和姿态，就写入

```
move ARM to C linearly with duration= 3 * seconds;
```

其中，关键词“linearly”表示使用笛卡儿直线运动。如果时间区间并不重要，用户可忽略此定义，而系统将采用默认的速度，即

```
move ARM to C;
```

如果加入一个中间点，则可写为

```
move ARM to C via B;
```

或者加入一组中间点

```
move ARM to C via B, A, D;
```

注意到在

```
move ARM to C via B with duration= 6 * seconds;
```

中给出了整个运动的时间区间。系统自行决定如何在整个运动的时间区间中分配直线和抛物线区段的时间。在 *AL* 中，可以为某个区段单独指定时间区间——例如，

```
move ARM to C via B where duration= 3 * seconds;
```

这样，走向点 *B* 的第一个区段将有 3 秒钟。

7.8 使用动力学模型的路径规划

238

通常，在规划路径时，在每个过渡点处使用默认的或最大的加速度。实际上，操作臂在任何时刻的最大加速度与其动力学性能和驱动器能力有关。绝大多数驱动器的特征并不是由固定的最大扭矩或加速度来描述的，而是由它的力矩-速度曲线来描述的。

在规划路径时，如果假定每个关节或每个自由度具有最大的加速度，则意味着作了过度的简化。实际上，为了避免超出驱动设备的承受能力，必须保守地选取最大加速度值。因而，采用本章介绍的轨迹规划方法不能充分利用操作臂的速度性能。

自然会提出下列问题：如果已知末端执行器的期望空间路径，如何使操作臂以最少的时间到达目标点(将空间路径的描述转变成轨迹)。这些问题已由数值计算方法解决[7,8]。这些方法考虑了操作臂动力学和驱动器的速度-力矩约束曲线。

7.9 无碰撞路径规划

如果能简单地把操作臂的期望目标点告诉机器人系统，让系统自行决定所需中间点的数量和位置以使操作臂到达目标而不碰到任何障碍，这将是一件非常好的事情。为此，必须要有操作臂的模型、工作区域以及区域内所有潜在的障碍。如果在该区域中还有一个操作臂在工作，那么每个机械臂都应该把对方视作障碍。

无碰撞路径规划系统尚未在工业上获得商业应用。此领域的研究形成了两个主要的相互竞争的技术以及二者的若干变型和综合技术。一种解决问题的方法是做出一个用于描述无碰撞空间的连接图，然后在该图中搜索无碰撞路径[9-11,17,18]。然而，这些技术的复杂性随着操作臂的关节数量增加而按指数幅度增加。第二种方法是在障碍的周围设置人工势场，以使操作臂在被拉向在目标点处设置的人工吸引极点的同时避免碰上障碍[12]。然而，这些方法通常只考虑了局部空间，因而会在人工势场区域的某个局部极小区被“卡”住。

参考文献

[1] R.P. Paul and H. Zong, “Robot Motion Trajectory Specification and Generation,” 2nd International Symposium on Robotics Research, Kyoto, Japan, August 1984.

[2] R. Taylor, “Planning and Execution of Straight Line Manipulator Trajectories,” in *Robot Motion*, Brady et al., Editors, MIT Press, Cambridge, MA, 1983.

[3] C. DeBoor, *A Practical Guide to Splines*, Springer-Verlag, New York, 1978.

[4] D. Rogers and J.A. Adams, *Mathematical Elements for Computer Graphics*, McGraw-Hill, New York, 1976.

[5] B. Gorla and M. Renaud, *Robots Manipulateurs*, Cepadues-Editions, Toulouse, 1984.

[6] R. Goldman, *Design of an Interactive Manipulator Programming Environment*, UMI Research Press, Ann Arbor, MI, 1985.

[7] J. Bobrow, S. Dubowsky, and J. Gibson, “On the Optimal Control of Robotic Manipulators with Actuator Constraints,” *Proceedings of the American Control Conference*, June 1983.

[8] K. Shin and N. McKay, “Minimum-Time Control of Robotic Manipulators with Geometric Path Constraints,” *IEEE Transactions on Automatic Control*, June 1985.

[9] T. Lozano-Perez, “Spatial Planning: A Configuration Space Approach,” AI Memo 605, MIT Artificial Intelligence Laboratory, Cambridge, MA, 1980.

[10] T. Lozano-Perez, “A Simple Motion Planning Algorithm for General Robot Manipulators,” *IEEE Journal of Robotics and Automation*, Vol. RA-3, No. 3, June 1987.

[11] R. Brooks, “Solving the Find-Path Problem by Good Representation of Free Space,” *IEEE Transactions on Systems, Man, and Cybernetics*, SMC-13: 190–197, 1983.

[12] O. Khatib, “Real-Time Obstacle Avoidance for Manipulators and Mobile Robots,” *The International Journal of Robotics Research*, Vol. 5, No. 1, Spring 1986.

[13] R.P. Paul, “Robot Manipulators: Mathematics, Programming, and Control,” MIT Press, Cambridge, MA, 1981.

[14] R. Castain and R.P. Paul, “An Online Dynamic Trajectory Generator,” *The International Journal of Robotics Research*, Vol. 3, 1984.

[15] C.S. Lin and P.R. Chang, “Joint Trajectory of Mechanical Manipulators for Cartesian Path Approximation,” *IEEE Transactions on Systems, Man, and Cybernetics*, Vol. SMC-13, 1983.

[16] C.S. Lin, P.R. Chang, and J.Y.S. Luh, “Formulation and Optimization of Cubic Polynomial Joint Trajectories for Industrial Robots,” *IEEE Transactions on Automatic Control*, Vol. AC-28, 1983.

[17] L. Kavraki, P. Svestka, J.C. Latombe, and M. Overmars, “Probabilistic Roadmaps for Path Planning in High-Dimensional Configuration Spaces,” *IEEE Transactions on Robotics and Automation*, 12(4): 566–580, 1996.

[18] J. Barraquand, L. Kavraki, J.C. Latombe, T.Y. Li, R. Motwani, and P. Raghavan, “A Random Sampling Scheme for Path Planning,” *The International Journal of Robotics Research*, 16(6): 759–774, 1997.

239

习题

7.1 [8]一个6关节机器人沿着一条三次曲线通过两个中间点并停止在目标点，需要计算几个不同的三次曲线？描述这些三次曲线需要多少系数？

7.2 [13]一个单连杆转动关节机器人静止在关节角$\theta=-5°$处。希望在4秒内平滑地将关节转动到$\theta=80°$。求出完成此运动并且使目标停在目标点的三次曲线的系数。画出位置、速度和加速度的时间函数。

7.3 [14]一个单连杆转动关节机器人静止在关节角$\theta=-5°$处。希望在4秒内平滑地将关节转动到$\theta=80°$并平滑地停止。求出带有抛物线过渡的直线轨迹的相应参数。画出位置、速度和加速度的时间函数。

7.4 [30]写出一个能实现式(7.24)～式(7.28)的通用路径规划程序，能处理具有任意数量路径点的路径。例如，此程序可被用来求解例7.4。

240

7.5 [18]画出一条曲线的位置、速度和加速度图形，该条曲线由例7.2给出的两段具有连续加速度的三次样条曲线组成。对于某个关节，$\theta_0=5.0°$，$\theta_v=15.0°$，$\theta_g=40.0°$，每段持续1.0秒，画出这些图形。

7.6 [18]画出一条曲线的位置、速度和加速度图形，该条曲线由两段在式(7.11)给出的系数组成的三次样条曲线组成。对于某个关节，起始点$\theta_0=5.0°$，中间点$\theta_v=15.0°$，目标点$\theta_g=40.0°$，假定每段持续1.0秒并且在中间点的速度为17.5度/秒，画出这些图形。

7.7 [20]对一条带有抛物线过渡的两段直线样条，计算$\dot{\theta}_{12}$、$\dot{\theta}_{23}$、t_1、t_2和t_3。(使用式(7.24)～式(7.28))。对此关节，$\theta_1=5.0°$，$\theta_2=15.0°$，$\theta_3=40.0°$。假定$t_{d12}=t_{d23}=1.0$秒并且在过渡区段中使用的默认加速度为80度/秒^2。画出θ的位置、速度和加速度图形。

7.8 [18]画出一条曲线的位置、速度和加速度图形，该条曲线由例7.2给出的两段加速度连续的样条曲线组成。对于某个关节，$\theta_0=5.0°$，$\theta_v=15.0°$，$\theta_g=-10.0°$，假定每段持续2.0秒，画出这些图形。

7.9 [18]画出一条曲线的位置、速度和加速度图形，该条曲线由两段在式(7.11)给出的三次样条曲线组成。对于某个关节，起始点$\theta_0=5.0°$，中间点$\theta_v=15.0°$，目标点$\theta_g=-10.0°$，假定每段持续2.0秒并且在中间点的速度为0.0度/秒，画出这些图形。

7.10 [20]对一条带有抛物线过渡的两段直线形成的曲线，计算$\dot{\theta}_{12}$、$\dot{\theta}_{23}$、t_1、t_2和t_3(使用式(7.24)～式(7.28))。对此关节，$\theta_1=5.0°$，$\theta_2=15.0°$，$\theta_3=-10.0°$。假定$t_{d12}=t_{d23}=2.0$秒并且在过渡区段处使用的默认加速度为60度/秒^2。画出θ的位置、速度和加速度图形。

7.11 [6]求出等价于${}^S_GT$的6×1笛卡儿位置和姿态表达式${}^s\chi_G$，其中${}^S_GR=\mathrm{ROT}(\hat{Z},30°)$并且${}^SP_{GORG}=(10.0\quad 20.0\quad 30.0)^{\mathrm{T}}$。

7.12 [6]求出等价于6×1笛卡儿位置和姿态表达式${}^s\chi_G=(5.0\quad -20.0\quad 10.0\quad 45.0\quad 0.0\quad 0.0)^T$的${}^S_GT$。

7.13 [30]写出一个程序，使用6.7节(平面两杆操作臂)的动力学公式计算使操作臂沿着习题7.8的路径运动所需要施加的力矩随时间的变化规律。求出力矩的最大值以及发生在路径的何处。

7.14 [32]写出一个程序，用6.7节(平面两杆操作臂)的动力学公式计算使操作臂沿着习题7.8的路径运动所需要施加的扭矩随时间的变化规律。分别根据惯性、速度项和重力画出所需的关节力矩图。

7.15 [22]当$t_{f1}\neq t_{f2}$时，计算例7.2。

7.16 [25]希望用时间t_f把一个单关节由静止状态从θ_0转到θ_f并静止。θ_0和θ_f的值已知，但是希望求出t_f以使对所有的t，$\|\dot{\theta}(t)\|<\dot{\theta}_{\max}$并且$\|\ddot{\theta}(t)\|<\ddot{\theta}_{\max}$，其中$\dot{\theta}_{\max}$和$\ddot{\theta}_{\max}$为给定的正常数。使用一个单独三次样条曲线段，并求出t_f的表达式和三次样条曲线的系数。

7.17 [10]在从$t=0$到$t=1$的时间区间使用一个单段三次样条曲线轨迹：$\theta(t)=10+90t^2-60t^3$。求其起始点和终止点的位置、速度和加速度。

241

7.18 [12]在从 $t=0$ 到 $t=2$ 的时间区间使用一个单段三次样条曲线轨迹：$\theta(t)=10+90t^2-60t^3$。求其起始点和终止点的位置、速度和加速度。

7.19 [13]在从 $t=0$ 到 $t=1$ 的时间区间使用一个单段三次样条曲线轨迹：$\theta(t)=10+5t+70t^2-45t^3$。求其起始点和终止点的位置、速度和加速度。

7.20 [15]在从 $t=0$ 到 $t=2$ 的时间区间使用一个单段三次样条曲线轨迹：$\theta(t)=10+5t+70t^2-45t^3$。求其起始点和终止点的位置、速度和加速度。

7.21 [12]如果分配给三次运动(运动在起止点停止)的时间减半，那么对轨迹的最大加速度有何影响?

7.22 [17]期望一个关节采用带抛物线过渡的线性轨迹从 θ_0 运动到 θ_f。如果抛物线段的 $\ddot{\theta}$ 和线性段的速度 $\dot{\theta}_l$ 给定，用这 4 个未知参数求出 t 和 t_b。

7.23 [18]期望工具点按照带抛物线过渡的直线轨迹从 $P_1=(0.0\quad 0.0)^{\mathrm{T}}$ 到 $P_3=(3.0\quad 3.0)^{\mathrm{T}}$ 运动，$P_2=[2.0\quad 1.0)^{\mathrm{T}}$ 为中间点。预期每一段的时间间隔为 $t_{d12}=t_{d23}=1$，加速度幅值为 $\ddot{x}=\ddot{y}=2$。画出该轨迹的 $x-y$ 坐标。

7.24 [15]如图 6-6 所示的两连杆操作臂在 $\Theta=(-5° \quad 125°)^{\mathrm{T}}$ 静止。期望关节以光滑轨迹在 4 秒钟运动到 $\Theta=(80° \quad 45°)^{\mathrm{T}}$。找出两个三次样条的系数，完成该轨迹运动并让操作臂静止在目标位置。如果 $l_1=3$ 且 $l_2=2.2$ 画出轨迹的 $x-y$ 坐标。

7.25 [17]单连杆机器人有一个转动关节，静止于 $\theta=-20°$。期望关节以光滑轨迹经过 $\theta=15°$到 $\theta=60°$。这些轨迹段的时间间隔是 $t_{f1}=1$ 和 $t_{f2}=2$。求出两个三次样条的系数，连接这两段样条，且中间点的加速度连续。

7.26 [17]单连杆机器人有一个转动关节，静止于 $\theta=-20°$。期望关节以光滑轨迹经过 $\theta=15°$到 $\theta=60°$。这些轨迹段的时间间隔是 $t_{f1}=1$ 和 $t_{f2}=2$。求出两个三次样条的系数，连接这两段样条，且中间点的速度如图 7-4 所示。

7.27 [19]带抛物线过渡的单段线性轨迹的加速度 $\ddot{\theta}$ 在第一部分是正常数，中间部分是 0，最后一部分是 $-\ddot{\theta}$。对于给定的轨迹时间 t_f，各部分的时间间隔分别是 t_b、t_f-2t_b 和 t_b；随加速度大小 $\ddot{\theta}$ 变化。当(a)$t_b=0$，(b)$t_b=t_f/3$ 和(c)$t_b=t_f/2$，利用 θ_0、θ_f 和 t_f 求出最大速度 $\dot{\theta}_{\max}$。

7.28 [19]对于习题 7.27 的三种情况，描述速度(比如位置、速度和加速度)曲线。 242

7.29 [14]带抛物线过渡的某个线性轨迹由以下参数生成：$\theta_0=0$，$\theta_f=45°$，线性段 $\dot{\theta}=1$，过渡段 $\ddot{\theta}=5$。该运动的时间和最后的位置是多少?

编程练习

1. 写出一个关节空间中三次样条曲线的路径规划系统。系统应包括一个子程序

```
Procedure CUBCOEF (VAR th0, thf, thdot0, thdotf: real; VAR cc: vec4);
```

其中

th0＝θ 在起始段的初始位置；

thf＝θ 在最终段的终止位置；

thdot0＝曲线段的起始速度；

thdotf＝曲线段的终止速度。

这 4 个变量是输入，而“cc”——一个曲线系数的 4 维数组是输出。

程序最多(或至少)应该能够指定 5 个中间点——工具坐标系$\{T\}$相对于固定坐标系$\{S\}$描述，或者以常见的(x, y, ϕ)形式表达。为了简便，所有的曲线段具有相同的时间间隔。该系统应能解出三次样条曲线的系数，利用恰当的启发算法确定在中间点处的关节速度。提示：见 7.3 节方法 2。

2. 编写一个路径生成器系统，在关节空间中根据每段三次样条曲线的系数计算轨迹。系统必须能够生成在题 1 中规划的多曲线段路径。各曲线段的时间间隔由用户指定。系统应能以路径更新的速率产生位置、速度和加速度信息，该速率仍可由用户指定。

3. 操作臂与前面使用的三连杆机械臂相同。坐标系$\{T\}$和$\{M\}$的定义与前述相同：

$$^{W}_{T}T=(x\quad y\quad \theta)=(0.1\quad 0.2\quad 30.0)$$
$$^{B}_{S}T=(x\quad y\quad \theta)=(0.0\quad 0.0\quad 0.0)$$

每段的时间间隔为3.0秒，操作臂的起始点为

$$(x_1\quad y_1\quad \phi_1)=(0.758\quad 0.173\quad 0.0)$$

运动经过中间点

$$(x_2\quad y_2\quad \phi_2)=(0.6\quad -0.3\quad 45.0)$$

和

$$(x_3\quad y_3\quad \phi_3)=(-0.4\quad 0.3\quad 120.0)$$

并终止在目标点(在本例中，与起始点相同)

243

$$(x_4\quad y_4\quad \phi_4)=(0.758\quad 0.173\quad 0.0)$$

规划并执行路径。路径更新速率为40赫兹，但只每隔0.2秒打印位置信息。用笛卡儿用户坐标形式打印位置信息。不必打印出速度和加速度，尽管你可能有兴趣。

MATLAB 练习

本练习的目的是为单关节在关节空间中生成多项式轨迹。(如果是多关节，则需要 n 次运用本结果。)针对下面三种情况，编写一个 MATLAB 程序生成关节空间的路径。对给定的任务输出结果；对于每种情况，给出关于关节角、角速度、角加速度以及角加速度率(即加速度对时间的导数)的多项式函数。对于每种情况，打印出结果。(竖直地按照角度、角速度、角加速度和角加速度率的顺序绘图，要求它们具有相同的时间单位——可以参考 MATLAB 的作图子函数 subplot 来实现。)不要只是作出图来——还需要做一些讨论，你的结果是否有意义？以下是三种情况：

a) *三次多项式*。在起始点和终止点，强迫角速度为0。已知 $\theta_s=120°$(起始点)，$\theta_f=60°$(终止点)，$t_f=1$ s。

b) *五次多项式*。在起始点和终止点，强迫角速度和角加速度为0。已知 $\theta_s=120°$(起始点)，$\theta_f=60°$(终止点)，$t_f=1$ s。把计算结果(函数与图形)与题 a)中使用三次多项式的结果进行比较。

c) *两段带有中间点的三次多项式*。在起始点和终止点，强迫角速度为0。不必强迫在中间处的角速度为零——必须保证两段多项式在时间上重合的点上使二者的速度和加速度相同。证明此条件被满足。已知 $\theta_s=60°$(起始点)，$\theta_v=120°$(中间点)，$\theta_f=30°$(终止点)，并且 $t_1=t_2=1$ s(相对的时间步长——即 $t_f=2$ s)。

244

d) 用 Corke MATLAB 机器人工具箱检验 a)和 b)的结果。用函数 jtraj()试一试。

操作臂的机构设计

8.1 引言

根据前面章节的内容，可知操作臂的结构会对其运动学和动力学分析产生影响。例如，有的运动学结构非常便于求解，有的则没有封闭解。同样，动力学方程的复杂程度会随着其运动学结构和连杆的质量分布而发生很大变化。在后面的几章里，将会看到操作臂的控制不仅与刚体动力学有关，而且还与驱动系统的摩擦和柔性有关。

操作臂所能完成的任务随特定结构设计的不同而有很大的区别。尽管通常把操作臂抽象成一个整体，但是它所能完成的任务主要受到以下实际因素的限制：负载能力、速度、工作空间的大小、重复定位精度等。对于一些特定的应用场合，操作臂的整体尺寸、重量、功率消耗和成本将是非常重要的影响因素。

本章将讨论几个与操作臂的设计有关的问题。一般来讲，设计方法以及对一个已设计完成系统的评估都有一些主观性，很难用生硬的设计规则来对设计方法的选择进行限制。

机器人系统的组成大体上可分为四部分：

1)操作臂，包括它的内部或**本体的**传感器；

2)末端执行器，或者叫作**工具端**；

3)外部传感器和感应器，比如视觉系统和喂料装置；

4)控制器。

245

由于设计工程中涉及的工程规则非常宽泛，所以需把主要精力放在操作臂本身的设计上。

在操作臂设计的过程中，首先需要考虑那些可能对设计产生最大影响的因素，然后再考虑其他细节问题。然而，操作臂设计是一个反复的过程。有时，在进行细节设计的过程中会出现一些问题，这时必须对前面在高层次设计中所做的方案进行重新考虑。

8.2 基于任务需求的设计

尽管从定义上讲机器人是“完全可编程”的并且能够完成多种工作任务的机器，但是当考虑到经济性与实用性的问题时，操作臂则应该根据工作任务的特定类型进行设计。例如，有的大型机器人能够承受数百磅(1 lb=0.453 kg)的负载，但通常却不能把电子元件插入电路板上。下面还会看到，不仅是操作臂的尺寸，还有关节的数目、关节的布局、驱动器的类型、传感器和控制器的选择都会因工作任务的不同而有很大的变化。

自由度的数目

操作臂的自由度数目应该与所要完成的任务相匹配。并不是在完成任何任务时，机器人都需要6个自由度。

当末端执行器具有一个对称轴时，这种情况就会发生。图8-1所示的是操作臂按照两种不同的方法对磨削工具进行定位。在这个实例中，工具相对于工具轴 $\hat{Z}_T$ 的姿态是无关紧要的，因为磨削轮以几百转每分的速度在旋转。与其说这个 6 自由度机器人可以按照无穷种姿态来完成这项工作(绕工具轴 $\hat{Z}_T$ 的转动是自由的)，不如说这个机器人对于完成该项任务而言其实是**冗余**的。用于弧焊、点焊、去毛刺、黏结和抛光等工作任务的机器人，其末端执行器都至少具有一个对称轴。

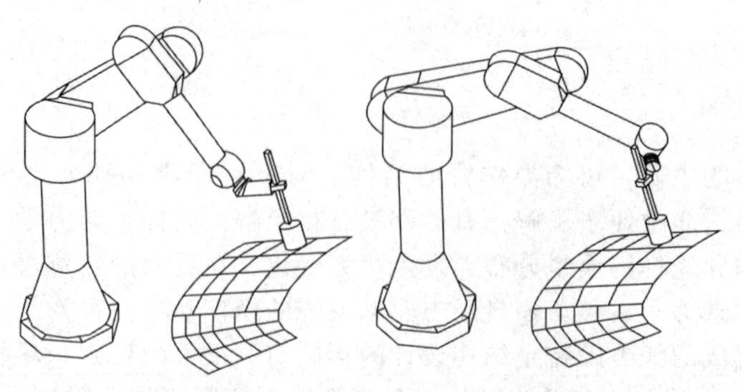

246

图 8-1　6 自由度操作臂，其工具有一个对称轴，所以存在一个冗余自由度

在对具有对称轴工具的操作臂进行分析时，经常假想存在一个*虚拟关节*，且该虚拟关节轴与工具的对称轴重合，这样做是非常有意义的。当把末端执行器定位于任何一个特定姿态时，都需要 6 个自由度。由于其中有一个关节是设想的虚拟关节，所以实际的操作臂不必超过 5 个自由度。如果把一个 5 自由度机器人应用于如图 8-1 所示的情况时，就变成了一般问题，这时对工具进行定位的方法只有有限的几种。由于使用对称轴工具具有非常多的优点，因此相当多的工业机器人都是 5 自由度机器人。

很多任务都可以在少于 6 个自由度的情况下完成，在电路板上安装元件就是一个例子。电路板通常都是平面的，其上具有几个不同高度的元件。把一个元件放置于电路板平面上需要 3 个自由度(x，y 和 θ)，为了提起和插入元件，需要有垂直于电路板平面的第 4 个运动(z)。

在一些任务中，当由主动定位装置来放置零件时，则可以使用少于 6 个自由度的机器人。如图 8-2 所示，在圆管焊接中，由一个倾斜/转动工作台来放置要被焊接的零件。在计算圆管和末端执行器之间的自由度时，倾斜/转动工作台应该被视为有 2 个自由度。在进行弧焊时，由于其工具具有对称轴，所以从理论上讲，3 自由度操作臂就可以完成该任务。在实际应用中，为了避免操作臂与工件发生碰撞，往往要求使用自由度更多的机器人。

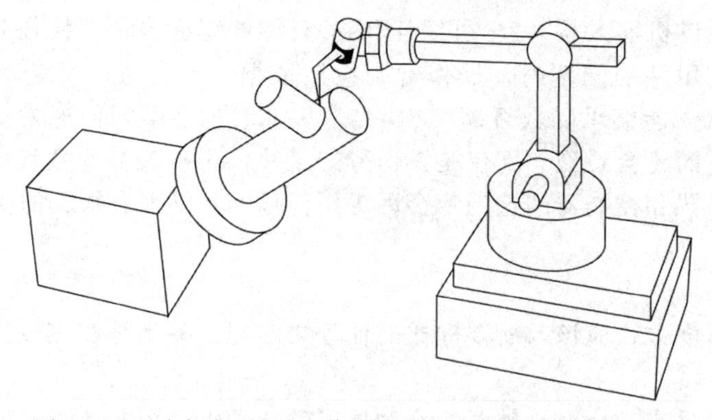

图 8-2　一个倾斜/转动工作台为操作臂提供了 2 个自由度

如果零件自身具有对称轴，当然也会减少操作臂所需要的自由度数目。例如，在很多情况下，当夹持和插入圆柱体零件时，则不需要考虑夹持器相对于圆柱体轴线的姿态。然而，需要注意的是，因为其姿态不确定，所以当圆柱体零件被夹持后，零件相对于对称轴的姿态必须对后面工序没有影响。 247

工作空间

在执行工作任务时，操作臂必须能够抓取到若干工件或夹具。在某些情况下，它们可以放置在所需的位置，以便与操作臂的工作空间相匹配。在另外一些情况下，机器人安装在一个有确定工作空间要求的固定环境中。**工作空间**有时也被称作**工作体积**或**工作包络**。

任务的总体大小决定了操作臂需要的工作空间。在某些情况下，工作空间的形状以及工作空间的奇异性等细节问题是非常重要的，因此必须予以考虑。

操作臂自身在工作空间中发生干涉也是一个问题。根据运动学设计，在特定应用环境中，需要在夹具周围留有适当的空间以免操作臂运动时发生碰撞。但是限制严格的工作环境可能会对操作臂的运动学结构方案的选择产生影响。

负载能力

操作臂的**负载能力**与其结构尺寸、传动系统和驱动器有关。加载到驱动器和驱动系统的负载与机器人的结构、支撑负载的时间长短以及由于惯性与速度而产生的动力载荷有关。

速度

在设计操作臂时，一个明显的目标是使操作臂具有越来越高的速度。所提出的机器人方案必须比刚性自动化或人工劳动力具有经济竞争力，高速度在此类应用环境中提供了明显的竞争优势。然而，对于某些应用环境，速度的大小是由工作性质决定的，而不是操作臂本身限制了速度。用于焊接和喷涂的机器人正是这种情况。

对于特定的任务，操作臂末端执行器的最大速度和总体**循环时间**是有很大区别的。例如，机器人在抓持和放置物体时，操作臂必须加速和减速到达或离开抓持物体和放置物体的位置，同时需要满足一定的精度要求。通常，加速和减速时间占据了大部分的工作周期时间。因此，除了最大速度之外，加速能力也非常重要。

重复精度与精度

尽管在每个操作臂设计中都希望达到很高的重复精度和精度，但这需要很大的开销。例如，在喷涂点的直径为 8±2 英寸(1 in＝0.025 4 m)的情况下，要求喷涂机器人达到 0.001 英寸的喷涂精度是很难做到的。在很大程度上讲，某类工业机器人的工作精度与其制造细节有关，而不在于操作臂的设计。对连杆(以及其他)参数了解得越多，操作臂可以达到的精度就越高。为了达到这个目的，可以在操作臂制造完成后采取精确的测量措施，或者在制造过程中保证加工公差。

8.3 运动学构型

一旦所需要的自由度数确定之后，必须合理布置各个关节来实现这些自由度。当连杆以串联形式连接时，关节数等于期望的自由度数。大多数的操作臂是这样设计的：由最后 248

$n-3$ 个关节确定末端执行器的姿态，且它们的轴相交于**腕点**，而前面3个关节确定腕点的位置。采用这类设计方法设计的操作臂，可以认为是由**定位结构**及其后部串联的**定向结构**或**手腕**组成的。根据第4章的知识，可以知道这类操作臂都有封闭的运动学解。尽管也存在一些其他的具有封闭运动学解的结构，但是几乎所有的工业操作臂都采用这种**腕部隔离**的机构。另外，定位结构无一例外地采用这样一种简单的运动学结构：连杆扭转0°或者±90°，连杆长度不同，连杆偏移量为0。

通常根据前3个关节(定位结构)的结构形式对操作臂的腕部隔离、运动学结构进行分类。下面对几种最常见的分类进行简要介绍。

直角坐标型

直角坐标型操作臂也许具有最简单明了的结构。如图8-3所示，关节1到关节3都是棱柱面移动副，且相互垂直，分别对应于 $\hat{X}$、$\hat{Y}$、$\hat{Z}$ 轴，这类结构具有明显的逆运动学解。

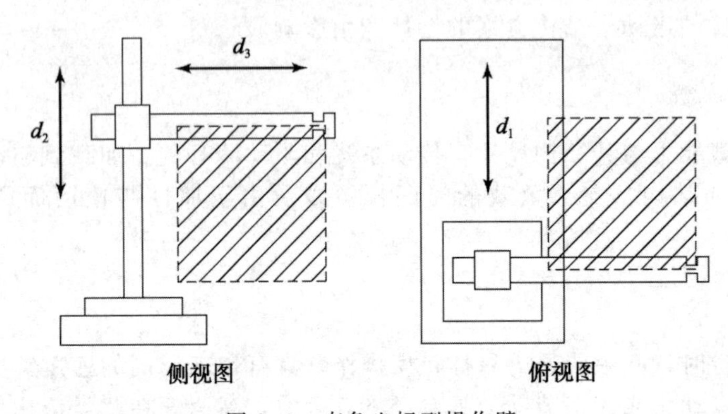

图8-3　直角坐标型操作臂

该类机器人具有很高的结构刚度。因此，采用这种结构可以制造出大型机器人。这些大型的机器人通常被叫作**龙门机器人**，类似于高悬的龙门起重机。龙门机器人有时可用于操作整台汽车或者检查整架飞机。

直角坐标结构的另一个优点是其前面的三个关节不存在耦合关系，从而使设计简单化，并且避免了因前三个关节出现运动学奇异点。

这类操作臂的主要缺点是，与应用相关的喂料装置和夹具均必须“内置”于机器人中。249 因此，直角坐标机器人的应用工作空间由机器决定。机器人支撑结构的大小限制了夹具和传感器的大小及安装位置。这些限制使得将直角坐标操作臂翻新应用到已经存在的工作空间变得十分困难。

铰接型

图8-4所示的是**铰接型操作臂**，有时候被叫作**关节型**、**肘型**或者**拟人**操作臂。这种类型的操作臂通常由两个肩关节(一个绕竖直轴旋转，一个改变相对于水平面的仰角)、一个肘关节(该关节通常平行于仰角关节)以及2个或者3个位于操作臂末端的腕关节组成。前面研究过的PUMA 560和Motoman L-3都属于此类型。

铰接型操作臂减少了操作臂侵入工作空间的可能性，使操作臂能够到达受限制的空间位置。它们的总体结构比直角坐标操作臂小，当应用于较小工作空间的场合时，可谓物美价廉。

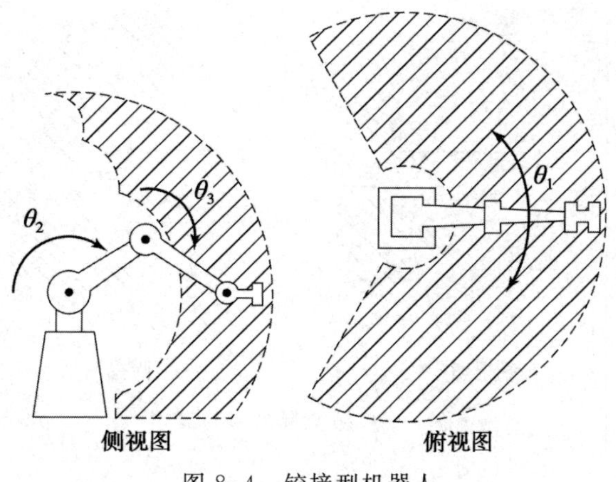

图 8-4 铰接型机器人

SCARA 型

如图 8-5 所示，**SCARA**[⊖]构型有三个平行的旋转关节（使机器人能在一个平面内移动和定向），第四个棱柱移动关节可以使末端垂直于该平面移动。这种结构的最大优点是前三个关节不必支撑任何操作臂或负载的重量。另外，便于在连杆 0 上固定前两个关节的驱动器。因此，驱动器可以做得很大，从而使机器人快速运动。例如，Adept One SCARA 操作臂最高速度能达到 30 英尺/秒（1 英尺＝0.304 8 米），比多数关节型工业机器人速度快 10 倍[1]。这类结构最适合于执行平面内的任务。

250

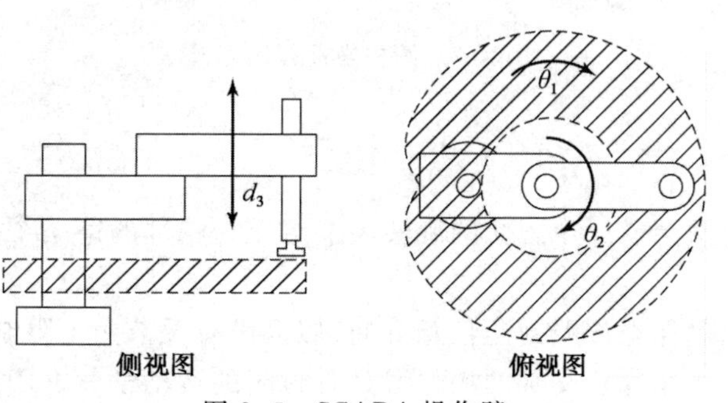

图 8-5 SCARA 操作臂

极坐标型

极坐标型如图 8-6 所示，与关节型操作臂有很多相似之处，但是用棱柱移动关节代替了肘关节。这种类型的操作臂在某些场合中比关节型操作臂更加适用。杆可以沿圆柱面伸缩，甚至回缩到可以“超出其背部”。

圆柱坐标型

圆柱坐标型操作臂如图 8-7 所示，该操作臂含有一个使手臂竖直运动的棱柱移动关节，一个绕竖直轴线旋转的关节，一个和旋转关节轴正交的棱柱移动关节，还含有某个类型的手腕。

⊖ SCARA 代表“selectively compliant assembly robot arm”。

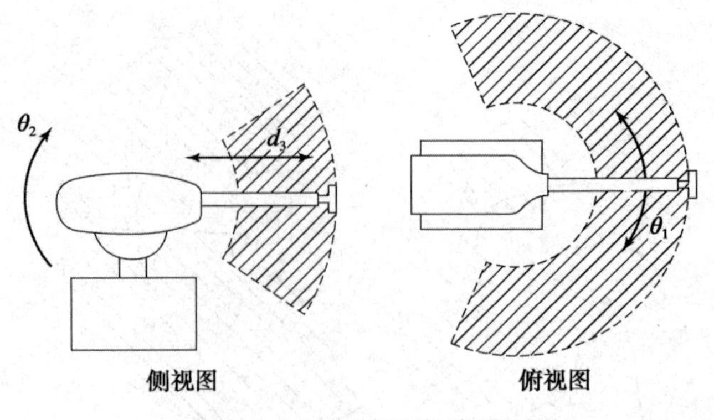

251

图 8-6　极坐标型操作臂

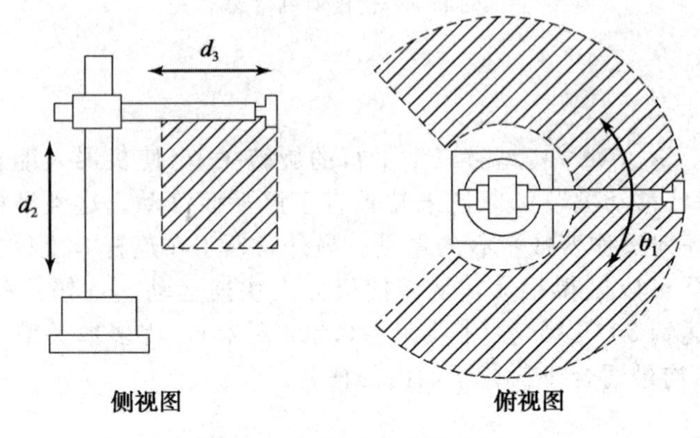

图 8-7　圆柱坐标型操作臂

手腕

最常见的手腕由两个或三个正交的旋转关节组成，腕部的第一个关节通常是操作臂的第四个关节。

三个正交轴可以确保操作臂到达任意方向(假设没有关节角度限制)[2]。由第 4 章的知识可知，这类具有三个相邻正交轴的操作臂具有封闭的运动学解。因此三正交轴手腕可以简单地以任何想要的姿态固定于操作臂上。图 8-8 是这类手腕设计的原理图，远处安装的驱动器通过几组锥齿轮来驱动机械部分。

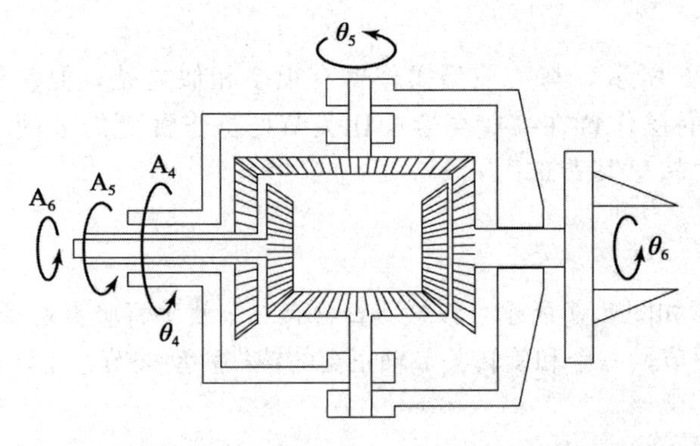

252

图 8-8　远处安装的驱动器通过三个同心轴驱动正交的手腕

在实际中很难制作出这种三轴正交且不受关节角度限制的手腕。由 Cincinatti Milacron (图 1-4)制造的许多机器人都采用了由三个相交但不垂直的轴构成的手腕。在这种设计中(称为“三个回转的手腕”)，腕的三个关节可以无限制地连续旋转。然而由于这几个轴不正交，从而造成腕部不能到达一些姿态。这些不能实现的姿态可以描述为第三个轴不能进入的锥体(见习题 8.11)。然而，这种手腕可以安装在操作臂的连杆 3 上，这种安装使得连杆结构占据了这个锥形区域，正好这个区域是姿态不可达的。图 8-9 所示为这类手腕的两个视图[24]。

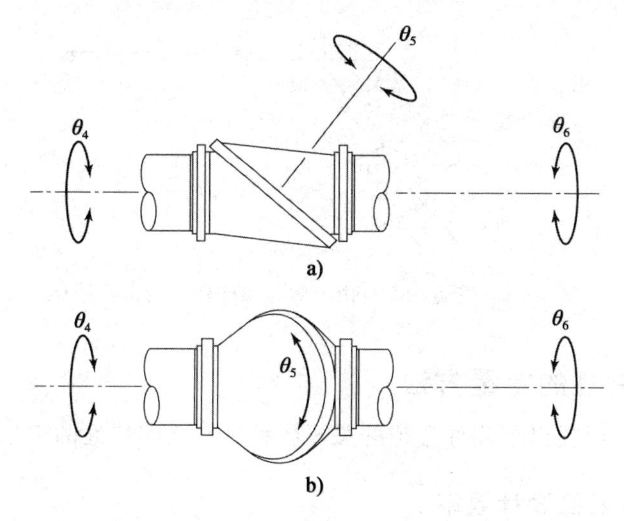

图 8-9　非正交手腕的两个视图[24]。摘自机器人学国际百科全书，编辑 R. Dorf 和 S. Nof。手腕由纽约 John C. Wiley and Sons 公司的 M. Rosheim 发明

有一些工业机器人的手腕没有相交轴，这说明不存在封闭解。但是如果将手腕安装在关节型操作臂上，它的第 4 个关节轴与第 2、3 个关节轴平行，如图 8-10 所示，这时可以得到封闭解。类似地，当把无相交轴的手腕安装在直角坐标机器人上时，也能得到一个封闭解。

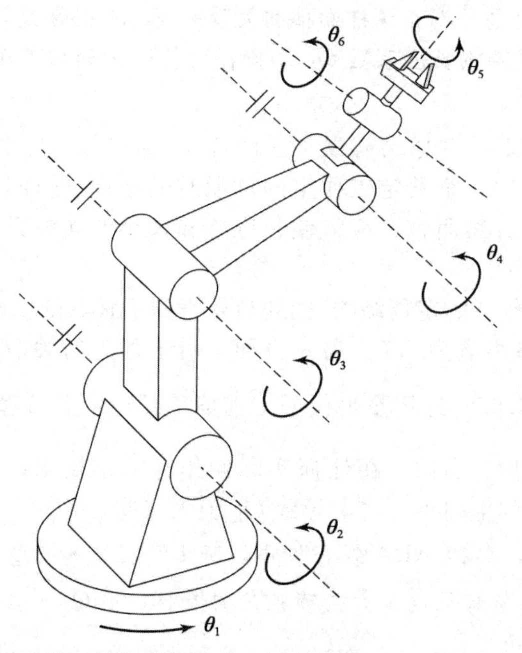

图 8-10　手腕轴不相交的操作臂，但是这类机器人有封闭的运动学解

在典型情况下，5 自由度焊接机器人用两轴手腕确定方向，如图 8-11 所示。注意，如果机器人有一个对称工具，那么这个“虚拟关节”必须符合手腕设计规则，也就是说，为了使手腕能够到达任何姿态，在安装工具时必须使其对称轴与关节 5 的轴正交。在最糟糕的情况下，当对称轴平行于关节 5 的轴线时，第六个虚拟轴永远处于奇异位形。

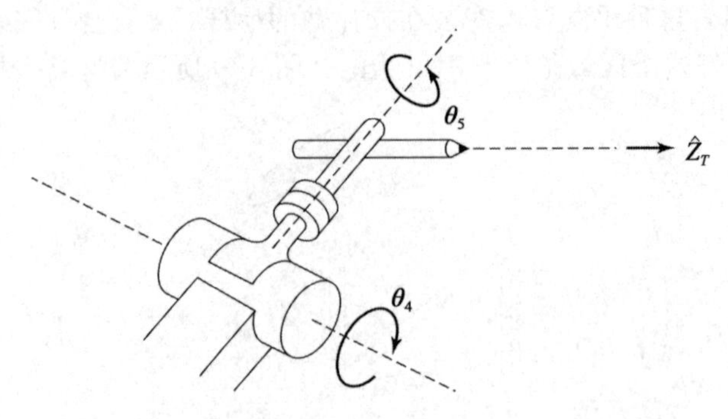

253~254

图 8-11 安装在 5 自由度焊接操作臂上的典型手腕

8.4 工作空间属性的定量方法

操作臂设计者已经提出了几种有趣的关于各种工作空间属性的定量分析方法。

在生成工作空间方面的设计效率

设计人员发现，当使机器人具有相同的工作空间时，制作直角坐标操作臂比制作关节型操作臂要消耗更多的材料。为了在这方面得到一个定量的指标，首先定义操作臂的**长度之和**为

$$L = \sum_{i=1}^{N}(a_{i-1} + d_i) \tag{8.1}$$

其中 a_{i-1} 和 d_i 是第 3 章中提到的连杆长度和关节偏移量。因此可根据操作臂的长度粗略计算出整个运动链的长度。注意，对于棱柱面移动关节来说，d_i 必须是与移动行程相等的常值。

在文献[3]中，定义**结构长度系数** Q_L 为操作臂长度之和与工作空间体积立方根的比值

$$Q_L = L/\sqrt[3]{w} \tag{8.2}$$

其中 L 在式(8.1)中定义，w(原书有误——译者注)为操作臂工作空间的体积，因此 Q_L 表示由不同的构型生成同一个给定工作空间体积时的结构(连杆长度)相对值。所以，对于一个好的机器人设计方案而言，应该使长度之和较小的连杆具有较大的工作空间，设计方案越好，Q_L 值越小。

仅考虑直角坐标操作臂的定位结构(因此也就得到了腕点的工作空间)，当三个关节行程相同时，Q_L 最小，最小值为 3.0。另一方面，对于理想的关节型操作臂，如图 8-4 所示，其 $Q_L = \frac{1}{\sqrt[3]{4\pi/3}} \cong 0.62$。这定量地说明了前面的结论：关节型操作臂在操作空间内干涉最小，具有最优的结构。当然，在任何实际操作臂的结构中，由于关节存在一定的限制，从而使其实际的工作空间小一些，导致 Q_L 值大一些。

例 8.1 如图 8-5 所示，在 SCARA 操作臂中，杆 1 和杆 2 的长度均为 $l/2$，棱柱式移动关节 3 的行程为 d_3，为简单起见，不计关节转角的限制，求 Q_L。当 d_3 为何值时，Q_L 最小，并求出最小的 Q_L。

该操作臂的臂杆长度之和 $L=l/2+l/2+d_3=l+d_3$，工作空间为一半径为 l、高为 d_3 的圆柱体，因此

$$Q_L=\frac{l+d_3}{\sqrt[3]{\pi l^2 d_3}} \tag{8.3}$$

Q_L 是 d_3/l 的函数。当 $d_3=l/2$ 时，Q_L 具有最小值 1.29[3]。

255

设计具有良好条件的工作空间

在奇异点位置处，操作臂会失去一个或者多个自由度，所以在该位置处很多任务将无法完成。实际上，在奇异点的附近(包括工作空间边界的奇异点)，操作臂将不能在**良好条件**下工作。因此，从某种意义上讲，操作臂离奇异点越远，操作臂越能均匀地在各个方向上移动以及施加力。目前，有多种方法可以定量分析这种效果。如果在设计的过程中采用这些方法，将可以设计出具有最大良好工作条件的工作空间的机器人。

奇异位形由下式给出

$$\det(J(\Theta))=0 \tag{8.4}$$

所以可以很自然地使用雅可比矩阵的行列式值来判断操作臂的灵巧性。在文献[4]中，**操作度** w 被定义为

$$w=\sqrt{\det(J(\Theta)J^{\mathrm{T}}(\Theta))} \tag{8.5}$$

对于非冗余的操作臂

$$w=|\det(J(\Theta))| \tag{8.6}$$

操作臂的 w 值越大，其灵巧性的工作空间也越大，该操作臂则越好。

尽管由速度分析得到式(8.6)，但其他研究人员提出根据加速度或者力的施加能力而得出的操作性指标。Asada[5] 建议把笛卡儿质量矩阵

$$M_x(\Theta)=J^{-\mathrm{T}}(\Theta)M(\Theta)J^{-1}(\Theta) \tag{8.7}$$

的特征根作为评判机器人在各个直角坐标方向的加速能力的方法。他采用一个 n 维的**惯性椭球**

$$X^{\mathrm{T}}M_x(\Theta)X=1 \tag{8.8}$$

来图示这种方法。其中，n 为 X 的维数。由式(8.8)给出的椭球，其轴线轴位于 $M_x(\Theta)$ 特征向量的方向上，相应特征值的平方根的倒数是椭球轴的长度。对于操作臂的工作空间中具有良好工作条件的点，其惯性椭球为一圆球体(或者近似为圆球体)。

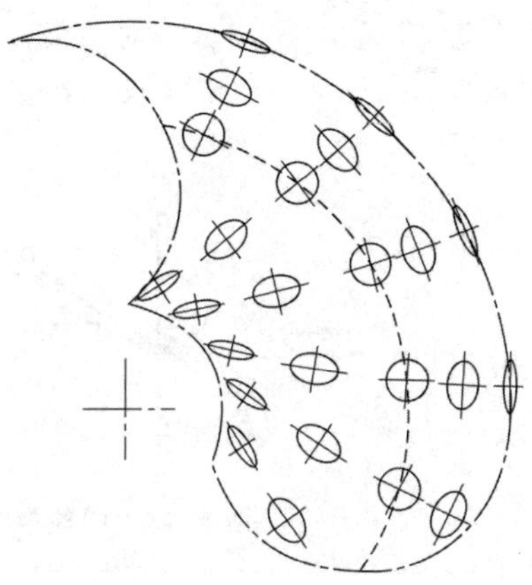

图 8-12 两自由度平面操作臂的工作空间，显示了惯性椭球(取自[5] ©1984，IEEE)。虚线显示了工作空间中具有各向同性的点的位置

图 8-12 以图形的方式展示了平面两杆操作臂的属性。在工作空间的中间，椭球近似于圆球形，操作臂处于良好工作状态。在工作空间的边界上椭球变扁，这说明操作臂在某些方向上加速困难。

其他一些工作空间的调整措施可以在文献[6-8，25]中找到。

8.5 冗余结构与闭链结构

总体上，本书的研究范围限定在具有6关节或者6关节以下的串联操作臂。但在这一节中，将简单讨论其他类型的操作臂。

256

微操作臂和其他冗余构型

通常空间定位只需要6个自由度，但是拥有更多数量的可控关节会带来一定的好处。

这些具有多余自由度的操作臂可以在实际应用[9,10]中找到，而且在**微操作臂**的研究领域中越来越受到人们的注意。如果把几个能够提供快速而精确运动的自由度安装在传统意义的机器人的末端，这样就构成了微操作臂。传统意义的操作臂负责大范围的运动，而微操作臂由于关节通常具有小的运动范围，所以主要用于完成精细的运动与力的控制。

文献[11，12]中提出利用冗余的关节帮助机器人避开奇异位形。例如，任何一个3自由度手腕都会有奇异位形的问题(当三个轴线处于同一个平面时)，但是4自由度手腕能够有效避免这种位形[13-15]。

图8-13给出了推荐的两种7自由度的操作臂构型[11，12]。

冗余自由度机器人的一个主要用途是在杂乱的工作环境中避免发生碰撞。正如我们看到的那样，6自由度操作臂只能以有限的几种方式到达指定位置和姿态。但是添加了第7个自由度后，将会有无穷种方式到达指定位置和姿态，这样便可以通过选取适当的方式使之避免与障碍物发生碰撞。

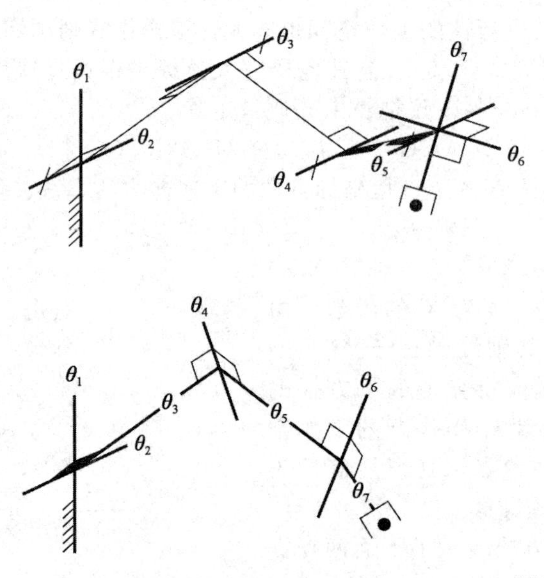

图8-13 两种推荐的7自由度操作臂的设计方案[3]

闭链结构

尽管在分析中只考虑了串联的操作臂，但是很多操作臂往往具有**闭链结构**。例如，前面讲到的Motoman L-3机器人在关节2和关节3的驱动机构处具有闭链结构。闭链结构有一个好处：提高了机构的刚度[16]。但是另一方面，闭链结构通常会减小关节的运动范围，从而减小了工作空间。

257

图 8-14 给出了一个 **Stewart 机构**，一种 6 自由度串联操作臂之外的闭环机构。其末端执行器的位置和姿态由 6 个跟基座相连的直线驱动器控制。每个驱动器一端用一个 2 自由度的万向关节与基座连接，另一端用一个 3 自由度的球关节与末端执行器相连。该机构显示了绝大多数闭环机构的共同特点：刚度好，但其连杆的运动行程比串联连杆的运动行程要更受限制。特别有趣的是，Stewart 机构展示了正向与逆向运动学求解特点的颠倒：逆向求解很简单，然而正向求解一般很复杂，有时候甚至找不到一个闭式的方程(见习题 8.7 和习题 8.12)。

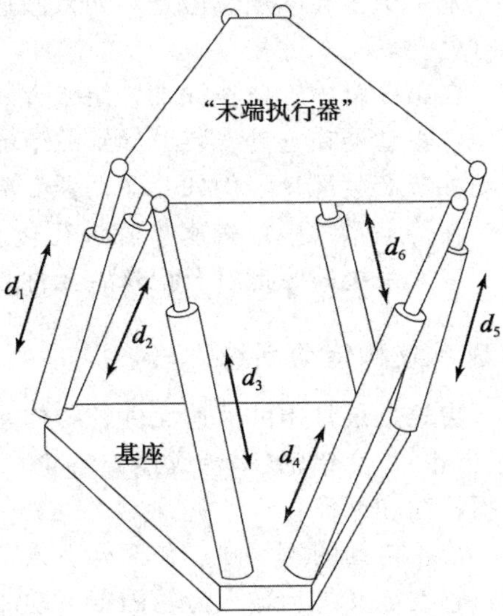

图 8-14 Stewart 机构是一个 6 自由度的全并联操作臂

通常，闭环机构的自由度并不明显。可以使用 Grübler 公式[17]来计算该类机构的自由度数。

$$F = 6(l - n - 1) + \sum_{i=1}^{N} f_i \tag{8.9}$$

其中，F 是机构的总自由度数，l 是连杆数目(包括基座)，n 是总关节数，f_i 是与第 i 个关节相关的自由度数。如果把式(8.9)中的 6 换成 3 就得到了平面机构的 Grübler 公式(即如果不存在约束，则认为每个物体都具有 3 个自由度)。 258

例 8.2 用 Grübler 公式验证图 8-14 所示的 Stewart 机构确实具有 6 个自由度。

总关节数为 18(6 个万向关节，6 个球关节，6 个移动副)，连杆数为 14(每个驱动器算做两个杆，再加上末端执行器和基座)，关节自由度数是 36。利用 Grübler 公式，可以确定机构的自由度数是 6：

$$F = 6(14 - 18 - 1) + 36 = 6 \tag{8.10}$$

8.6 驱动方案

当操作臂的总体运动学结构确定后，下一步要考虑的最重要问题是各个关节的驱动方案。通常，驱动器、减速装置和传动装置是密切相关的，所以必须综合考虑。

驱动器的位置

最直接的办法是把驱动器放在所驱动关节上或者其附近。如果驱动器能够产生足够的力矩或者力，那么驱动器可直接与关节相连。这种**直接驱动**的结构布局[18]具有设计简单、控制方便等优点，即在驱动器和关节之间没有传动元件或减速元件，因而关节运动的精度与驱动器的精度相同。 259

然而，很多驱动器转速高、扭矩低，所以需要安装**减速系统**。而且，驱动器通常都很重。如果驱动器能远离关节而靠近操作臂的基座安装，则操作臂的总体惯性将会明显下降，反过来也减小了驱动器的尺寸。为实现这些好处，需要使用**传动系统**把运动从驱动器传送给关节。

在远处安装驱动器的关节驱动系统中，减速系统可以放在驱动器或者关节上。有些布局方案把减速系统与传动系统的功能集成在一起。另外，除去增加了额外的复杂性问题之外，减速系统与传动系统的主要弊端之一是引入了不必要的摩擦和弹性。如果减速系统安装在关节上，那么传动系统会在一个较高速度、较低扭矩状态下工作。低扭矩意味着弹性将不是一个主要问题。但是，如果减速器的重量很大，则会失去在远处安装驱动器所带来的好处。

在第3章中，曾经详细介绍了 Yasukawa Motoman L-3 的驱动器方案。在这个典型方案中，驱动器在远处安装，导致关节的运动发生耦合。式(3.15)清楚地给出了驱动器如何驱动关节产生运动。例如，驱动器2驱动关节2、3、4运动。

在传动系统中对减速步骤进行优化分配主要依赖于传动系统的弹性、减速系统的重量、减速系统的摩擦以及把这些元件集成到操作臂上的难易程度等。

减速系统和传动系统

齿轮是最常用的减速元件，结构紧凑，传动比大。齿轮组有平行轴(直齿轮)、正交轴(锥齿轮)、交错轴(蜗轮或螺旋齿轮)等几种形式。不同类型的齿轮组有不同的负载能力、磨损特性和摩擦特性。

齿轮传动的主要缺点是额外引入了**间隙**与摩擦。间隙是由于齿轮啮合的不理想而产生的，它被定义为当输入齿轮固定不动时，输出齿轮所能产生的最大角位移。如果令轮齿啮合紧密以消除间隙，则又会带来过大的摩擦。选用高精度的齿轮以及高精度的安装方式可以减小这些问题，但会导致成本上升。

齿轮传动比 η，反映了一对齿轮的减速效应与扭矩的增加效应。对于减速系统，定义 $\eta>1$；则输入速度、输出速度、扭矩之间的关系是

260

$$\dot{\theta}_o=(1/\eta)\dot{\theta}_i$$
$$\tau_o=\eta\tau_i \tag{8.11}$$

其中，$\dot{\theta}_o$、$\dot{\theta}_i$ 分别为输出速度和输入速度，τ_o、τ_i 分别为输出扭矩和输入扭矩。

第二大类减速元件是柔性带、钢缆和皮带。由于要有足够的柔性才能卷绕在轮子上，所以这些元件在长度方向通常是有弹性的。它们的弹性大小正比于其长度。由于这些元件具有弹性，所以必须使用预紧装置保证皮带或者钢缆包紧在轮子上。但是过大的预紧力会增加不必要的张紧力，导致过大的摩擦。

钢缆或者柔性带既可以用于闭环回路，也可用作单端元件来实现某种形式的持续加载。在弹簧单向加载的关节中，单端钢缆可以产生克服弹簧载荷的拉力。另外，两个主动的单端元件可以相对放置，这种布局方法可以消除产生过大预紧力的问题，但需要增加更多的驱动器。

滚子链与柔性带相似，但能够卷绕在更小的轮上并具有较高的刚度。由于在连接链条的销子上会产生磨损以及会受到大载荷的作用，所以在某些应用场合中齿形带比链条更加紧凑。

柔性带、钢缆、皮带和链条能够在传动系统中提供减速的功能。如图8-15所示，输入轮与输出轮的半径分别为 r_1 和 r_2，则传动比为

$$\eta=\frac{r_2}{r_1} \tag{8.12}$$

螺杆或者滚珠丝杠也是很常见的提供大传动比的紧凑传动方案(见图8-16)。螺杆的刚度好，能承受较大载荷，可以把旋转运动转换成直线运动。滚珠丝杠与螺杆相似，但并不是让螺母在螺杆的螺纹上滑动，而是让滚珠在滚珠槽中循环滚动。滚珠丝杠具有很小的

261

摩擦力，通常还可以反向传动。

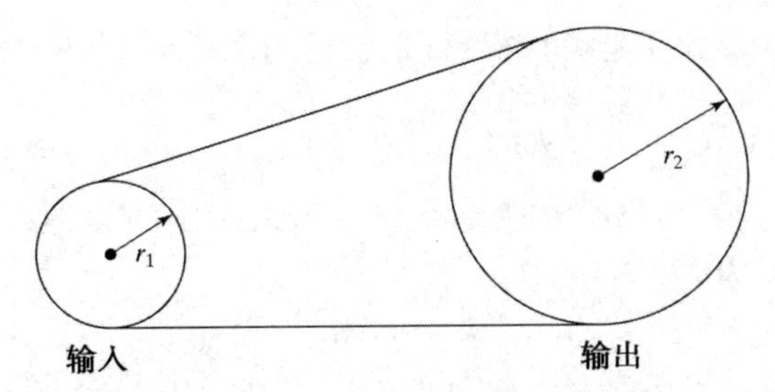

图 8-15　柔性带、钢缆、皮带和链条可以在传动系统中提供减速功能

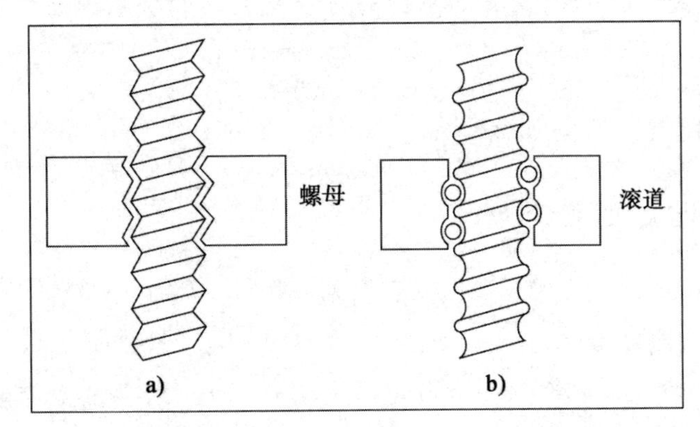

图 8-16　螺杆 a)和滚珠丝杠 b)具有较大的传动比，可以把旋转运动转换成直线运动

8.7　刚度与变形

操作臂结构与驱动系统的总体刚度是绝大多数操作臂设计时需要重点考虑的问题。刚性系统具有两个主要好处。首先，典型的操作臂都没具备能够直接测量工具坐标系位置的传感器，这些位置是根据装有传感器关节的位置，通过正运动学方法计算得到的。因此要想得到精确的计算结果，那么臂杆不能因为重力或负载作用而下垂。也就是说，我们希望在任何载荷情况下对臂杆的 Denavit-Hartenberg 描述都是固定不变的。其次，结构与驱动系统的柔性会导致**共振**，这会对操作臂的性能产生不利的影响。在这一节中，主要考虑刚度以及由于载荷作用而产生的变形问题。在稍后的第 9 章中再讨论共振问题。

柔性元件的并联与串联

不难知道(见习题 8.21)，两个刚度为 k_1、k_2 的并联柔性元件的组合刚度为

$$k_{\text{parallel}} = k_1 + k_2 \tag{8.13}$$

如果串联，则组合刚度为

$$\frac{1}{k_{\text{series}}} = \frac{1}{k_1} + \frac{1}{k_2} \tag{8.14}$$

在研究传动系统时，通常会碰到一级减速系统或者传动系统串联于另一级减速系统或者传动系统，因此式(8.14)是很有用的。

轴

传递旋转运动的常见方式是使用轴。圆截面轴的扭转刚度为[19]

$$k = \frac{G\pi d^4}{32l} \tag{8.15}$$

262

其中，d 为轴径，l 为轴长，G 是剪切模量(钢材约为 $7.5\times10^{10}\,\mathrm{Nt/m^2}$，铝约为钢的1/3)。

齿轮

尽管齿轮的刚度较大，但仍会在驱动系统中引入一定的柔性。近似估算输出齿轮(假设输入齿轮固定)的刚度为[20]

$$k = C_g b r^2 \tag{8.16}$$

其中，b 为齿宽，r 为输出齿轮半径，钢材的 $C_g=1.34\times10^{10}\,\mathrm{Nt/m^2}$。

齿轮传动通过参数 η^2 来改变驱动系统的有效刚度。如果减速之前的传动系统的刚度是 k_i，那么

$$\tau_i = k_i \delta\theta_i \tag{8.17}$$

减速以后输出端的刚度为 k_o，那么

$$\tau_o = k_o \delta\theta_o \tag{8.18}$$

这样就可以得到 k_i 与 k_o 的关系

$$k_o = \frac{\tau_o}{\delta\theta_o} = \frac{\eta k_i \delta\theta_i}{(1/\eta)\delta\theta_i} = \eta^2 k_i \tag{8.19}$$

因此齿轮减速会增大刚度 η^2 倍。

例8.3 轴的扭转刚度是500.0 Nt·m/rad，并与 $\eta=10$ 的齿轮转动装置中的输入齿轮相连，输出齿轮(输入齿轮固定)的刚度是5000.0 Nt·m/rad，求系统的输出刚度。

利用式(8.14)和式(8.19)，可得

$$\frac{1}{k_{\mathrm{series}}} = \frac{1}{5000.0} + \frac{1}{10^2(500.0)} \tag{8.20}$$

$$k_{\mathrm{series}} = \frac{50\,000}{11} \cong 4545.4\ \mathrm{Nt\cdot m/rad} \tag{8.21}$$

如果具有多元件的传动系统的最后一个元件的传动比很大，那么在它之前的元件刚度通常可以忽略。

263

皮带

在如图8-15所示的皮带传动中，其刚度为

$$k = \frac{AE}{l} \tag{8.22}$$

其中，A 为皮带的横截面积，E 为皮带的弹性模量，l 是两带轮之间皮带的自由长度再加上1/3的皮带与带轮的接触长度[19]。

连杆

为了对连杆的刚度进行近似处理，这里把单杆视为悬臂梁，计算其端点的刚度，如图8-17所示。对于中空的圆截面梁，其刚度为[19]

$$k = \frac{3\pi E(d_o^4 - d_i^4)}{64 l^3} \tag{8.23}$$

其中，d_i、d_o 分别为该管状梁的内圈与外圈直径，l 为杆长，E 为杆的弹性模量(钢材约为 $2\times10^{11}\,\mathrm{Nt/m^2}$，

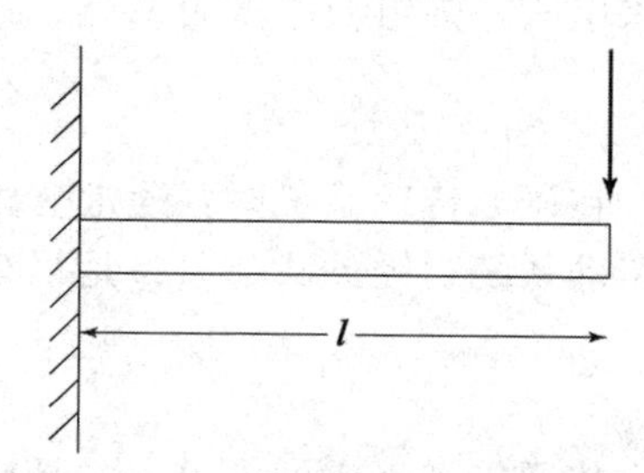

图8-17 简单悬臂梁，用作一端施加了载荷的杆的刚度模型

铝约为钢的 1/3)；对于方截面中空梁，其刚度为

$$k=\frac{E(w_o^4-w_i^4)}{4l^3} \tag{8.24}$$

其中，ω_i、ω_o 分别为梁的内部与外部的宽度(也就是壁厚为$(w_o-w_i)/2$)。

例 8.4 一个 5cm×5cm×50cm 的方截面钢杆，壁厚 0.5cm，由一套 $\eta=10$ 的刚性齿轮驱动，输入齿轮由直径 0.5 cm、长 30 cm 的轴驱动。试求当 100 Nt 的力作用在杆端时杆端的变形。

264

由式(8.24)计算得到杆的刚度为

$$k_{\text{link}}=\frac{2\times10^{11}(0.05^4-0.04^4)}{4(0.5)^3}\cong1.48\times10^6 \tag{8.25}$$

因此，对于 100 Nt 的载荷，杆自身的变形为

$$\delta_x=\frac{100}{k_{\text{link}}}\cong6.8\times10^{-6}\ \text{m} \tag{8.26}$$

或 0.006 8 mm。

另外，作用在 50 cm 长的杆上的 100 Nt 载荷对输出齿轮产生 50 Nt·m 的力矩。尽管齿轮是刚性的，但是输出轴的变形为

$$k_{\text{shaft}}=\frac{(7.5\times10^{10})(3.14)(5\times10^{-3})^4}{(32)(0.3)}\cong15.3\ \text{Nt}\cdot\text{m/rad} \tag{8.27}$$

从输出齿轮一端来看

$$k'_{\text{shaft}}=(15.3)(10^2)=1530.0\ \text{Nt}\cdot\text{m/rad} \tag{8.28}$$

50Nt·m 的载荷产生的角变形为

$$\delta\theta=\frac{50.0}{1530.0}\cong0.0326\ \text{rad} \tag{8.29}$$

所以，杆端的总线性变形为

$$\delta_x\cong0.001+(0.0326)(50)=0.027+1.630=1.657\ \text{cm} \tag{8.30}$$

在解答过程中，假设轴和杆是钢制的。两者的刚度对于弹性模量 E 是线性的，所以对于铝而言，只要把上面的结果乘以 3 就可以了。

在本节中，研究了齿轮、轴、皮带以及杆的刚度的简单估算公式。这些公式可以用作确定结构元件与传动元件尺寸的指导。然而在实际应用中，很多产生变形的来源是很难建模研究的。通常情况下，传动系统会比操作臂的连杆产生更大的变形。此外，很多驱动系统中的变形来源在这里尚未考虑到(如轴承的柔性、驱动器支座的柔性等)。总的来讲，任何对刚度的预测总是导致过高的刚度估计，这是由于还有很多变形源没有考虑进去。

有限元技术可以用来更准确地分析机械结构的刚度(以及其他属性)。这本身就是一个研究领域[21]，并且超出了本书的研究范围。

驱动器

265

在各类驱动器中，**液压缸**和**叶片摆动缸**是早先最流行用于操作臂驱动的，结构相对紧凑，能产生足够的力来驱动关节而无须减速系统。其工作速度取决于在远处安装的泵和储能系统。液压系统的位置控制原理容易理解，而且相当直观。所有的早期工业机器人以及现代大型机器人都采用液压系统驱动。

然而，液压系统往往需要很多设备，比如泵、储能器、管路、伺服阀等。而且液压系统一般都很脏，在某些场合中不便应用。随着更加先进的机器人控制技术的出现，要求驱动力

能够准确的施加，而液压系统由于其密封装置而带来的摩擦等原因显露出它的不足之处。

气缸具有液压的各种优点，而且由于渗漏出的是气体而不是液体，所以比液压干净。然而，由于气体的可压缩性以及密封造成的高摩擦，使得气压驱动器很难实现精确的控制。

电动机是操作臂上最常用的驱动器。尽管它们不具有液压或者气动那么好的功率-重量比特性，但由于电动机的可控性好而且接口简单，所以被广泛用于中小型操作臂上。

直流电刷式电动机(见图8-18)的连接与控制都十分简单。电流通过与旋转换向器相连的电刷流入电动机绕组。电刷的磨损与摩擦会带来一定的问题。新的导磁材料使得产生更大峰值扭矩成为可能。限制这类电动机输出扭矩的因素是绕组过热。如果短时间工作，则可获得大扭矩，但在长期工作时则只能提供较小的扭矩。

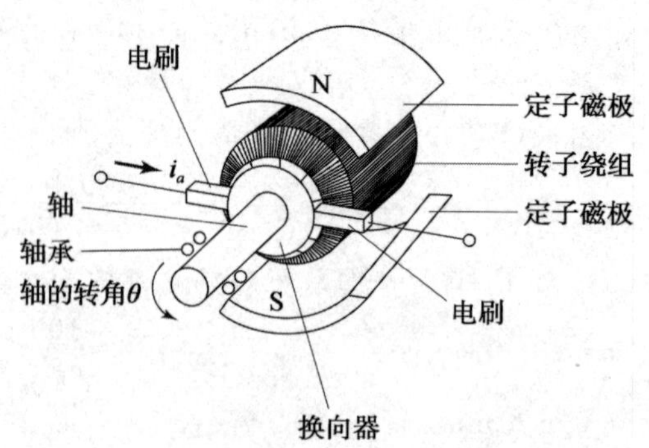

图8-18 直流电刷电动机在操作臂设计中最常用。摘自 Franklin，Powell，Emami-Naeini，Feedback Control of Dynamic Systems，© 1988，Addison-Wesley，Reading，MA.

无刷电动机解决了电刷摩擦和磨损的问题。它的绕组保持不动而磁场旋转。电动机转子上的传感器检测轴转角，然后通过外部电子元件实现换向。无刷电动机的另一个优点是其绕组位于外侧，连接在机壳上，冷却方便。所以，其持续的工作扭矩比相同大小的有刷电动机要略大一些。

266

交流电动机和步进电动机偶尔也用于工业机器人。但是，前者难以控制而后者只能提供较低的扭矩，这些都限制了它们的应用。(现在的工业机器人主要采用交流伺服电机做驱动器。——译者注)

8.8 位置检测

实际上所有的操作臂都是伺服控制的机构，也就是说，传输给驱动器的力或力矩命令都是根据检测到的关节位置与期望位置之间的差值而给定的。这就要求每个关节都要具有一定的位置检测装置。

最常用的方法是把位置传感器直接安装在驱动器的轴上。如果传动系统是刚性的而且没有回程间隙，那么便可以根据驱动器轴的位置计算得到真实的关节转角。这种**共置**的传感器与驱动器组合非常容易控制。

旋转光学编码器是最常用的位置反馈装置。当编码器轴旋转时，刻有细线的圆盘会遮住光束。光电探测器把这些光脉冲转化成二进制波形。通常有两个相位差为90°的通道。轴的转角通过计算脉冲数得到，转动方向由这两个方波信号的相对相位决定。此外，编码器可以在某个位置发射**标志脉冲**，作为计算绝对角度的零位。更多有关光学编码器的内容请看8.9节。

旋转变压器输出两个模拟信号——一个是轴转角的正弦信号，另一个是余弦信号。轴的转角由这两个信号的相对幅值计算得到。其分辨率与旋转变压器的质量以及从电子元部件与线缆中拾取的噪声有关。旋转变压器一般比编码器可靠，但它的分辨率较低。通常，如果旋转变压器上没有附加齿轮机构以改善分辨率，则不能将其直接安装在关节上。

电位计是最直接的位置检测形式。它连接在电桥中，能够产生正比于轴转角的电压信号。然而，由于分辨率低、线性不好以及对噪声敏感，所以限制了电位计的应用范围。

转速计能够输出与轴的转速成正比的模拟信号。如果没有这样的速度传感器，那么速度反馈需要通过对检测到的位置相对于时间求取导数而获得。这种**数值微分**会产生噪声和延时。不过，即使存在这些问题，绝大多数操作臂也仍然没有配备直接的速度检测装置。

8.9 光学编码器

光学编码器通常应用光学元件，使光源通过光栅盘的刻线时在光传感器上产生正弦电压信号。另一个光学编码器偏置，这两个光传感器产生的正弦信号相位差相差 90 度（或者说它是一个余弦波形）。使用这种正交分布的原因是转轴转动方向可以由两个正弦曲线的相位差决定。只有当光栅盘移过一条完整的刻线或光栅线时，传感器才会产生一个完整的正弦周期。因此，一个有 500 条刻线的编码器在转轴旋转一周时会产生 500 个正弦周期。 267

通过**插值**的方法，可以使编码器的分辨率超过编码器上刻线数目。我们可以这样想象：两个由光信号转化来的波形，经由 A/D 转换器读入 CPU。CPU 计算出两个信号的比值，算出一个角的正切值。我们可以通过反正切函数计算出该角。在光栅盘转过一条光栅线时，这个角在 0～360°改变。例如，该角增减一度我们就记一次数，我们就可以将分辨率提高 360 倍。所以如果编码器有 500 条刻线，我们可以在转轴旋转一周时，得到 500 * 360＝180 000 个计数。

编码器精度主要受两个误差源的限制。这两个误差源可以称为**微观误差**和**宏观误差**。光学系统得到的波形不是完美的正弦波，所以角的正切公式是近似公式。光栅盘转过一条光栅线时，插值近似计算导致了编码器的微观误差。建立查找表来进行反正切计算，通过修改表格函数来匹配光学元件生成的任何波形，可以一定程度上减少微观误差。

另外一个误差源主要来源于转轴上的光栅盘的机械结构：光栅盘上的径向刻线不可能是完美的，而且安装时将光栅盘中心与转轴中心完全对准也是不可能的。宏观误差主要来源于光栅盘中心无法对准转轴中心。当我们完整地转动编码器轴一圈，宏观误差的幅值是变化的。这和单个光栅线内存在的微观误差形成对比。这种误差也被称为**一次性误差**或**偏心误差**或**运行误差**。如果编码器已经连接在轴上了，修正偏心误差就需要使用某种形式的外部测量。一些商用的编码器使用这两种误差修正方式[26]。

通常，一次性误差呈正弦规律[27]，但是谨慎的几何分析指出，真正的波形比正弦波更加复杂，只是经过一些近似处理后接近正弦曲线。

在图 8-19 中，我们定义了一些符号以便描述我们的方法。在图 8-19 中，符号 O 是编码器的光传感器，R 是被测转轴的中心。两点之间的光学半径 d 是固定的。光栅盘的中心在 C 点，与 R 点有距离为 e 的偏心距。距离 e 是一个固定值。我们说“光栅盘中心”的时候，是指光栅盘上光栅线的光学中心。

在图 8-19 中，我们画出 RO 与 RC 之间夹角为任意角的情况，图中所示的大概为 90 度。这个角度随着转轴的转动不断变化。 268

图 8-20 为图 8-19 加上了光栅线的图样，光栅线以 C 为中心，C 与回转中心 R 的偏心距是 e。图中为说明问题，在局部进行了夸大。实际中的偏心距 e 按规定必须在 5～100 微米之间。如图 8-20 所示，当光栅线转过光传感器时，编码器进行计数与插值来计算出转角。

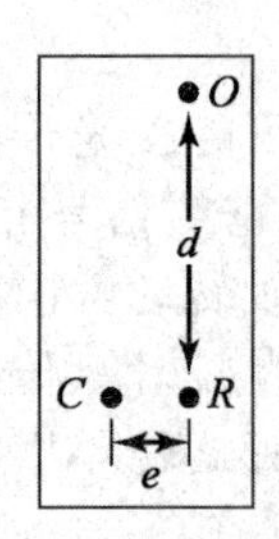

图 8-19 光学传感器位于 O 点，光栅盘的中心位于 C 点，但是轴中心位于 R 点

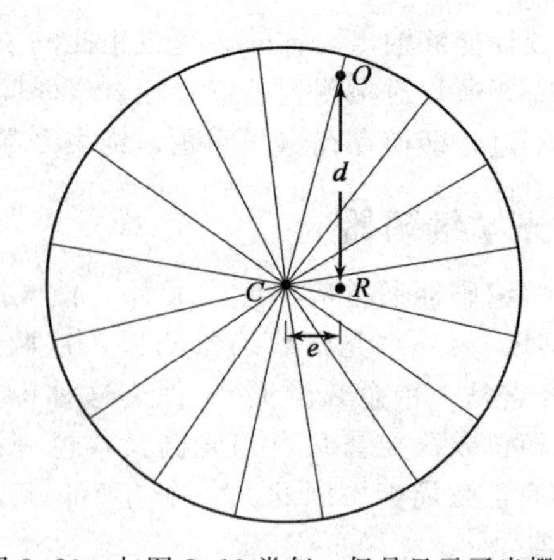

图 8-20 与图 8-19 类似，但是显示了光栅线

如图 8-21 所示，光栅线 CA 处在两个不同的位置：转轴转过 θ 角之前和之后。编码盘开始时，CA 在竖直位置，编码盘的中心在 C_1 处，光栅线的另外一段位于 A_1，A_1 点与 O 点重合。转轴绕 R 点转过 θ 度后，编码盘的中心运动到 C_2，光栅线的另外一端运动到 A_2 处。此时，经过 O 点的光栅线为 C_2O。由于光栅线之间的间距必须要完全经过光传感器，所以由 θ' 给出的转角间距上的光栅线都转过了光传感器，并计数。因此，转轴实际转过 θ 角，编码器测得的转角大小为 θ'。图 8-21 为对以上问题的几何表示，编码器的编码盘中心与转轴中心不对齐导致的误差被称为一次性误差。

269

如果我们继续转动转轴，然后像画图 8-21 一样画其他位置的图。我们会发现在转动开始的 90 度，编码器会多计数，在随后的 90 度里，编码器又会少计数，直到 180 度时，编码器测量值与实际值相同。随后的 90 度编码器继续少计数，最后的 90 度里，编码器又多计数，转回起始位置时，编码器测量值又与实际值一致。综上，一次性误差在转轴旋转一圈时大致可视为正弦曲线。

在图 8-22 中，我们经 C_2 画一条 RO 的平行线。如图所示，转轴的真实转动与所测得的转动的角度误差为 Φ。

在图 8-23 中，我们注意到图 8-22 中的三角形上方的锐角与角度误差 Φ 相同，并增加之前已经定义过的距离标记 d 和 e。我们还引入记号 L，为三角形第三边的长度变量。

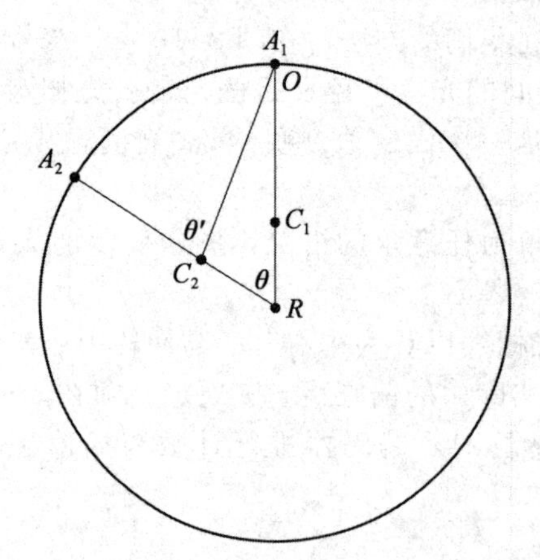

图 8-21 线段 CA 表示一条光栅线，图示为轴角度变化 θ 前后的两个位置

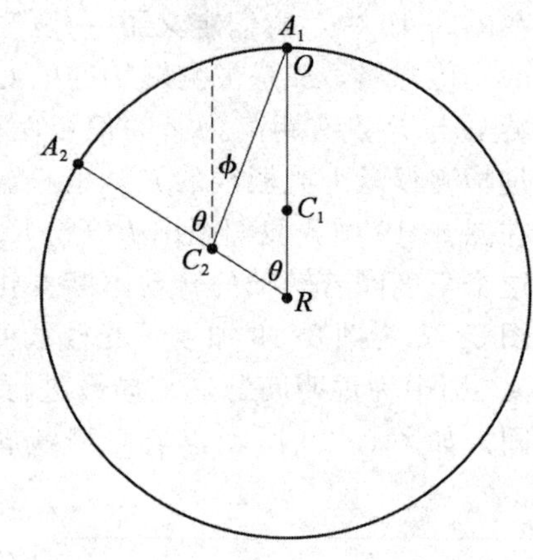

图 8-22 虚线为穿过 C_2 与 RO 平行的线

如图 8-23 所示，我们可以找到角度误差 Φ 与 d、e 和 θ 之间的表达式：

$$\Phi = f(d, e, \theta) \tag{8.31}$$

表达式(8.31)指出了一次性误差 Φ 与转角 θ、偏心距 e 和光感应器到转轴中心距离 d 之间的函数。

对图 8-23 中的三角形应用余弦定理，可得：

$$\cos(\Phi) = \frac{d - e\cos(\theta)}{L} \tag{8.32}$$

由正弦定理得：

$$\sin(\Phi) = \frac{e\sin(\theta)}{L} \tag{8.33}$$

270
~
271

结合式(8.32)和式(8.33)可得：

$$\tan(\Phi) = \frac{e\sin(\theta)}{d - e\cos(\theta)} \tag{8.34}$$

则一次性误差为：

$$\Phi = \tan^{-1}\left(\frac{e\sin(\theta)}{d - e\cos(\theta)}\right) \tag{8.35}$$

绘出式(8.35)对应的函数的曲线，与正弦曲线相似，但式(8.35)不是正弦表达式。由于偏心距 e 接近于 0，函数曲线接近正弦曲线。

由于 e 远小于 d，式(8.35)可以近似为：

$$\Phi = \tan^{-1}\left(\frac{e}{d}\right)\sin(\theta) \tag{8.36}$$

根据等价无穷小原理可进一步近似：

$$\Phi = \frac{e}{d}\sin(\theta) \tag{8.37}$$

式(8.37)为常被人们引用的一次性误差公式。这是一个近似公式，准确的公式见式(8.35)。

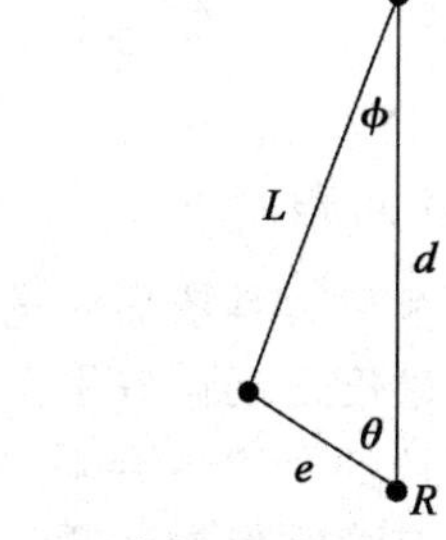

图 8-23　分析用到的图 8-22 中的三角形

8.10　力传感

很多设备可以用来测量操作臂的末端执行器与其接触的工作环境之间所产生的接触力。绝大多数这类传感器都使用了由半导体或者金属膜制作的**应变计**。这些应变计被黏结在金属结构上，能够产生正比于金属变形的输出信号。在设计这类力传感器时，设计者必须考虑以下问题：

1)需要多少个传感器才能获得所期望的信息？

2)如何在被测量的物体上安装这些传感器？

3)什么样的结构既能保证灵敏度又能保持刚度？

4)如何在传感装置内部设置过载保护？

力传感器通常安装在操作臂的以下三个位置：

1)安装在关节驱动器上。这些传感器测量驱动器/减速器自身的力矩或者力的输出。这在某些控制方案中是有用的，但是并不能很好地检测末端执行器与环境之间产生的接触力。

2)安装在末端执行器与操作臂的最末关节之间。这些传感器通常被称作**腕传感器**。它们是一些安装了应变计的机械装置，可以测量施加于末端执行器的力和力矩。通常，这些传感器可以测量施加于末端执行器的 3～6 个力/力矩分量。

3)安装在末端执行器的“指尖”上。通常，这些**具有力传感的手指**内置了应变计，可以测量作用在指尖的 1～4 个力分量。

272

例如，图 8-24 介绍了由 Scheinman 设计的一类常用的手腕力传感器的内部结构[22]。8 对半导体应变计贴在十字形槽的结构上。每一对应变计按照分压器形式连线。每次查询腕传感器的参数，8 个模拟电压值被转换成数字信号并读入计算机。**标定矩阵**是一个 6×8 的常量矩阵，用于把 8 个应力测量值转换成作用在末端执行器的力-力矩矢量$\mathcal{F}$。这个被检测到的力-力矩矢量可以被转换到我们关心的参考坐标系中，见例 5.8。

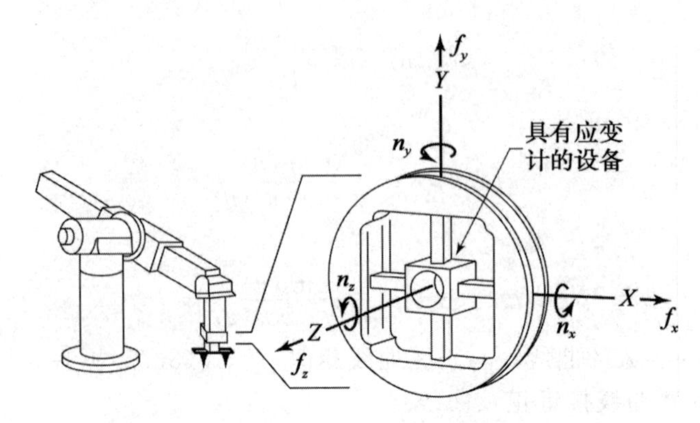

图 8-24 一类典型的手腕力传感器的内部结构

力传感器的设计问题

使用应变计测量力是依靠测量**挠曲变形**来实现的。因此，在设计力传感器时，首先需要在其刚度与灵敏度之间做好平衡。这是因为刚度好的传感器本质上灵敏度较差。

此外，传感器的刚度也会对其**过载保护**装置产生影响。应变计可能会被冲击载荷损坏，所以必须具有过载保护装置。可以使用**限位开关**来避免传感器的损坏，它能够防止被测的挠曲变形超过某一规定点。遗憾的是，刚度好的传感器只允许偏移万分之几英寸。然而，制造这么小距离的限位开关实在太困难了。因此，很多种传感器自身都具有一定的柔性，以实现有效的限位。

在设计传感器时，消除**迟滞**是一件很麻烦的事情。如果没有过载，大多数用于产生挠曲变形的金属的迟滞是很小的。然而，在发生挠曲变形的位置附近的螺栓连接、过盈配合或者焊接节点都会引入滞后。理想情况下，发生挠曲变形的部分及其附近的部分应使用同一块金属制成。

采用差动式测量的办法以提高力矩传感器的线性和抗干扰能力是非常重要的。传感器的不同物理构造能够消除由于温度效应和偏心力所带来的影响。

273

应变片相对耐用，然而在满应变下只能输出一个很小的电阻变化。因此，为了使应变片具有好的动态测量范围，消除应力计的电缆和放大电路中的噪声则变得至关重要。

半导体应力计非常容易由于过载而造成损坏。但它的优点是，在给定应力下，半导体应力计能够产生相当于约 70 倍的应变计的电阻变化。这使得对于给定的动态测量范围，半导体应力计的信号处理工作将变得十分简单。

参考文献

[1] W. Rowe, Editor, *Robotics Technical Directory 1986*, Instrument Society of America, Research Triangle Park, NC, 1986.

[2] R. Vijaykumar and K. Waldron, "Geometric Optimization of Manipulator Structures for Working Volume and Dexterity," *International Journal of Robotics Research*, Vol. 5, No. 2, 1986.

[3] K. Waldron, "Design of Arms," *The International Encyclopedia of Robotics*, R. Dorf and S. Nof, Editors, John Wiley and Sons, New York, 1988.

[4] T. Yoshikawa, "Manipulability of Robotic Mechanisms," *The International Journal of Robotics Research*, Vol. 4, No. 2, MIT Press, Cambridge, MA, 1985.

[5] H. Asada, "Dynamic Analysis and Design of Robot Manipulators Using Inertia Ellipsoids," *Proceedings of the IEEE International Conference on Robotics*, Atlanta, March 1984.

[6] J.K. Salisbury and J. Craig, "Articulated Hands: Force Control and Kinematic Issues," *The International Journal of Robotics Research*, Vol. 1, No. 1, 1982.

[7] O. Khatib and J. Burdick, "Optimization of Dynamics in Manipulator Design: The Operational Space Formulation," *International Journal of Robotics and Automation*, Vol. 2, No. 2, IASTED, 1987.

[8] T. Yoshikawa, "Dynamic Manipulability of Robot Manipulators," *Proceedings of the IEEE International Conference on Robotics and Automation*, St. Louis, March 1985.

[9] J. Trevelyan, P. Kovesi, and M. Ong, "Motion Control for a Sheep Shearing Robot," *The 1st International Symposium of Robotics Research*, MIT Press, Cambridge, MA, 1984.

[10] P. Marchal, J. Cornu, and J. Detriche, "Self Adaptive Arc Welding Operation by Means of an Automatic Joint Following System," *Proceedings of the 4th Symposium on Theory and Practice of Robots and Manipulators*, Zaburow, Poland, September 1981.

[11] J.M. Hollerbach, "Optimum Kinematic Design for a Seven Degree of Freedom Manipulator," *Proceedings of the 2nd International Symposium of Robotics Research*, Kyoto, Japan, August 1984.

[12] K. Waldron and J. Reidy, "A Study of Kinematically Redundant Manipulator Structure," *Proceedings of the IEEE Robotics and Automation Conference*, San Francisco, April 1986.

[13] V. Milenkovic, "New Nonsingular Robot Wrist Design," *Proceedings of the Robots 11 / 17th ISIR Conference*, SME, 1987.

[14] E. Rivin, *Mechanical Design of Robots*, McGraw-Hill, New York, 1988.

[15] T. Yoshikawa, "Manipulability of Robotic Mechanisms," *Proceedings of the 2nd International Symposium on Robotics Research*, Kyoto, Japan, 1984.

274

[16] M. Leu, V. Dukowski, and K. Wang, "An Analytical and Experimental Study of the Stiffness of Robot Manipulators with Parallel Mechanisms," *Robotics and Manufacturing Automation*, M. Donath and M. Leu, Editors, ASME, New York, 1985.

[17] K. Hunt, *Kinematic Geometry of Mechanisms*, Cambridge University Press, Cambridge, MA, 1978.

[18] H. Asada and K. Youcef-Toumi, *Design of Direct Drive Manipulators*, MIT Press, Cambridge, MA, 1987.

[19] J. Shigley, *Mechanical Engineering Design*, 3rd edition, McGraw-Hill, New York, 1977.

[20] D. Welbourne, "Fundamental Knowledge of Gear Noise—A Survey," *Proceedings of the Conference on Noise and Vibrations of Engines and Transmissions*, Institute of Mechanical Engineers, Cranfield, UK, 1979.

[21] O. Zienkiewicz, *The Finite Element Method*, 3rd edition, McGraw-Hill, New York, 1977.

[22] V. Scheinman, "Design of a Computer Controlled Manipulator," M.S. Thesis, Mechanical Engineering Department, Stanford University, 1969.

[23] K. Lau, N. Dagalakis, and D. Meyers, "Testing," *The International Encyclopedia of Robotics*, R. Dorf and S. Nof, Editors, John Wiley and Sons, New York, 1988.

[24] M. Roshiem, "Wrists," *The International Encyclopedia of Robotics*, R. Dorf and S. Nof, Editors, John Wiley and Sons, New York, 1988.

[25] A. Bowling and O. Khatib, "Robot Acceleration Capability: The Actuation Efficiency Measure," *Proceedings of the IEEE International Conference on Robotics and Automation*, San Francisco, April 2000.

[26] Lee Wei Yan, "Implementation of a DSP-based 20-bit High Resolution Quasi-Absolute Encoder for Low-Speed Feedback Control Applications", White Paper, Avago Technologies, www.avagotech.com, March 2010.

[27] Roel Merry et al, "Error modeling and improved position estimation for optical incremental encoders by means of time stamping", Proceedings of the 2007 American Control Conference, New York City, NY, USA, July 11–13, 2007.

习题

8.1 [15]机器人用于对激光切割装置进行定位。激光产生精确的、不发散的光束。对于一般的切割任务，机器人需要多少个自由度才能为其定位？并论证你的答案。

8.2 [15]画出习题 8.1 中定位机器人的一种可能的关节位形，假定该机器人主要被用来以任意角度切割 1 英寸厚、8×8 英尺的金属板。

8.3 [17]对于一个如图 8-6 所示的极坐标机器人，如果关节 1 和关节 2 没有限制，关节 3 有下限 l 和上限 u，求出该机器人手腕点处的结构长度指数 Q_L。

8.4 [25]一根长 30 cm、直径 0.2 cm 的钢轴驱动传动比 $\eta=8$ 的减速器的输入齿轮。输出齿轮又驱动一根长 30 cm、直径 0.3 cm 的钢轴。假设齿轮没有柔性，那么整个传动系统的总体刚度是多少？

8.5 [20]在图 8-25 中，一个连杆由一根经齿轮减速后的轴驱动。把该连杆视为刚体，其 10 kg 的集中质量位于连杆上距离轴线 30 cm 处的位置。假设齿轮的刚度很大，传动比 η 也足够大。轴的材料为钢，而且其长度必须为 30 cm。如果设计要求连杆质心能产生 2.0g 的重力加速度，那么其轴径为多少时可以限制轴的动态偏转角在 0.1 弧度以内？

275

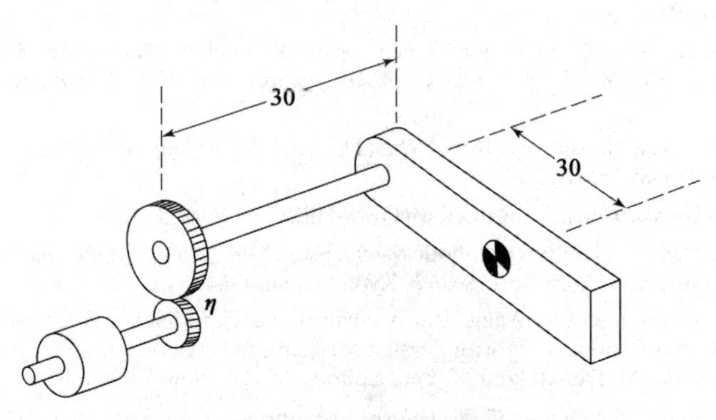

图 8-25　经过齿轮减速后的轴驱动连杆

8.6 [15]如果输出齿轮的刚度为 1000 Nt・m/radian，输入齿轮锁定，轴的刚度为 300 Nt・m/radian，那么图 8-25 所示驱动系统的综合刚度是多少？

8.7 [43]用于串联式连杆操作臂的 Pieper 判据指出，如果三个相邻的轴线相交于一点或者平行，则操作臂是可解的。这个观点是基于这样的想法，手腕坐标原点的位置与腕部坐标系相独立，所以其逆运动学是解耦的。请针对如图 8-14 所示的 Stewart 机构也提出一个类似的结论，以使其正向运动学解是解耦的。

8.8 [20]如果跟基体相连的 2 自由度万向关节被替换成 3 自由度的球关节，利用 Grübler 公式计算图 8-14所示的 Stewart 机构的自由度。

8.9 [22]图 8-26 所示为 PUMA 560 机器人关节 4 的驱动系统的简要原理图。每个联轴器的扭转刚度是

100 Nt·m/radian，轴的刚度是 400 Nt·m/radian，当输入齿轮固定时每对齿轮的输出刚度是 2000 Nt·m/radian。两级齿轮传动的传动比均为 6。[⊖] 假设结构和轴承的刚度足够大，求关节的刚度（即当电机轴被锁定时）。

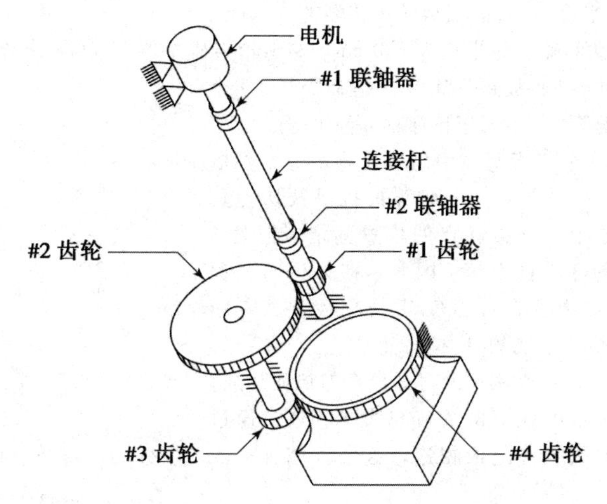

图 8-26 PUMA 560 机器人中关节 4 的传动链的简化示意图[23]

8.10 [25]如果在习题 8.9 中只考虑最后一级减速齿轮的刚度，那么所得答案为什么是错误的？

8.11 [20]图 4-14 展示了一个正交轴手腕和一个非正交轴手腕。正交轴手腕扭转角度 90°，非正交轴扭转角度 ϕ 和 $180°-\phi$（幅值）。找出非正交轴手腕不能实现的姿态。假设所有的轴都可以旋转 360°，如果有必要各杆可以相互交错（工作空间不会受自身碰撞而减小）。

8.12 [18]写出图 8-27 所示的 Stewart 机构的广义逆运动学解。已知相对于基坐标系$\{B\}$的$\{T\}$的位置，求解关节角的位置变量 $d_1\sim d_6$。${}^{B}p_i$ 是 3×1 的矢量，用于描述直线型驱动器与$\{B\}$的底部连接。${}^{T}q_i$ 也是 3×1 的矢量，描述直线型驱动器与$\{T\}$的顶部连接。

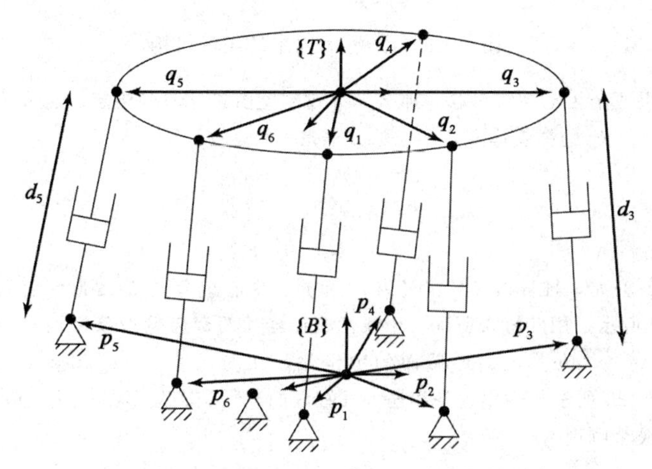

图 8-27 习题 8.12 的 Stewart 机构

276~277

8.13 [20]例 5.3 中的平面两杆机器人的雅可比矩阵的行列式值是

$$\det(J(\Theta)) = l_1 l_2 s_2 \tag{8.38}$$

如果两杆的长度之和 l_1+l_2 是一个常量，要使操作臂的操作度（由式（8.6）定义）最大，那么这两个杆的相对长度是多少？

⊖ 在本习题中，所有的数值不一定是真实的！

8.14　[28]对于SCARA机器人，如果要求杆1和杆2的长度之和为一常量，要使其操作度(由式(8.6)定义)最大，那么这两个杆的相对长度是多少？先解答习题8.13对解答此题有帮助。

8.15　[35]证明式(8.6)定义的操作度等于$J(\Theta)$的特征根的乘积。

8.16　[15]求长40 cm、半径0.1 cm铝棒的扭转刚度。

8.17　[5]如果一个带传动的输入轮半径为2.0 cm，输出轮半径为12.0 cm，求传动比。

8.18　[10]为了实现把圆柱形零件放到平面上，操作臂需要多少个自由度？假设该圆柱形零件相对于自身轴线精确对称。

8.19　[25]图8-28所示一个三指机械手抓取物体。每个手指有3个单自由度的关节。指尖与物体的接触被认为是“点接触”，也就是说，该接触点的位置固定，但是3个自由度的姿态是可以自由的。因此，在分析的过程中，这些接触点可以用3自由度球关节代替。应用Grübler公式计算整个系统的自由度。

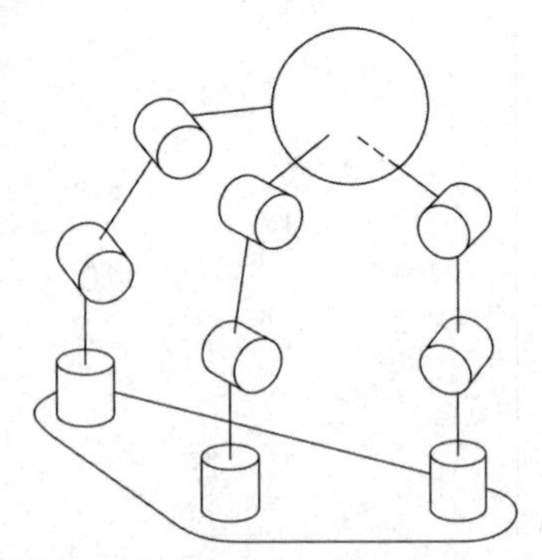

图8-28　每个手指有3个自由度的三指机械手通过点接触抓取物体

8.20　[23]如图8-29所示，一个物体通过3根杆与地面相连。每根杆通过一个2自由度万向关节与物体相连，通过一个3自由度的球关节与地面相连。这个系统有多少个自由度？

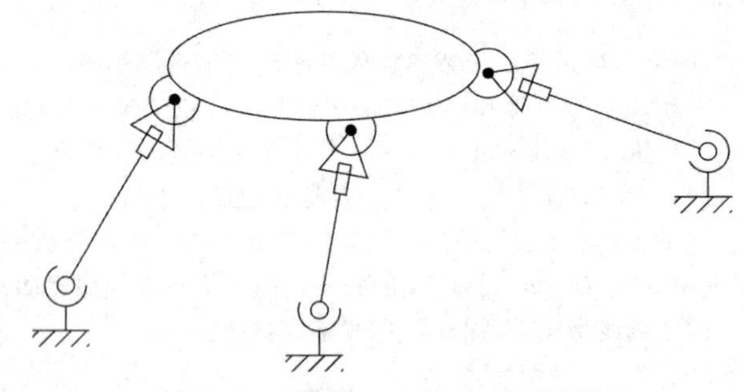

图8-29　习题8.20中的闭环机构

278

8.21　[18]证明：如果两个传动系统串联，那么其等效刚度由式(8.14)给定。也许这样想是最简单的，两个刚度系数为k_1、k_2的弹簧串联，相应的方程是

$$\begin{aligned} f &= k_1 \delta x_1 \\ f &= k_2 \delta x_2 \\ f &= k_{\text{sum}} (\delta x_1 + \delta x_2) \end{aligned} \tag{8.39}$$

8.22　[20]从式(8.22)开始，推导两带轮半径为r_1和r_2、中心距为d_c的皮带传动系统的刚度公式。

8.23　[19]如图8-30所示，用气缸来驱动一个线性驱动器。两套齿轮齿条机构共轴，两齿轮半径分别是$r_i=15$ mm，$r_o=40$ mm。正方形截面的中空梁，几何尺寸为$i=50$ mm，$w_o=15$ mm和$w_i=12$ mm，如图8-30所示与输出齿条相连。气缸内的空气假定是等温的，近似看作$k_c=1$ Nt/mm的线性弹簧。求关节刚度。

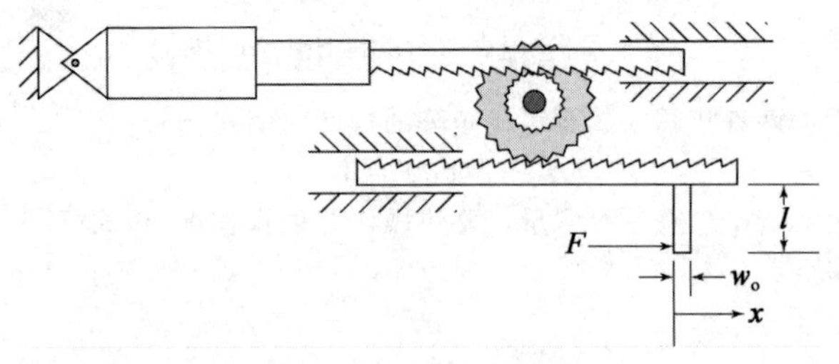

图8-30　线性驱动器

279

8.24 [19]电动机与半径 $r_1=20$ mm 的皮带轮相连，如图 8-31 所示，联轴器刚度为 $k_c=100$ Nt·m/rad。刚度为 $k_b=40$ kNt/m 驱动输出带轮，输出带轮的半径为 $r_2=80$ mm，与输出轴直连。输出轴的材料是钢，长度 $l_s=200$ mm，半径 $r_s=10$ mm。该传动系统的总体刚度是多少？

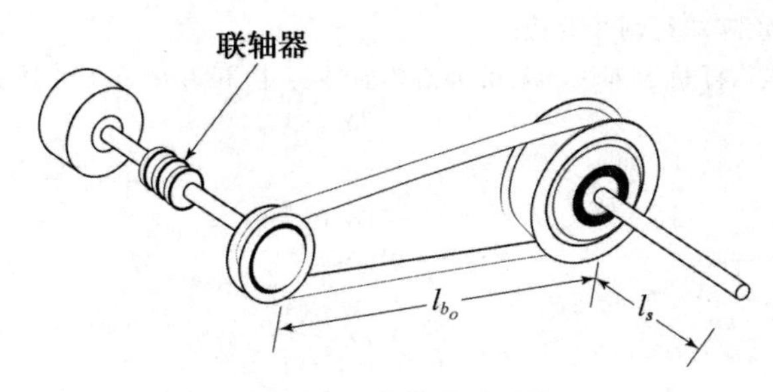

图 8-31 皮带传动系统

8.25 [18]磨削工具点在 ${}^{W}P=(0\quad 0\quad 100)^{T}$ 位置与工件接触。工具上安装力传感器，位于坐标系{W}的原点位置。在磨削作业的某个瞬时，机器人的位置和姿态是

$$
{}^{B}_{W}T=\begin{pmatrix} -0.712 & -0.0502 & 0.701 & 412.0 \\ 0.449 & 0.734 & 0.509 & 243.0 \\ -0.540 & 0.677 & -0.5 & 516.0 \\ 0.0 & 0.0 & 0.0 & 1.0 \end{pmatrix}
$$

力传感器的读数是 ${}^{W}f_{W}=(-2\quad -3\quad -8)^{T}$。传感器上的力矩读数应该是多少？此时磨削机在 $\hat{Z}_B$ 方向施加在工件上的力是多少？

280

8.26 [15]如图 8-32 所示的平面闭链结构的自由度是多少？

8.27 [15]如图 8-33 所示的平面闭链结构有多少个自由度？

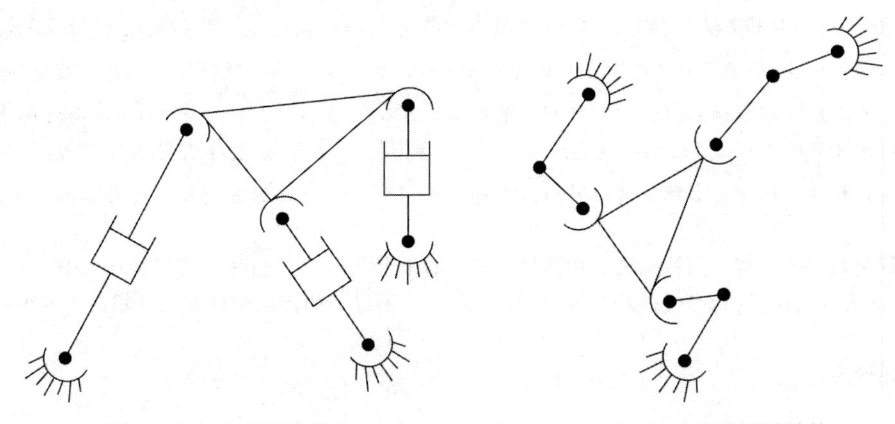

图 8-32 平面闭链结构　　图 8-33 平面闭链结构

8.28 [25]长 50 cm 直径 0.25 cm 的钢轴驱动速比 $\eta=10$ 的减速器的输入齿轮。输出齿轮驱动长度 40 cm、直径 0.4 cm 的钢轴。如果齿轮没有引入柔性，那么该传动系统的总体刚度是多少？

8.29 [15]如果输出齿轮的刚度是 1500 Nt·m/radian，输入齿轮锁住，输出轴的刚度是 100 Nt·m/radian。求如图 8-25 所示系统的组合刚度是多少？

8.30 [22]如图 8-26 所示，PUMA 560 机器人的第 4 关节的传动系统简图[23]。联轴器的扭转刚度均为 150 Nt·m/radian，轴的刚度是 300 Nt·m/radian，当输入齿轮锁住时，每对减速齿轮的输出刚度是 3000 Nt·m/radian。第一级和第二级的减速比均为 $\eta=4$。假设结构和轴承为理想刚体，关节的刚度是多少(电动机轴锁住)？

8.31 [15]半径 1 cm、长度 30 cm 的铝杆的扭转刚度是多少？

8.32 [5]带传动系统的输入轮半径 1.2 cm、输出轮半径 5.1 cm，求等效减速比 η。

编程练习

1. 编写一个计算 3×3 阶矩阵的行列式的程序。
2. 编写一个程序使模拟的三杆机器人以固定的姿态沿直线行走 20 步，起始点为：

$$ {}_3^0T = \begin{Bmatrix} 0.25 \\ 0.0 \\ 0.0 \end{Bmatrix} $$

终止点为：

$$ {}_3^0T = \begin{Bmatrix} 0.95 \\ 0.0 \\ 0.0 \end{Bmatrix} $$

281

步长为 0.05 m。在每一个位置处计算机器人在该位形下的操作度(即雅可比矩阵的行列式)。最好以表格的形式列出或者画出当机器人沿 $\hat{X}_0$ 方向运动时的操作度值。针对下面两种情况进行计算：

a) $l_1=l_2=0.5$ m

b) $l_1=0.625$ m，$l_2=0.375$ m

你认为哪一种操作臂方案更好？解释理由。

MATLAB 练习

8.5 节介绍了运动学冗余机器人的概念。本练习题将要对运动学冗余机器人进行分解速度控制的仿真。这里主要考虑平面 4 自由度机器人，它有一个冗余自由度(4 个关节提供了 3 个笛卡儿空间的运动：两个移动和一个转动)。这个机器人可以通过在原来的 3 自由度的 3R 机器人(图 3-6 和图 3-7)上再添加第 4 个转动关节和第 4 个连杆而得到(需要在图 3-8 上再添加一行 DH 参数)。

对于这个平面 4R 机器人，推导出 3×4 阶雅可比矩阵的解析表达式。然后使用 MATLAB 进行分解速度控制的仿真运算(与第 5 章 MATLAB 练习相似)。速度方程的形式还是 ${}^k\dot{X}={}^kJ\dot{\Theta}$；但是这个方程不能使用普通的逆矩阵来求解，因为这个雅可比矩阵不是方阵(3 个方程，4 个未知数，$\dot{\Theta}$ 有无穷多解)。因此使用雅可比矩阵的 Moore-Penrose 伪逆矩阵 J^*：$J^*=J^{\mathrm{T}}(JJ^{\mathrm{T}})^{-1}$。为了在分解速率算法中求出相应的关节速度，在这里从无穷多解中选取最小范数解：$\dot{\Theta}={}^kJ^{*k}\dot{X}$(即该解 $\dot{\Theta}$ 是所有能够满足笛卡儿速度 ${}^k\dot{X}$ 的最小解)。

这个解只是一个特解，也就是说，在满足所要求的笛卡儿运动的同时，仍然存在着齐次解可以用来优化性能(如避开操作臂的奇异位形或者避开关节限制)。不过，如何优化性能已经超出了本练习的范围。

已知：$L_1=1.0$ m，$L_2=1.0$ m，$L_3=0.2$ m，$L_4=0.2$ m。

初始角度为：

$$ \Theta=\begin{Bmatrix} \theta_1 \\ \theta_2 \\ \theta_3 \\ \theta_4 \end{Bmatrix}=\begin{Bmatrix} -30^\circ \\ 70^\circ \\ 30^\circ \\ 40^\circ \end{Bmatrix} $$

要求的笛卡儿运动速度(为常值)为：

$$ {}^0\dot{X}={}^0\begin{Bmatrix} \dot{x} \\ \dot{y} \\ \omega_z \end{Bmatrix}={}^0\begin{Bmatrix} -0.2 \\ -0.2 \\ 0.2 \end{Bmatrix}(\mathrm{m/s,rad/s}) $$

只使用特解对分解速度控制的运动进行仿真，仿真时间为 3 s，时间步长为 0.1 s。另外，在同一个循环中动画显示机器人在每一个时间步长中的运动，这样便能观察仿真的运动是否正确。

a）绘制 4 条曲线（每条曲线在一个单独的图上）：

1）第四个关节随时间的运动角度 $\Theta=\{\theta_1, \theta_2, \theta_3, \theta_4\}^T$

282

2）第四个关节随时间的运动速度 $\dot{\Theta}=\{\dot{\theta}_1, \dot{\theta}_2, \dot{\theta}_3, \dot{\theta}_4\}^T$

3）关节速度的 Euclidean 范数形式随时间的变化规律 $\|\dot{\Theta}\|$（矢量的模）

4）三个对时间的直角分量${}^0_H T$，$X=\{x, y, \phi\}^T$ 随时间变化（选 ϕ 的单位为弧度）

在每个图中仔细表明每个分量（最好手工标记！），同时标记各轴线的名称与单位。

b）利用 Corke MATLAB Robotics Toolbox 检查与起始点和终止点处的关节角度相对应的雅可比矩阵。试着使用 jacob0()函数。注意：工具箱中的雅可比函数是用于求解{4}相对于{0}的运动的，而不是用于求解{H}相对于{0}的运动，后者才是我们布置的问题。前面的函数在坐标系{0}中给出雅可比结果，而 jacobn()在坐标系{4}中给出结果。

283 ~ 284

操作臂的线性控制

9.1 引言

基于前面章节的知识，现在可以计算关节位置的时间历程，这些关节位置对应于末端执行器通过空间的期望运动。在本章中，我们将讨论如何才能使操作臂实际完成这些期望运动。

本章讨论的控制方法属于**线性控制**系统的范畴。严格讲，线性控制技术仅适用于能够用线性微分方程进行数学建模的系统。对于操作臂的控制，这种线性方法实质上是一种近似方法，因为在第 6 章我们已看到，操作臂的动力学方程一般都是由非线性微分方程来描述的。但是，进行这种近似通常是可行的，而且这些线性方法是当前工程实际中最常用的方法。

最后，线性方法可作为第 10 章中解决更加复杂的非线性控制系统的基础。尽管我们将线性控制作为操作臂控制的一种近似方法，但是采用线性控制却并不仅仅是出于经验的原因。第 10 章中将证明即使不进行操作臂动力学的线性近似，线性控制器也可作为一种比较合理的控制系统。熟悉线性控制系统的读者可以跳过本章的前 4 节。

9.2 反馈与闭环控制

我们将操作臂看作一个机构，在这个机构的每个关节处安装一个用来测量关节角的传感器和一个能够对相邻连杆(高序号连杆)施加扭矩的驱动器。[⊖] 虽然有时也采用其他方式的传感器布置，但大多数机器人在每一个关节都有一个位置传感器。有时在关节处还安装速度传感器（测速计）。尽管各种驱动和传动方式普遍应用在工业机器人中，但是大部分都可以建模为每个关节一个驱动器的叠加。

我们希望操作臂关节沿着指定的位置轨迹运动，而驱动器按照扭矩发送指令，因此我们必须应用某种**控制系统**计算出适当的驱动器指令去实现这个期望运动。而这些期望的扭矩主要是由关节传感器的**反馈**计算出来的。

图 9-1 表示轨迹生成器和机器人的关系。机器人从控制系统接收到一个关节扭矩矢量 τ，操作臂传感器允许控制器读取关节位置矢量 Θ 和关节速度矢量 $\dot{\Theta}$。图 9-1 中的所有信号线中的信号均为 $N\times 1$ 维向量(N 为操作臂的关节数)。

让我们看一下图 9-1 中标有“控制系统”的模块能够进行哪些算法。一种可能是用机器人的动力学方程（见第 6 章)去计算一条特定轨迹所需的扭矩。由轨迹生成器给定 Θ_d、$\dot{\Theta}_d$ 和 $\ddot{\Theta}_d$ 于是可以用式(6.59)计算

$$\tau = M(\Theta_d)\ddot{\Theta}_d + V(\Theta_d,\dot{\Theta}_d) + G(\Theta_d) \tag{9.1}$$

上式可按照指定的模型计算出所需的扭矩以实现期望轨迹。如果动力学模型是完整和精确

⊖ 注意，所有关于转动关节的标注对于移动关节也是有效的，反之亦然。

的，且没有“噪声”或者其他干扰存在，沿着期望轨迹连续应用式(9.1)即可实现期望的轨迹。然而在实际情况下由于动力学模型的不理想以及不可避免的干扰使得这个方案并不实用。这种控制技术称为**开环**控制方式，因为这种控制方式没有利用关节传感器的反馈。(即式(9.1)是期望轨迹 Θ_d 导数的函数，而不是实际轨迹 Θ 的函数)。 286

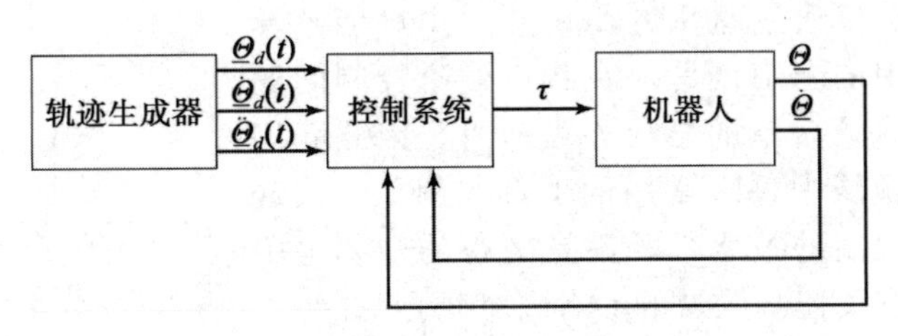

图 9-1 机器人控制系统的高级框图

一般而言，建立一个高性能的控制系统的唯一方法就是利用关节传感器的反馈，如图 9-1所示。这个反馈一般是通过比较期望位置和实际位置之差以及期望速度和实际速度之差来计算**伺服误差**：

$$E = \Theta_d - \Theta$$
$$\dot{E} = \dot{\Theta}_d - \dot{\Theta} \tag{9.2}$$

这样控制系统就能够根据伺服误差函数计算驱动器需要的扭矩。显然，这个基本思想是通过计算驱动器的扭矩来减少伺服误差。这种利用反馈的控制系统称为**闭环**控制系统。从图 9-1中可以清楚地看出操作臂的控制系统形成了一个封闭的“环”。

设计控制系统的核心问题是保证设计的闭环系统满足特定的性能要求。最基本的标准是系统要保持**稳定**。为此，稳定系统的定义是机器人在按照各种期望轨迹运动时系统的误差始终保持“较小”，即使存在一些“中度”的干扰。注意，设计不合理的控制系统有时会使系统的性能**不稳定**，在该系统中伺服误差增大而不是减小。因此，控制系统的设计者的首要任务是要证明他(她)设计的系统是一个稳定的系统；其次是要保证这个闭环系统的性能满足要求。实际上，这些“证明”包括了那些基于某些假设和模型的数学证明以及从仿真或试验中得到的经验结果。

图 9-1 中，所有信号线表示 $N\times1$ 维向量，因此，操作臂的控制问题是一个**多输入多输出(MIMO)**控制问题。在本章中，我们采用一种简单的方法建立一个控制系统，即把每个关节作为一个独立系统进行控制。因此，对于 N 个关节的操作臂来说，要设计 N 个独立的**单输入单输出(SISO)控制系统** 。这是目前为大部分工业机器人供应商所采用的设计方法。这种**独立关节控制**方法是一种近似方法，这个系统的运动方程(第 6 章得出的)不是独立的，而是高度耦合的。本章在后面将给出线性方法的证明，至少是关于大传动比操作臂的证明。

9.3 二阶线性系统

在讨论操作臂的控制问题之前，我们先以一个简单的机械系统为例开始讨论。图 9-2 表示一个质量为 m 的质量块连接在一个刚度为 k 的弹簧上、所受摩擦系数为 b。图 9-2 中还标出了质量块的初始位置和 x 轴的正方向。假定摩擦力与质量块的速度成正比，由质量块的受力图可以直接得出运动方程

$$m\ddot{x} + b\dot{x} + kx = 0 \tag{9.3}$$ 287

因此，这个单自由度系统的开环动力学问题便可由一个二阶线性常微分方程描述[1]。微分方程(9.3) 的解 $x(t)$是关于时间的函数，它确定了质量块的运动。方程的解取决于质量块的**初始条件**，即初始位置和初始速度。

我们以这个简单的机械系统为例来回顾一些控制系统的基本概念。但是仅通过这里的简单介绍不可能解释清楚控制理论领域中的全部问题。在我们讨论控制问题时，仅要求学生们熟悉简单的微分方程即可。因此我们不会用到控制工程领域中许多常用的工具。例如，**拉普拉斯变换**以及其他常用的技术，既不是必备的知识也不需要在这里介绍。有关控制领域的参考文献请参见[4]。

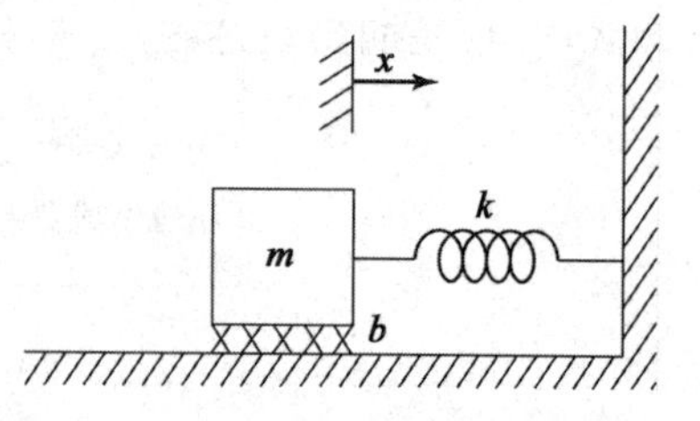

图 9-2 具有摩擦的质量-弹簧系统

直观上看，图 9-2 的系统能表示出几种不同的特征运动。例如，假设弹簧刚度很小(即 k 很小)而摩擦力很大(即 b 很大)，当质量块受到扰动离开平衡位置后，它将以缓慢的衰减运动方式回到平衡位置。相反如果弹簧刚度很大而摩擦力很小，质量块将经过几次振荡才能回到平衡位置。出现这几种不同情况的原因是由于方程(9.3)的解的特性取决于参数 m、b 和 k 的值。

由微分方程知识[1]可知方程(9.3)的解的形式与**特征方程**的根有关

$$ms^2+bs+k=0 \tag{9.4}$$

方程的根为：

$$s_1=-\frac{b}{2m}+\frac{\sqrt{b^2-4mk}}{2m}$$

$$s_2=-\frac{b}{2m}-\frac{\sqrt{b^2-4mk}}{2m} \tag{9.5}$$

s_1 和 s_2 在复平面中的位置(有时称作系统的**极点**)代表系统的运动特性。如果 s_1 和 s_2 为实根，那么系统将呈现衰减运动而没有振荡；如果 s_1 和 s_2 为复根(即虚部存在)，那么系统将出现振荡。我们将有三种情况需要研究：

288

1)**两个不相等的实根**。当 $b^2>4mk$ 时的情况，即系统主要受摩擦力影响，系统将缓慢回到平衡位置而不出现振荡。这种情况称为**过阻尼**。

2)**复根**。当 $b^2<4mk$ 时的情况，即系统主要受系统弹性力的影响，系统将出现振荡。这种情况称为**欠阻尼**。

3)**两个相等实根**。当 $b^2=4mk$ 时的情况，此时摩擦力与弹性力平衡，系统将以最短的时间回到平衡位置。这种情况称为**临界阻尼**。

第三种情况(临界阻尼)通常为期望的情况：系统在最短的时间内从非零初始位置迅速返回到平衡位置而不出现振荡。

两个不等实根

对于两个不相等的实根(直接代入式(9.3))，很容易得到质量块运动方程的解 $x(t)$

$$x(t)=c_1e^{s_1t}+c_2e^{s_2t} \tag{9.6}$$

式中 s_1 和 s_2 由式(9.5)解出。系数 c_1 和 c_2 为常数，可通过任何一组已知的初始条件计算得出(即质量块的初始位置和速度)。

图 9-3 所示为非零初始条件下的极点位置和相应的时间响应。当二阶系统有两个不相等的实根时，系统表现为衰减运动或者过阻尼运动。

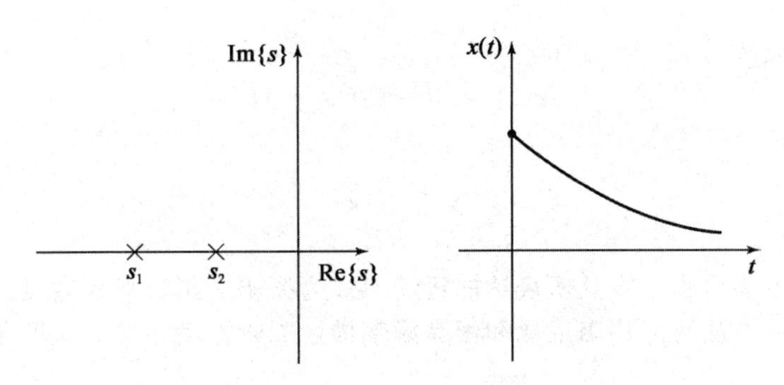

图 9-3 过阻尼系统根的位置和在初始条件下的响应

当一个极点的值比另一个极点的值大得多时，较大的极点值可忽略，因为这个极点的运动与另一个极点——**主极点**相比将迅速衰减到零。主极点的概念可以扩展到更高阶的系统——例如，通常一个三阶系统通常可以认为有两个主极点而转化为二阶系统来进行讨论。 289

例 9.1 求图 9-2 所示系统的运动。假设各参数值如下：$m=1$、$b=5$、$k=6$，质量块(初始时静止)在 $x=-1$ 处被释放。

特征方程为

$$s^2+5s+6=0 \tag{9.7}$$

解得 $s_1=-2$，$s_2=-3$。因此系统的响应为

$$x(t)=c_1\mathrm{e}^{-2t}+c_2\mathrm{e}^{-3t} \tag{9.8}$$

根据已知的初始条件 $x(0)=-1$ 和 $\dot{x}(0)=0$ 计算 c_1 和 c_2。为了在 $t=0$ 时满足上述条件，必须有

$$c_1+c_2=-1$$

和

$$-2c_1-3c_2=0 \tag{9.9}$$

解得 $c_1=-3$，$c_2=2$。于是得出当 $t\geqslant 0$ 时，系统的运动为

$$x(t)=-3\mathrm{e}^{-2t}+2\mathrm{e}^{-3t} \tag{9.10}$$

复根

特征方程有两个复根的情况

$$s_1=\lambda+\mu\mathrm{i}$$
$$s_2=\lambda-\mu\mathrm{i} \tag{9.11}$$

这种情况下解的形式同上

$$x(t)=c_1\mathrm{e}^{s_1t}+c_2\mathrm{e}^{s_2t} \tag{9.12}$$

然而方程(9.12)难以直接求解，因为方程中显含虚数。由**欧拉公式**(见习题 9.1)

$$\mathrm{e}^{ix}=\cos x+\mathrm{i}\sin x \tag{9.13}$$

将式(9.12)写成如下形式

$$x(t)=c_1\mathrm{e}^{\lambda t}\cos(\mu t)+c_2\mathrm{e}^{\lambda t}\sin(\mu t) \tag{9.14}$$

同上，系数 c_1 和 c_2 为常数，可通过任何一组已知的初始条件计算得出(即质量块的初始位置和速度)。如果将常数 c_1 和 c_2 写成如下形式：

$$c_1=r\cos\delta$$
$$c_2=r\sin\delta \tag{9.15}$$

290

这样式(9.14)可以改写为

$$x(t) = re^{\lambda t}\cos(\mu t - \delta) \tag{9.16}$$

式中

$$r = \sqrt{c_1^2 + c_2^2}$$
$$\delta = \mathrm{Atan2}(c_2, c_1) \tag{9.17}$$

从这个式子容易看出，本式所表达的运动形式为振幅按指数形式衰减到零的振动。

另一种常用的方法是应用**阻尼比**和**固有频率**描述二阶振动系统。这两项是由参数化特征方程给出的

$$s^2 + 2\zeta\omega_n s + \omega_n^2 = 0 \tag{9.18}$$

式中 ζ 为阻尼比（介于 0 和 1 之间的无量纲数），ω_n 为固有频率。[⊖] 极点位置与这两个参数的关系为

$$\lambda = -\zeta\omega_n$$
$$\mu = \omega_n\sqrt{1-\zeta^2} \tag{9.19}$$

这两个极点的虚部 μ 有时被称为**阻尼固有频率**。对于图 9-2 中所示的有阻尼的质量-弹簧系统，阻尼比和固有频率分别为

$$\zeta = \frac{b}{2\sqrt{km}}$$
$$\omega_n = \sqrt{k/m} \tag{9.20}$$

对于无阻尼系统(本例中 $b=0$)，阻尼比为 0；对于临界阻尼系统($b^2=4km$)，阻尼比为 1。

图 9-4 所示为非零初始条件下的极点位置和对应非零初始位置的时间响应。当一个二阶系统具有复根时，系统表现为振荡或欠阻尼运动。

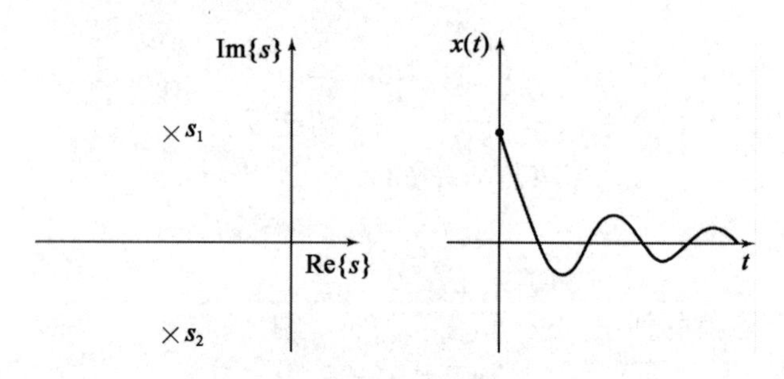

图 9-4 欠阻尼系统根的位置和在初始条件下的响应

例 9.2 求图 9-2 所示系统的运动。假设各参数值如下：$m=1$、$b=1$、$k=1$，质量块(初始时静止)在 $x=-1$ 处被释放。

特征方程为

291

$$s^2 + s + 1 = 0 \tag{9.21}$$

解得 $s_i = -\frac{1}{2} \pm \frac{\sqrt{3}}{2}i$。因此，系统的响应为

$$x(t) = e^{-\frac{t}{2}}\left(c_1\cos\frac{\sqrt{3}}{2}t + c_2\sin\frac{\sqrt{3}}{2}t\right) \tag{9.22}$$

⊖ 阻尼比和固有频率条件同样适用于过阻尼系统，此时 $\zeta > 1.0$。

根据已知的初始条件 $x(0)=-1$ 和 $\dot{x}(0)=0$ 计算 c_1 和 c_2。为了在 $t=0$ 时满足上述条件，必须有

$$c_1=-1$$

和

$$-\frac{1}{2}c_1+\frac{\sqrt{3}}{2}c_2=0 \tag{9.23}$$

解得 $c_1=-1$，$c_2=\frac{-\sqrt{3}}{3}$。因此当 $t\geqslant 0$ 时，系统的运动为

$$x(t)=\mathrm{e}^{-\frac{t}{2}}\left(-\cos\frac{\sqrt{3}}{2}t-\frac{\sqrt{3}}{3}\sin\frac{\sqrt{3}}{2}t\right) \tag{9.24}$$

这个解也可以写成式(9.16)的形式

$$x(t)=\frac{2\sqrt{3}}{3}\mathrm{e}^{-\frac{t}{2}}\cos\left(\frac{\sqrt{3}}{2}t-120^\circ\right) \tag{9.25}$$

两个相等实根

将两个相等的实根(即**重根**)代入式(9.3)，解的形式为

$$x(t)=c_1\mathrm{e}^{s_1t}+c_2t\mathrm{e}^{s_2t} \tag{9.26}$$

这种情况下 $s_1=s_2=-\frac{b}{2m}$，因此式(9.26)可以写成

$$x(t)=(c_1+c_2t)\mathrm{e}^{-\frac{b}{2m}t} \tag{9.27}$$

292

给定任意 c_1、c_2 和 a，应用 **I'Hôpital's** 法则[2]很快就可得到

$$\lim_{t\to\infty}(c_1+c_2t)\mathrm{e}^{-at}=0 \tag{9.28}$$

图 9-5 所示为非零初始条件下的极点位置和相应的时间响应。当二阶系统有两个相等的实根时，系统表现为临界阻尼运动，系统将以最短的时间回到平衡位置而不出现振荡。

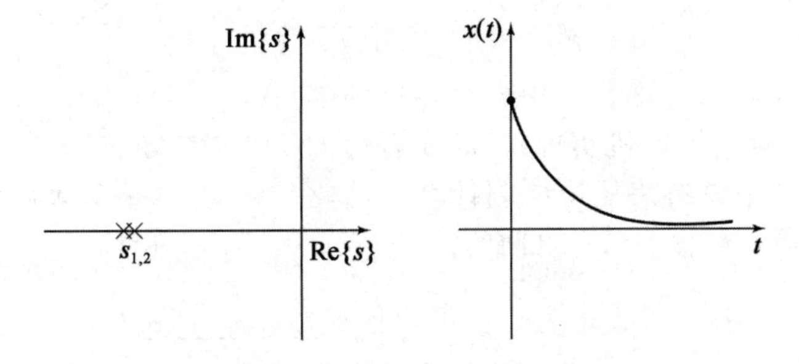

图 9-5 临界阻尼系统根的位置和在初始条件下的响应

例 9.3 求图 9-2 所示系统的运动。假设各参数值如下：$m=1$、$b=4$、$k=4$，质量块(初始时静止)在 $x=-1$ 处被释放。

特征方程为

$$s^2+4s+4=0 \tag{9.29}$$

解得 $s_1=s_2=-2$，因此系统的响应为

$$x(t)=(c_1+c_2t)\mathrm{e}^{-2t} \tag{9.30}$$

根据已知的初始条件 $x(0)=-1$ 和 $\dot{x}(0)=0$ 计算 c_1 和 c_2。为了在 $t=0$ 时满足上述条

件，必须有

$$c_1 = -1$$

和

$$-2c_1 + c_2 = 0 \tag{9.31}$$

解得 $c_1=-1$，$c_2=-2$。因此当 $t\geqslant 0$ 时，系统的运动为

293

$$x(t) = (-1-2t)e^{-2t} \tag{9.32}$$

从例 9.1 到例 9.3 的系统都是稳定的。与图 9-2 类似的物理系统都是这种情况。这些机械系统都有如下的特性：

$$\begin{aligned} m &> 0 \\ b &> 0 \\ k &> 0 \end{aligned} \tag{9.33}$$

在下一节中可看到控制系统的作用实际上就是改变这些系数中的一个或多个值。为此必须考虑求得的系统是否稳定。

9.4 二阶系统的控制

如果二阶机械系统的响应并不满足我们的要求。假定求得的系统是欠阻尼系统或振荡系统，而我们需要临界阻尼系统；或者系统的弹性完全消失($k=0$)，因此当受到扰动时，系统永远也不能返回到 $x=0$ 的位置。那么通过使用传感器、驱动器和控制系统，便可以按照我们的要求改变系统的运行状况。

图 9-6 所示为一个带有驱动器的有阻尼质量-弹簧系统，驱动器给质量块施加力 f。由受力图得出如下运动方程

$$m\ddot{x} + b\dot{x} + kx = f \tag{9.34}$$

假如可以通过传感器测定质量块的位置和速度。现在我们给出一种**控制规律**，它可以计算出驱动器应当施加给质量块的力，这个力是反馈的函数：

$$f = -k_p x - k_v \dot{x} \tag{9.35}$$

图 9-7 是一个闭环系统的框图，图中虚线左边的部分为控制系统(通常通过计算机实现)，虚线右边的部分为物理系统。图中没有表示出控制计算机同驱动器输出指令以及输入传感器信息之间的接口。

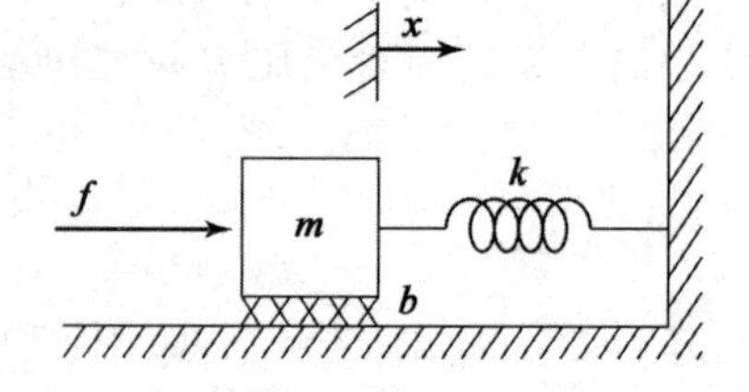

图 9-6 带有驱动器的有阻尼质量-弹簧系统

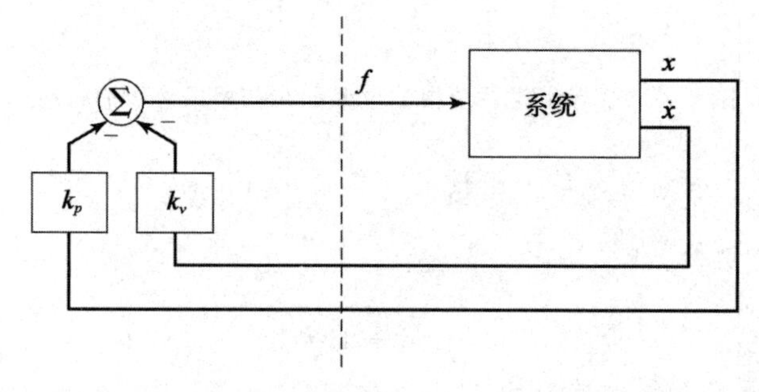

图9-7 闭环控制系统。控制计算机(虚线左边部分)读取传感器输入信号并向驱动器输出指令

294

我们所提出的控制系统是一个**位置调节**系统——这种系统只是试图保持质量块在一个

固定的位置而不考虑质量块受到的干扰力。在下一节我们将要构造一个**轨迹跟踪**控制系统，使质量块能跟随期望的位置轨迹运动。

联立开环动力学方程式(9.34)和控制方程(9.35)，就可以得到闭环系统动力学方程如下

$$m\ddot{x}+b\dot{x}+kx=-k_px-k_v\dot{x} \tag{9.36}$$

或

$$m\ddot{x}+(b+k_v)\dot{x}+(k+k_p)x=0 \tag{9.37}$$

或

$$m\ddot{x}+b'\dot{x}+k'x=0 \tag{9.38}$$

其中 $b'=b+k_v$，$k'=k+k_p$。从式(9.37)和式(9.38)可以清楚看出，通过设定**控制增益** k_v 和 k_p 可以使闭环系统呈现任何期望的二阶系统特性。经常通过选择增益获得临界阻尼(即 $b'=2\sqrt{mk'}$)和某种直接由 k' 给出的期望**闭环刚度**。

k_v 和 k_p 可正可负，这是由原系统的参数决定的。而当 b' 或 k' 为负数时，控制系统将是不稳定的。由二阶微分方程的解(式(9.6)、式(9.14)或者式(9.26)的形式)可以明显看出这种不稳定性。同样可以直接看出，如果 b' 或 k' 为负数，伺服误差趋向增大而不是减小。

例 9.4 如图 9-6 中所示的系统各参数分别为 $m=1$，$b=1$，$k=1$，求使闭环刚度为 16.0 时的临界阻尼系统的位置调节控制增益 k_v 和 k_p。

295

如果 $k'=16.0$，那么为了达到临界阻尼，则需要 $b'=2\sqrt{mk'}=8.0$。现在 $k=1$，$b=1$，于是有

$$\begin{aligned}k_p&=15.0\\k_v&=7.0\end{aligned} \tag{9.39}$$

9.5 控制规律的分解

为了设计更为复杂的系统的控制规律，我们对图 9-6 中的控制系统结构稍作一些变化。把控制器分为**基于模型控制部分**和**伺服控制部分**。这样系统的参数(即 m、b、k)仅出现在基于模型的部分，而与伺服控制部分是完全独立的。在本章中这个区别显得并不重要，但对于第 10 章中的非线性系统来说这种区别就显得非常重要了。本书中主要采用这种**控制规律分解**的方法。

系统开环运动方程为

$$m\ddot{x}+b\dot{x}+kx=f \tag{9.40}$$

将这个系统的控制器分为两个部分。此时，控制规律中基于模型的部分将应用给定的参数 m、b 和 k，它可以将系统简化成一个单位质量，例 9.5 说明了这个问题。控制规律的第二部分利用反馈来改进系统的特性。控制规律中基于模型的部分将系统简化成单位质量，因此伺服部分的设计就非常简单——仅需选择增益来控制一个仅由单位质量构成的系统(即没有摩擦和刚度)。

控制规律中基于模型的控制部分的表达式为

$$f=\alpha f'+\beta \tag{9.41}$$

式中 α 和 β 是函数或常数，如果将 f' 作为新的系统输入，那么可选择 α 和 β 使系统简化为单位质量。对于这种控制规律结构，系统方程(联立式(9.40)和式(9.41))为

$$m\ddot{x}+b\dot{x}+kx=\alpha f'+\beta \tag{9.42}$$

显然，为了在 f'输入下将系统简化为单位质量，这个系统中的 α 和 β 选择如下

$$\begin{aligned}\alpha &= m \\ \beta &= b\dot{x} + kx\end{aligned} \tag{9.43}$$

将这些假设条件代入式(9.42)，得到系统方程

296

$$\ddot{x} = f' \tag{9.44}$$

这是单位质量的运动方程。式(9.44)可作为被控系统的开环动力学方程。同前面的方法一样，设计一个控制规律去计算 f'：

$$f' = -k_v\dot{x} - k_p x \tag{9.45}$$

将这个控制规律与式(9.44)联立得

$$\ddot{x} + k_v\dot{x} + k_p x = 0 \tag{9.46}$$

在这种方法中，控制增益的设定非常简单而且与系统参数独立，即

$$k_v = 2\sqrt{k_p} \tag{9.47}$$

这时系统处于临界阻尼状态。图 9-8 所示为图 9-6 系统的分解控制器示意图。

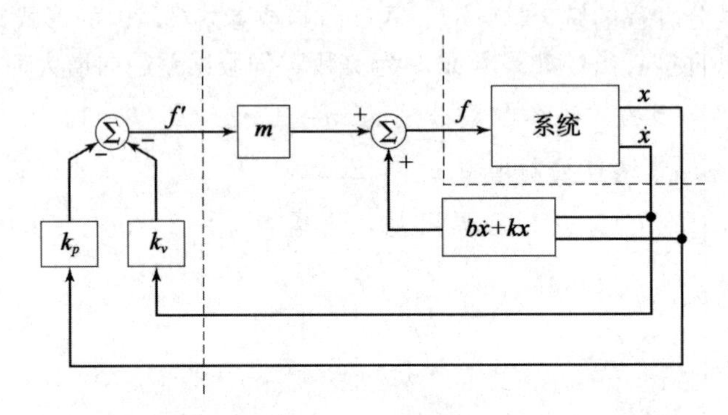

图 9-8 采用分解控制规律的闭环控制系统

例 9.5 图 9-6 所示的系统参数分别为 $m=1$，$b=1$，$k=1$。按照位置调节控制规律，求在闭环刚度为 16.0、系统为临界阻尼状态时的 α、β 以及增益 k_p 和 k_v。

选择

$$\begin{aligned}\alpha &= 1 \\ \beta &= \dot{x} + x\end{aligned} \tag{9.48}$$

假定输入 f'下系统简化为一单位质量。设定 k_p 为期望的闭环刚度，设定系统为临界阻尼，

297

$k_v=2\sqrt{k_p}$。

可得

$$\begin{aligned}k_p &= 16.0 \\ k_v &= 8.0\end{aligned} \tag{9.49}$$

9.6 轨迹跟踪控制

我们不仅要求质量块能够保持在期望位置，而且希望扩展控制器功能，使质量块能够跟踪一条轨迹。已知轨迹 $x_d(t)$是时间的函数，给定质量块的期望位置。假设轨迹是光滑的(即一阶导数存在)，并且轨迹发生器在任一时间 t 始终给出一组 x_d、$\dot{x}_d$ 和 $\ddot{x}_d$。定义伺服误差 $e=x_d-x$ 为期望轨迹与实际轨迹之差。由伺服控制规律得出的轨迹如下

$$f' = \ddot{x}_d + k_v\dot{e} + k_p e \tag{9.50}$$

一个好的选择是将式(9.50)与单位质量运动方程式(9.44)联立，得到

$$\ddot{x} = \ddot{x}_d + k_v\dot{e} + k_p e \tag{9.51}$$

或者

$$\ddot{e} + k_v\dot{e} + k_p e = 0 \tag{9.52}$$

可由这个二阶微分方程进行参数选择，由此可以设计任何期望的响应(通常选择临界阻尼)。有时称这种方程为**误差空间**方程，因为它描述了相对于期望轨迹的误差变化。图 9-9 为轨迹跟踪控制器的示意图。

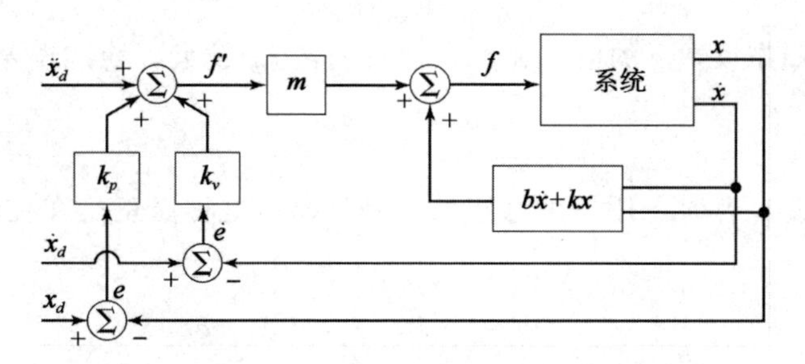

图 9-9　图 9-6 所示系统的轨迹跟踪控制器

如果模型(即关于 m、b 和 k 的值)是正确的，并且没有噪声和初始误差，质量块将准确跟随期望轨迹运动。如果存在初始误差，这个误差将受到抑制(见式(9.52))，而后质量块将准确跟随期望轨迹运动。

298

9.7　抑制干扰

控制系统的一个作用就是提供**抑制干扰**能力，即存在外部干扰或者**噪声**的时候仍能保持良好的性能(即误差最小化)。图 9-10 所示为具有附加输入-额外干扰力 f_{dist} 的轨迹跟踪控制器。通过对闭环系统进行分析得出误差方程为

$$\ddot{e} + k_v\dot{e} + k_p e = f_{\text{dist}} \tag{9.53}$$

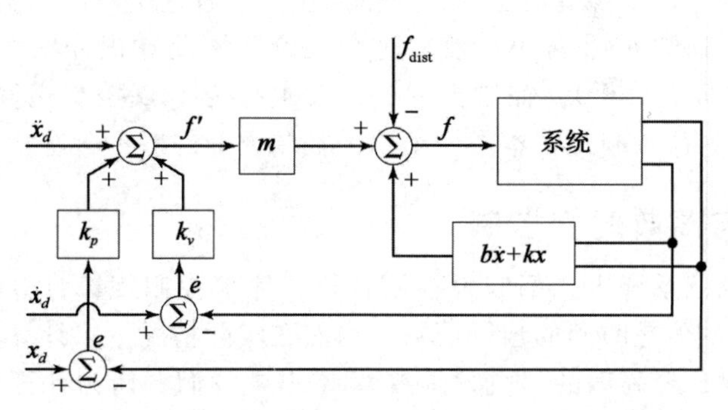

图 9-10　具有干扰作用的轨迹跟踪控制系统

式(9.53)是一个具有扰动函数的微分方程。如果已知 f_{dist} 是**有界的**，即存在常数 a 使得

$$\max_t f_{\text{dist}}(t) < a \tag{9.54}$$

这样微分方程的解 $e(t)$ 也是有界的。这个结果是由一个称为**有界输入有界输出**即 **BIBO** 稳态线性系统的稳定性特性得出的[3,4]。这个基本结论说明在一大类干扰下，我们至少能够

保持系统是稳定的。

稳态误差

以一种最简单的干扰为例，即 f_{dist} 为常数的情况。这种情况下，通过对静态系统的分析(即所有系统变量的导数都为0)进行**稳态分析**。设式(9.53)中的导数为0，得稳态方程为

$$k_p e = f_{\text{dist}}/m \tag{9.55}$$

或者

299

$$e = f_{\text{dist}}/k_p m \tag{9.56}$$

由式(9.56)可求出稳态误差 e 的值。显然，位置增益 k_p 越大，稳态误差就越小。

增加积分项

为消除稳态误差，有时采用一种修正的控制规律。这种修正是在控制规律中附加一个积分项，即

$$f' = \ddot{x}_d + k_v \ddot{e} + k_p e + k_i \int e \mathrm{d}t \tag{9.57}$$

则误差方程变为

$$\ddot{e} + k_v \dot{e} + k_p e + k_i \int e \mathrm{d}t = f_{\text{dist}}/m \tag{9.58}$$

增加这一项可使系统在恒定干扰情况下不出现稳态误差。如果 $t<0$ 时 $e(t)=0$，那么当 $t>0$ 时式(9.58)可写成

$$\dddot{e} + k_v \ddot{e} + k_p \dot{e} + k_i e = \dot{f}_{\text{dist}}/m \tag{9.59}$$

稳态(对于恒定干扰)时上式变为

$$k_i e = 0 \tag{9.60}$$

因此

$$e = 0 \tag{9.61}$$

对于这种控制规律，系统变成了一个三阶系统，求解这个三阶微分方程可以求出初始条件下系统的响应。通常 k_i 非常小，使得这个三阶系统没有积分项而“近似于”一个二阶系统（即仅需进行主极点分析）。控制方程(9.57)被称为 **PID 控制规律**，即“比例、积分、微分”控制规律[4]。为简单起见，本书中给出的控制方程一般不含有积分项。

9.8　连续控制与离散时间控制

在前面讨论的控制系统中，都假设控制计算机完成控制规律计算的时间为0(即无限快)。所以驱动力 f 的值是时间的连续函数。当然在实际情况中，计算都需要一定的时间，因此输出的力指令是一个离散的“阶梯”函数 。本书中我们将认为计算机的计算速度极快。如果 f 的更新计算速率比受控系统的固有频率快很多，那么这个近似就是合适的。在**离散时间控制**或**数字控制**领域，进行系统分析时并不做这种近似，而是考虑控制系统的**伺服速度**[3]。

通常假设计算速度足够快以至于时间连续性假设是有效的。由此产生了一个问题：计算到底需要多么快？若使选择的伺服(或采样)速度足够快则需要考虑以下几点：

300

跟踪参考输入：期望输入或参考输入的频率范围给定了采样速率的绝对下限。采样频

率至少为参考输入带宽的两倍。这通常并不是限制因素。

干扰抑制：对于抗干扰问题，由时间连续系统给定了系统性能的上限。如果采样周期比干扰作用(假设为随机干扰的统计形式)的持续时间长，那么这些干扰将不会被抑制。一种有效的方法是使采样周期小于噪声相关时间的十分之一[3]。

抗混叠：只要在数字控制系统中使用模拟传感器，就会出现混叠现象，除非传感器的输出严格限制在带宽范围内。大多数情况下，传感器没有输出带宽的限制，因此应选择采样频率使混叠信号的能量较小。

结构共振：在操作臂的动力学特性中未包括弯曲模态。实际上所有机构的刚度都是有限的，因此会出现多种形式的振动。如果必须抑制这些振动(经常是需要的)，那么必须使采样频率至少为固有共振频率的两倍。本章后面将再次讨论共振问题。

9.9 单关节的建模和控制

本节将要为单一旋转关节操作臂建立一个简化模型。通过几项假设可把这个系统看作为二阶线性系统。对于更完整的驱动关节模型，见参考文献[5]。

许多工业机器人常用的驱动器是直流(DC)力矩电机(如图 8-18 所示)。电机中不转动的部分(**定子**)由机座、轴承、永久磁铁或电磁铁组成。定子中的磁极产生一个穿过电机转动部件(**转子**)的磁场。转子由电机轴和线圈绕组组成，电流通过线圈绕组产生电机转动的能量。电流经与转向器接触的电刷流入线圈绕组。转向器与变化的线圈绕组(也称为**电枢**)相连接便产生指定方向的转矩。当电流通过线圈绕组时电机会产生转矩的物理现象[6]可以表示为

$$F = qV \times B \tag{9.62}$$

这里电荷 q 以速度 V 通过磁场强度为 B 的区域时将产生一个力 F。电荷为通过线圈绕组的电子，磁场由定子磁极产生。一般来说，电机产生转矩的能力用**电机转矩常数**表示，电枢电流与输出转矩的关系可表示为

$$\tau_m = k_m i_a \tag{9.63}$$

301

当电机转动时，则成为一个发电机，在电枢上产生一个电动势。电机的另一个常数，**反电势常数**[⊖]，表示给定转速时产生的电压

$$v = k_e \dot{\theta}_m \tag{9.64}$$

一般来讲，转向器实际上是一个开关，它使电流通过不同的线圈绕组产生转矩，并产生一定的**转矩波动**。尽管有时这个影响很重要，但通常这种影响可被忽略(在任何情况下建立模型都是相当困难的，即使建立了模型，误差补偿也是相当困难的)。

电机电枢感抗

图 9-11 所示为电枢电路。主要的构成部分是电源电压 v_a、电枢绕组的感抗 l_a、电枢绕组的电阻 r_a 以及产生的反电势 v。这个电路由如下一阶微分方程描述：

$$l_a \dot{i}_a + r_a i_a = v_a - k_e \dot{\theta}_m \tag{9.65}$$

一般用电机驱动器控制电机的转矩(而不是速度)。驱动电路通过检测电枢电流不断调节电源电压 v_a 以使通过电枢的电流为期望电流 i_a。这个电路称为**电流放大器式**电机驱动器[7]。在电流驱动系统中，由电机感抗 l_a 和电源电压的上限 v_a 限制了控制电枢电流变化的速率。

⊖ “emf”代表感应电动势。

实际上相当于在工作电流和输出转矩之间存在一个**低通滤波器**。

为简化起见，首先假设电机的感抗可以忽略。当闭环控制系统的固有频率远低于由于感抗引起的电流驱动器中隐含的低通滤波器的截止频率时，这个假设便是合理的。这个假设和转矩波动假设一样都可被忽略，这表明电机转矩可以直接控制。虽然存在某个比例因子(例如 k_m)，但仍可以将驱动器视为可以直接控制转矩的纯力矩源。

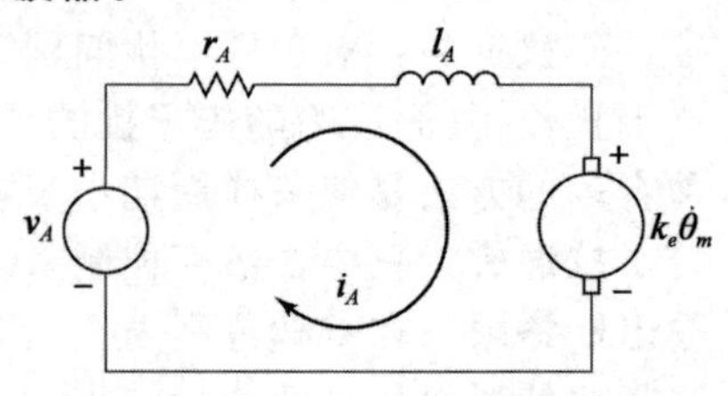

图 9-11 直流力矩电机的电枢电路

302

有效惯量

图 9-12 所示为通过齿轮减速器与惯性负载相连的直流力矩电机转子的力学模型。式(9.63)表示作用于转子的扭矩 τ_m 是电枢电流 i_a 的函数。减速比(η)可提高驱动负载的力矩、降低负载的转速，由下式表示

$$\begin{aligned}\tau &= \eta\tau_m\\ \dot{\theta} &= (1/\eta)\dot{\theta}_m\end{aligned} \tag{9.66}$$

式中 $\eta>1$ 。按照转子力矩写出系统的力矩平衡方程如下

$$\tau_m = I_m\ddot{\theta}_m + b_m\dot{\theta}_m + (1/\eta)(I\ddot{\theta} + b\dot{\theta}) \tag{9.67}$$

式中 I_m和 I 分别为电机转子惯量和负载惯量，b_m 和 b 分别为电机转子轴承和负载轴承的黏滞摩擦系数。由式(9.66)，将式(9.67)按照电机变量改写为

$$\tau_m = \left(I_m + \frac{I}{\eta^2}\right)\ddot{\theta}_m + \left(b_m + \frac{b}{\eta^2}\right)\dot{\theta}_m \tag{9.68}$$

或根据负载变量改写为

$$\tau = (I + \eta^2 I_m)\ddot{\theta} + (b + \eta^2 b_m)\dot{\theta} \tag{9.69}$$

$I+\eta^2 I_m$ 有时被称作减速器输出端(连杆侧)的**有效惯量**。同样，$b+\eta^2 b_m$ 被称作**有效阻尼**。注意，在大减速比(即 $\eta>>1$)的情况下，电机转子惯量是有效组合惯量中的主要部分。正是这个原因我们才能够假设有效惯量是一个常数。

303

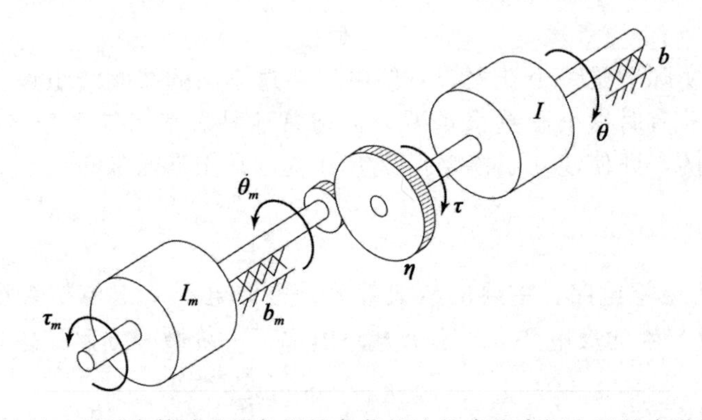

图 9-12 通过齿轮减速器与惯性负载相连的直流力矩电机的力学模型

由第 6 章可知，关节的惯量 I 实际上随着机构位形和负载变化的。然而在大减速比的机器人中，这种变化的比例小于**直接驱动**操作臂(即 $\eta=1$)。为确保机器人操作臂的运动永远不为欠阻尼，I 值应选取取值范围内的最大值，即 $I_{\max}$。这样可保证系统在任何情况下

均为临界阻尼或者过阻尼。在第 10 章中我们将直接研究变化惯量并且不做上述假设。

例 9.6 如果连杆惯量 I 在 $2\sim6\text{kg}\cdot\text{m}^2$ 之间变化，转子惯量 $I_m=0.01$，减速比 $\eta=30$，求有效惯量的最大值和最小值。

有效惯量的最小值为

$$I_{\min}+\eta^2 I_m=2.0+(900)(0.01)=11.0 \tag{9.70}$$

最大值为

$$I_{\max}+\eta^2 I_m=6.0+(900)(0.01)=15.0 \tag{9.71}$$

因此可以看出，相对于总有效惯量的比例，减速器使惯量的变化减小了。

未建模柔性

在建模过程中的另一个主要假设是减速器、轴、轴承以及被驱动的连杆都是不可变形的。实际上这些元件的刚度都是有限的，因此在系统建模时，它们的柔性将增加系统的阶次。关于忽略柔性作用影响的理由是，如果系统刚度极大，这些**未建模共振**的固有频率将非常高，与已建模的二阶主极点的影响相比可以忽略不计。㊀ 为了进行控制系统的分析和设计，“未建模”实际上是为了忽略这些影响而可以采用式(9.69)这样一个较简单的动力学模型。

因为在建模时未考虑系统的结构柔性，所以必须当心不能激发起这些共振模态。经验方法[8]为：如果最低的结构共振频率为 ω_{res}，那么必须按照下式限定闭环固有频率

$$\omega_n\leqslant\frac{1}{2}\omega_{\text{res}} \tag{9.72}$$

这可给选择控制器增益提供依据。我们发现提高增益会加速系统响应、减小稳态误差，同时我们也发现未建模结构的共振限制了系统增益。典型工业机器人的结构共振范围为 5 Hz～25 Hz[8]。最新的设计采用直接驱动方式以避免由减速器和传动系统产生的柔性，可使机器人的最低结构共振频率提高到 70 Hz[9]。 304

例 9.7 图 9-7 所示系统的各参数值为：$m=1$，$b=1$ 和 $k=1$。此外，已知系统未建模的最低共振频率为 8 rad/s。求 α、β 以及为使系统达到临界阻尼的位置控制规律的增益 k_p 和 k_v。不激发未建模模态，系统的闭环刚度尽可能大。

取

$$\begin{aligned}\alpha&=1\\ \beta&=\dot{x}+x\end{aligned} \tag{9.73}$$

因此系统在给定输入 f' 下呈现为一个单位质量。利用经验方法式(9.72)，取闭环固有频率 $\omega_n=4$ rad/s。由式(9.18)和式(9.46)得 $k_p=\omega_n^2$，于是有

$$\begin{aligned}k_p&=16.0\\ k_v&=8.0\end{aligned} \tag{9.74}$$

共振频率估计

引起共振的原因与第 8 章中讨论的结构柔性的问题相同。在结构柔性能够识别的情况下，如果能够给出柔性结构件有效质量或有效惯量的描述，那么就可以进行振动的近似分析。由式(9.20)给出的简单质量-弹簧系统可以近似得出系统的固有频率

㊀ 这基本上与我们忽略由于电机感抗产生的极点一样。如果包括这些极点，那么系统的阶次将会提高。

$$\omega_n = \sqrt{k/m} \tag{9.75}$$

式中 k 为柔性结构件的刚度，m 为振动系统的等效质量。

例 9.8 某轴（假设无质量）的刚度为 400 Nt · m/rad，驱动一个转动惯量为 1kg · m^2 的负载。如果在动力学模型中轴的刚度可以忽略不计，那么这个未建模共振频率是多少？

应用式(9.75)，得

$$\omega_{res} = \sqrt{400/1} = 20 \text{ rad/s} = 20/(2\pi) \text{ Hz} \cong 3.2 \text{ Hz} \tag{9.76}$$

305

为粗略估计梁和轴的最低共振频率，参考文献[10]建议采用**集中质量模型**。估计梁和轴的末端刚度公式是已知的；集中质量模型提供了估算共振频率所需的有效质量或有效惯量。图 9-13 所示为参考文献[10]中的能量分析结果，这个分析建议用一个位于梁末端的质量为 0.23m 的质点代替质量为 m 的梁，同样用在轴末端的集中惯量 0.33I 代替分布惯量 I。

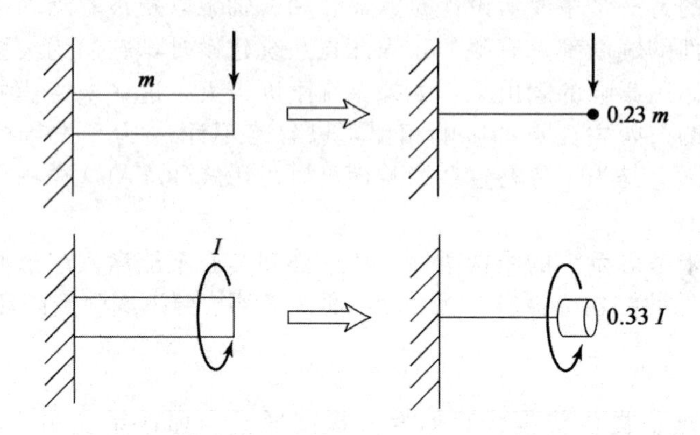

图 9-13 用于估计横向共振和扭转共振的梁的集中质量模型

例 9.9 一个质量为 4.347 kg 的连杆，末端横向刚度为 3600 Nt/m。假设驱动系统是完全刚性的，由于连杆柔性引起的共振将限制控制增益。求 ω_{res}。

4.347 kg 的质量在连杆上均匀分布，应用图 9-13 中的方法，有效质量为 (0.23)(4.347)≅1.0kg，因此振动频率为

$$\omega_{res} = \sqrt{3600/1.0} = 60 \text{ rad/s} = 60/(2\pi) \text{ Hz} \cong 9.6 \text{ Hz} \tag{9.77}$$

如果希望系统的闭环带宽高于式(9.75)中的闭环带宽，那么必须包括用于控制规律综合的系统模型中的结构柔性。这种情况下系统的模态是高阶的，相应的控制方法将变得相当复杂。这种控制方法超出了当前的工程实际发展水平，正处于研究阶段[11,12]。

单关节控制

概括来说，我们建立了下列三个主要假设：

1)电机的感抗 l_a 可以忽略。

2)考虑大传动比的情况，将有效惯量视为一个常数，即 $I_{max} + \eta^2 I_m$。

306

3)结构柔性可以忽略，最低结构共振频率 ω_{res} 用于设定伺服增益的情况除外。

应用这些假设，可以用下式给出的分解控制器对一个单关节操作臂进行控制

$$\alpha = I_{max} + \eta^2 I_m$$

$$\beta = (b + \eta^2 b_m)\dot{\theta} \tag{9.78}$$

$$\tau' = \ddot{\theta}_d + k_v \dot{e} + k_p e \tag{9.79}$$

系统的闭环动力学方程为

$$\ddot{e}+k_v\dot{e}+k_pe=\tau_{\text{dist}} \tag{9.80}$$

式中的增益取

$$k_p=\omega_n^2=\frac{1}{4}\omega_{\text{res}}^2$$

$$k_v=2\sqrt{k_p}=\omega_{\text{res}} \tag{9.81}$$

9.10 工业机器人控制器的结构

为了了解典型工业机器人控制器的概况，我们简要描述了一个虚构的但是具有代表性的控制器。通常使用两级结构，顶层 CPU 作为控制系统的主机。主计算机向每个低级控制器发送指令，一般每个低级控制器对应一个关节。每个低级控制器控制一个关节伺服，上面通常运行简单的 PID 控制规律，跟本章之前所讲内容相同。每个关节都安装了光学编码器作为位置反馈。机器人上一般很少用到速度计或者其他速度传感器；速度信号是由关节控制器做数值微分后得到的。示意图如图 9-14 所示。

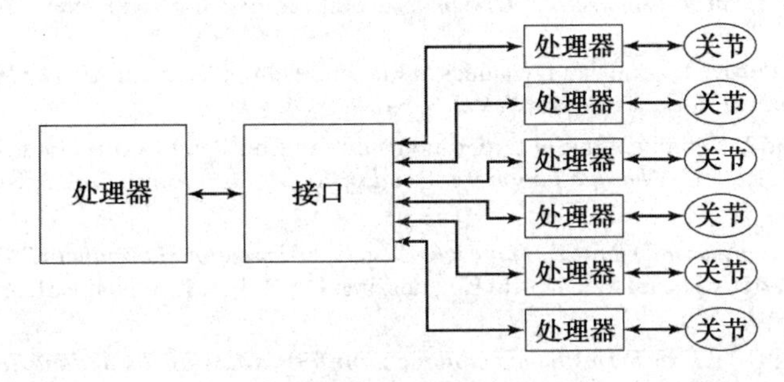

图 9-14 构成典型机器人控制系统的计算机分级体系

为了把力矩指令发送到安装在机器人上的直流力矩电机，每个低级 CPU 与数字-模拟转化器(DAC)有接口，使得电机电流能够发送到电流驱动电路上。在模拟电路中通过调节电枢两端的电压来控制流过电机的电流，从而维持期望的电枢电流。框图如图 9-15 所示。 307

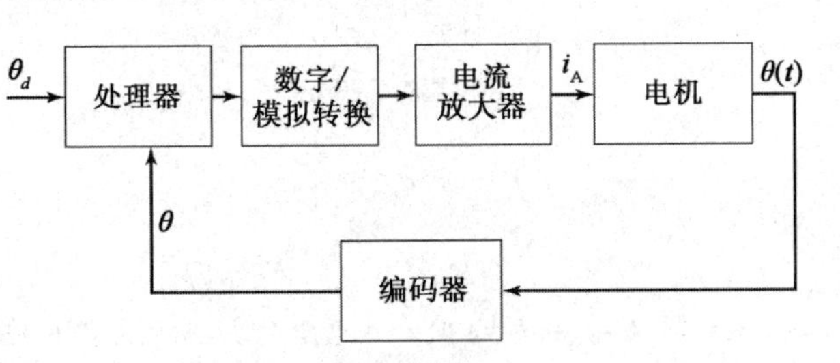

图 9-15 关节控制系统的功能块

按照固定的给定值更新速率，主 CPU 发送新的位置控制指令到低级关节控制器。关节控制器在高的伺服周期运行，使得关节跟随位置指令。

主计算采用高级语言来描述机器人程序，计算逆运动学和做轨迹规划。典型情况下，主计算机与**示教器**有接口。示教器是一种手持的按钮盒，允许操作员以多种模式运行机器人。使用示教器是示教机器人到达任务位置的方法之一。

参考文献

[1] W. Boyce and R. DiPrima, *Elementary Differential Equations*, 3rd edition, John Wiley and Sons, New York, 1977.

[2] E. Purcell, *Calculus with Analytic Geometry*, Meredith Corporation, New York, 1972.

[3] G. Franklin and J.D. Powell, *Digital Control of Dynamic Systems*, Addison-Wesley, Reading, MA, 1980.

[4] G. Franklin, J.D. Powell, and A. Emami-Naeini, *Feedback Control of Dynamic Systems*, Addison-Wesley, Reading, MA, 1986.

[5] J. Luh, "Conventional Controller Design for Industrial Robots—a Tutorial," *IEEE Transactions on Systems, Man, and Cybernetics*, Vol. SMC-13, No. 3, June 1983.

[6] D. Halliday and R. Resnik, *Fundamentals of Physics*, Wiley, New York 1970.

[7] Y. Koren and A. Ulsoy, "Control of DC Servo-Motor Driven Robots," *Proceedings of Robots 6 Conference*, SME, Detroit, March 1982.

[8] R.P. Paul, *Robot Manipulators*, MIT Press, Cambridge, MA, 1981.

[9] H. Asada and K. Youcef-Toumi, *Direct-Drive Robots—Theory and Practice*, MIT Press, Cambridge, MA, 1987.

[10] J. Shigley, *Mechanical Engineering Design*, 3rd edition, McGraw-Hill, New York, 1977.

308

[11] W. Book, "Recursive Lagrangian Dynamics of Flexible Manipulator Arms," *The International Journal of Robotics Research*, Vol. 3, No. 3, 1984.

[12] R. Cannon and E. Schmitz, "Initial Experiments on the End-Point Control of a Flexible One Link Robot," *The International Journal of Robotics Research*, Vol. 3, No. 3, 1984.

[13] R.J. Nyzen, "*Analysis and Control of an Eight-Degree-of-Freedom Manipulator*," Ohio University Master's Thesis, Mechanical Engineering, Dr. Robert L. Williams II, Advisor, August 1999.

[14] R.L. Williams II, "*Local Performance Optimization for a Class of Redundant Eight-Degree-of-Freedom Manipulators*," NASA Technical Paper 3417, NASA Langley Research Center, Hampton, VA, March 1994.

习题

9.1 [20]一个二阶微分方程有复数根

$$s_1 = \lambda + \mu i$$

$$s_2 = \lambda - \mu i$$

证明通解

$$x(t) = c_1 e^{s_1 t} + c_2 e^{s_2 t}$$

可写成

$$x(t) = c_1 e^{\lambda t} \cos(\mu t) + c_2 e^{\lambda t} \sin(\mu t)$$

9.2 [13]当参数值分别为：$m=2$，$b=6$ 和 $k=4$ 时，并且质量块(初始时静止)从 $x=1$ 位置释放，计算图 9-2 所示系统中的运动。

9.3 [13]当参数值分别为：$m=1$，$b=2$ 和 $k=1$ 时，并且质量块(初始时静止)从 $x=4$ 位置释放，计算图 9-2 所示系统中的运动。

9.4 [13]当参数值分别为：$m=1$，$b=4$ 和 $k=5$ 时，并且质量块(初始时静止)从 $x=2$ 位置释放，计算图 9-2 所示系统中的运动。

9.5 [15]当参数值分别为：$m=1$，$b=7$ 和 $k=10$ 时，并且质量块(初始时静止)从 $x=1$ 位置释放，初速度 $x=2$，计算图 9-2 所示系统中的运动。

9.6 [15]用式(6.60)的元素(1，1)计算这个机器人在位形变化时，关节 1 的等效惯量变化(以最大值的百分比表示)。采用以下数值

$$l_1 = l_2 = 0.5 \text{ m}$$
$$m_1 = 4.0 \text{ kg}$$
$$m_2 = 2.0 \text{ kg}$$

认为机器人是直接驱动的，并且转子惯量可被忽略。

9.7 [17]重复习题9.6，其中机器人具有减速器(取 $\eta=20$)，并且转子惯量为 $I_m=0.01 \text{ kg}\cdot\text{m}^2$。

9.8 [18]考虑图9-6中所示的系统，如果参数分别为：$m=1$，$b=4$ 和 $k=5$，并且系统的未建模共振频率为 $\omega_{res}=6.0$ rad/s。确定在刚度达到允许的最大值时这个临界阻尼的增益 k_v 和 k_p。 309

9.9 [25]图9-12所示的系统，负载惯量 I 在 $4\sim5\text{kg}\cdot\text{m}^2$ 之间，转子惯量为 $I_m=0.01 \text{ kg}\cdot\text{m}^2$，减速比为 $\eta=10$。系统的未建模共振频率为8.0、12.0、20.0 rad/s。设计分解控制器的 α 和 β，求 k_v 和 k_p 的值，使系统不会出现欠阻尼并且不存在共振，刚度尽可能大。

9.10 [18]某直接驱动机器人的设计者怀疑由连杆本身的柔性引起的共振是产生最低阶未建模共振的原因。如果将连杆近似看成正方形横截面的梁，尺寸为5 cm×5 cm×50 cm，壁厚为0.5 cm，总质量为5 kg，估算 ω_{res}。

9.11 [15]一直接驱动机器人的连杆，由刚度为1000 Nt·m/rad的轴驱动，连杆惯量为 $1 \text{ kg}\cdot\text{m}^2$，轴的质量忽略不计，求 ω_{res}。

9.12 [18]轴的刚度为500 Nt·m/rad，驱动一对刚性齿轮，减速比 $\eta=8$。减速器的输出端驱动一惯量为 $1 \text{ kg}\cdot\text{m}^2$ 的刚性连杆。求轴的柔性引起的 ω_{res} 是多少？

9.13 [25]轴的刚度为500 Nt·m/rad驱动一对刚性齿轮，减速比 $\eta=8$。轴的惯量为 $0.1 \text{ kg}\cdot\text{m}^2$。减速器的输出端驱动一惯量为 $1\text{kg}\cdot\text{m}^2$ 的刚性连杆。求轴的柔性引起的 ω_{res} 是多少？

9.14 [28]在图9-12所示的系统中，负载惯量 I 在 $4\sim5 \text{ kg}\cdot\text{m}^2$ 之间，转子惯量为 $I_m=0.01 \text{ kg}\cdot\text{m}^2$，减速比为 $\eta=10$。连杆末端刚度为2400 Nt·m/rad，因此系统具有未建模共振。设计分解控制器的 α 和 β，求 k_v 和 k_p 的值，使系统不会出现欠阻尼并且不存在共振，刚度尽可能大。

9.15 [25]一长度为30 cm、直径0.2 cm的钢轴驱动减速比 $\eta=8$ 的减速器，刚性齿轮的输出端驱动一个长度为30 cm、直径0.3 cm的钢轴，如果负载惯量在 $1\sim4 \text{ kg}\cdot\text{m}^2$ 之间变化，系统的共振频率范围是多少？

9.16 [9]对于图9-10所示的关节轨迹跟随控制系统，请给出几个干扰的实例。

9.17 [10]找出以下系统的最小采样频率和最大闭环固有频率：刚度为500 Nt·m/rad的轴驱动减速比 $\eta=8$ 的刚性齿轮副的输入齿轮。齿轮传动的输出端驱动惯量为 $1 \text{ kg}\cdot\text{m}^2$ 的刚性连杆。

9.18 [17]电机的转子惯量 $I_m=0.02 \text{ kg}\cdot\text{m}^2$，通过联轴器与一根刚性、无质量的轴相连。轴与一传动比 $\eta=12$ 的理想(无摩擦、无质量和绝对刚性)减速器的输入端相连。输出齿轮通过一个联轴器与直径 $d_o=50$ mm和长度为 $l_o=500$ mm的钢轴相连。如果钢材的密度是 8050 kg/m^3，请对系统的最低共振频率做粗略的估算。

9.19 [27]某一三阶系统的根是 $s_{1a}=-20$，$s_{2a,3a}=-3\pm4i$。另一个系统的根是 $s_{1b}=-4$，$s_{2b,3b}=-3\pm4i$。哪一个更精确地近似为根是 $s_{1c,2c}=-3\pm4i$ 的二阶系统？

画出三个系统在时间段 $0\leqslant t\leqslant\frac{5}{2}$ 的时间响应来验证你的答案。

$$x_a(t)=-(5/61)(56\cos(4t)+67\sin(4t))e^{-3t}-(25/61)e^{-20t}+5$$
$$x_b(t)=-(5/17)(8\cos(4t)-19\sin(4t))e^{-3t}-(125/17)e^{-4t}+5$$
$$x_c(t)=-(5/4)(4\cos(4t)+3\sin(4t))e^{-3t}+5$$

310

9.20 [16]对于如图9-6所示系统，质量 $m=7$，阻尼系数 $b=1$，刚度 $k=9$，为了使得系统临界阻尼且 $\omega_n=\frac{1}{2}\omega_{res}$，试求 α、β、k_v 和 k_p 的值。

9.21 [13]对于如图9-2所示系统，质量 $m=3$，阻尼系数 $b=5$，刚度 $k=2$，质量块(初始处于静止)从 $x=3$的位置释放，计算该系统的运动。

9.22 [18]对于如图9-6所示系统，质量 $m=2$，阻尼系数 $b=3$，刚度 $k=8$。系统具有一个未建模的共振频率 $\omega_{res}=6$ rad/s。为使得系统临界阻尼且刚度尽可能大，求控制增益 k_v 和 k_p 的值。

9.23 [25]刚度为 600 Nt·m/rad 的轴驱动减速比 $\eta=12$ 刚性齿轮副的输入轴。轴的惯量是 0.15 kg·m²。输出齿轮驱动惯量为 2 kg·m² 的刚性连杆。由轴的柔性引起的 ω_{res} 是多少？

9.24 [25]长 25 cm、直径 0.5 cm 的钢轴驱动减速比 $\eta=10$ 减速器的输入轴。刚性输出齿轮驱动长 35 cm、直径 1 cm 的钢轴。如果负载惯量在 0.1～0.5 kg·m² 之间变化，对应的共振频率范围是多少？

编程练习

对一个三连杆平面操作臂的简单轨迹跟踪控制系统进行仿真。控制系统对一个独立关节进行 PD(比例＋微分)控制。对关节 1～3 分别设定伺服增益使系统的闭环刚度为 175.0、110.0 和 20.0。使系统接近临界阻尼。

采用 UPDATE 仿真程序对离散时间伺服系统进行仿真。伺服频率为 100 Hz，即以 100 Hz 的频率而不是以数值积分的频率计算控制规律。按以下要求对这个控制方案进行测试：

1. 在 $\Theta=(60, -110, 20)$ 时启动操作臂，设定位置瞬时变化到 $\Theta=(60, -50, 20)$，控制操作臂在这个位置停留时间为 3.0。这样就给关节 2 一个 60 度的阶跃输入。记录每一个关节随时间变化的误差。
2. 控制操作臂沿着第 7 章编程练习中的三次样条轨迹运行。记录每一个关节随时间变化的误差。

MATLAB 练习

本练习主要是对 NASA 的八轴 AAI ARMII 操作臂(最新研制的 II 型操作臂)[14] 的肩关节(关节 2)进行线性独立关节控制的仿真。要求熟练掌握典型的线性反馈控制系统，包括结构图和拉普拉斯变换。我们将采用 MATLAB 的图形用户界面 Simulink。

图 9-16 所示为由一个直流伺服电动机控制器驱动的 ARMII 肩关节/连杆的线性开环系统的动力学模型。开环输入为参考电压 V_{ref}(通过一个放大器提高电枢电压)，带负载轴的输出转角 ThetaL。这是一个反馈控制的原理图，图中包括了通过光学编码器获得负载轴转角、为 PID 控制器提供反馈等原理。表中给出了所有系统参数和变量。

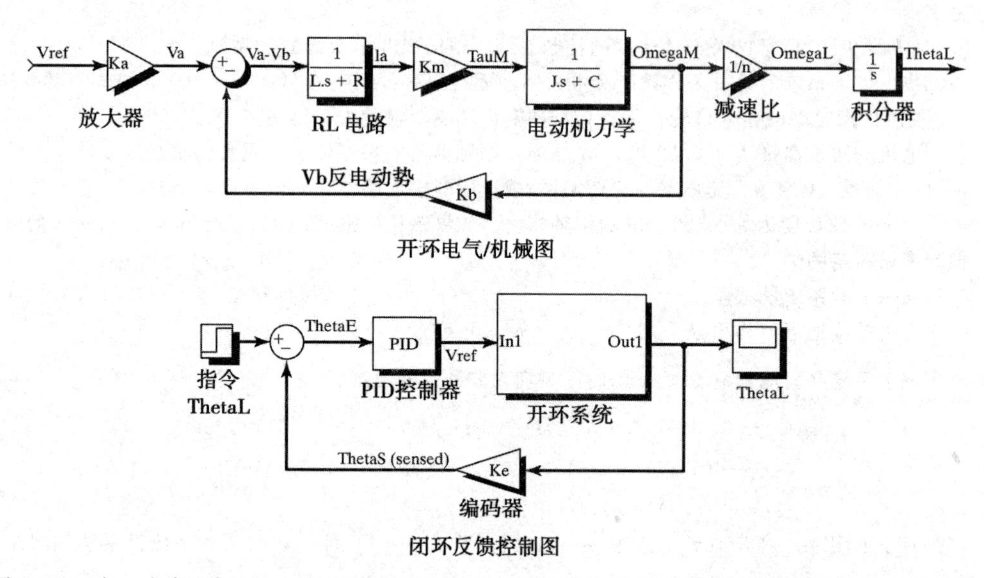

图 9-16 由一个直流伺服电动机控制器驱动的 ARMII 肩关节/连杆的线性开环系统的动力学模型

如果将负载轴的惯量和阻尼折算到电动机轴，有效极惯量和阻尼系数分别为 $J=J_M+J_L(t)/n^2$ 和 $C=C_M+C_L/n^2$。由于减速比 n 很大，因此上述有效值与电动机轴的惯量和阻尼系数相差不大。为此，减速比使我们可以忽略与负载轴惯量 $J_L(t)$ 随位形变化，仅给出一个合理的平均值即可。

311

表 9-1 给出了 ARMII 的肩关节参数。注意，可以直接应用英制单位，因为在控制系统内部它们的影

响被抵消了。同样，对于转角可以直接以度为单位。从模型和反馈控制图中建立一个 Simulink 模型来模拟单关节控制模型；应用表中指定的参数。在正常情况下，为获得良好的性能(合适的超调量、上升时间、峰值时间和调节时间)，需通过反复试验确定 PID 增益。对于 0～60°的阶跃输入，对肩关节的运动进行仿真。绘制负载-转角值随时间关系的仿真曲线以及负载-角速度随时间关系的仿真曲线。另外，绘制一个控制效果图，即电枢电压 V_a 与时间关系曲线。(在同一个图中，给出反电势 V_b。)

表 9-1 ARMII 肩关节参数

$V_a(t)$	电枢电压	$\tau_M(t)$	电动机输出力矩	$\tau_L(t)$	负载力矩
$L=0.0006$H	电枢电感	$\theta_M(t)$	电动机轴转角	$\theta_L(t)$	负载轴转角
$R=1.40\Omega$	电枢阻抗	$\omega_M(t)$	电动机轴角速度	$\omega_L(t)$	负载轴角速度
$i_a(t)$	电枢电流	$J_M=0.00844$ $\text{lb}_\text{f}\cdot\text{in}\cdot\text{s}^2$	集中质量电动机极惯量	$J_L(t)=1$ $\text{lb}_\text{f}\cdot\text{in}\cdot\text{s}^2$	集中质量负载极惯量
$V_b(t)$	反电势	$C_M=0.00013$ $\text{lb}_\text{f}\cdot\text{in/deg/s}$	电动机轴黏性阻尼系数	$C_L=0.5$ $\text{lb}_\text{f}\cdot\text{in/deg/s}$	负载轴黏性阻尼系数
$K_a=12$	放大器增益	$n=200$	减速比	$g=0$ in/s^2	重力(首先忽略的重力)
$K_b=0.00867$ V/deg/s	反电势常数	$K_M=4.375$ $\text{lb}_\text{f}\cdot\text{in/A}$	扭矩常数	$K_e=1$	编码器转换函数

现在，改变一些参数——Simulink 很容易实现参数改变：

1) 进行控制器设计时阶跃输入不成立，因此尝试采用斜坡式阶跃输入代替：坡度为 1.5 秒内从 0°到 60°，然后在 1.5s 以后一直保持 60°。重新设计 PID 增益并重新仿真。
2) 研究电感 L 在系统中是否重要。(电气系统比机械系统上升快得多——这个效应可以由时间常数表示。)
3) 我们没有估计好负载惯量和阻尼(J_L 和 C_L)。利用你以前得到的最好的 PID 增益，在对系统不产生影响的情况下，研究这些值能够达到多大(等比例增加标准参数)。
4) 现在将重力影响作为电动机力矩 T_M 的干扰。假设机器人运动质量为 200 lb，关节 2 向前移动长度为 6.4 英尺[⊖]。测试你以前调整好的 PID 增益，如有必要则需重新设计。肩关节负载角 θ_2 在零位时竖直向上。

312 ~ 314

⊖ 1 英尺=0.3048m。——编辑注

操作臂的非线性控制

10.1 引言

在上一章，为了用线性方法对操作臂控制问题进行分析，我们给出了几个近似假设。其中最重要的近似假设是认为每个关节都是独立的，而且每个关节的惯量被“认为”是恒定的。上一章中的线性控制器在实际工作时，由于这种近似会导致整个工作空间内系统阻尼的不一致以及出现其他意想不到的结果。在本章中，我们将介绍不需要这些假设的、更高级的控制技术。

在第9章，我们使用 n 个独立的二阶微分方程对操作臂进行建模，在这个基础上建立了控制器模型。在本章中，我们将根据第6章中推导的一般操作臂的 $n\times1$ 非线性向量运动微分方程模型直接进行控制器设计。

非线性控制理论是一个广泛的领域，因此我们只能讨论几种比较适用于机械操作臂控制的方法。本章中主要讨论一种特定的方法，这种方法在文献[1]中被首次提出，在文献[2，3]中被称为**计算扭矩法**。本章中还将介绍一种非线性系统稳定性分析的方法，称为**李雅普诺夫方法**[4]。

我们仍以最简单的单自由度有阻尼质量-弹簧系统为例，开始进行操作臂非线性控制技术的讨论。

315

10.2 非线性系统和时变系统

在前面的推导中，我们求解的是一个线性常系数微分方程。采用这种数学形式是因为图9-6中的有阻尼质量-弹簧系统的模型是一个线性时不变系统。而对于参数随时间变化的系统，即具有非线性特性的系统，方程的求解将更加困难。

如果非线性特性不明显，可以用**局部线性化**导出线性模型——在**工作点**的邻域内用它近似代表的非线性方程。然而，这种方法并不适于操作臂的控制问题，因为操作臂经常在工作空间内作大范围运动，因此无法找到一个适合于所有工作区域的线性化模型。

另一种方法是让工作点随操作臂的移动而变化，始终在操作臂的期望位置附近进行线性化。这种动态线性化的结果是系统成为一个线性的时变系统。虽然对原系统的准静态线性化在某些分析和设计中是有用的，但是在我们的控制规律综合方法中并不采用这种方法。我们将直接研究非线性运动方程，而不借助线性化方法设计控制器。

如果图9-6中的弹簧不是线性的而是具有某种非线性特性，可以把系统看作准静态系统，并在每个瞬时计算出系统极点的位置。我们会发现，当质量块运动时，这些极点随之在复平面上移动，它是质量块位置的函数。因而，我们无法选择固定的增益使极点保持在期望的位置(例如，临界阻尼状态)。为此，需要寻找更复杂的控制规律，其中选择的增益是时变的(实际上是按照质量块位置的函数变化)，从而使得系统总是处于临界阻尼状态。本质上可以通过计算 k_p 来实现，弹簧的非线性效应恰巧被控制规律中的一个非线性项所完全抵消，从而使系统的总刚度始终保持不变。这种控制方式称为**线性化**控制规律，因为它用非线性控制项去“抵消”被控系统的非线性，使得整个闭环系统是线性的。

运用前述的控制规律分解方法，可以实现线性化的功能。在控制规律分解方法中，伺服控制规律始终保持不变，而基于模型的部分将包含非线性模型。因而，基于模型的控制部分对系统的作用相当于一个线性化函数。通过下面的例子可以得到具体说明。

例 10.1 图 10-1 所示为一非线性弹簧特性。与普通线性弹簧的关系 $f=kx$ 不同，这个弹簧的特性曲线可由 $f=qx^3$ 描述。如果图 9-6 中所示物理系统就是这种弹簧，试建立一个控制规律，使得系统工作在刚度为 k_{CL} 的临界阻尼状态下。

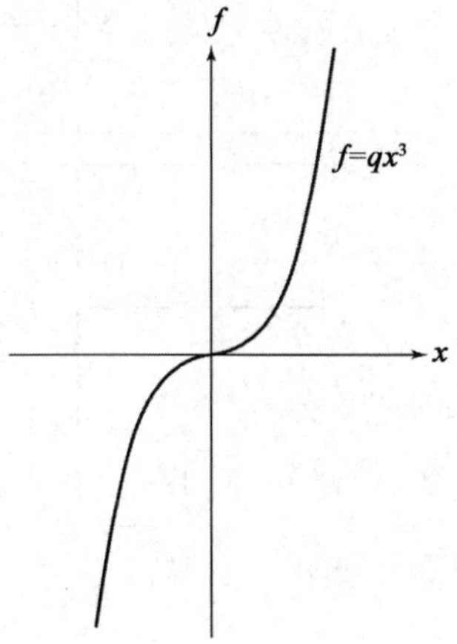

系统的开环方程为

$$m\ddot{x}+b\dot{x}+qx^3=f \tag{10.1}$$

基于模型的控制部分为 $f=\alpha f'+\beta$，其中

$$\alpha=m$$
$$\beta=b\dot{x}+qx^3 \tag{10.2}$$

伺服控制部分同前所述

$$f'=\ddot{x}_d+k_v\dot{e}+k_pe \tag{10.3}$$

式中的增益值可由期望的性能指标计算得出。图 10-2 为该系统的方框图。这个闭环系统将极点保持在固定位置。

图 10-1　非线性弹簧的力与距离特性曲线

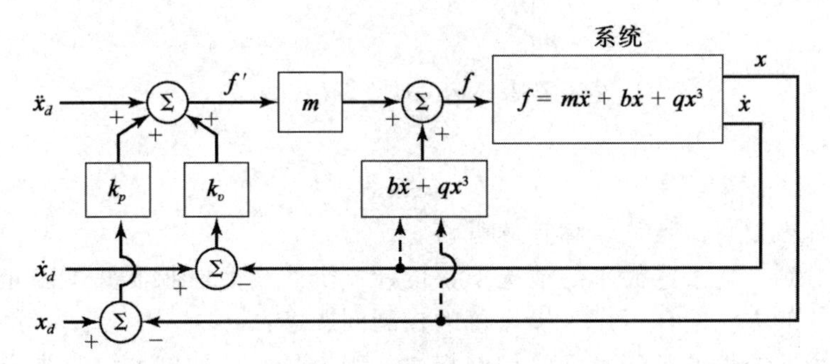

图 10-2　具有非线性弹簧的非线性控制系统

316 ~ 317

例 10.2 图 10-3 所示为非线性摩擦特性。线性摩擦的表达式为 $f=b\dot{x}$，而本例中的**库仑摩擦**特性为 $f=b_c\operatorname{sgn}(\dot{x})$。目前大部分操作臂中，用这种非线性特性描述关节轴承(无论是转动关节还是移动关节)的摩擦比用简单的线性模型更精确。如果图 9-6 所示系统中的摩擦是这种摩擦，试设计一个控制系统，利用基于模型的控制部分使系统总是处于临界阻尼状态。

系统的开环方程为

$$m\ddot{x}+b_c\operatorname{sgn}(\dot{x})+kx=f \tag{10.4}$$

基于模型的控制部分为 $f=\alpha f'+\beta$，其中

$$\alpha=m$$
$$\beta=b_c\operatorname{sgn}(\dot{x})+kx \tag{10.5}$$
$$f'=\ddot{x}_d+k_v\dot{e}+k_pe$$

式中的增益值可由期望的性能指标计算得出。

例 10.3 图 10-4 所示为一单连杆操作臂。有一个转动关节。假定质量集中于连杆末端，则

318 转动惯量为 ml^2。关节上作用有库仑摩擦和黏性摩擦，还有重力负载。

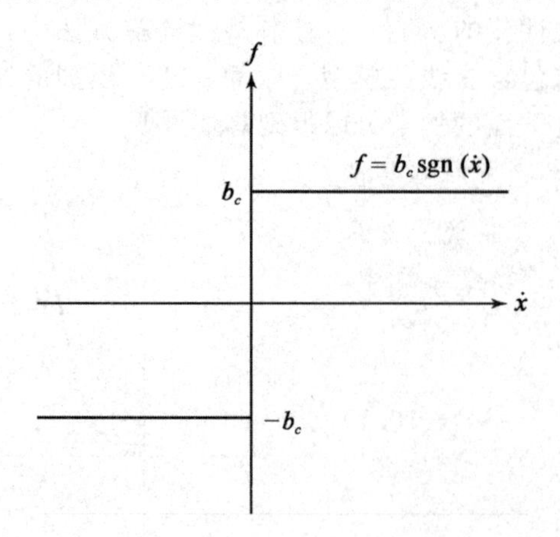

图 10-3 库仑摩擦的力与速度特性曲线

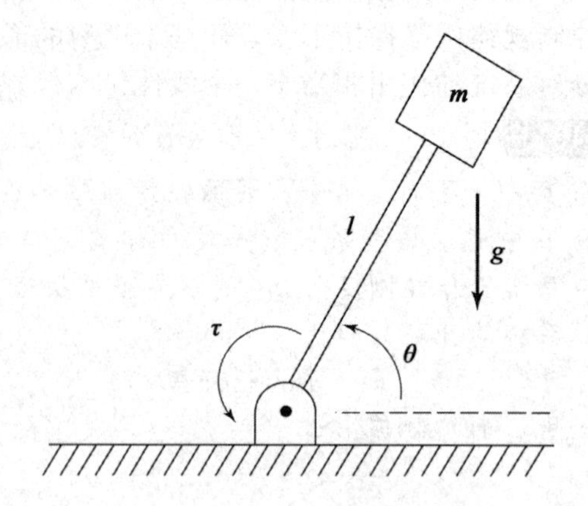

图 10-4 倒立摆或单连杆操作臂

这个操作臂的模型为

$$\tau = ml^2\ddot{\theta} + v\dot{\theta} + c\text{sgn}(\dot{\theta}) + mlg\cos(\theta) \tag{10.6}$$

同前，控制系统分解为两部分：线性化的模型控制部分和伺服控制部分。

基于模型的控制部分为 $f=\alpha f'+\beta$，其中

$$\alpha = ml^2$$

$$\beta = v\dot{\theta} + c\text{sgn}(\dot{\theta}) + mlg\cos(\theta) \tag{10.7}$$

伺服部分同前：

$$f' = \ddot{\theta}_d + k_v\dot{e} + k_p e \tag{10.8}$$

式中的增益值可由期望的性能指标计算得出。

我们可以看到，在某些简单的情况下，设计一个非线性控制器并不困难。前面的简单例子中用到的一般方法同样可用于操作臂的控制问题中：

1)计算一个非线性的基于模型的控制规律，用来“抵消”被控系统的非线性。

2)将系统简化为线性系统，用对应于单位质量系统的简单线性伺服控制规律进行控制。

在某种意义上，线性化控制规律实施了被控系统的*逆模型*。被控系统中的非线性与逆模型中的非线性相抵消，这样，它与伺服控制规律一起构成了一个线性闭环系统。显然，为了抵消系统的非线性作用，必须知道非线性系统的参数和结构。这点是在这种方法的实际应用中经常遇到的问题。319

10.3 多输入多输出控制系统

与本章中前面讨论过的简单例子不同，操作臂的控制是一个多输入多输出(MIMO)问题。也就是说，需用矢量表示关节位置、速度和加速度，控制规律所计算的是各关节驱动信号矢量。把控制规律分解成为基于模型的控制部分和伺服控制部分的方法在这里仍然适用，但是以矩阵-矢量的形式出现。控制规律的形式如下：

$$F = \alpha F' + \beta \tag{10.9}$$

式中，对于自由度为 n 的系统，F、F'和 β 为 $n\times1$ 矢量，α 为 $n\times n$ 矩阵。注意，矩阵 α 不一定是对角阵，如果是对角阵则对 n 个运动方程进行**解耦**。如果适当选择 α 和 β，那么系统对于输入 F'将表现为 n 个独立的单位质量系统。为此，在多维的情况下，控制规律中基

于模型的部分被称为**线性化解耦**控制规律。而多维系统的伺服规律为

$$F' = \ddot{X}_d + K_v\dot{E} + K_pE \tag{10.10}$$

式中 K_v 和 K_p 都是 $n\times n$ 矩阵，通常选取对角阵，对角线上的元素是常数增益值。E 和 $\dot{E}$ 分别为 $n\times 1$ 维的位置误差矢量和速度误差矢量。

10.4 操作臂的控制问题

对于操作臂的控制问题，在第 6 章中曾建立了操作臂的模型和相应的运动方程。我们可以看到，这些方程是很复杂的。刚体动力学方程的形式如下：

$$\tau = M(\Theta)\ddot{\Theta} + V(\Theta,\dot{\Theta}) + G(\Theta) \tag{10.11}$$

式中 $M(\Theta)$ 是操作臂的 $n\times n$ 惯量矩阵，$V(\Theta,\ \dot{\Theta})$ 是 $n\times 1$ 的离心力和哥氏力矢量，$G(\Theta)$ 是 $n\times 1$ 的重力矢量。$M(\Theta)$ 和 $G(\Theta)$ 中的每一项都是操作臂所有关节位置矢量 Θ 的复杂函数，$V(\Theta,\ \dot{\Theta})$ 中的每一项都是 Θ 和 $\dot{\Theta}$ 的复杂函数。

另外，我们还可以加进一个摩擦模型(或者其他非刚体效应)。假设这个摩擦模型是关节位置和速度的函数，我们在式(10.11)上加上一项 $F(\Theta,\ \dot{\Theta})$，得到

$$\tau = M(\Theta)\ddot{\Theta} + V(\Theta,\dot{\Theta} + G(\Theta) + F(\Theta,\dot{\Theta}) \tag{10.12}$$

对于式(10.12)描述的这种复杂系统的控制问题可以用本章介绍过的分解控制器方法来求解。这时有

$$\tau = \alpha\tau' + \beta \tag{10.13}$$

式中 τ 是 $n\times 1$ 关节转矩矢量。选择

$$\alpha = M(\Theta)$$
$$\beta = V(\Theta,\dot{\Theta}) + G(\Theta) + F(\Theta,\dot{\Theta}) \tag{10.14}$$

320

以及伺服控制规律

$$\tau' = \ddot{\Theta}_d + K_v\dot{E} + K_pE \tag{10.15}$$

式中

$$E = \Theta_d - \Theta \tag{10.16}$$

求得的控制系统如图 10-5 所示。

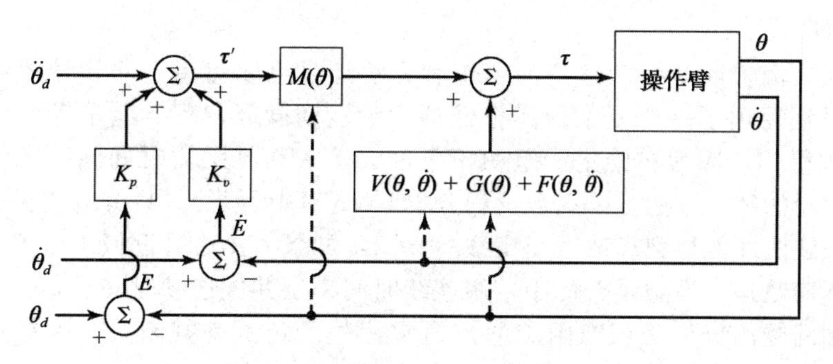

图 10-5 基于模型的操作臂控制系统

利用式(10.12)～式(10.15)，很容易得到系统闭环特性的误差方程为

$$\ddot{E} + K_v\dot{E} + K_pE = 0 \tag{10.17}$$

注意，这个矢量方程是解耦的：矩阵 K_v 和 K_p 是对角阵，因而式(10.17)可以写成各关节

独立的形式

$$\ddot{e}_i + k_{vi}\dot{e} + k_{pi}e = 0 \tag{10.18}$$

式(10.17)描述的理想特性在实际中是无法获得的，在上述诸多因素中最重要的是两点：

1)数字计算机的特性是离散的，而不是式(10.14)和式(10.15)中表示的那种理想的连续时间控制规律。

2)操作臂模型是不精确的(在计算式(10.14)时)。

在下一节，我们将讨论(至少是部分地讨论)这两个问题。

10.5 实际问题

前几节中对于解耦和线性化控制的讨论中，实际上做了若干假设，而这些在实际情况中基本不存在。

模型的计算时间

在控制规律分解策略的讨论分析中，都隐含假设了整个系统的运行时间是连续的，而且控制规律的计算所需时间为零。对于已知的计算量，如果计算机的容量很大，计算速度非常快，那么这个假设是合理的；然而，这个计算机的费用很高，使得这种方法在经济上是不合算的。在操作臂控制中，在控制规律计算中必须计算操作臂的整个动力学方程式(10.14)。这些计算是相当复杂的，因此，如同在第6章中讨论过的，如何建立一个快速的算法来有效地进行这些计算得到了研究者很大的关注。随着计算机计算能力的不断增强，实现控制规律的大量运算将变得越来越可行了。基于非线性模型的控制规律上的一些实验报道见文献[5-9]，部分已经开始在工业机器人控制器中得到应用。

321

如第9章所述，现在几乎所有的操作臂控制系统都由数字电路实现，并且在一定的**采样速率**下运行。这表明位置(或者其他参量)传感器的实时读取方式是离散点的。由这些值计算出驱动器指令并发送给驱动器。因此，读取传感器和发送驱动器指令都不是连续的，而是以有限的采样速率进行的。为了分析由计算时间和有限采样率产生的延迟影响，必须利用**离散时间控制**领域的方法。对于离散时间来说，微分方程变成了差分方程，相应地需用一套方法来解决离散系统的稳定性问题和极点配置问题。离散时间控制理论已经超出了本书的研究范围，不过对操作臂控制领域的研究者来说，许多离散时间系统的概念是十分重要的(见文献[10])。

尽管如此，离散时间控制理论的思想和方法还是难以应用于非线性控制中。虽然我们已经努力设法写出了一个复杂的操作臂动力学运动微分方程，但是等价的离散形式的方程却不可能得到，因为在给定一组初始条件、输入和有限的时间间隔的情况下，求解一般操作臂运动的唯一方法是采用数值积分(如第6章中所述)。只有应用微分方程的级数解法或者近似解法才能得到离散时间模型。然而，如果需要通过近似方法建立一个离散模型，我们就不清楚这个模型是否优于采用连续时间模型并做连续时间近似。总之，操作臂离散时间控制问题的分析是相当困难的，通常依赖于仿真来判断某一采样速率对性能的影响。

我们通常假定计算速度足够快并且连续时间近似是有效的。

前馈非线性控制

前馈控制方法已被应用于非线性动力学模型，在这种控制规律中不需要以伺服速率进行复杂耗时的计算[11]。在图 10-5 中，控制规律中基于模型的控制部分是在“伺服回路之中”的，这个回路中的信号是在每个伺服时钟脉冲时流过黑箱的。如果选择采样频率为 200 Hz，那么操作臂的动力学模型必须以此速率计算。另一种控制系统如图 10-6 所示。在这个系统中，基于模型的控制部分在伺服环的“外面”。因而，可以有一个快速的内伺服环，此时只需将误差和增益相乘。而基于模型的力矩计算则在一个较低的速率下附加在内伺服环的计算之上。 322

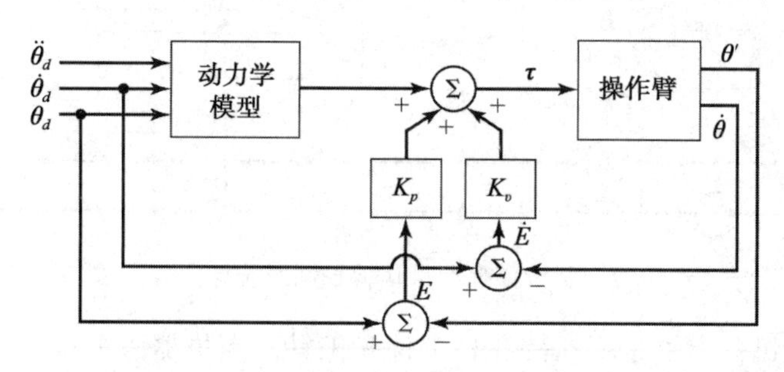

图 10-6　基于模型的部分在伺服环之“外”的控制方式

但是，图 10-6 所示的前馈控制方式并不能完全解耦。如果写出系统方程[⊖]，则系统的误差方程为

$$\ddot{E}+M^{-1}(\Theta)K_v\dot{E}+M^{-1}(\Theta)K_pE=0 \tag{10.19}$$

显然，随着操作臂位形的变化，有效闭环增益将会改变，准静态极点也会在复平面上移动。然而，我们可以根据式(10.19)设计**鲁棒控制器**——找到一组合适的常数增益，尽管存在极点“运动”，但仍然可以使它们保持在有利位置。另一种方法是随着操作臂位形的变化，事先计算出可变增益的值，从而使系统的准静态极点保持在固定位置。

注意，在图 10-6 所示系统中，动力学模型仅是期望的轨迹的函数，因此事先已知期望轨迹时，可以在运动开始前“离线”计算出需要的数值。在运行时，则从存储器中读出预先计算好的力矩函数。同样，如果需要计算时变增益，可以事先将它们计算并存储下来。因此，这种控制方式运行时计算量较小，从而可达到很高的伺服速率。

双速率计算力矩方法

图 10-7 所示是一种实际的解耦及线性化的位置控制系统的方框图。动力学模型以位形空间的形式描述，因此操作臂的动力学参数只是操作臂位置的函数。这些函数可以在后台进行计算，或者在另一台控制计算机上计算[8]，或者查阅预先计算的表格[12]。按照这种控制结构，可以以低于闭环伺服速率更新动力学参数。例如，闭环伺服频率为 250 Hz 时，可以以 60 Hz 的频率进行后台计算。 323

缺少参数信息的情况

应用计算力矩控制算法的第二个潜在困难是难以精确得到操作臂的动力学模型。对于动力学模型的某些参数尤其如此，例如摩擦效应。实际上，通常很难确定摩擦模型的结构，更不用说参数的值[13]。此外，如果操作臂的某些动力学参数不具有重复性——例如，

⊖ 为简化起见，假定 $M(\Theta_d)\cong M(\Theta)$，$V(\Theta_d,\dot{\Theta}_d)\cong(V(\Theta,\dot{\Theta})$，$G(\Theta_d))\cong G(\Theta)$以及 $F(\Theta_d,\dot{\Theta}_d)\cong F(\Theta,\dot{\Theta})$。

由于机器人的老化——则难以得到任何时候都适用于这个动力学模型的参数值。

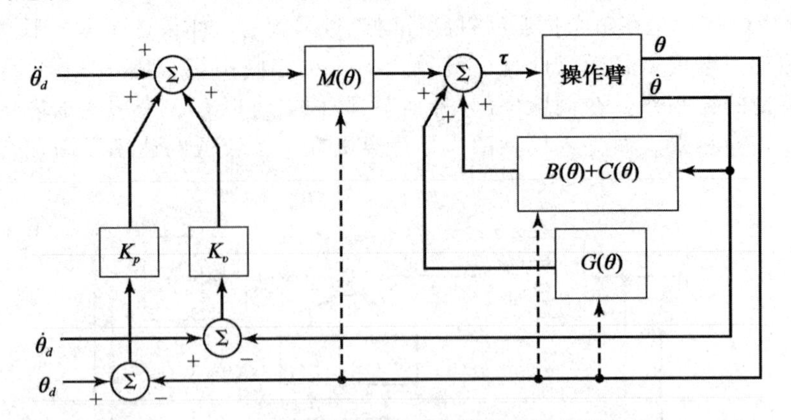

图 10-7　基于模型的操作臂控制系统的实现方法

自然，大部分机器人总是要抓持各种工件和工具。当机器人抓握着工具时，工具的惯量和重量改变了操作臂的动力学特性。在工程应用中，工具的质量分布可能是已知的，这时，可以用它计算控制规律中基于模型的部分。当抓持工具时，操作臂末端连杆的惯量矩阵、总质量以及质心可以按照末端连杆和工具合成后的值重新修正。然而，在许多应用中，操作臂抓持物体的质量分布一般不是已知的，因此要保证动力学模型的精确性是很困难的。

对于一个最简单的非理想情况，假定模型是精确的，且以连续时间运行，只有外部噪声作用在系统上。图 10-8 中所示为作用在关节上的干扰力矩矢量。包含这些未知干扰的系统误差方程为

324

$$\ddot{E}+K_v\dot{E}+K_pE=M^{-1}(\Theta)\tau_d \tag{10.20}$$

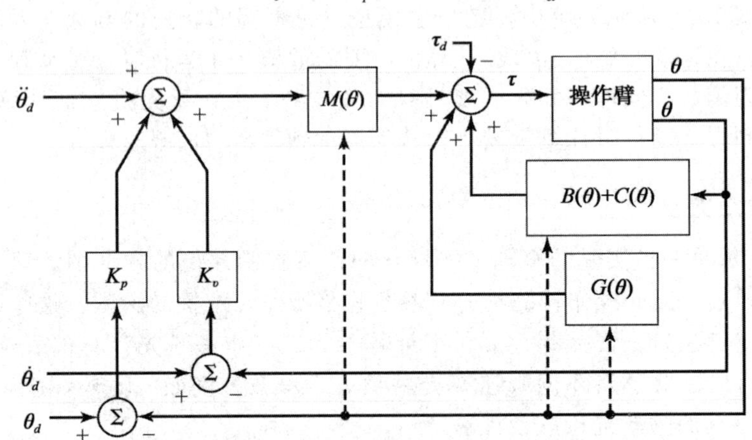

图 10-8　有外部干扰的基于模型的控制器

式中 τ_d 是作用在关节上的干扰力矩矢量。式(10.20)的左边是解耦的，但是，从右边可以看出任意一个关节上的干扰都将给所有其他关节造成误差，因为 $M(\Theta)$一般不是对角阵。

基于式(10.20)可以进行一些简单分析。例如，很容易计算出一个恒定干扰产生的稳态伺服误差为

$$E=K_p^{-1}M^{-1}(\Theta)\tau_d \tag{10.21}$$

此方程是式(9.56)的多维形式。

如果操作臂的动力学模型不完善，则对得到的闭环系统进行分析就变得更加困难。为此定义符号如下：$\hat{M}(\Theta)$是操作臂惯量矩阵 $M(\Theta)$的模型参数。同样，$\hat{V}(\Theta,\dot{\Theta})$、$\hat{G}(\Theta)$、$\hat{F}(\Theta,\dot{\Theta})$分别是实际机构的速度项、重力项和摩擦力项的模型参数。完全精确的模型是指

$$\begin{aligned}\hat{M}(\Theta) &= M(\Theta)\\ \hat{V}(\Theta,\dot{\Theta}) &= V(\Theta,\dot{\Theta})\\ \hat{G}(\Theta) &= G(\Theta)\\ \hat{F}(\Theta,\dot{\Theta}) &= F(\Theta,\dot{\Theta})\end{aligned} \tag{10.22}$$

因而，虽然已知操作臂的动力学方程为

$$\tau = M(\Theta)\ddot{\Theta} + V(\Theta,\dot{\Theta}) + G(\Theta) + F(\Theta,\dot{\Theta}) \tag{10.23}$$

而采用的控制规律计算却是

$$\begin{aligned}\tau &= \alpha\tau' + \beta\\ \alpha &= \hat{M}(\Theta)\\ \beta &= \hat{V}(\Theta,\dot{\Theta}) + \hat{G}(\Theta) + \hat{F}(\Theta,\dot{\Theta})\end{aligned} \tag{10.24}$$

325

因而，当已知参数并不精确时，解耦和线性化就无法很好地完成。所得到的系统闭环方程为

$$\ddot{E} + K_v\dot{E} + K_pE = \hat{M}^{-1}[(M-\hat{M})\ddot{\Theta} + (V-\hat{V}) + (G-\hat{G}) + (F-\hat{F})] \tag{10.25}$$

为简明起见，式中没有写出动力学函数的自变量。注意，如果模型是精确的，则式(10.22)成立，从而式(10.25)的右边为零，误差消失。当参数并不精确已知时，实际参数与模型参数不一致，则根据十分复杂的式(10.25)计算将会引起伺服误差(甚至可能导致系统失稳[21])。

关于非线性闭环系统的稳定性分析将在 10.7 节中讨论。

10.6 当前工业机器人控制系统

正因为参数的精确性问题，因此难以确知是否值得花费精力去为操作臂控制计算一个复杂的基于模型的控制规律。以足够快的速率计算操作臂模型所需的计算能力的花费可能并不值得，尤其是当模型参数不准确时，这种方法是无益的。工业机器人的制造厂商从经济方面考虑，认为在控制器中使用一个完备的操作臂模型是不值得的。相反，当前的操作臂都使用很简单的控制规律，一般只进行误差补偿，控制方式是在 9.10 节中讨论过的。图 10-9 所示为一具有高性能伺服系统的工业机器人。

独立关节 PID 控制

据了解，当今大部分工业机器人的控制方式可描述如下：

$$\begin{aligned}\alpha &= I\\ \beta &= 0\end{aligned} \tag{10.26}$$

式中 I 是 $n\times n$ 单位矩阵。伺服部分为

$$\tau' = \ddot{\Theta}_d + K_v\dot{E} + K_pE + K_i\int E\mathrm{d}t \tag{10.27}$$

式中 K_v、K_p 和 K_i 为常数对角阵。在许多情况下，$\ddot{\Theta}_d$ 未知，因此可简单地设为零。也就是说，大部分简单的机器人控制器在控制规律中根本不使用基于模型的部分。这种类型的

PID 控制方案是很简单的，因为每个关节都被作为一个独立的控制系统来控制。如同 9.10 326 节中讨论过的，通常每个关节都使用一个微处理器来完成式(10.27)的计算。

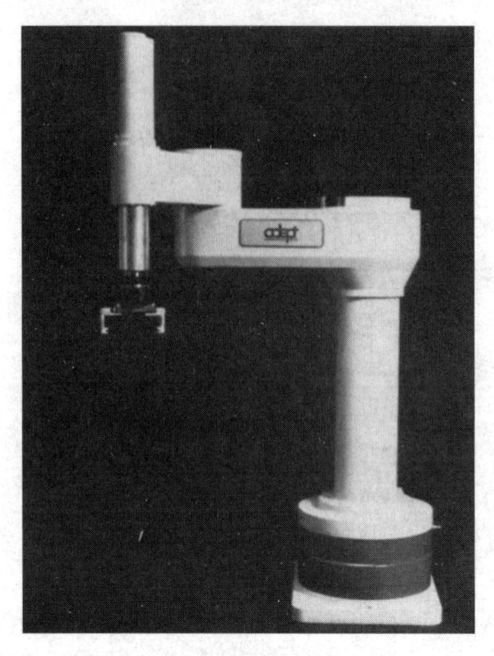

图 10-9 Adept 一号，Adept 技术公司制造的直接驱动机器人

用这种方式控制的操作臂的性能并不容易描述。由于没有进行解耦，因此每个关节的运动都会影响其他关节。这种相互影响引起的误差可通过误差补偿控制规律进行抑制。要选择一个固定增益，使操作臂在任何位形时对干扰的响应都处于临界阻尼状态是不可能的。因而，通常选择“平均”增益，使机器人工作空间的中心位置接近临界阻尼状态。当操作臂处于各种极端位形时，系统为欠阻尼或过阻尼状态。根据机器人机械设计的具体情况，这种影响可能相当小，此时控制效果较好。在这种系统中，重要的是要保证尽可能高的增益，这样可使无法避免的干扰很快得到抑制。

附加重力补偿

由于重力项容易引起静态定位误差，所以有些机器人生产商在控制规律中包含了一个重力模型 $G(\Theta)$(即 $\beta=\hat{G}(\Theta)$)。总的控制规律具有如下形式：

327

$$\tau' = \ddot{\Theta}_d + K_v\dot{E} + K_pE + K_i\int E\mathrm{d}t + \hat{G}(\Theta) \tag{10.28}$$

这个控制规律可能是基于模型的控制器的最简单的例子。由于在式(10.28)中不再能严格按照独立关节控制的模式进行计算，所以控制器的结构必须具有在各关节控制器之间进行通信的功能，或者应用一个中央处理器代替各关节处理器。

解耦控制的各种近似方法

对于特定的操作臂，可采用各种不同的方法对动力学方程进行简化[3,14]。经简化后可以导出一个近似的解耦及线性化控制规律。通常的简化方法是把速度项产生的力矩分量忽略掉，即模型中只有惯量项和重力项。一般在控制器中也不包含摩擦模型，因为很难建立正确的摩擦模型。有时也对惯量矩阵进行简化，只考虑关节之间的主要耦合，不考虑次要的交叉耦合效应。例如，文献[14]提出了 PUMA 560 机器人质量矩阵的一种简化模型，需要的计算量仅为计算完整质量矩阵的 10%，而精度在 1%以内。

10.7 李雅普诺夫稳定性分析

在第 9 章中，我们用阻尼和闭环带宽来对线性系统进行稳定性和动态响应性能的评价。对于非线性系统，利用完整的基于模型的非线性控制器进行解耦和线性化，这种分析方法同样有效，因为最后得到的系统仍是线性的。但是，当控制器没有进行解耦和线性化，或解耦和线性化不完全或不精确时，整个闭环系统仍然是非线性的。对于非线性系统的稳定性和性能分析要困难得多。在本节，我们介绍一种对线性和非线性系统都适用的稳定性分析方法。

我们以第 9 章中介绍的简单的有摩擦质量-弹簧系统为例，其运动方程为

$$m\ddot{x}+b\dot{x}+kx=0 \tag{10.29}$$

系统的总能量为

$$\upsilon=\frac{1}{2}m\dot{x}^2+\frac{1}{2}kx^2 \tag{10.30}$$

式中第一项为质量块的动能，第二项为储存在弹簧中的势能。注意，系统能量 υ 总是非负的(即为正或零)。将式(10.30)对时间微分得到总能量的变化率

$$\dot{\upsilon}=m\dot{x}\ddot{x}+kx\dot{x} \tag{10.31}$$

将式(10.29)代入式(10.31)消去 $m\ddot{x}$，得

$$\dot{\upsilon}=-b\dot{x}^2 \tag{10.32}$$

可以看出该值总是非负的(因为 $b>0$)。这说明系统的能量总是在耗散的，除非 $\dot{x}=0$。由此得出结论，系统受到初始干扰，将不断丧失能量直到静止状态。用稳态分析方法分析式(10.29)考察系统可能的静止位置，得 328

$$kx=0 \tag{10.33}$$

或

$$x=0 \tag{10.34}$$

因此，通过能量分析可知，式(10.29)所示的系统在任何初始条件下(即任何初始能量)，最终都将稳定在平衡点。这种基于能量分析的稳定性证明方法是一种一般方法的简单例子，这个一般方法是以 19 世纪的俄国数学家李雅普诺夫的名字命名，称为**李雅普诺夫稳定性分析**或**第二类李雅普诺夫(或直接)方法**[15]。

这种稳定性分析方法的一个显著特点是不需要求解系统的微分方程即可判断系统的稳定性。然而，虽然李雅普诺夫方法可以判断稳定性，它通常无法提供任何有关瞬时响应或系统性能的信息。注意，这种能量分析方法不能给出系统是过阻尼或欠阻尼的信息，也不能给出系统抑制干扰所需的时间。稳定性和动态性能的主要区别在于：虽然系统是稳定的，但它的动态性能可能并不令人满意。

李雅普诺夫方法比前述的例子更具一般性。它是为数不多的几种能够直接应用到非线性系统上的稳定性分析方法之一。为了很快了解李雅普诺夫方法(满足我们的具体需要)，我们将简单介绍一下这个理论，然后直接分析几个实例。更完整的李雅普诺夫理论分析方法可参见文献[16，17]。

李雅普诺夫方法用于确定下列微分方程的稳定性

$$\dot{X} = f(X) \tag{10.35}$$

式中，X 为 $m\times 1$ 矢量，$f(\cdot)$可以是非线性函数。注意，高阶微分方程总是可以被写成一组形式为式(10.35)的一阶微分方程。为了用李雅普诺夫方法证明一个系统是否稳定，必须构造一个具有如下性质的广义能量函数 $\upsilon(X)$：

1. $\upsilon(X)$具有连续的一阶偏导数，除 $\upsilon(0)=0$，对于任意 X 有 $\upsilon(X)>0$；
2. $\dot{\upsilon}(X)\leqslant 0$，$\dot{\upsilon}(X)$指 $\upsilon(X)$在系统所有轨迹上的变化率。

若这些性质仅在特定区域成立，则相应的系统为弱稳定的；若这些性质在全局成立，则相应的系统为强稳定的。直观可解释为，一个正定的"能量形式"的状态函数，它的值是一直减小的或保持为常数——则系统是稳定的，即系统的状态矢量是有界的。

若 $\dot{\upsilon}(X)$严格小于零，则系统的状态是渐近收敛于零矢量。LaSalle 和 Lefschetz[4] 发展了李雅普诺夫的研究，他们指出，在一定情况下，即使当 $\dot{\upsilon}(X)\leqslant 0$(注意包含等号)，系统也是渐近稳定。为此，可以通过稳态分析讨论 $\dot{\upsilon}(X)=0$ 时的情况，以便确定这个系统是渐近稳定的，还是"黏结在"$\upsilon(X)=0$ 以外的某处。

329

式(10.35)所描述的系统被称为**自治**系统，因为函数 $f(\cdot)$不是时间的显函数。李雅普诺夫方法也可以推广到**非自治**系统中去，其中时间是非线性函数的自变量。详见文献[4，17]。

例 10.4 对于一个线性系统

$$\dot{X} = -AX \tag{10.36}$$

其中 A 为 $m\times m$ 正定矩阵。假定**候选李雅普诺夫函数为**

$$\upsilon(X) = \frac{1}{2}X^{\mathrm{T}}X \tag{10.37}$$

该函数是连续且非负的。将其微分得

$$\dot{\upsilon}(X) = X^{\mathrm{T}}\dot{X} = X^{\mathrm{T}}(-AX) = -X^{\mathrm{T}}AX \tag{10.38}$$

因为 A 是正定阵，因此该函数是非正的。因此，式(10.37)确实是式(10.36)所示系统的李雅普诺夫函数。该系统是渐近稳定的，因为 $\dot{\upsilon}(X)$仅在 $X=0$ 处为零，而在其他位置 X 一定是减小的。

例 10.5 某机械弹簧-阻尼系统中弹簧和阻尼器均为非线性的：

$$\ddot{x} + b(\dot{x}) + k(x) = 0 \tag{10.39}$$

函数 $b(\cdot)$和 $k(\cdot)$为一、三象限的连续函数，使得

$$\begin{aligned} \dot{x}b(\dot{x}) > 0, &\quad x \neq 0 \\ xk(x) > 0, &\quad x \neq 0 \end{aligned} \tag{10.40}$$

假定李雅普诺夫函数

330

$$\upsilon(x,\dot{x}) = \frac{1}{2}\dot{x}^2 + \int_0^x k(\lambda)\mathrm{d}\lambda \tag{10.41}$$

从而得到

$$\dot{\upsilon}(x,\dot{x}) = \dot{x}\ddot{x} + k(x)\dot{x} = -\dot{x}b(\dot{x}) - k(x)\dot{x} + k(x)\dot{x} = -\dot{x}b(\dot{x}) \tag{10.42}$$

因此，$\dot{\upsilon}(\cdot)$是非正的，且是半负定的，因为它只是 $\dot{x}$ 的函数而不是 x 的函数。为了判断系统是否是渐近稳定的，还必须保证系统不会"黏结在"非零 x 的某处。为了研究所有 $\dot{x}=0$ 的轨迹，须考查

$$\ddot{x} = -k(x) \tag{10.43}$$

$x=0$ 是上式的唯一解。因此，仅当 $x=\dot{x}=\ddot{x}=0$ 时系统才是渐近稳定的。

例 10.6 已知某操作臂的动力学方程为

$$\tau = M(\Theta)\ddot{\Theta} + V(\Theta,\dot{\Theta}) + G(\Theta) \tag{10.44}$$

它的控制规律为

$$\tau = K_p E - K_d \dot{\Theta} + G(\Theta) \tag{10.45}$$

式中 K_p 和 K_d 是对角增益矩阵。注意，这个控制器并不能使操作臂跟踪给定轨迹，但是可以沿操作臂动力学特性决定的路径到达目标点，并在目标位置做调整。由式(10.44)和式(10.45)得到的闭环系统为

$$M(\Theta)\ddot{\Theta} + V(\Theta,\dot{\Theta}) + K_d\dot{\Theta} + K_p\Theta = K_p\Theta_d \tag{10.46}$$

利用李雅普诺夫方法可以证明该系统是全局渐近稳定的[18,19]。

假定候选李雅普诺夫函数为

$$\upsilon = \frac{1}{2}\dot{\Theta}^{\mathrm{T}} M(\Theta)\dot{\Theta} + \frac{1}{2}E^{\mathrm{T}} K_p E \tag{10.47}$$

函数(10.47)总为正或零，因为操作臂质量矩阵 $M(\Theta)$ 和位置增益矩阵 K_p 都是正定阵。对式(10.47)求导得

$$\begin{aligned}\dot{\upsilon} &= \frac{1}{2}\dot{\Theta}^{\mathrm{T}} \dot{M}(\Theta)\dot{\Theta} + \dot{\Theta}^{\mathrm{T}} M(\Theta)\ddot{\Theta} - E^{\mathrm{T}} K_p \dot{\Theta} \\ &= \frac{1}{2}\dot{\Theta}^{\mathrm{T}} \dot{M}(\Theta)\dot{\Theta} - \dot{\Theta}^{\mathrm{T}} K_d \dot{\Theta} - \dot{\Theta}^{\mathrm{T}} V(\Theta,\dot{\Theta}) \\ &= -\dot{\Theta}^{\mathrm{T}} K_d \dot{\Theta}\end{aligned} \tag{10.48}$$

331

只要 K_d 正定，则该式非负。在式(10.48)的最后一式中，利用了一个有用的恒等式

$$\frac{1}{2}\dot{\Theta}^{\mathrm{T}} \dot{M}(\Theta)\dot{\Theta} = \dot{\Theta}^{\mathrm{T}} V(\Theta,\dot{\Theta}) \tag{10.49}$$

通过拉格朗日运动方程的结构分析可以证明这一恒等式[18-20](亦可参见习题 6.17)。

下面我们研究系统是否会“黏结在”某个非零误差之处，因为 $\dot{\upsilon}$ 沿轨迹保持为零的必要条件是 $\dot{\Theta}=0$ 和 $\ddot{\Theta}=0$，在这种情况下，由式(10.46)可得

$$K_p E = 0 \tag{10.50}$$

又因为 K_p 是非奇异的，则有

$$E = 0 \tag{10.51}$$

因此，将控制规律(10.45)应用到系统式(10.44)可以达到全局渐近稳定。

这个结论之所以重要是因为它在某种程度上解释了为什么当前的工业机器人能够正常工作的原因。大多数工业机器人采用简单的误差驱动伺服控制，有的带有重力模型，因而与式(10.45)的控制规律非常相似。

习题 10.11～习题 10.16 列举了一些例子，运用李雅普诺夫方法判别非线性操作臂控制规律的稳定性。近来在机器人学的研究文献[18-25]中，李雅普诺夫理论的应用越来越多。

10.8 基于笛卡儿坐标的控制系统

在本节中将介绍**基于笛卡儿坐标控制**的概念。尽管这类方法在当今的工业机器人中并没有应用，但一些研究机构正在开展这方面的研究。

与关节空间控制方法的比较

在此之前所讨论过的所有操作臂的控制方法中，都假定期望轨迹可以用关节位置、速

度和加速度的时间历程来表达。已知这些期望输入是有效的，我们设计了**关节空间的控制**方法，这种方法是通过计算关节空间的期望值与实际值之差，从而得到轨迹误差。经常希望操作臂的末端执行器沿着在笛卡儿坐标系中描述的直线或其他路径运动。如第 7 章所述，可以计算关节空间轨迹的时间历程，它与笛卡儿坐标下的直线路径相对应。图 10-10 所示为这种操作臂轨迹控制方法的示意图。这种方法的一个基本特征是进行**轨迹变换**，即计算关节轨迹。然后通过某种关节空间的伺服控制实现轨迹跟踪，这是我们一直在讨论的问题。

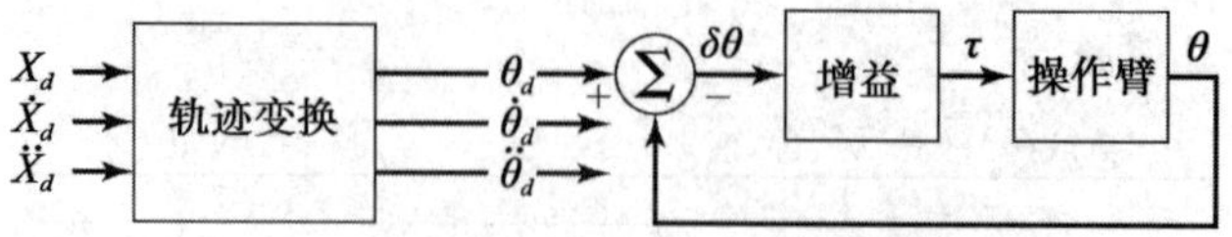

图 10-10 具有笛卡儿路径输入的关节空间的控制方法

如果用解析方法完成轨迹变换这个过程，那是相当困难的(根据计算开销)。需要计算

$$\begin{aligned}\Theta_d &= \mathrm{INVKIN}(\chi_d)\\ \dot{\Theta}_d &= J^{-1}(\Theta)\dot{\chi}_d \\ \ddot{\Theta}_d &= \dot{J}^{-1}(\Theta)\dot{\chi}_d + J^{-1}(\Theta)\ddot{\chi}_d\end{aligned} \tag{10.52}$$

在当前的系统中完成这种计算，通常应用逆运动学方法求解 Θ_d，然后用一阶和二阶差分的数值计算方法求出关节速度和加速度。但是，数值微分容易将噪声放大并引起延迟，除非采用一个专门的滤波器。[⊖] 因此，我们希望找到计算式(10.52)时计算量较小的方法，或者给出一种不需要这些信息的控制方法。

另一种方案如图 10-11 所示。在这里，检测到的操作臂位置立即由运动学方程变换成笛卡儿坐标下的位置，将它与期望的笛卡儿坐标位置进行比较，得到笛卡儿空间下的误差。这种基于笛卡儿空间误差的控制方法称为**基于直角坐标的控制**方法。为简明起见，在图 10-11 中未表示速度反馈，但它在任何情况下都是存在的。

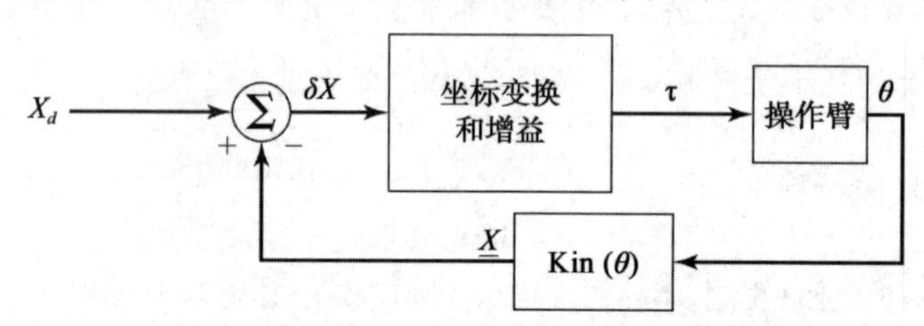

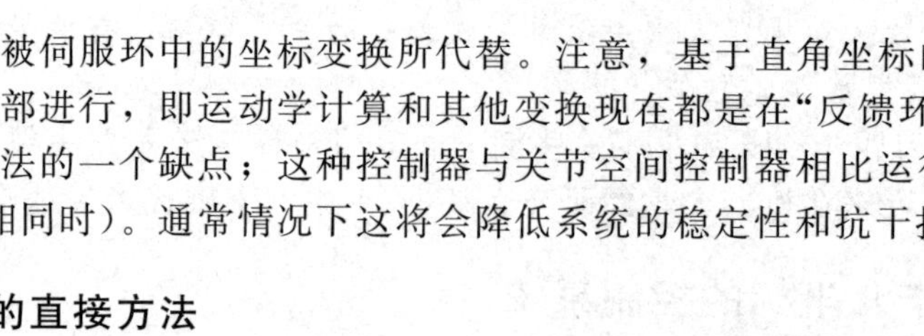

图 10-11 基于直角坐标的控制方法示意图

轨迹变换过程被伺服环中的坐标变换所代替。注意，基于直角坐标的控制器的许多计算必须在反馈环内部进行，即运动学计算和其他变换现在都是在“反馈环内部”进行的。这是基于直角坐标方法的一个缺点；这种控制器与关节空间控制器相比运行时的采样频率较低(当计算机容量相同时)。通常情况下这将会降低系统的稳定性和抗干扰性能。

笛卡儿空间控制的直接方法

我们很容易得出一种相当直观的控制方法，见图 10-12。这种方法是将笛卡儿空间位置与期望位置比较，得到笛卡儿空间下的误差 δX。当控制系统正常工作时，这个误差可

⊖ 数值微分会产生延迟，除非它可以基于过去、当前和将来值进行计算。当整个路径已预先规划好时，这种非因果关系的数值微分则可以完成。

以被认为很小，并可以用逆雅可比方法映射到关节空间。将得到的关节空间误差 $\delta\theta$ 乘以增益来计算使误差减小的转矩。注意，为简明起见，图 10-12 所示的简化控制器中省略了速度反馈部分。速度反馈可以直接附加到图中。这种方法称为**逆雅可比控制器**。

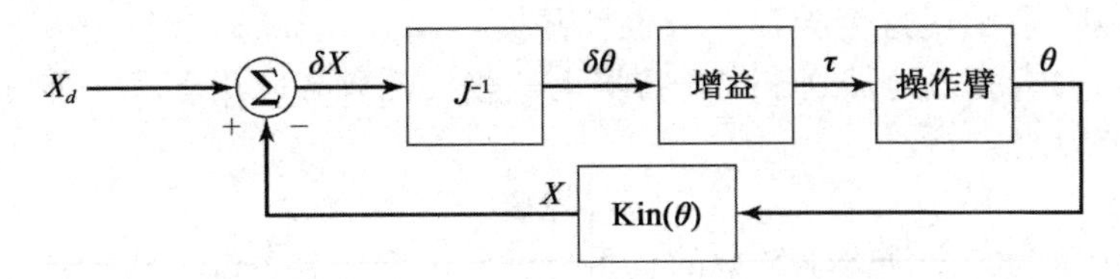

图 10-12 逆雅可比直角坐标控制方案

另一种容易想到的方法如图 10-13 所示。这种方法是将笛卡儿空间误差矢量乘以增益来计算笛卡儿坐标系下的力矢量。可以将这个力矢量看成是施加在机器人末端执行器上的一个笛卡儿空间的力，它使末端执行器向着笛卡儿空间误差减小的方向运动。将这个笛卡儿坐标系下的力矢量(实际上是一个力-力矩矢量)通过雅可比转置矩阵映射成当量关节力矩，它使末端执行器向着误差减小的方向运动。这种方法称为**转置雅可比控制器**。

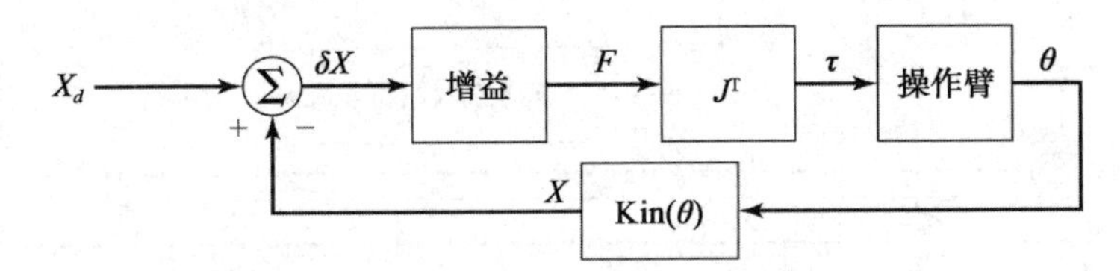

图 10-13 转置雅可比直角坐标控制方案

逆雅可比控制器和转置雅可比控制器都是一种直观的控制方法，因此难以确定这些方法是稳定的，更不用说它的性能了。然而这两个控制器是如此相似，区别只是一个是逆雅可比，另一个是转置雅可比。切记，一般雅可比逆矩阵和雅可比转置矩阵是不相等的(只有在严格的直角坐标操作臂才有 $J^{T}=J^{-1}$)。这些系统精确的动力学性能(比如，用二阶误差空间方程表示的系统)是很复杂的。事实是，这两种控制方法都能够工作(即都是稳定的)，但工作性能不太好(即在整个工作空间的性能不是都很好)。都可以通过选择适当的增益使系统工作稳定，包括某种形式的速度反馈(在图 10-12 和图 10-13 中未画出)。然而它们都不是*精确*的控制方法，即我们无法选择固定的增益来得到固定的闭环极点。这两种控制器的动力学响应都会随着操作臂位形的变化而变化。

334

直角坐标解耦控制方法

与关节空间控制器一样，直角坐标控制器也应该使操作臂在所有位形下的动力学误差均为常量。而在基于直角坐标的控制方法中，误差是在笛卡儿空间表示的，这表明我们希望设计一个系统，应使其在所有可能的位形下都以临界阻尼状态抑制笛卡儿误差。

正如关节控制器一样，性能优良的直角坐标控制器的前提条件是操作臂的线性化和解耦模型。因此，我们必须用直角变量写出操作臂的动力学方程。这可以用第 6 章中讨论过的方法实现。得到的运动方程形式与关节空间的方程十分相似。刚体动力学方程可以写作

$$\mathcal{F}=M_x(\Theta)\ddot{\chi}+V_x(\Theta,\dot{\Theta})+G_x(\Theta) \tag{10.53}$$

式中$\mathcal{F}$为作用在机器人末端执行器上的虚拟操作力-力矩矢量，χ 是一个适当的表示末端执行器位置和姿态的笛卡儿坐标矢量[8]。与关节空间的变量类似，$M_x(\Theta)$是笛卡儿空间的质

量矩阵，$V_x(\Theta, \dot{\Theta})$是笛卡儿空间的速度项矢量，$G_x(\Theta)$是笛卡儿空间的重力项矢量。

与以前处理关节空间控制问题一样，可以在解耦和线性化控制器中应用动力学方程。因为已从式(10.53)计算出作用在机器人末端执行器上的虚拟操作力矢量$\mathcal{F}$，那么就可以使用雅可比转置矩阵来实现这个控制——也就是说，用式(10.53)计算出$\mathcal{F}$之后，实际上我们不能将笛卡儿空间的力施加到末端执行器上；相反，只有应用下式才能计算出能够有效平衡系统的关节力矩：

$$\tau = J^{\mathrm{T}}(\Theta)\,\mathcal{F} \tag{10.54}$$

图 10-14 所示为完全动力学解耦的直角坐标操作臂控制系统。注意转置雅可比是在操作臂之前。注意，图 10-14 所示的控制器可以直接描述笛卡儿路径而不需要进行轨迹变换。

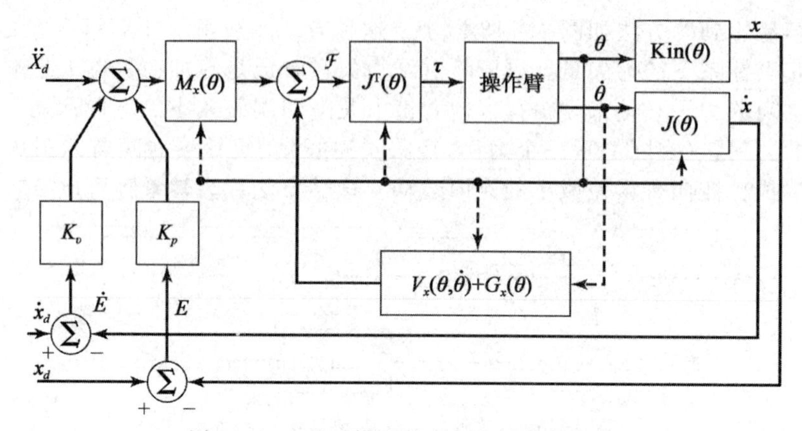

图 10-14　基于模型的直角坐标控制方案

像关节空间一样，在实际应用中最好使用双速率控制系统。图 10-15 所示为基于直角坐标的解耦和线性化控制器示意图，其中的动力学参数只是操作臂位置的函数。这些动力学参数由后台或另一台控制计算机在一个低于伺服速率的频率下更新。这个方案是比较合理的，因为我们希望伺服速度尽量快(可能为 500 Hz 或更高)，以便最大限度地抑制干扰和保持稳定性。由于动力学参数只是操作臂位置的函数，因此只需在一个能够跟得上操作臂位形变化的速率下更新它们的值。参数更新速率可能不需要高于 100 Hz[8]。

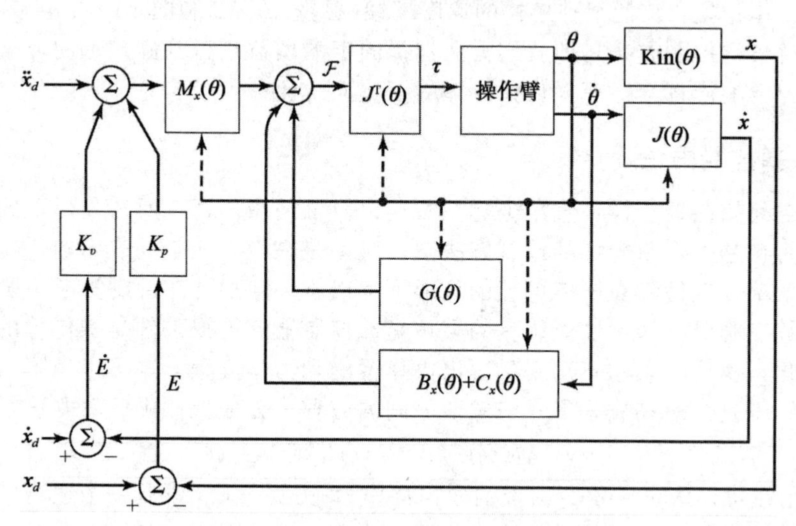

图 10-15　基于模型的直角坐标控制方案的实现

335
~
336

10.9 自适应控制

在基于模型的控制方法的讨论中，我们常发现操作臂的参数不能精确已知。当模型中的参数与实际系统中的参数不符时，会产生伺服误差，如式(10.25)所示。可以应用自适应控制方法，通过不断更新模型参数的值直到这些伺服误差消失。目前已经提出了几种自适应方法。

一种理想的自适应方法如图10-16所示。这里使用了在本章中推导的基于模型的控制规律。自适应控制过程如下，已知操作臂状态和伺服误差，系统将调整非线性模型中的参数值直到误差消失。这种系统会学习系统本身的动力学特性。图10-16所示为这种控制方法的系统结构，文献[20，21]证明了这种方法的全局稳定性并在本节概括介绍。与之相关的技术参见文献[22]。

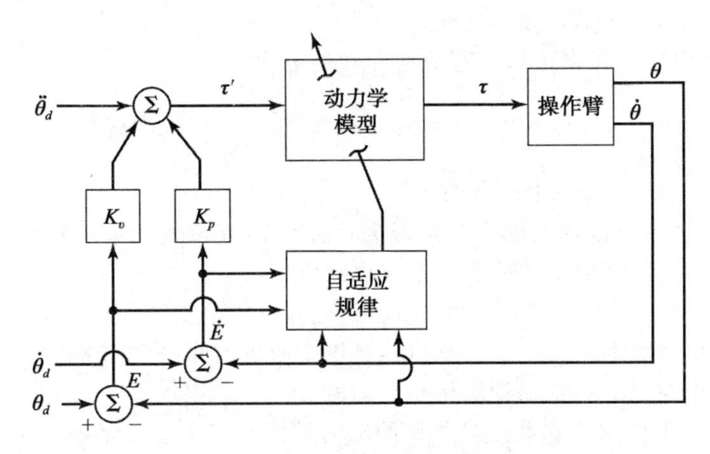

图10-16　自适应操作臂控制器示意图

在本节，我们展示了一种自适应的方案，能够让操作臂充分利用所有已知的参数估测剩下的未知参数。整个自适应控制系统保持了计算转矩伺服控制的结构，但另外还有自适应的元素。在充分的在线学习之后，控制算法将操作臂解耦并线性化，使得每个关节表现为具有固定动态特性的独立二阶系统。

操作臂的模型为一组用在关节处有摩擦的串型链接的 n 个刚体。该设备运动的矢量方程可以像我们在式(10.12)见到的那样，或者以紧凑的形式被写成

$$T = M(\Theta)\ddot{\Theta} + Q(\Theta,\dot{\Theta}) \tag{10.55}$$

337

式(10.55)的第 j 个元素可以被写成乘积和的形式，就像

$$\tau_j = \sum_{i=1}^{a_j} m_{ji} f_{ji}(\Theta,\ddot{\Theta}) + \sum_{i=1}^{b_j} q_{ji} g_{ji}(\Theta,\dot{\Theta}) \tag{10.56}$$

其中 m_{ji} 和 q_{ji} 是由连杆质量、连杆惯性张量元素、连杆长度、摩擦系数和重力加速度常量的乘积组成。$f_{ji}(\Theta, \ddot{\Theta})$和 $g_{ji}(\Theta, \dot{\Theta})$体现了操作臂几何形状的动态结构。在本节，我们假定这些参数和公式的结构是已知的，但部分或全部的 m_{ji} 和 q_{ji} 参数是未知的。我们假设参数值的边界是已知的，尽管有时这些边界非常松。⊖这相当于知道了操作臂的运动结构的情况，并

⊖ 实际上，只有那些出现在操作臂质量矩阵中的参数才需要边界。然而，为了保证一般性，我们将假定所有参数的边界都是已知的。

且拥有关节摩擦效应的参数模型，但是，仅仅知道一些类似连杆质量分布和摩擦系数的动力学参数或者可能都不知道。

为了控制操作臂，我们定义控制规律

$$T = \hat{M}(\Theta)\ddot{\Theta}^* + \hat{Q}(\Theta,\dot{\Theta}) \tag{10.57}$$

其中 $\hat{M}(\Theta)$ 和 $\hat{Q}(\Theta, \dot{\Theta})$ 是对 $M(\Theta)$ 和 $Q(\Theta, \dot{\Theta})$ 的估值，并且

$$\ddot{\Theta}^* = \ddot{\Theta}_d + K_v\dot{E} + K_pE \tag{10.58}$$

在式(10.58)中，伺服误差 $E=[e_1 e_2 \cdots e_n]^T$ 被定义为

$$E = \Theta_d - \Theta \tag{10.59}$$

K_v 和 K_p 是 $n\times n$ 的对角增益矩阵，k_{vj} 和 k_{pj} 在其对角线上。在本章的式(10.57)中，它有时候被称为操作臂控制的*计算力矩法*。操作臂的期望轨迹被认为是关节位置、速度、加速度的时间函数，$\Theta_d(t)$、$\dot{\Theta}_d(t)$ 和 $\ddot{\Theta}_d(t)$。

式(10.57)的第 j 个元素可以被写成乘积和的形式

$$\tau_j = \sum_{i=1}^{n_j}\hat{m}_{ji}f_{ji}(\Theta,\ddot{\Theta}^*) + \sum_{i=1}^{b_j}\hat{q}_{ji}g_{ji}(\Theta,\dot{\Theta}) \tag{10.60}$$

其中 $\hat{m}_{ji}$ 和 $\hat{q}_{ji}$ 是对式(10.56)中参数的估值。

控制规律式(10.57)被我们选中，是因为在完全知道参数的数值和没有扰动的最好情况下，第 j 个关节的闭环动力学可由误差方程给出

$$\ddot{e}_j + k_{vj}\dot{e}_j + k_{pj}e_j = 0 \tag{10.61}$$

因此，在这种理想情况下，可以选择 k_{vj} 和 k_{pj} 用来放置与每个关节相关的闭环极点，并且在整个操作臂工作空间上的扰动抑制将是均匀的。

338

图 10-16 是一个框图，它利用操作臂的动力学模型表示了控制器的结构。也指出了自适应元素。该自适应元素监控伺服误差并调整出现在控制规律式(10.57)中的参数。本章剩余内容跟这种适应性元素的设计、设计的全局稳定性证明以及其他相关问题有关。

我们考虑我们所说的这种“理想情况”，即我们有一个完美的操作臂动力学模型。在这种情况下，参数误差是系统非完全去耦和线性化的唯一来源。也就是说，存在使得计算机中的模型完全匹配实际机械操作臂的动力学参数的调节(或设置)。显然，一些(至少很小的)干扰将永远存在，我们需要确保总体适应性系统对干扰的存在是鲁棒的。

当参数的估计值与真实参数值不匹配时，闭环系统将不会按照式(10.61)所示运行。令式 (10.55)和式(10.57)相等，我们可以得到

$$\ddot{E} + K_v\dot{E} + K_pE = \hat{M}^{-1}(\Theta)[\widetilde{M}(\Theta)\ddot{\Theta} + \widetilde{Q}(\Theta,\dot{\Theta})] \tag{10.62}$$

其中 $\widetilde{M}(\Theta)=M(\Theta)-\hat{M}(\Theta)$ 和 $\widetilde{Q}(\Theta, \dot{\Theta})=Q(\Theta, \dot{\Theta})-\hat{Q}(\Theta, \dot{\Theta})$ 代表了在控制器用到的动力学模型误差，该误差是由于模型参数误差引起的。

在给定的应用中，我们可能会知道一些参数 m_{ji} 和 q_{ji}。在第 j 个关节的动力学方程(10.56)中出现的 a_j 参数 m_{ji} 和 b_j 参数 q_{ji} 中，令 r_j 和 s_j 是未知的，对于 j，$r_j\leqslant a_j$ 和 $s_j\leqslant b_j$，重新对未知参数做编号(如有必要)，并注意式(10.62)括号中表达式的第 j 项可以写成

$$\bar{\tau}_j = \sum_{i=1}^{r_j}\widetilde{m}_{ji}f_{ji}(\Theta,\ddot{\Theta}) + \sum_{i=1}^{s_j}\widetilde{q}_{ji}g_{ji}(\Theta,\dot{\Theta}) \tag{10.63}$$

其中

$$\widetilde{m}_{ji} = m_{ji} - \hat{m}_{ji}$$

和

$$\tilde{q}_{ji}=q_{ji}-\hat{q}_{ji} \tag{10.64}$$

是参数误差。

误差方程(10.62)将参数估计误差与伺服误差相关联。式(10.63)之前的讨论说明了如何将动态特性任意分割成已知和未知的部分。这种分解将允许我们构建一个充分利用已知参数的自适应方案，并仅调整未知参数的估计值。例如，我们可能知道操作臂的惯性特性，但不知道摩擦系数，或者我们可能知道一部分连杆的参数但不知道其他连杆的参数等。

我们将误差方程(10.62)写成

$$\ddot{E}+K_v\dot{E}+K_pE=\hat{M}^{-1}(\Theta)W(\Theta,\dot{\Theta},\ddot{\Theta})\Phi \tag{10.65}$$

339

其中 Φ 是 $r\times 1$ 矢量，包含系统中所有参数的参数误差的，$W(\Theta,\ \dot{\Theta},\ \ddot{\Theta})$是一个 $n\times r$ 函数矩阵。为简洁起见，$\hat{M}^{-1}$ 和 W 的讨论将放在续集中。系统参数的数量是

$$r\leqslant\sum_{j=1}^{n}(r_j+s_j) \tag{10.66}$$

这些 r 个系统参数是由 m_{ji} 和 q_{ji} 单独或组合而成，现在称为 $P=(p_1\quad p_2\quad\cdots\quad p_r)^{\mathrm{T}}$，其估计值为 $\hat{P}=(\hat{p}_1\quad\hat{p}_2\quad\cdots\quad\hat{p}_r)^{\mathrm{T}}$，使得

$$\Phi=P-\hat{P} \tag{10.67}$$

为了统一，可以定义 W 和 P，使得 P 的每个元素为正。

对于第 j 个关节，误差方程可以写成

$$\ddot{e}_j+k_{vj}\dot{e}_j+k_{pj}e_j=(\hat{M}^{-1}W\Phi)_j \tag{10.68}$$

其中$(\cdot)_j$ 表示 $n\times 1$ 矢量的第 j 个元素，$\hat{M}^{-1}W\Phi$。因此，总的来说，系统任何参数的误差将会在第 j 个关节上引起误差。

在接下来的分析中，重要的是乘积 $\hat{M}^{-1}W$ 始终保持有界。由于 W 由操作臂轨迹的有界函数组成，所以如果操作臂轨迹保持有界，则 W 保持有界。如果我们确保所有参数 m_{ji} 保持在实际参数值附近的足够小的范围内，则矩阵 $\hat{M}(\Theta)$将保持正定和可逆。以此为目的，我们将约束我们的参数估计值位于范围内，就像这样

$$l_i-\delta<\hat{p}_i<h_i+\delta \tag{10.69}$$

其中，我们知道实际值 p_i 位于 l_i 和 h_i 之间，并且 δ 是正的，且只要式(10.69)成立，$\hat{M}^{-1}$就是有界的。

自适应规则将计算如何根据滤波伺服误差信号来改变参数估计值。第 j 个关节的滤波伺服误差为

$$e_{1j}(s)=(s+\psi_j)e_j(s) \tag{10.70}$$

其中，ψ_j 是正常数，因此

$$E_1=\dot{E}+\Psi E \tag{10.71}$$

其中 $\Psi=\mathrm{diag}(\psi_1\quad\psi_2\quad\cdots\quad\psi_n)$。注意到对于使用位置和速度传感器的操作臂，可以简单地从传感器读数计算值 E_1，不需要用滤波器实现。

ψ_j 被选择，使得传递函数

$$\frac{s+\psi_j}{s^2+k_{vj}s+k_{pj}} \tag{10.72}$$

340

是严格正实数(SPR)。[⊖]然后，通过正实数引理[26]，我们可以确定正定矩阵 P_j 和 Q_j 的存在，使得

$$\begin{aligned} A_j^{\mathrm{T}} P_j + P_j A_j &= -Q_j \\ P_j B_j &= C_j^{\mathrm{T}} \end{aligned} \tag{10.73}$$

其中矩阵 A_j、B_j 和 C_j 是第 j 个关节的滤波误差方程的最小状态空间实现的矩阵

$$\begin{aligned} \dot{x}_j &= A_j x_j + B_j (\hat{M}^{-1} W \Phi)_j \\ e_{1j} &= C_j x_j \end{aligned} \tag{10.74}$$

其中状态向量是 $x_j = (e_j \quad \dot{e}_j)^{\mathrm{T}}$

整个系统的状态空间形式下的滤波误差方程由下式给出

$$\begin{aligned} \dot{X} &= AX + B\hat{M}^{-1} W \Phi \\ E_1 &= CX \end{aligned} \tag{10.75}$$

其中 A、B 和 C 都分别是分块对角阵(对角线上分别有 A_j、B_j 和 C_j)，$X = (x_1 \quad x_2 \quad \cdots \quad x_n)^{\mathrm{T}}$。形成 $2n \times 2n$ 矩阵 $P = \mathrm{diag}(p_1 \quad p_2 \quad \cdots \quad p_n)$ 和 $Q = \mathrm{diag}(Q_1 \quad Q_2 \quad \cdots \quad Q_n)$，我们有 $P > 0$，$Q > 0$，且

$$\begin{aligned} A^{\mathrm{T}} P + PA &= -Q \\ PB &= C^{\mathrm{T}} \end{aligned} \tag{10.76}$$

我们现在使用李雅普诺夫理论来推导自适应规律[27]。候选李雅普诺夫函数为

$$\upsilon(X, \Phi) = X^{\mathrm{T}} P X + \Phi^{\mathrm{T}} \Gamma^{-1} \Phi \tag{10.77}$$

与 $\Gamma = \mathrm{diag}(\gamma_1 \quad \gamma_2 \quad \cdots \quad \gamma_r)$，且 $\gamma_i > 0$ 在伺服误差和参数误差中都是非负的。对时间求导可得

$$\dot{\upsilon}(X, \Phi) = -X^{\mathrm{T}} Q X + 2\Phi^{\mathrm{T}} (W^{\mathrm{T}} \hat{M}^{-1} E_1 + \Gamma^{-1} \dot{\Phi}) \tag{10.78}$$

如果我们选择

$$\dot{\Phi} = -\Gamma W^{\mathrm{T}} \hat{M}^{-1} E_1 \tag{10.79}$$

我们有

$$\dot{\upsilon}(X, \Phi) = -X^{\mathrm{T}} Q X \tag{10.80}$$

这是非正的，因为 Q 是正定的。既然 $\Phi = P - \hat{P}$，我们有 $\dot{\Phi} = -\dot{\hat{P}}$，从式(10.79)我们得到自适应规律

341

$$\dot{\hat{P}} = \Gamma W^{\mathrm{T}} \hat{M}^{-1} E_1 \tag{10.81}$$

式(10.77)和式(10.80)表示 X 和 Φ 有界。基本更新规则由式(10.81)给出。然而，为了将参数估计值限制在(10.69)给出的范围内，我们通过使用复位条件来提升参数 p_i 的更新规则

$$\begin{cases} \hat{p}_i(t^+) = l_i, & \text{如果 } \hat{p}_i(t) \leqslant l_i - \delta \\ \hat{p}_i(t^+) = h_i, & \text{如果 } \hat{p}_i(t) \geqslant h_i - \delta \end{cases} \tag{10.82}$$

因此，如果估计值在其已知界限之外 δ，则将其重置为其界限。此参数复位会对式(10.75)中的 Φ 产生一个阶跃突变。这不能导致 X 的瞬时变化，因此我们可以将 p_i 复位到其下界前和后在 t_j 时刻李雅普诺夫函数的值写为

$$\upsilon(t_j) = X^{\mathrm{T}} P X + \sum_{\substack{k=1 \\ k \neq i}}^{r} \frac{1}{\gamma_k} \phi_k^2 + \frac{1}{\gamma_i} (p_i - l_i + \delta)^2$$

⊖ 有理 SPR 函数 $T(s)$ 位于闭的右半平面，且对 $\forall \omega$，$\mathrm{Re}(T(j\omega)) > 0$。

$$\upsilon(t_j^+)= X^{\mathrm{T}}PX + \sum_{\substack{k=1\\k\neq i}}^{r}\frac{1}{\gamma_k}\phi_k^2 + \frac{1}{\gamma_i}(p_i - l_i)^2 \tag{10.83}$$

因此，因为在 t_j 时刻重置 $\hat{p}_i$ 导致 υ 中的变化是

$$-\epsilon_j = \upsilon(t_j^+) - \upsilon(t_j) = -(2(p_i - l_i) - \delta)\left(\frac{\delta}{\gamma_i}\right) \tag{10.84}$$

其中，ϵ_j 是正的，下界为$\frac{\delta^2}{\gamma_i}$。类似地，如果我们在 t_j 时刻将 p_j 重置到其上界，我们有

$$-\epsilon_j = \upsilon(t_j^+) - \upsilon(t_j) = (2(p_i - h_i) - \delta)\left(\frac{\delta}{\gamma_i}\right) \tag{10.85}$$

其中，ϵ_j 是正的，下界为$\frac{\delta^2}{\gamma_i}$。通过参数重置，式(10.80)变为

$$\dot{\upsilon}(X,\Phi) = -X^{\mathrm{T}}QX - \sum_{j}^{q}\delta(t - t_j)\epsilon_j \tag{10.86}$$

其中 q 发生重置，$\delta(\cdot)$在这里是指单位脉冲函数。因此，参数重置保持了 $\dot{\upsilon}(X, \Phi)$的非正性，因此在 X 和 Φ 有界的时候，系统在李雅普诺夫的意义上是稳定的。

由于 X、Φ、$\hat{M}^{-1}$ 和 W 是有界的，我们从式(10.75)可以看出，$\dot{X}$ 也是有界的。因此，X 是均匀连续的，$\dot{\upsilon}(X, \Phi)$也是如此。从式(10.77)和式(10.80)我们得到

$$\lim_{t\to\infty}\upsilon(X,\Phi) \rightleftharpoons \upsilon^* \tag{10.87}$$

存在，且

$$\upsilon^* - \upsilon(X_0,\Phi_0) = -\int_0^{\infty} X^{\mathrm{T}}QX\,\mathrm{d}t - \sum_{j=1}^{q}\epsilon_j \tag{10.88}$$

342

其中 q 参数重置。由于式子左侧被认为是有限的，右边的两项具有相同的符号，所以我们知道右边的每项都必须是有限的。因此，至多有限数量的 q 个参数发生重置。

通过文献[28]，我们知道，因为 $X^{\mathrm{T}}QX$ 是正的，均匀连续的，并且具有定积分

$$\lim_{t\to\infty} X^{\mathrm{T}}QX = 0 \tag{10.89}$$

并且

$$\lim_{t\to\infty} E = 0,\ \lim_{t\to\infty}\dot{E} = 0 \tag{10.90}$$

因此，自适应方案是稳定的(在所有信号保持有界的条件下)，轨迹跟踪误差 E 和 $\dot{E}$ 收敛于零。关于参数误差的收敛，请注意，如果轨迹不是持续激励的，我们只能说

$$\lim_{t\to\infty}\left|\Gamma^{-\frac{1}{2}\Phi}\right| = \sqrt{\upsilon^*} \tag{10.91}$$

注意到操作臂的实际加速度 $\ddot{\Theta}$，出现在任何参数的自适应规律中，代表惯性。操作臂通常不具有加速度传感器。然而，参数更新规则的积分作用降低了良好的加速度信息的必要性。这已被在实际操作臂的仿真和实验中得到了验证[21]。

经过有限的时间，所有参数都发生了复位，我们可以将描述整个系统的方程(即式(10.75)和式(10.79))写为

$$\begin{bmatrix}\dot{X}\\ \dot{\Phi}\end{bmatrix} = \begin{bmatrix} A & BU^{\mathrm{T}} \\ -\Gamma UC & 0\end{bmatrix}\begin{bmatrix}X\\ \Phi\end{bmatrix} \tag{10.92}$$

其中，$U=(\hat{M}^{-1}W)^{\mathrm{T}}$。一些研究者研究了式(10.92)的渐近稳定性。在文献[29-31]中，

如果线性系统(A, B, C)符合早期SPR条件，式(10.92)是一致渐近稳定的，如果U满足持续激励条件

$$\alpha' I_r \leqslant \int_{t_0}^{t_0+\rho} UU^{\mathrm{T}} \mathrm{d}t \leqslant \beta' I_r \tag{10.93}$$

对于所有的t_0，α'、β'和ρ均为正。条件式(10.93)表示，UU^{T}的积分必须在所有长度为ρ的间隔上都是正定和有界的。注意，UU^{T}形式的矩阵具有维度$r\times r$，但是可以具有不大于n的秩(并且通常，$r>n$)。因此，式(10.93)意味着U必须在间隔ρ上充分变化，以便张成整个r维空间。注意，通过限制估值的范围，我们已经确保$\hat{M}$保持可逆，因此U是有界的，所以式(10.93)中的不等式的右边已经得到了满足。

接下来，因为$\hat{M}$是有界的正定对称矩阵，所以式(10.93)的左边不等式将被满足，如果对于某些$\alpha>0$

343

$$\alpha' I_r \leqslant \int_{t_0}^{t_0+\rho} W^{\mathrm{T}} W \mathrm{d}t \tag{10.94}$$

得到满足。这种断言的反证如下。假设式(10.94)并不能推导出式(10.93)。那么我们可以总是找到一个矢量υ，使得对于任何$\gamma>0$

$$\gamma > \upsilon^{\mathrm{T}}\left[\int_{t_0}^{t_0+\rho} (\hat{M}^{-1}W)^{\mathrm{T}}(\hat{M}^{-1}W)\mathrm{d}t\right]\upsilon \tag{10.95}$$

特别地，式(10.95)将满足$\gamma=\alpha\lambda^2_{\hat{m}\min}$，其中

$$\lambda_{\hat{m}\min} = \min_t[\min_i[\lambda_i(\hat{M}^{-1}(t))]] > 0 \tag{10.96}$$

所以

$$\begin{aligned}\alpha\lambda^2_{\hat{m}\min} &> \upsilon^{\mathrm{T}}\left[\int_{t_0}^{t_0+\rho} (\hat{M}^{-1}W)^{\mathrm{T}}(\hat{M}^{-1}W)\mathrm{d}t\right]\upsilon \\ &= \int_{t_0}^{t_0+\rho} \| \hat{M}^{-1}W\upsilon \|^2 \mathrm{d}t \\ &> \lambda^2_{\hat{m}\min}\int_{t_0}^{t_0+\rho} \| W\upsilon \|^2 \mathrm{d}t\end{aligned} \tag{10.97}$$

或者

$$\alpha > \int_{t_0}^{t_0+\rho} \| W\upsilon \|^2 \mathrm{d}t \tag{10.98}$$

但这与式(10.94)相矛盾，所以式(10.94)的确能推导出式(10.93)。

最后，由于我们已经证明(与持续激励无关)伺服误差在该控制方法下收敛到零，如果期望的轨迹得到满足，则满足式(10.94)的持续激励条件

$$\alpha I_r \leqslant \int_{t_0}^{t_0+p} W_d^{\mathrm{T}} W_d \mathrm{d}t \leqslant \beta I_r \tag{10.99}$$

其中W_d是W的评估函数，沿着期望而不是操作臂的实际轨迹。因此，我们已经推导出了所需轨迹上的条件，使得所有参数将在足够的学习间隔之后被辨识出来。

参考文献

[1] R.P. Paul, “Modeling, Trajectory Calculation, and Servoing of a Computer Controlled Arm,” Technical Report AIM-177, Stanford University Artificial Intelligence Laboratory, 1972.

[2] B. Markiewicz, “Analysis of the Computed Torque Drive Method and Comparison with Conventional Position Servo for a Computer-Controlled Manipulator," Jet Propulsion Laboratory Technical Memo 33–601, March 1973.

[3] A. Bejczy, "Robot Arm Dynamics and Control," Jet Propulsion Laboratory Technical Memo 33–669, February 1974.

[4] J. LaSalle and S. Lefschetz, *Stability by Liapunov's Direct Method with Applications*, Academic Press, New York, 1961.

[5] P.K. Khosla, "Some Experimental Results on Model-Based Control Schemes," IEEE Conference on Robotics and Automation, Philadelphia, April 1988.

[6] M. Leahy, K. Valavanis, and G. Saridis, "The Effects of Dynamic Models on Robot Control," IEEE Conference on Robotics and Automation, San Francisco, April 1986. 344

[7] L. Sciavicco and B. Siciliano, *Modelling and Control of Robot Manipulators*, 2nd Edition, Springer-Verlag, London, 2000.

[8] O. Khatib, "A Unified Approach for Motion and Force Control of Robot Manipulators: The Operational Space Formulation," *IEEE Journal of Robotics and Automation*, Vol. RA-3, No. 1, 1987.

[9] C. An, C. Atkeson, and J. Hollerbach, "Model-Based Control of a Direct Drive Arm, Part II: Control," IEEE Conference on Robotics and Automation, Philadelphia, April 1988.

[10] G. Franklin, J. Powell, and M. Workman, *Digital Control of Dynamic Systems*, 2nd edition, Addison-Wesley, Reading, MA, 1989.

[11] A. Liegeois, A. Fournier, and M. Aldon, "Model Reference Control of High Velocity Industrial Robots," *Proceedings of the Joint Automatic Control Conference*, San Francisco, 1980.

[12] M. Raibert, "Mechanical Arm Control Using a State Space Memory," SME paper MS77-750, 1977.

[13] B. Armstrong, "Friction: Experimental Determination, Modeling and Compensation," IEEE Conference on Robotics and Automation, Philadelphia, April 1988.

[14] B. Armstrong, O. Khatib, and J. Burdick, "The Explicit Dynamic Model and Inertial Parameters of the PUMA 560 Arm," IEEE Conference on Robotics and Automation, San Francisco, April 1986.

[15] A.M. Lyapunov, "On the General Problem of Stability of Motion," (in Russian), Kharkov Mathematical Society, Kharkov, 1892.

[16] C. Desoer and M. Vidyasagar, *Feedback Systems: Input–Output Properties*, Academic Press, New York, 1975.

[17] M. Vidyasagar, *Nonlinear Systems Analysis*, Prentice-Hall, Englewood Cliffs, NJ, 1978.

[18] S. Arimoto and F. Miyazaki, "Stability and Robustness of PID Feedback Control for Robot Manipulators of Sensory Capability," Third International Symposium of Robotics Research, Gouvieux, France, July 1985.

[19] D. Koditschek, "Adaptive Strategies for the Control of Natural Motion," *Proceedings of the 24th Conference on Decision and Control*, Ft. Lauderdale, FL, December 1985.

[20] J. Craig, P. Hsu, and S. Sastry, "Adaptive Control of Mechanical Manipulators," IEEE Conference on Robotics and Automation, San Francisco, April 1986.

[21] J. Craig, *Adaptive Control of Mechanical Manipulators*, Addison-Wesley, Reading, MA, 1988.

[22] J.J. Slotine and W. Li, "On the Adaptive Control of Mechanical Manipulators," *The International Journal of Robotics Research*, Vol. 6, No. 3, 1987.

[23] R. Kelly and R. Ortega, "Adaptive Control of Robot Manipulators: An Input–Output Approach," IEEE Conference on Robotics and Automation, Philadelphia, 1988.

[24] H. Das, J.J. Slotine, and T. Sheridan, "Inverse Kinematic Algorithms for Redundant Systems," IEEE Conference on Robotics and Automation, Philadelphia, 1988.

[25] T. Yabuta, A. Chona, and G. Beni, "On the Asymptotic Stability of the Hybrid Position/Force Control Scheme for Robot Manipulators," IEEE Conference on Robotics and Automation, Philadelphia, 1988.

[26] B.D.O. Anderson and S. Vongpanitlerd. *Network Synthesis: A State Space Approach*. Englewood Cliffs, N.J.: Prentice-Hall, 1973. 345

[27] Parks. "Liapunov Redesign of Model Reference Adaptive Control Systems." *IEEE Trans. Auto. Contr.* 1966; AC-11(3).

[28] W. Rudin. *Principles of Mathematical Analysis.* New York: McGraw-Hill, 1976.

[29] A.P. Morgan and K.S. Narendra. "On the Uniform Asymptotic Stability of Certain Linear Nonautonomous Differential Equations." *SIAM J. Contr. Optim.* 1977; 15.

[30] B.D.O. Anderson. "Exponential Stability of Linear Equations Arising in Adaptive Identification." *IEEE Trans. Auto. Contr.* 1977; AC-22: 83–88.

[31] G. Kreisselmeier. "Adaptive Observers with Exponential Rate of Convergence." *IEEE Trans. Auto. Contr.* 1977; AC-22.

习题

10.1 [15]对于系统

$$\tau = (2\sqrt{\theta}+1)\ddot{\theta} + 3\dot{\theta}^2 - \sin(\theta)$$

写出 α、β 控制器分解的非线性控制方程。选择增益使系统始终工作在 $k_{CL}=10$ 的临界阻尼状态下。

10.2 [15]对于系统

$$\tau = 5\theta\dot{\theta} + 2\ddot{\theta} - 13\dot{\theta}^3 + 5$$

写出其 α、β 控制器分解的非线性控制方程。选择增益使系统始终工作在 $k_{CL}=10$ 的临界阻尼下。

10.3 [19]根据 6.7 节中的二连杆操作臂画出一个关节空间控制器的框图，使得操作臂在整个工作空间都处于临界阻尼状态。并在各方框内标出相应的方程。

10.4 [20]根据 6.7 节中的二连杆操作臂画出一个笛卡儿空间控制器的框图，使得操作臂在整个工作空间都处于临界阻尼状态(见例 6.6)。并在各方框内标出相应的方程。

10.5 [18]设计一个轨迹跟踪控制系统。系统的动力学方程如下

$$\tau_1 = m_1 l_1^2 \ddot{\theta}_1 + m_1 l_1 l_2 \dot{\theta}_1 \dot{\theta}_2$$

$$\tau_2 = m_2 l_2^2 (\ddot{\theta}_1 + \ddot{\theta}_2) + \upsilon_2 \dot{\theta}_2$$

你认为上述方程可以代表一个真实的系统吗?

10.6 [17]对于例 10.3 中设计的单连杆操作臂控制系统，写出关于质量参数误差函数的稳态位置误差表达式。令 $\psi_m = m - \hat{m}$。结果应为 l、g、θ、ψ_m、$\hat{m}$ 和 k_p 的函数。操作臂在什么稳态位置误差最大?

10.7 [26]对于图 10-17 所示的二自由度机械系统，设计一个控制器，使得 x_1 和 x_2 以临界阻尼状态跟踪轨迹和抑制干扰。

10.8 [30]对于 6.7 节中的二连杆操作臂位形空间动力学方程，推导计算力矩值对微小偏差 Θ 的灵敏度表达式。试求图 10-7 所示的控制器在正常运行时控制器中应每隔多长时间重新计算动力学参数，并表示成平均关节速度的函数。

10.9 [32]对于例 6.6 中二连杆操作臂的笛卡儿位形空间动力学方程，推导计算力矩值对微小偏差 Θ 的灵敏度表达式。试求图 10-15 所示的控制器在正常运行时控制器中应每隔多长时间重新计算动力学参数，并表示成平均关节速度的函数。

346

10.10 [15]设计一个控制系统

$$f = 5x\dot{x} + 2\ddot{x} - 12$$

选择增益使系统始终工作在闭环刚度为 20 的临界阻尼状态下。

10.11 [20]对于一个位置调节系统(不失一般性)，假设 $\Theta_d = 0$。证明控制规律

$$\tau = -K_p\Theta - M(\Theta)K_v\dot{\Theta} + G(\Theta)$$

得到的是渐近稳定的非线性系统。可以取 K_v 为 $K_v = k_v I_n$ 的形式，式中 k_v 为标量，I_n 为 $n\times n$ 单位矩阵。提示：这与例 10.6 类似。

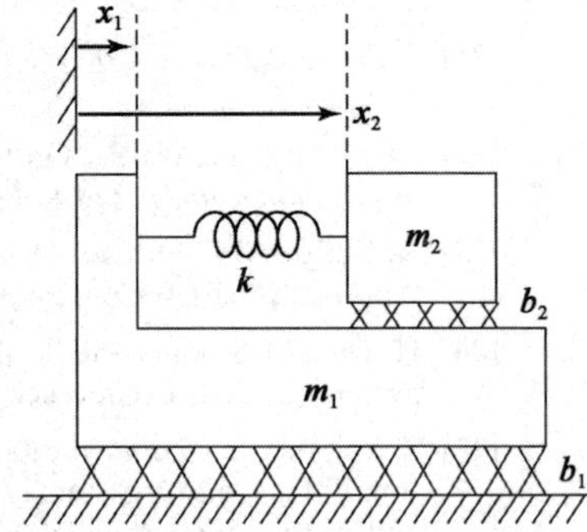

图 10-17 具有二自由度的机械系统

10.12 [20]对于一个位置调节系统(不失一般性)，假设 $\Theta_d=0$。证明控制规律

$$\tau=-K_p\Theta-\hat{M}(\Theta)K_v\dot{\Theta}+G(\Theta)$$

得到的是渐近稳定的非线性系统。可以取 K_v 为 $K_v=k_vI_n$ 的形式，式中 k_v 为标量，I_n 为 $n\times n$ 单位矩阵。矩阵 $\hat{M}(\Theta)$ 是操作臂质量矩阵的正定估计值。提示：这与例 10.6 类似。

10.13 [25]对于一个位置调节系统(不失一般性)，假设 $\Theta_d=0$。证明控制规律

$$\tau=-M(\Theta)[K_p\Theta+K_v\dot{\Theta}]+G(\Theta)$$

得到的是渐近稳定的非线性系统。可以取 K_v 为 $K_v=k_vI_n$ 的形式，式中 k_v 为标量，I_n 为 $n\times n$ 单位矩阵。提示：这与例 10.6 类似。

347

10.14 [26]对于一个位置调节系统(不失一般性)，假设 $\Theta_d=0$。证明控制规律

$$\tau=-\hat{M}(\Theta)[K_p\Theta+K_v\dot{\Theta}]+G(\Theta)$$

得到的是渐近稳定的非线性系统。可以取 K_v 为 $K_v=k_vI_n$ 的形式，式中 k_v 为标量，I_n 为 $n\times n$ 单位矩阵。矩阵 $\hat{M}(\Theta)$ 是操作臂质量矩阵的正定估计值。提示：这与例 10.6 类似。

10.15 [28]对于一个位置调节系统(不失一般性)，假设 $\Theta_d=0$。证明控制规律

$$\tau=-K_p\Theta-K_v\dot{\Theta}$$

得到的是稳定的非线性系统，但不是渐近稳定的，并给出稳态误差的表达式。提示：这与例 10.6 类似。

10.16 [30]证明 10.8 节中介绍的转置雅可比直角坐标控制器的全局稳定性。用适当形式的速度反馈使系统稳定。提示：参见文献[18]。

10.17 [15]设计一轨迹跟踪控制器，系统的动力学方程为

$$f=ax^2\dot{x}\ddot{x}+b\dot{x}^2+c\sin(x)$$

使其在所有位形下都可在临界阻尼状态抑制误差。

10.18 [15]系统的开环动力学方程为

$$\tau=m\ddot{\theta}+b\dot{\theta}^2+c\dot{\theta}$$

系统的控制规律为

$$\tau=m[\ddot{\theta}_d+k_v\dot{e}+k_pe]+\sin(\theta)$$

控制。写出闭环系统的微分方程。

10.19 [11]如例 10.1 所示，如果系统参数是 $m=1$，$b=4$ 和 $k=5$，且质量块(初始为静止)从 $x=2$ 的位置释放，找出 $t=1$ 时刻系统的能量。

10.20 [12]如例 10.1 所示系统，$m=2$，$b=3$ 和 $q=1$，利用 α、β 分解控制器，给出非线性控制方程。选择增益使得系统误差空间的固有频率 $\omega_n=8$，且处于临界阻尼。

10.21 [15]证明如例 10.1 所示系统是稳定的。

10.22 [16]针对 6.7 节中的两连杆机械臂，设计分解关节空间控制器，使得机械臂在整个工作空间内刚度为 18，并处于临界阻尼状态，参数如下：

$$l_1=7,\quad m_1=3$$
$$l_2=4,\quad m_2=1$$

10.23 [16]利用 α、β 分解控制器，针对系统

$$\tau=16\theta\dot{\theta}+7\ddot{\theta}-8\dot{\theta}^4+1$$

给出非线性控制方程。选择增益使得系统综述处于临界阻尼且 $k_{CL}=9$。

348

10.24 [15]针对系统

$$f=15x\dot{x}+3\ddot{x}-48$$

设计控制系统。选择增益使得系统总是处于临界阻尼，闭环刚度为 4。

10.25 [15]系统动力学方程是

$$f=ax^3\dot{x}^2\ddot{x}+b\dot{x}+c\cos(x)$$

设计轨迹跟踪控制器，使得在所有位形下都是以临界阻尼状态抑制误差。

10.26 [15]系统的开环动力学方程是

$$\tau = m\ddot{\theta} + b\dot{\theta}^2 + c\dot{\theta} + q\theta^2 - k\theta$$

由下面的控制规律控制

$$\tau = m[\ddot{\theta}_d + k_v\dot{\theta} + k_p e] + \cos(\theta) + \sin(e)$$

给出表述系统闭环行为特征的微分方程。

编程练习

重复第9章的编程练习，应用相同的测试方法，但这个控制器使用三连杆完整动力学模型来对系统进行解耦和线性化。对本例有

$$K_p = \begin{pmatrix} 100.0 & 0.0 & 0.0 \\ 0.0 & 100.0 & 0.0 \\ 0.0 & 0.0 & 100.0 \end{pmatrix}$$

349~350

选择对角阵 K_v，以保证在所有操作臂位形下系统都处于临界阻尼状态。并将结果与第9章的编程练习简化控制器所得的结果进行比较。

操作臂的力控制

11.1 引言

当操作臂在空间中跟踪轨迹运动时，可采用位置控制，但当末端执行器和操作臂工作环境发生碰撞时，纯粹的位置控制已经不适用了。考虑使用海绵擦窗的操作臂，利用海绵的柔性可以通过控制末端执行器与玻璃之间的位置来调整施加在窗户上的力。如果海绵十分柔软，或者已知玻璃的精确位置，则操作臂可以工作得很好。

但是，如果末端执行器、工具或环境的刚性很高，则操作臂压贴在平面上的操作执行起来就非常困难。假设不使用海绵擦洗，而是操作臂使用刚性刮削工具从玻璃表面刮油漆。如果距离玻璃表面的位置存在任何不确定性，或者操作臂存在任何位置误差，则完成该项工作是不可能的。要么玻璃被碰碎，要么操作臂在玻璃上方摆动而不与玻璃接触。

在清洗和刮擦这两个任务中，可能不指定玻璃表面的位置，而是指定沿着垂直于玻璃表面的力更为合理。

前几章中介绍的方法在工业机器人中应用较多，而在本章中介绍的方法还都未在工业机器人中使用，只有一些极其简单方法除外。本章主要介绍**力位混合控制器**，可以预见，工业机器人终究会应用于需要执行力控制的任务中。然而，无论哪种方法应用于工业实际，本章介绍的许多概念始终是有效的。

351

11.2 工业机器人在装配作业中的应用

大多数工业机器人都应用于相对**简单的应用场合**，如点焊、喷漆、取放操作。力控制已经在一些场合得到应用，例如，一些机器人已经能够实现简单的力控制，如磨削和去毛刺。显然下一个工业机器人的大量应用将会是在装配线作业中执行一个或多个零件的装配任务。在这种**零件装配**作业中，接触力的监控非常重要。

面对工作环境的不确定性和变化，操作臂的精确控制是将机器人应用于工业装配操作中的先决条件。给机械手装上传感器，以给出操作任务的状态信息，这样就可以使机器人完成装配任务，这似乎是机器人应用的重要进展。然而，目前操作臂的灵巧性仍较低，并限制了它们在自动化装配领域的应用。

使用操作臂完成装配任务需要零件之间的位置精度非常高。目前工业机器人一般不能胜任如此精确的任务，因此制造这种机器人可能没有意义。高精度操作臂只能以尺寸、重量、成本为代价来实现。然而，测量和控制手部产生的接触力为提高操作臂的精度提供了一种有效的方法。由于使用相对测量方法，操作臂和被操作对象的绝对位置误差不像它们在纯位置控制系统中那样重要了。当中等刚度的零件相互作用时，相对位置的微小变化会产生很大的接触力，因此，了解并控制这些力可以极大地提高有效位置精度。

11.3 部分约束任务中的控制坐标系

本章中提出的方法是基于操作环境的控制坐标系的，在这个环境中，操作臂的运动受到一个或多个接触面[1-3]的约束。描述部分约束的坐标系是基于操作臂的末端执行器和环境之间相互作用的简化模型的：因为我们仅需要描述接触和自由状态，因此只考虑由于接触产生的力。这相当于进行准静态分析并忽略其他静态力，如某些摩擦力和重力。如果系统中的作用力主要是以刚度较大的物体之间的接触力为主，这种分析方法是合理的。注意，这里介绍的方法已进行了某些简化和限定，对于本文来说，这是在适当水平上介绍基本概念的较好方法。与之相关的更一般、更严格的方法，请参阅文献[19]。

每一操作任务可以分解为多个子任务，这些子任务都是由操作臂末端执行器(即工具)和工作环境之间特定的接触状态定义的。对于每一个与这种子任务相关的约束，称为**自然约束**，这些自然约束由操作位形特定的机械和几何特征形成的。例如，一个与静态刚性表面接触的手臂不能自由穿过该表面。因此，存在自然位置约束。如果表面是无摩擦的，则手臂不能对表面任意施加于表面相切的力。这样，就存在自然力约束。

352

在与环境接触的模型中，对于每一个子任务的位形，可以定义一个**广义表面**，它具有垂直于该表面的位置约束和相切于该表面的力约束。这两种类型的约束——力约束和位置约束将末端执行器可能的运动自由度数划分成两个正交集，必须根据不同的规则对这两组集合进行控制。注意，该接触模型并不包含所有可能的接触情况(更一般的方法参见文献[19])。

图 11-1 所示为两个具有代表性的与自然约束有关的任务。注意，在每一种情况下，按照坐标系$\{C\}$描述任务，这个坐标系称为**约束坐标系**，该坐标系位于任务相关的位置上。根据任务，$\{C\}$可以固定在环境中，或者同操作臂末端执行器一起移动。在图 11-1a 中，约束坐标系固连在图中的手柄上并随手柄运动，规定 $\hat{X}$ 方向总是指向手柄的轴心。作用于指端的摩擦力确保能够可靠的抓住把手，该把手在主轴上，且能够相对于手柄转动。在图 11-1b 中，约束坐标系固连在螺丝刀的末端，工作时随螺丝刀一起转动。注意，在 $\hat{Y}$ 方向，力约束为 0，因为螺钉上的槽允许螺丝刀在该方向滑动。在这些例子中，给定的约束集在整个任务中保持不变。对于更为复杂的情况，任务被分解成子任务，对于这些子任务，可以确定一个不变的自然约束集。

353

在图 11-1 中，位置约束是通过在坐标系$\{C\}$中描述的末端执行器的速度分量$\mathcal{V}$来描述的。然而我们以前都是用位置表达式而不是速度表达式来表示位置约束，在大多数情况下，将位置约束定义为“速度为零”的约束可能更为简单。同样，可以通过在坐标系$\{C\}$中描述的施加在末端执行器上的力-力矩分量$\mathcal{F}$来定义力约束。注意，这里所说的位置约束是指位置约束或姿态约束，而力约束是指力约束或力矩约束。自然约束这一名词是指这些约束是在特定的接触条件下自然形成的，它们与期望的预先规定操作臂运动无关。

附加约束，又称为**人工约束**，是按照自然约束确定的期望运动或施加的力来定义的。即每当用户给定了一个位置或力的期望轨迹，就定义一个人工约束。这些约束也会出现在广义约束表面的切向或法向，但是，与自然约束不同，人工力约束定义为沿表面的法向，人工位置约束沿表面的切向，这样就保证了与自然约束的一致性。

354

图 11-2 所示为两种任务的自然约束和人工约束。在图 11-2 中，α_1是手柄旋转的速度，α_2是螺丝刀旋转的速度。注意，当给定自然位置约束在坐标系$\{C\}$中的自由度时，也应给定人工力约束，反之亦然。在任意瞬时，通过控制约束坐标系中的给定自由度以满足位置约束或力约束。

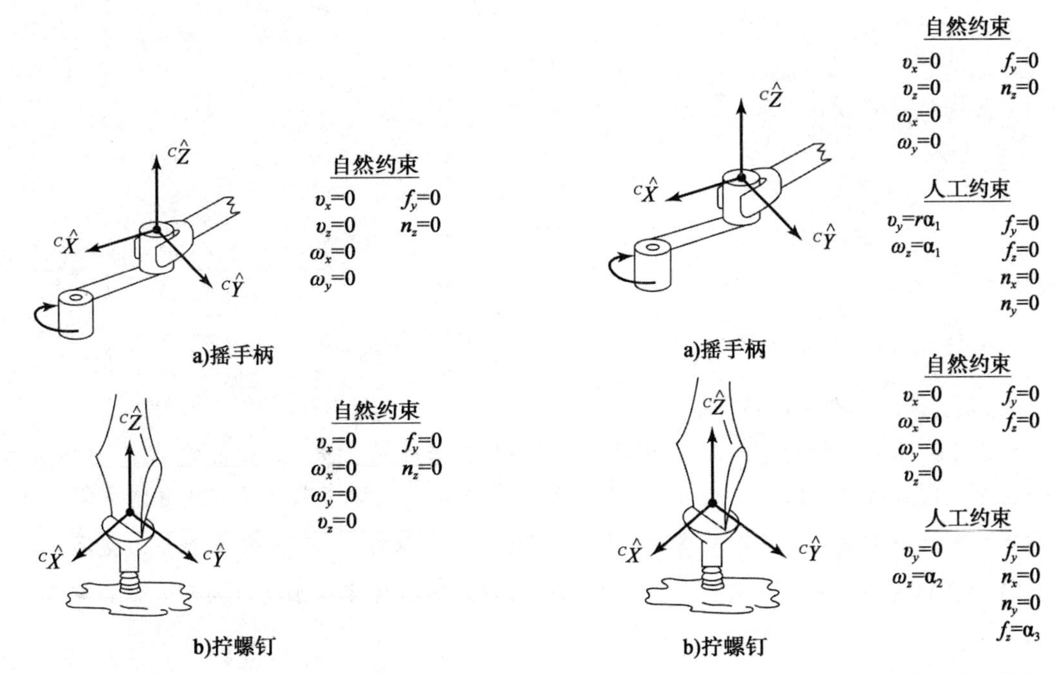

图 11-1　两个不同任务的自然约束　　图 11-2　两种任务的自然约束和人工约束

装配策略是指一个事先规划好的人工约束序列，按这个序列实现预期的任务。这种策略必须包含一些检测手段，使系统能够检测接触状态的变化，以便跟踪自然约束的变化。对于自然约束的每一个变化，从装配策略集中重新调用一个新的人工约束集，并由控制系统实施。为给定的装配任务自动选择约束的方法有待进一步研究。在本章中，为了确定自然约束，假设已对任务进行了分析，并且编程人员已经确定了一个控制操作臂的**装配策略**。

注意，在任务分析时通常忽略接触表面之间的摩擦力。这个假设仍能满足装配策略问题，事实上，许多种工况下的装配策略都是按这个假设制定的。通常选择位置控制的方向作为滑动摩擦力的作用方向，因此可将滑动摩擦力看作位置伺服的扰动，并通过控制系统进行抑制。

例 11.1 图 11-3a～图 11-3d 所示为一个装配序列，用于将一个销钉插入一个圆孔中。销钉向下运动到孔左侧的表面，接着沿表面滑动直至进入孔中，然后插入销钉直到孔的底部，此时装配任务完成。将上述 4 个动作的每一个都定义为一个子任务。对于每一个子任务，给定自然约束和人工约束。同时按照系统检测到的自然约束的变化进行操作。

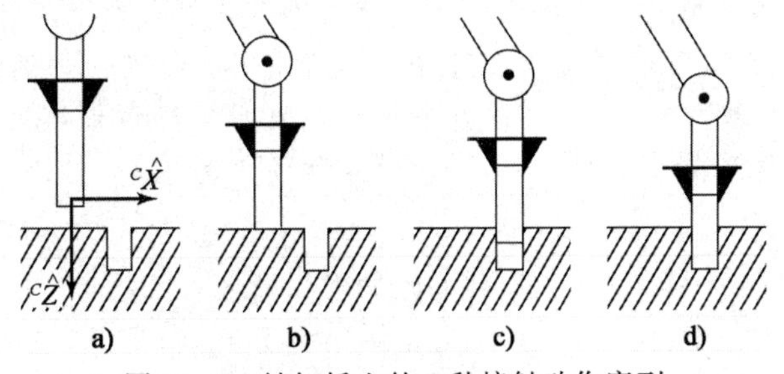

图 11-3　销钉插入的 4 种接触动作序列

如图 11-3a 所示，首先将约束坐标系固连于销钉上。在图 11-3a 中，销钉位于自由空

间，因此自然约束为

355

$$^{C}\mathcal{F}=0 \tag{11.1}$$

因此在这种情况下，人工约束构成了整个位置运动轨迹，使销钉沿$^{C}\hat{Z}$ 方向接近表面。例如

$$^{C}\upsilon=\begin{bmatrix}0\\0\\\upsilon_{\text{approach}}\\0\\0\\0\end{bmatrix} \tag{11.2}$$

式中 $\upsilon_{\text{approach}}$ 为接近表面的速度。

在图 11-3b 中，销钉已经达到表面。为检测销钉接触到了表面，需要检测$^{C}\hat{Z}$ 方向的力。当所检测到的力超过了阈值，则认为销钉接触到了表面，同时表明在新的接触情况下生成了一种新的自然约束集。假设接触情况如图 11-3b 所示，销钉在$^{C}\hat{Z}$ 方向不能自由移动，也不能绕$^{C}\hat{X}$ 或$^{C}\hat{Y}$ 轴自由转动。在另外三个自由度方向，不能任意施加力，因此自然约束为

$$\begin{aligned}^{C}\upsilon_{z}&=0\\^{C}\omega_{x}&=0\\^{C}\omega_{y}&=0\\^{C}f_{x}&=0\\^{C}f_{y}&=0\\^{C}n_{z}&=0\end{aligned} \tag{11.3}$$

人工约束描述了这个滑移装配策略是在$^{C}\hat{X}$ 方向沿表面的滑动，同时施加一个小的力来维持接触。因此有

$$\begin{aligned}^{C}\upsilon_{x}&=\upsilon_{\text{slide}}\\^{C}\upsilon_{y}&=0\\^{C}\omega_{z}&=0\\^{C}f_{z}&=f_{\text{contact}}\\^{C}n_{x}&=0\\^{C}n_{y}&=0\end{aligned} \tag{11.4}$$

式中，f_{contact} 为销钉滑移时作用于表面的法向力，υ_{slide} 为沿表面的滑移速度。

在图 11-3c 中，销钉已经慢慢进入孔中。这时检测$^{C}\hat{Z}$ 方向的速度，待超过某一阈值(在理想情况下变为非零)。当检测到这种情况时，表明自然约束再次改变了，为此必须再一次改变装配策略(嵌入在人工约束中)。新的自然约束为

356

$$\begin{aligned}^{C}\upsilon_{x}&=0\\^{C}\upsilon_{y}&=0\\^{C}\omega_{x}&=0\\^{C}\omega_{y}&=0\\^{C}f_{x}&=0\end{aligned} \tag{11.5}$$

$$^{C}n_{z}=0$$

我们选择的人工约束为

$$\begin{aligned}
^{C}\upsilon_{z}&=\upsilon_{\text{insert}}\\
^{C}\omega_{z}&=0\\
^{C}f_{x}&=0\\
^{C}f_{y}&=0\\
^{C}n_{x}&=0\\
^{C}n_{y}&=0
\end{aligned}\tag{11.6}$$

式中，υ_{insert}为销钉向孔中插入的速度。最后，当$^{C}\hat{Z}$ 方向的力超过某一阈值时，检测到的系统状态如图 11-3d 所示。

注意，大多是通过检测位置或不受控制的力来检测自然约束的变化。例如，检测从图 11-3b 到图 11-3c 的变化，当控制$^{C}\hat{Z}$ 方向的力时，可以监测$^{C}\hat{Z}$ 方向的速度。为了发现何时销钉已经触到孔的底部，虽然控制的是$^{C}\upsilon_{z}$，而监测的是$^{C}f_{z}$。

我们已对坐标系做了一些简化。更为一般和严格的方法是将任务“分离”为位置控制和力控制两部分，可参见文献[19]

确定更为复杂的零件的装配策略是相当复杂的。我们已经忽略了简化任务分析中不确定因素的影响。考虑不确定因素影响及实际应用的自动规划系统的开发已成为一个研究课题[4-8]。若想对这些方法进行更详细地了解，请参阅文献[9]。

11.4 力/位混合控制问题

图 11-4 显示接触状态的两个极端情况。在图 11-4a 中，操作臂在自由空间移动。在这种情况下，自然约束都是力约束——没有相互作用力，因此所有的约束力都为零。[⊖] 具有 6 自由度的操作臂可以在 6 个自由度方向上运动，但是不能在任何方向上施加力。图 11-4b 所示操作臂末端执行器黏在墙面运动的极端情况。在这种情况下，因为操作臂不能自由改变位置，因此它有 6 个自然位置约束。然而，操作臂可以在这 6 个自由度上对目标自由施加力和力矩。

357

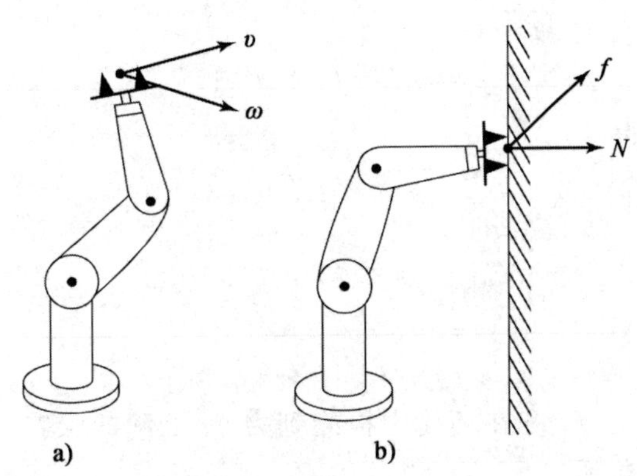

图 11-4 接触状态的两个极端情况。左边的操作臂在自由空间中运动，不存在接触面。右边的操作臂黏在墙面，不存在自由运动

在第 9 章和第 10 章研究了应用于图 11-4a 所示情况的位置控制问题。图 11-4b 中的

⊖ 切记，我们这里关心的是末端执行器和环境之间的接触力，而非惯性力。

情况在实际中并不经常出现，多数情况是需要在部分约束任务环境中进行力控制，即系统的某些自由度需要进行位置控制，而另一些自由度需要进行力控制。这样，在本章中我们主要讨论力/位混合控制方法。

对于力/位混合控制器必须解决以下三个问题：

1)沿有自然力约束的方向进行位置控制。

2)沿有自然位置约束的方向进行力控制。

3)沿任意坐标系{C}的正交自由度方向进行任意位置和力的混合控制。

11.5 质量-弹簧系统的力控制

358

在第 9 章中，我们从非常简单的单一质量块控制问题开始研究位置控制问题。在第 10 章，我们将这种方法应用于一个操作臂模型，即控制整个操作臂的问题等价于控制 n 个独立的集中质量(对于具有 n 个关节的操作臂来说)。同样，我们通过控制施加到简单的单一自由度系统的力来研究力控制问题。

考虑存在接触力的情况，我们必须建立某种环境作用模型。为了建立这个概念，使用一种非常简单的被控物体和环境之间的相互作用模型。将与环境的接触模型看作一个弹簧，即假设系统是刚性的，而环境具有刚度 k_e。

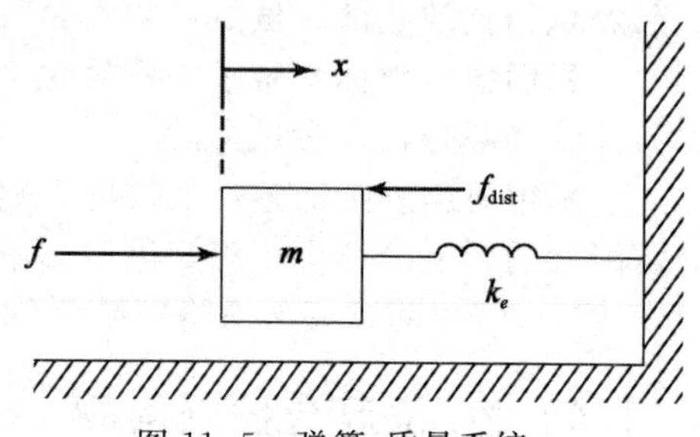

图 11-5 弹簧-质量系统

考虑图 11-5 所示的质量-弹簧系统的控制问题。同时将未知干扰力 f_{dist} 考虑在内，它可能是未知模型的摩擦力，或操作臂传动齿轮的啮合损耗。要控制的变量为作用于环境的力 f_e，它是施加在弹簧上的力：

$$f_e = k_e x \tag{11.7}$$

描述这个物理系统的方程为

$$f = m\ddot{x} + k_e x + f_{\text{dist}} \tag{11.8}$$

或者写为需要控制的变量 f_e 的形式

$$f = mk_e^{-1}\ddot{f}_e + f_e + f_{\text{dist}} \tag{11.9}$$

采用控制器分解方法，取

$$\alpha = mk_e^{-1}$$

和

$$\beta = f_e + f_{\text{dist}}$$

得到控制规律

359

$$f = mk_e^{-1}[\ddot{f}_d + k_{vf}\dot{e}_f + k_{pf}e_f] + f_e + f_{\text{dist}} \tag{11.10}$$

式中 $e_f = f_d - f_e$ 为期望力 f_d 和在环境中检测到力 f_e 之间的误差。如果能计算式(11.10)，则可以得到如下的闭环系统

$$\ddot{e}_f + k_{vf}\dot{e}_f + k_{pf}e_f = 0 \tag{11.11}$$

然而，在控制律中 f_{dist} 是未知的，因此式(11.10)不可解。我们可以在控制规律中舍去这一项，但是由稳态分析表明，还有更好的解决方法，尤其是当环境刚性 k_e 很高时(通常情况下)。

如果选择在控制律中舍去 f_{dist} 这一项，则令式(11.9)与式(11.10)相等，并且在稳态

分析中令对时间的各阶导数为零，可得

$$e_f = \frac{f_{\text{dist}}}{\alpha} \tag{11.12}$$

式中，$\alpha = mk_e^{-1}k_{pf}$ 为有效力反馈增益。然而，在式(11.10)中用 f_d 代替 $f_e + f_{\text{dist}}$，则稳态误差为

$$e_f = \frac{f_{\text{dist}}}{1+\alpha} \tag{11.13}$$

一般情况下环境是刚性的，α 可能很小，因此由式(11.13)计算稳态误差远优于式(11.12)。因此，推荐控制规律如下

$$f = mk_e^{-1}[\ddot{f}_d + k_{vf}\dot{e}_f + k_{pf}e_f] + f_d \tag{11.14}$$

图 11-6 为采用控制律(11.14)的闭环系统结构框图。

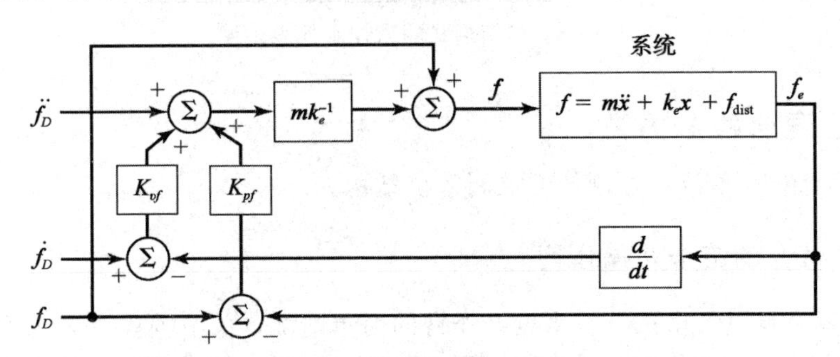

图 11-6 质量-弹簧系统的力控制系统

通常，对于力伺服控制来说，实际情况与图 11-6 中描述的理想情况有些不同。首先，力轨迹通常为常数，即通常希望将接触力控制为某一常数值，而很少把它设置为任意的时间函数。因此，控制系统的输入 $\dot{f}_d$ 和 $\ddot{f}_d$ 通常恒设为零。另一种实际情况是检测到的力"噪声"很大，因此用数值微分计算 $\dot{f}_d$ 是不可行的。然而，$f_e = k_e x$，因此可以求作用于环境上的力的微分 $\dot{f}_e = k_e \dot{x}$。这样做非常实际，因为大多数操作臂都可以测量速度，技术是成熟的。做出这两个实际选择之后，可以将控制规律写为

360

$$f = m[k_{pf}k_e^{-1}e_f - k_{vf}\dot{x}] + f_d \tag{11.15}$$

对应的结构图如图 11-7 所示。

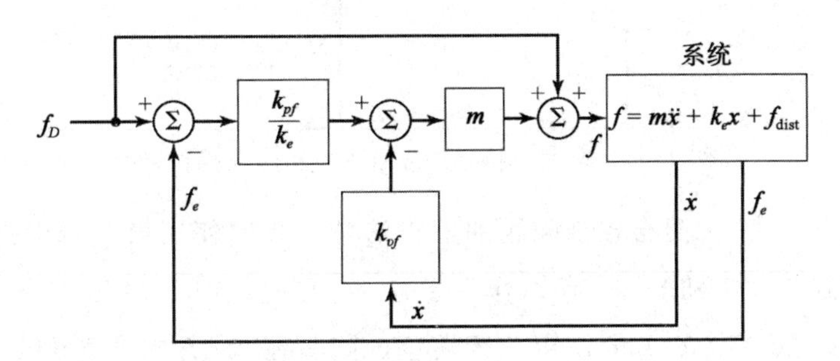

图 11-7 实际的质量-弹簧系统的力控制系统

注意，图 11-7 所示系统表明，对于具有增益 k_{vf} 的内部速度环，力误差生成了一个设定值。某些力控制规律也包含积分项以提高系统的稳态性能。

最后一个重要问题就是控制规律中的环境的刚度 k_e 常是未知的和时变的。然而，由

于机器人经常装配刚性零件，因此可以认为 k_e 很大。通常进行这种假设，并要考虑在 k_e 变化时选择增益使系统应是鲁棒的。

构造控制接触力的控制规律，目的是提出一个系统的假设结构并从中发现一些问题。在本章的剩余部分，我们将简单假设这样的力控制伺服系统是成立的，并将其抽象为如图 11-8 所示的黑箱。实际中，建立一个高性能的力伺服系统是不容易的，目前这是一个非常活跃的研究领域[11-14]。有关这方面的详细介绍，请参阅文献[15]。

361

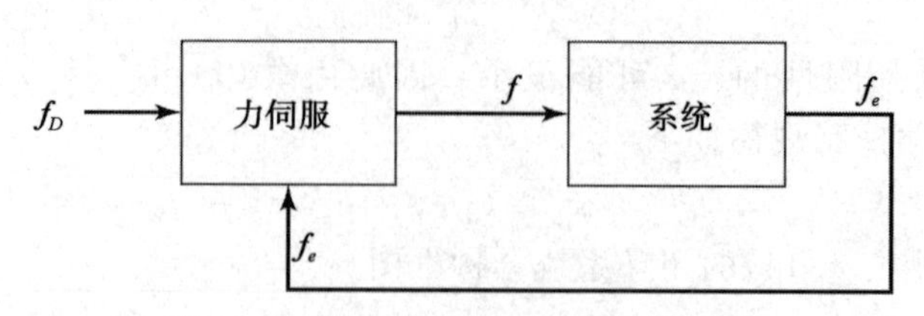

图 11-8 黑箱形式的力控制伺服系统

11.6 力/位混合控制方法

在本节中介绍力/位混合控制器的控制系统结构。

与坐标系{C}对齐的笛卡儿操作臂

首先考虑具有移动关节的 3 自由度操作臂的简单情况，关节轴线沿 $\hat{Z}$、$\hat{Y}$ 和 $\hat{X}$ 方向。为简单起见，假设每一连杆的质量为 m，滑动摩擦力为零。假设关节运动方向与约束坐标系{C}的轴线方向一致。末端执行器与刚性为 k_e 的表面接触，${}^C\hat{Y}$ 垂直于接触表面。因此，在该方向需要力控制，而在 ${}^C\hat{X}$、${}^C\hat{Z}$ 方向进行位置控制(见图 11-9)。

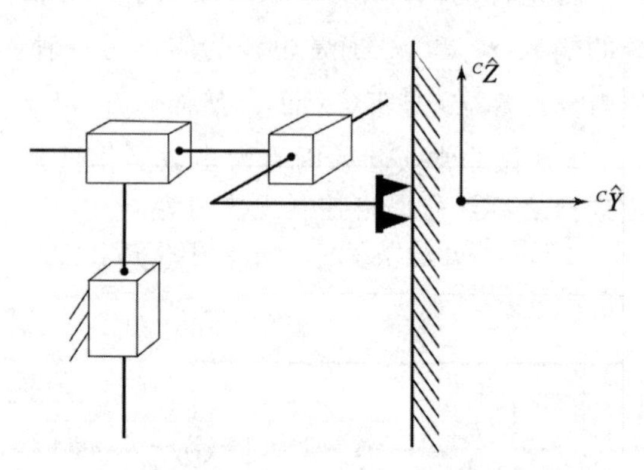

362

图 11-9 与墙面接触的三自由度笛卡儿操作臂

在这种情况下，力/位混合控制问题的解很清楚。我们使用第 9 章中提出的单位质量位置控制器来控制关节 1 和 3。关节 2(作用于 $\hat{Y}$ 方向)应使用 11.4 节中介绍的力控制器进行控制。于是可以在 ${}^C\hat{X}$、${}^C\hat{Z}$ 方向设定位置轨迹，同时在 ${}^C\hat{Y}$ 方向独立设定力轨迹(可能只是一个常数)。

如果希望将约束表面的法线方向转变为沿 $\hat{X}$ 向或 $\hat{Z}$ 向，则可以按如下方法对笛卡儿操作臂控制系统稍加扩展：构建这个控制器，使它可以实现 3 个自由度的全部位置控制，同时也可以实现 3 个自由度的力控制。当然，不能同时满足这 6 个约束的控制——因而需要设定一些工作模式来指明在任一给定时刻应实施哪一种控制方式。

在图 11-10 所示的控制器中，同时用位置控制器和力控制器控制简单笛卡儿操作臂的三个关节。引入矩阵 S 和 S' 来确定应采用哪种控制模式——位置或力——去控制笛卡儿操作臂的每一个关节。S 矩阵为对角阵，对角线上的元素为 1 和 0。对于位置控制，S 中元素为 1 的位置在 S' 中对应的元素为 0；对于力控制，S 中元素为 0 的位置在 S' 中对应的元素为 1。因此，矩阵 S 和 S' 相当于一个互锁开关，用于设定 $\{C\}$ 中每一个自由度的控制模式。按照 S 的规定，系统中总有 3 个轨迹分量受到控制，而位置控制和力控制之间的组合是任意的。另外 3 个期望轨迹分量和相应的伺服误差应被忽略。也就是说，当一个给定的自由度受到力控制时，那么这个自由度上的位置误差被忽略。

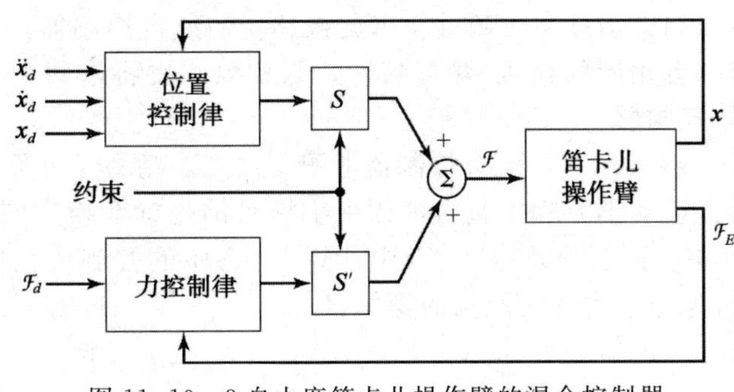

图 11-10　3 自由度笛卡儿操作臂的混合控制器

363

例 11.2 如图 11-9 所示，${}^C\hat{Y}$ 方向的运动受到作用表面的约束，求矩阵 S 和 S'。

由于 $\hat{X}$ 和 $\hat{Z}$ 方向的分量受到位置控制，所以在矩阵 S 中对应于这两个分量的位置上输入 1。在这两个方向上具有位置伺服，操作臂在这两个方向上受到输入轨迹的控制。$\hat{Y}$ 方向输入的位置轨迹将被忽略。矩阵 S' 对角线方向上的 0 和 1 元素与矩阵 S 相反。因此，有

$$S=\begin{bmatrix}1&0&0\\0&0&0\\0&0&1\end{bmatrix}$$

$$S'=\begin{bmatrix}0&0&0\\0&1&0\\0&0&0\end{bmatrix} \tag{11.16}$$

图 11-10 所示的混合控制器是关节轴线与约束坐标系 $\{C\}$ 完全重合的情况。在下一小节中，我们将前面章节研究的方法推广到一般操作臂的控制器中，且对于任意 $\{C\}$ 都适用。然而，在理想情况下，操作臂好像有一个与 $\{C\}$ 中的每一自由度都重合的驱动器。

一般操作臂的控制

将图 11-10 所示的混合控制器推广到一般操作臂以便可以直接应用基于直角坐标系的控制方法。第 6 章讨论了如何根据末端执行器的直角坐标运动写出操作臂的运动方程，第 10 章给出了如何应用这个公式进行解耦的操作臂直角坐标位置控制。这个基本思想是通过使用笛卡儿空间的动力学模型，可以把实际操作臂的组合系统和计算模型变换为一系列独立的、解耦的单位质量系统。一旦完成解耦和线性化，我们就可以应用 11.4 节中介绍的简单伺服方法。

图 11-11 所示为在笛卡儿空间中基于操作臂动力学公式的计算方法，使操作臂呈现为

一系列解耦的单位质量系统。为了用于混合控制方案，笛卡儿动力学方程和雅可比矩阵都应在约束坐标系{C}中描述。同样，运动学方程也应相对于约束坐标系{C}进行计算。

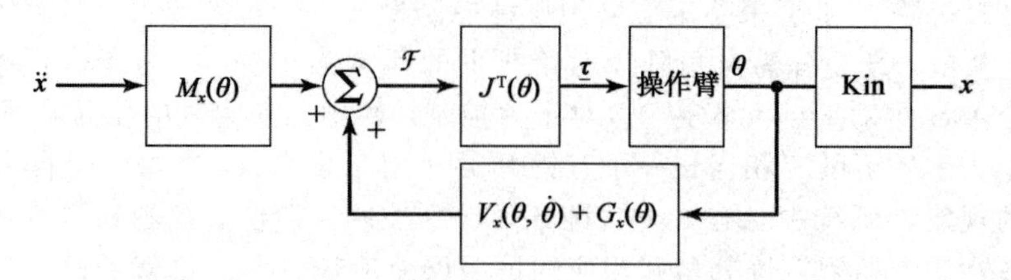

图 11-11 第 10 章中介绍的笛卡儿解耦方法

由于已经设计了与约束坐标系一致的笛卡儿操作臂的混合控制器，并且因为用笛卡儿解耦方法建立的系统具有相同的输入-输出特性，因此只需要将这两个条件结合来就可以生成一般的力/位混合控制器。

364

图 11-12 是一个一般操作臂的混合控制器框图。注意，动力学方程以及雅可比矩阵均在约束坐标系中描述。运动学方程中包含了约束坐标系的坐标变换，同样，检测的力也要变换到约束坐标系{C}中。伺服误差应在{C}中计算，{C}中的控制模型通过适当选择 S 来设定。[⊖]图 11-13 所示为受上述系统控制的操作臂。

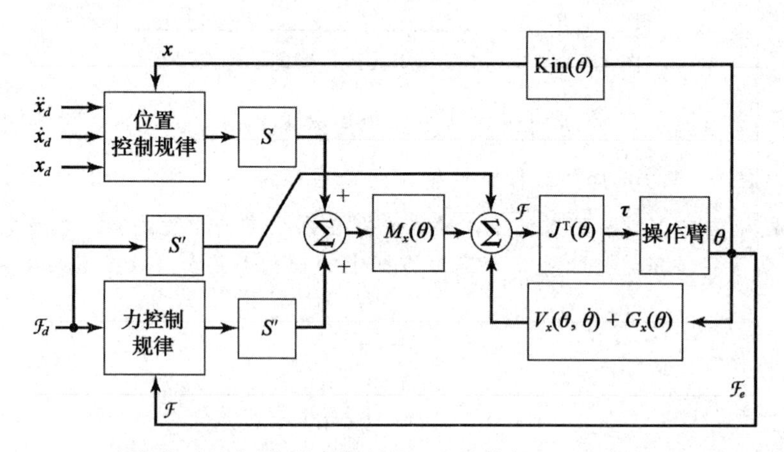

365

图 11-12 一般操作臂的力/位混合控制器。为简单起见，没有表示出速度反馈环

附加可变刚度

对一个自由度进行严格的位置或力控制是在伺服刚度频谱的高端和低端进行控制的。理想的位置伺服刚度为无穷大，可抑制所有作用于系统的干扰力。相反，理想的力伺服刚性为零，可保持期望的作用力，不受位置变化的干扰。控制末端执行器的特性为有限刚度而不是零或无穷大。总之，是希望控制末端执行器的**机械阻抗**[14,16,17]。

在接触分析中，我们已经假设环境的刚度很大。当与刚性环境接触时，可使用零刚度力控制。当与零刚度环境接触时(在自由空间运动)时，可使用高刚度位置控制。因此，控制末端执行器的刚度可用控制局部环境的刚度代替，这可能是一个较好的方法。因此，在操作塑性零件或弹性零件时，希望设定伺服刚度为有限值而不是零或无穷大。

⊖ 在文献[10]中已将本章中介绍的基本方法推广到沿相关任务方向的分解控制模型中。

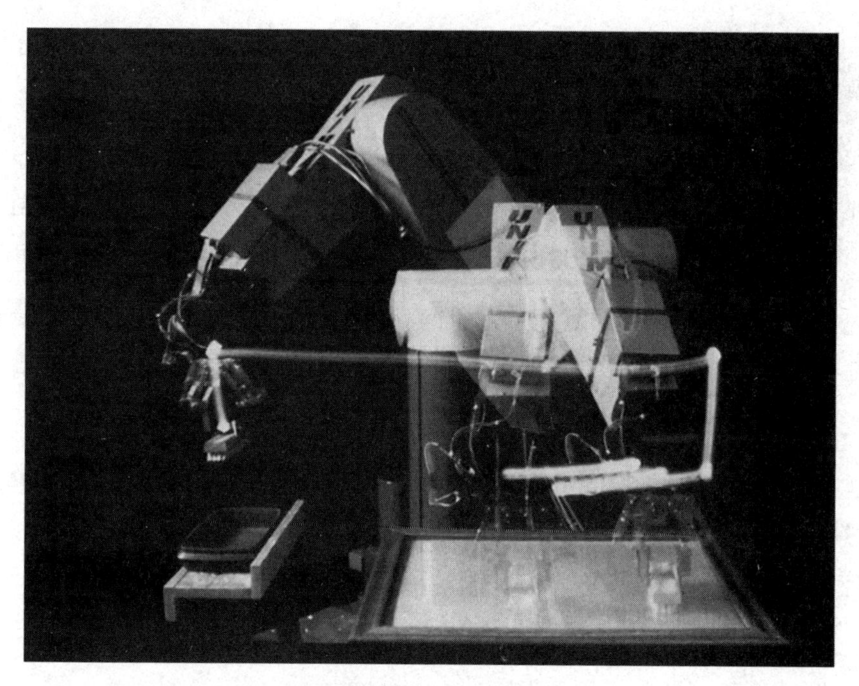

图 11-13 斯坦福大学的 O. Khatib 开发的由 COMOS 系统控制的 PUMA 560 擦窗操作臂。这些实验使用力传感手指和类似于图 11-12[10] 的控制结构，照片经 O. Khatib 授权

在混合控制器中，可以简单地采用位置控制以及降低$\{C\}$中相应自由度的位置增益进行控制。通常，如果这样做，还应降低相应的速度增益，使这个方向的自由度保持在临界阻尼状态。在$\{C\}$中这个自由度的位置伺服应具有改变位置增益和速度增益的能力，使力/位混合控制器对于末端执行器产生一个广义的机械阻抗[17]。然而，在实际情况中，遇到的都是刚性零件间的相互作用问题，因此需要进行纯位置控制或纯力控制。 366

11.7 当前工业机器人控制方法

目前，真正的力控制(例如本章中介绍的力/位混合控制器)并未应用在工业机器人中。这是因为在实际应用中还存在许多问题，如需要进行大量的计算、缺少动力学模型的精确参数、缺少可靠耐用的力传感器以及用户在确定力/位控制方法时出现的困难和负担。

被动柔顺性

一个刚度很高的操作臂，同时具有很高的位置伺服刚度，那么它并不适于完成零件相互接触并产生接触力的任务。因为在这种情况下，零件常会卡住或破坏。从早期将操作臂用于装配的实验开始，人们就开始认识到，机器人有时可以执行这样的操作，那是由于零件、夹具或操作臂自身存在一定的柔性。一般情况下，系统的一个或多个部件存在一定的“柔性”使得机器人的装配操作能够成功。

据此，可以在系统设计时专门设计一种柔顺装置。这种装置最成功的例子是 Draper 实验室开发的 RCC，即*柔顺中心*[18]。RCC 被巧妙地设计用来产生一种“合适”的柔顺性，可以保证平滑、迅速地完成某些装配任务而不发生或很少发生卡住的现象。RCC 实际上是一个具有 6 自由度的弹簧，它安装在操作臂的手腕和末端执行器之间。通过调节 6 个弹簧的刚度，可以获得不同大小的柔顺性。这种方法称作**被动柔顺**方法，并被用于某些工业机器人的操作任务中。

通过降低位置增益获得柔顺性

另一种方法可以代替被动柔顺方法，这种方法通过调节位置控制系统的增益来改变操作臂的总体刚度。一些工业机器人采用这种方法，例如磨削加工。磨削时需要保持表面接触但却不需要精确的力控制。

Salisbury 提出了一种独特有趣的方法[16]。他的方法是在基于关节的伺服系统中，通过改变位置增益使末端执行器沿笛卡儿自由度方向具有一定的刚度。考虑一个普通的具有 6 自由度的弹簧，它的作用力可以描述为

367

$$\mathcal{F} = K_{px}\delta\chi \tag{11.17}$$

式中 K_{px} 是一个 6×6 的对角阵，对角线上前三个元素是移动刚度，后三个元素是转动刚度。如何使操作臂的末端执行器表现出这种刚度特性呢？

根据操作臂雅可比矩阵的定义，有

$$\delta\chi = J(\Theta)\delta\Theta \tag{11.18}$$

结合式(11.17)得到

$$\mathcal{F} = K_{px}J(\Theta)\delta\Theta \tag{11.19}$$

根据静力平衡原理，有

$$\tau = J^{\mathrm{T}}(\Theta)\,\mathcal{F} \tag{11.20}$$

联立式(11.19)得到

$$\tau = J^{\mathrm{T}}(\Theta)K_{px}J(\Theta)\delta\Theta \tag{11.21}$$

这里，雅可比矩阵通常在工具坐标系中写出。方程(11.21)表示关节力矩是关节角微小变化 $\delta\Theta$ 的函数，使得操作臂末端执行器像一个 6 自由度笛卡儿弹簧一样。

一个简单的基于关节的位置控制器可以使用如下控制规律

$$\tau = K_pE + K_v\dot{E} \tag{11.22}$$

式中 K_p 和 K_v 是常量对角增益矩阵，E 为由 $\Theta_d - \Theta$ 定义的伺服误差。Salisbury 建议使用下式

$$\tau = J^{\mathrm{T}}(\Theta)K_{px}J(\Theta)E + K_v\dot{E} \tag{11.23}$$

式中 K_{px} 为笛卡儿空间中末端执行器的期望刚度。对于一个具有 6 自由度的操作臂，K_{px} 是一个对角矩阵，对角线上的元素分别表示末端执行器的 3 个移动刚度和 3 个旋转刚度。实际上，通过使用雅可比矩阵，可以将笛卡儿刚度变换为关节空间刚度。

力觉

力觉使操作臂能够检测到与表面的接触，并使用力检测来完成某些动作。例如，**运动监控**有时表示这种控制策略：在检测到力以前以位置控制方式运动，检测到力之后停止运动。此外，力觉还可以用于检测操作臂举起物体的重量，例如可以用于在零件抓持操作中简单检测抓持零件需要的或适当的抓持力。

368

某些产品化的机器人开始在末端执行器配备力传感器，这些机器人可以通过编程使操作力超过阈值时停止运动或执行其他运动，有些机器人可以通过编程检测末端执行器抓取物体的重量。

参考文献

[1] M. Mason, "Compliance and Force Control for Computer Controlled Manipulators," M.S. Thesis, MIT AI Laboratory, May 1978.

[2] J. Craig and M. Raibert, "A Systematic Method for Hybrid Position/Force Control of a Manipulator," *Proceedings of the 1979 IEEE Computer Software Applications Conference*, Chicago, November 1979.

[3] M. Raibert and J. Craig, "Hybrid Position/Force Control of Manipulators," *ASME Journal of Dynamic Systems, Measurement, and Control*, June 1981.

[4] T. Lozano-Perez, M. Mason, and R. Taylor, "Automatic Synthesis of Fine-Motion Strategies for Robots," 1st International Symposium of Robotics Research, Bretton Woods, NH, August 1983.

[5] M. Mason, "Automatic Planning of Fine Motions: Correctness and Completeness," IEEE International Conference on Robotics, Atlanta, March 1984.

[6] M. Erdmann, "Using Backprojections for the Fine Motion Planning with Uncertainty," *The International Journal of Robotics Research*, Vol. 5, No. 1, 1986.

[7] S. Buckley, "Planning and Teaching Compliant Motion Strategies," Ph.D. Dissertation, Department of Electrical Engineering and Computer Science, MIT, January 1986.

[8] B. Donald, "Error Detection and Recovery for Robot Motion Planning with Uncertainty," Ph.D. Dissertation, Department of Electrical Engineering and Computer Science, MIT, July 1987.

[9] J.C. Latombe, "Motion Planning with Uncertainty: On the Preimage Backchaining Approach," *The Robotics Review*, O. Khatib, J. Craig, and T. Lozano-Perez, Editors, MIT Press, Cambridge, MA, 1988.

[10] O. Khatib, "A Unified Approach for Motion and Force Control of Robot Manipulators: The Operational Space Formulation," *IEEE Journal of Robotics and Automation*, Vol. RA-3, No. 1, 1987.

[11] D. Whitney, "Force Feedback Control of Manipulator Fine Motions," *Proceedings of the Joint Automatic Control Conference*, San Francisco, 1976.

[12] S. Eppinger and W. Seering, "Understanding Bandwidth Limitations in Robot Force Control," *Proceedings of the IEEE Conference on Robotics and Automation*, Raleigh, NC, 1987.

[13] W. Townsend and J.K. Salisbury, "The Effect of Coulomb Friction and Stiction on Force Control," *Proceedings of the IEEE Conference on Robotics and Automation*, Raleigh, NC, 1987.

[14] N. Hogan, "Stable Execution of Contact Tasks Using Impedance Control," *Proceedings of the IEEE Conference on Robotics and Automation*, Raleigh, NC, 1987.

[15] N. Hogan and E. Colgate, "Stability Problems in Contact Tasks," *The Robotics Review*, O. Khatib, J. Craig, and T. Lozano-Perez, Editors, MIT Press, Cambridge, MA, 1988.

[16] J.K. Salisbury, "Active Stiffness Control of a Manipulator in Cartesian Coordinates," 19th IEEE Conference on Decision and Control, December 1980.

369

[17] J.K. Salisbury and J. Craig, "Articulated Hands: Force Control and Kinematic Issues," *International Journal of Robotics Research*, Vol. 1, No. 1.

[18] S. Drake, "Using Compliance in Lieu of Sensory Feedback for Automatic Assembly," Ph.D. Thesis, Mechanical Engineering Department, MIT, September 1977.

[19] R. Featherstone, S.S. Thiebaut, and O. Khatib, "A General Contact Model for Dynamically-Decoupled Force/Motion Control," *Proceedings of the IEEE Conference on Robotics and Automation*, Detroit, 1999.

习题

11.1 [12]将方形截面的销钉插入一个方孔中，给出自然约束表达式。用简图表示约束坐标系$\{C\}$的定义。

11.2 [10]给出习题11.1中使方形销钉插入孔中而不被卡住的人为约束(例如，轨迹)。

11.3 [20]将式(11.14)表示的控制规律用于式(11.9)给出的系统中，证明可以得出如下误差空间方程

$$\ddot{e}_f + k_{vf}\dot{e}_f + (k_{pf} + m^{-1}k_e)e_f = m^{-1}k_e f_{\text{dist}}$$

并且仅当环境刚性 k_e 已知时，才能选择增益使系统达到临界阻尼状态。

11.4 [17]已知

$$ {}^A_BT = \begin{pmatrix} 0.866 & -0.500 & 0.000 & 10.0 \\ 0.500 & 0.866 & 0.000 & 0.0 \\ 0.000 & 0.000 & 1.000 & 5.0 \\ 0 & 0 & 0 & 1 \end{pmatrix} $$

如果坐标系$\{A\}$原点处的力-力矩矢量为

$$ {}^A\upsilon = \begin{pmatrix} 0.0 \\ 2.0 \\ -3.0 \\ 0.0 \\ 0.0 \\ 4.0 \end{pmatrix} $$

求相对于坐标系$\{B\}$原点处的 6×1 力-力矩矢量。

11.5 [17] 已知

$$ {}^A_BT = \begin{pmatrix} 0.866 & 0.500 & 0.000 & 10.0 \\ -0.500 & 0.866 & 0.000 & 0.0 \\ 0.000 & 0.000 & 1.000 & 5.0 \\ 0 & 0 & 0 & 1 \end{pmatrix} $$

如果坐标系$\{A\}$原点处的力-力矩矢量为

$$ {}^A\upsilon = \begin{pmatrix} 6.0 \\ 6.0 \\ 0.0 \\ 5.0 \\ 0.0 \\ 0.0 \end{pmatrix} $$

370

求相对于坐标系$\{B\}$原点处的 6×1 力-力矩矢量。

11.6 [18]用英语描述如何在拥挤的书架上将一本书插到书间的狭缝中。

11.7 [20]给出用操作臂关闭铰链门这一任务的自然约束和人为约束。可以做出必要的合理假设。用简图表示$\{C\}$的定义。

11.8 [20]给出用操作臂拔掉香槟瓶塞这一任务的自然约束和人为约束。可以做出必要的合理假设。用简图表示$\{C\}$的定义。

11.9 [41]对于 11.7 节中的刚性伺服系统，我们没有说明这个系统是稳定的。假设将式(11.23)作为解耦和线性化操作臂(n 个关节可以看作为单位质量)的伺服部分。证明对于任何负定矩阵 K_v，这个控制器是稳定的。

11.10 [48]对于 11.7 节中的刚性伺服系统，我们没有说明这个系统是稳定的。假设将式(11.23)作为解耦和线性化操作臂(n 个关节可以看作为单位质量)的伺服部分。是否可以设计一个 K_p，它是 Θ 的函数，并使系统在所有位形下处于临界阻尼状态?

11.11 [15]如图 11-14 所示，一个质量块受到地板和墙面的约束。假设该接触状态在整个时间间隔上不变，给出这种情况下的自然约束。

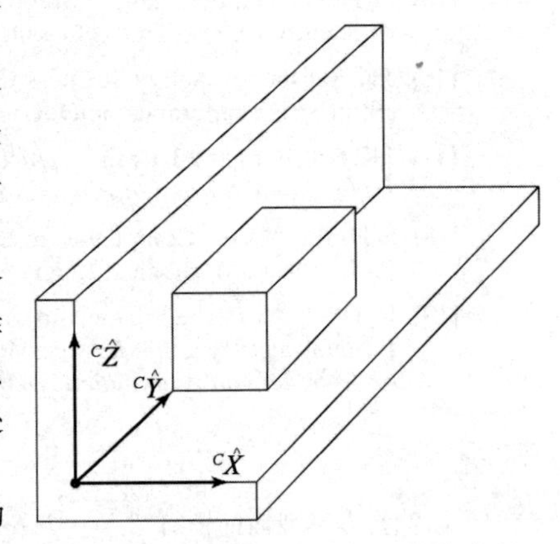

图 11-14 受到地板和墙面的约束的质量块

11.12 [14]禽肉处理任务要求在鸡胸附近切口，将腱一分为二，骨头保持原样。换句话说，刀片要压紧但是又不能过度。如果用机器视觉决定切口和表面法线方向的笛卡儿轨迹，请给出自然约束和人工约束。在草图中画出{C}的定义。

11.13 [17]将螺母拧到螺钉上，刚开始逆时针旋转使得螺母螺旋线的始端与螺钉螺旋线的始端靠近。然后顺时针旋转螺母。在逆时针旋转运动中，螺母被压上螺钉，使得螺旋线始端重合，然后螺母套到螺钉上，这时候才能开始顺时针旋转。对于操作的这些步骤来说，请给出自然约束和人工约束。在草图中画出{C}的定义。 371

11.14 [15]为了摘下苹果，农场工人需要施加一定的平行于茎的方向的拉力，同时还要按照一定的力矩绕茎旋转。假定夹持器是可用的，给出该任务的自然约束和人工约束。在草图中画出{C}的定义。控制器如何检测本次采摘任务结束？

11.15 [17]假定一个圆环被与之同心的圆柱体约束。如果两者的直径相同，请给出自然约束。在草图中画出{C}的定义。

11.16 [15]有人提议用机器人对两种工件进行分类，工件类似于圆柱体，抓其中的一端。一种工件比较长，但是两者的质量相同；两种工件的质心位于轴线的中点上。假设视觉识别是不行的，控制器如何区分被夹持的是哪一种零件？

11.17 [20]假设 $k_e \gg mk_{pf}$，对于式(11.12)和式(11.13)，比较 e_f 对 k_e 的灵敏度。

11.18 [17]已知

$$
{}^{A}_{B}T = \begin{bmatrix} 0.859 & -0.371 & 0.354 & 12.0 \\ 0.245 & 0.903 & 0.354 & 0.0 \\ -0.450 & -0.217 & 0.866 & 5.0 \\ 0 & 0 & 0 & 1 \end{bmatrix}
$$

如果坐标系{A}原点处的力-力矩矢量为

$$
{}^{A}\upsilon = \begin{bmatrix} 0.0 \\ 3.0 \\ -5.0 \\ 2.0 \\ 0.0 \\ 4.0 \end{bmatrix}
$$

求相对于坐标系{B}原点处的 6×1 力-力矩矢量。(原书丢了此名，原书有误——译者注)

11.19 [17]已知

$$
{}^{A}_{B}T = \begin{bmatrix} 0.000 & -1.000 & 0.000 & 19.0 \\ 0.500 & 0.000 & -0.866 & 0.0 \\ 0.866 & 0.000 & 0.500 & 5.0 \\ 0 & 0 & 0 & 1 \end{bmatrix}
$$

如果坐标系{A}原点处的力-力矩矢量为

$$
{}^{A}\upsilon = \begin{bmatrix} 5.0 \\ 5.0 \\ 0.0 \\ 13.0 \\ 1.0 \\ 2.0 \end{bmatrix}
$$

求相对于坐标系{B}原点处的 6×1 力-力矩矢量。

编程练习

对于三关节平面操作臂，使用控制规律(11.23)控制操作臂进行笛卡儿刚度控制。使用在坐标系{3}中描述的雅可比矩阵。 372

操作臂的位置为Θ=(60.0 −90.0 30.0)，并且 K_{px} 具有如下形式：

$$K_{px}=\begin{pmatrix} k_{\text{small}} & 0.0 & 0.0 \\ 0.0 & k_{\text{big}} & 0.0 \\ 0.0 & 0.0 & k_{\text{big}} \end{pmatrix}$$

对系统在下述静态力的情况下进行仿真：

1)作用在坐标系{3}原点的 $\hat{X}_3$ 方向的力为 1N。

2)作用在坐标系{3}原点的 $\hat{Y}_3$ 方向的力为 1N。

373 ~ 374

通过实验求 k_{small} 和 k_{big} 的值，将 k_{big} 作为 $\hat{Y}_3$ 方向的高刚度，将 k_{small} 作为 $\hat{X}_3$ 方向的低刚度。在这两种情况下，系统的稳态偏差是多少？

机器人编程语言及编程系统

12.1 引言

这一章，我们开始讨论用户和工业机器人之间的接口。依靠这种接口，用户便可利用我们在以前章节已经学过的所有基本机构原理和控制算法。

操作臂以及其他可编程自动化装备被应用在要求越来越高的工业场合，因而用户界面的先进性变得非常重要。用户界面的性质受到很大的关注。实际上，这些问题逐渐成为工业机器人设计和应用中的核心问题。

机器人操作臂与专用的自动化装备的区别在于它们的“柔性”，即可编程性。不仅操作臂的运动可编程，而且通过使用传感器以及与其他工厂自动化装备的通信，操作臂能够适应任务进程中的各种变化。

在研究操作臂编程方法时，重要的是要记住它们只是一个自动化过程的一小部分。习惯上用**工作站**描述装备的一个局部集合，这种局部集合包括一个或者更多的操作臂、输送系统、零件喂料器和夹具。在更高的级别中，各工序可以在工厂网络内被相互连接，从而一台中央控制计算机便能够控制工厂的全部流程。因此，在自动化工厂的工作站中，操作臂的编程问题通常在更宽范围的各种互联机器的编程问题中考虑。

与前面11章的内容不同，这一章的内容(以及下一章)具有不断变化的特点，因此难以进行具体介绍。相反，我们只试图提出相关的基本概念，随着工业科技的持续发展，让读者自己去寻找最新的应用实例。

12.2 可编程机器人的三个发展水平

已经有许多种类型的用于机器人编程的用户接口被开发出来。在微机在工业中迅速普及之前，机器人控制器类似于简单的、常用于控制专用的自动化的顺序控制器。现代方法主要体现在计算机编程上，可编程机器人的问题包括了所有面向一般计算机编程的问题，甚至更多。

示教编程

早期的机器人都是通过一种我们称之为**示教**的方法进行编程的，这种方法包括移动机器人到一个期望目标点，并在存储器中将这个位置记录下来，使得顺序控制器可以在再现时读取这个位置。在示教阶段，用户通过手或者通过**示教盒**交互方式来操纵机器人。示教盒是手持的按钮盒，它可以控制每一个操作臂关节或者每一个笛卡儿自由度。这种控制器可以进行调试和分步执行，因此，能够输入包含逻辑功能的简单程序。一些示教盒带有字符显示并且在性能上接近复杂的手持终端。图12-1所示为一个操作者正在使用一个示教盒对一台大型工业机器人进行编程。

动作级机器人编程语言

自从廉价且功能强大的计算机出现以来，这种通过计算机语言编写程序的可编程机器人日益成为主流。通常，这些计算机编程语言的特征是可应用于各种可编程操作臂的问题，因此称为机器人编程语言(Robot Programming Language，RPL)。大多数机器人系统配备了机器人编程语言，但同时也保留了示教盒接口。

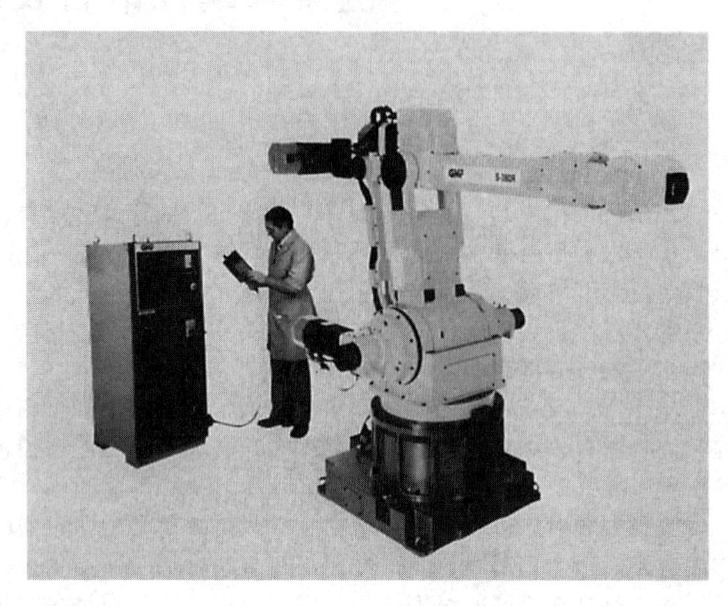

图 12-1　GMF S380 常用于汽车车身的点焊。图中，操作者使用示教盒对操作臂编程。GM-Fanuc 公司授权图片

机器人编程语言已有多种形式。我们将其区分为三种类型：

1)专用操作语言。这类机器人编程语言是随着一种全新的语言开发出来的，虽然这类语言专门用于机器人领域，但有可能成为一种普通的计算机编程语言。例如 Unimation 公司开发的用来控制工业机器人的 VAL 语言[1]。VAL 语言是专门作为一种操作臂控制语言开发的，而作为一种普通的计算机语言，它的功能是相当弱的。例如，它不支持浮点型数据和字符串，并且子程序不能传递变量。更新的版本 V-Ⅱ能够支持上述这些功能[2]。这种语言的当前形式是 V+，它包括了许多新的功能[13]。Stanford 大学开发的 AL 语言也是专用操作语言的一个例子[3]。尽管 AL 编程语言现在已经过时了，但是有些功能在当前的许多语言中仍然不具备(如力控制、并联机构)。因为 AL 语言是在学校环境中开发出来的，因此有许多参考书介绍这种语言[3]。由于上述原因，我们在讨论中仍将继续参考这种语言。

2)计算机语言中的机器人数据库。这种机器人编程语言的开发始于一种流行的计算机语言(例如 Pascal 语言)，并且附加了一个机器人子程序库。这样，用户只要写一段 Pascal 程序就可以根据机器人的专门要求频繁地访问预定义的子程序包。American Cimflex 公司的 AR-BASIC 便是这样一个例子[4]，实际上是一个标准 BASIC 应用程序的子程序库。由 NASA 的喷气机推进实验室开发的 JARS 语言便是这样一种基于 Pascal 语言的机器人编程语言[5]。

3)新型的通用语言的机器人数据库。这种机器人编程语言的开发基于一种新型的通用语言作为编程的基础，然后提供一个预定义的机器人专用的子程序库。由 ABB 机器人公司开发的 RAPID 语言[6]，以及 IBM 公司开发的 AML 语言[7]和 GMF 机器人公司开发的 KAREL 语言[8]都是这种机器人编程语言的例子。

对机器人工作站实际应用程序的研究表明绝大部分语句并不是机器人所特有的[7]，相反，在大多数机器人编程中必须进行初始化、逻辑测试、模块化以及通信等。因此，机器

377

人语言的发展趋势是逐渐远离专用机器人编程语言的开发，而向通用语言开发的方向发展，例如上述的第 2 和第 3 类语言。

任务级编程语言

机器人编程方法的第三个发展阶段具体体现在**任务级编程语言**。这种语言允许用户直接给定期望任务的子目标指令，而不是详细指定机器人的每一个动作细节。与动作级机器人编程语言相比，在这样的系统中，用户能够在更高水平上给出应用程序的指令。任务级机器人编程系统必须拥有自动执行许多任务规划的能力。例如，如果已经发出"抓住螺钉"的指令，系统必须为操作臂规划一个路径，使其避免与周围的任何障碍物碰撞，且必须自动选择合适的抓取螺钉的位置。相反，对于动作级机器人编程语言来说，所有的这些选择都需要编程者来完成。

动作级机器人编程语言与任务级别编程语言之间的区别是非常显著的。虽然对动作级机器人编程语言的不断改善有助于使编程简化，但是不能认为这些改进是一个任务级编程语言的组成部分。真正的操作臂任务级编程语言至今仍不存在，但是它已经成为当今一个活跃的研究课题[9,10]，并在不断的研究中。

12.3 应用实例

图 12-2 所示为一自动化工作站，在一个虚拟的制造过程中完成一个子装配过程。工作站由下述各部分组成：一台在计算机控制下的输送零件的输送机；一部用于给输送机上的零件定位且与视觉系统连接的摄像机；一台配备有腕力传感器的工业机器人(图中为 PUMA 560)；一部位于工作台表面的给操作臂提供零件的喂料器；一台计算机控制的压力机，它能够被机器人加载和卸载工件；一个机器人的盛放装配好零件的货盘。

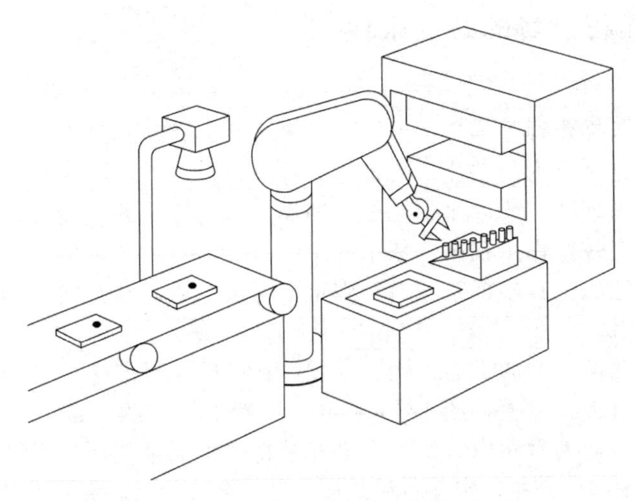

图 12-2 包括工业机器人的自动装配工作站

整个过程在操作臂控制器的控制之下依次进行：

1)给输送机一个启动信号，当视觉系统报告探测到输送机上的支架时，输送机停止运动。

2)视觉系统判断支架在输送机上的位置和姿态，并且对支架进行检测，例如错误的打孔号码。

3)根据视觉系统的输出，操作臂用给定的力抓住支架。检测指尖之间的距离，确保托盘已经被完全抓住。否则，机器人移出装配线，并且重复执行视觉系统的任务。

4)将支架置于工作台表面的一个定位位置。在这个位置，输送机能够获取下一个支架的启动信号，即第1步和第2步能够与之后步骤同时开始。

378

5)从喂料器中抓取一个销子并插入托盘上一个锥形的孔内。力控制用于执行这个插入操作，并简单检查这个操作的完成情况。(如果销子喂料器是空的，将会通知操作者，并且操作臂一直等到操作者重新发出指令再工作。)

6)机器人抓住装配在一起的支架和销子，并放入压力机。

7)压力机得到指令起动，将销子压入托盘，直到压实。加压信号完成，支架被放回夹具进行最终检测。

8)通过力传感器检测销子插入的情况是否适当。操作臂检测作用于销子侧向的反力，并且能够通过几种检测方法检测到销子插入支架的深度。

9)如果判断装配过程正常，机器人便将成品件放入货盘的下一个可用位置。如果货盘已满，会向操作者发出信号。如果装配不符合要求，则将已装配的零件扔到垃圾箱。

10)一旦第2步(在并行操作中较早开始的)完成，转至第3步。

这是当前工业机器人执行任务当中的一个例子。应该了解，想通过“示教”方法来完成这个过程是不可行的。例如，在货盘的操作中，如果必须去示教所有的货盘间隔位置，这是非常费事的。比较可行的方法是只示教一个角点位置，然后根据货盘尺寸计算出其他位置。此外，通过交互过程中的信号指令以及通过使用一般的示教盒或菜单界面去设定并行作业的指令，通常是根本不可能的。实际应用中要求机器人编程语言一定能够描述上述过程(参见习题12.5)。另一方面，对于目前任何任务级编程语言来说，要直接完成这种操作是非常复杂的。通常绝大部分操作必须使用动作级机器人编程语言来完成。因此当我们讨论机器人编程语言的特征时，必须记住这些应用实例。

379

12.4 机器人编程语言的必要条件

世界模型

按定义，机器人操作程序描述的一定是三维空间的移动物体，显然，任何机器人编程语言必须具有描述这种行为的功能。机器人编程语言最基本的要素就是一些专门的**几何类型**。例如，代表一系列关节角、笛卡儿位置和姿态和坐标系的类型。预先定义的操作器可以对这些类型进行有效操作。在第3章中介绍的“标准坐标系”可以作为一种可能的世界模型，所有运动都描述成工具坐标系相对于固定坐标系，通过与几何类型相关的任一表达式可以建立目标坐标系。

给定一种支持几何类型的机器人编程环境，就可以通过定义名义变量对机器人以及其他机器、零件、夹具进行建模。图12-3所示为示例工作站的一部分，在相关任务的位置附加了坐标系。在机器人程序中，每一个坐标系将由坐标系类型的变量表示。

380

在许多机器人编程语言中，定义各种几何类型的名义变量，并在程序中访问它们，这种能力构成了世界模型的基础。注意，物体的实际形状不是世界模型的一部分，并且表面积、体积、质量或者其他特性也是一样。在设计机器人编程系统时，在世界坐标系内能够对物体建模的能力是设计决策的基本依据之一。当前大多数系统只支持前面描述的那些几何模型。

一些世界模型系统允许在名义物体之间进行**关联性**说明[3]，即已知系统中有两个或更多的名义物体已经固联在一起，此时，如果用一条语句移动一个物体，那么任何附在其上的物体也要跟着一同运动。因此，在应用中，一旦销子被插入支架的孔中，将通知系统

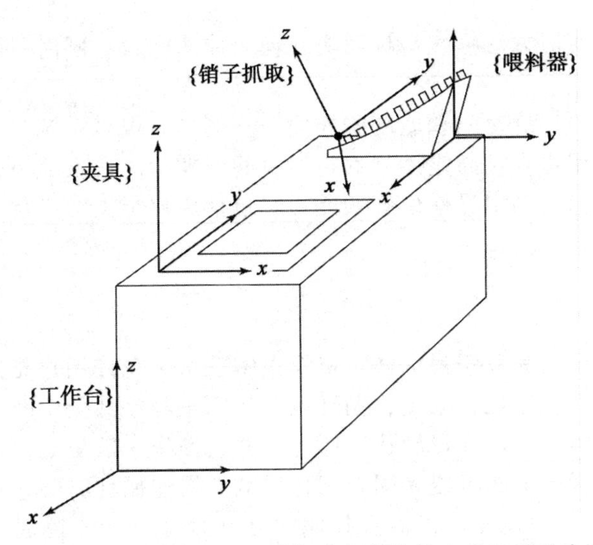

图 12-3　工作站常用一组附加在相关物体上的坐标系建模

(通过一个语句)这两个物体已经被联接在一起。支架随后的运动(“支架”变量坐标值的变化)将对已储存的“销子”变量值进行更新。

在理想情况中，一个世界模型系统将包含许多操作臂必须处理的物体信息和操作臂本身的信息。例如，考虑一个系统，物体在系统中用 CAD 模型描述，通过定义物体的边缘、表面积、体积来描述一个物体的空间形状。系统应用这些有效数据，就能够实现任务级编程系统的许多功能。这些功能将在第 13 章中进一步讨论。

运动描述

机器人编程语言最基本的功能就是可以描述机器人的期望运动。在编程语言中使用运动语句，用户可按照第 7 章中介绍的方法与路径规划器和路径生成器交互。运动语句允许用户指定路径点、目标点以及采用关节插补运动或者笛卡儿空间直线运动。此外，用户可以控制整个运动过程的速度或持续时间。

为了说明各种基本运动的语法，我们以下述操作臂的运动为例：1)操作臂运动到“目标 1”的位置，2)然后沿直线运动到“目标 2”的位置，3)运动通过“路径点 1” 到“目标 3”的位置停止。假定已经对所有这些路径点进行示教或逐句描述，这个程序段可写为：

在 VAL II 语言中

```
move goal1
moves goal2
move via1
move goal3
```

在 AL 语言中(这里控制操作臂“garm”)

```
move garm to goal1;
move garm to goal2 linearly;
move garm to goal3 via via1;
```

381

如上所述，对于简单运动，大多数语言具有相似的语法。如果我们考虑下述特性，可以明显看出不同机器人编程语言之间的基本运动语句的区别：

1)在坐标系、矢量和旋转矩阵等结构化模型上做数学运算的能力。

2)以几种不同的便捷方法描述坐标系等几何实体的能力，同时具有不同描述方法互换的能力。

3)约束特定运动的持续时间和速度的能力——例如，很多系统只允许用户把速度设置成高速，一般不允许用户直接给定期望的持续时间或期望的最大关节速度。

4)相对于不同坐标系确定目标位置的能力，包括用户定义的坐标系和运动中的坐标系(例如在输送机上)。

操作流程

像许多传统的计算机编程语言那样，机器人编程系统允许用户指定操作流程，即通常在机器人编程语言中也有测试、分支、循环以及访问子程序甚至中断等概念。

与许多计算机应用相比，在自动化工序中，并行操作一般更为重要。首先，在一个工序中经常应用两个或者更多的机器人同时工作以减少操作循环时间。即使在单个机器人的应用中，如图12-2所示的情况，机器人控制器必须以并行方式控制工作站中的另一个设备。因此，在机器人编程语言中经常有信号单元和等待单元，有时还会推出更复杂的并行操作结构[3]。

另一个常见的事情是需要用某种传感器去监测各种操作。之后，通过中断或查询，机器人系统应当能够根据传感器的探测信号对某种事件产生响应。一些机器人编程语言能够方便地提供**事件监测**的能力[2,3]。

编程环境

像任何计算机语言一样，良好的编程环境能够提高编程人员的工作效率。对操作臂编程难度较大，需要频繁交互，同时包含大量试验操作。如果用户被迫不断反复进行程序的“编辑－编译－运行”，那么编程效率是很低的。因此，现在大多数机器人编程语言采用解释型语言，以便在程序开发和调试时每次只运行一条语句。有许多语句指令可使实际装置运动，因此，解释语句指令仅需要极短的时间以致可以忽略。典型的编程系统还需要支持文本编辑器、调试器以及文件系统等。

382

传感器融合

机器人编程的一个非常重要的部分就是需要解决与传感器的交互问题。这种系统最少应能够与接触传感器和力传感器通信，以及能够按照 if-then-else 结构使用响应。采用专门的事件监测器在后台检测传感器信号的变化，这个功能是非常有用的。

视觉集成系统允许视觉系统将一个相关物体的坐标发送给操作臂系统。例如，在这个应用实例中，视觉系统能够确定输送带上支架的位置，并将支架相对于摄像机的位置和姿态返回给操作臂控制器。已知相对于固定坐标系的摄像机坐标系，因此能够根据这些信息计算出操作臂的期望目标坐标系。

一些传感器可能是工作站设备的一部分，例如，一些机器人控制器利用附着在传送带上的传感器的输入，使操作臂能够跟踪传送带的运动并通过传送带的运动获得物体的信息[2]。

在第9章中讨论过的，力控制能力的接口能够通过专门语句实现，允许用户指定力控制策略[3]。这种力控制策略是操作臂控制系统必须要集成的部分——机器人编程语言仅作为实现这些能力的接口。利用主动力控制的可编程机器人可能还需要具有其他特殊特征，例如将约束运动中采集到的力数据进行显示的能力[3]。

在支持主动力控制的系统中，期望作用力的描述应成为系统运动描述的一部分。AL语言通过指定 6 个刚度分量(3 个移动刚度和 3 个转动刚度)和一个偏置力，在基本运动单元中描述主动力控制。这样，操作臂的刚度就是可编程的了。为了施加一个力，通常在施力方向将刚度置为零，同时指定一个偏置力，例如

```
move garm to goal
with stiffness=(80, 80, 0, 100, 100, 100)
with force=20*ounces along zhat;
```

12.5 机器人编程语言的特殊问题

近几年的研究虽然有进展，但是机器人编程仍然是个难题。机器人编程包含了所有传统的计算机编程问题，以及因实际情况影响引起的其他困难[12]。

外部实际环境与内部世界模型的关系

机器人编程系统的主要特点就是在计算机内部建立世界模型。即使这个内部世界模型非常简单，然而要保证这个模型与人为建立的实际环境模型相匹配仍然存在很多困难。内部模型与外部实际环境之间的差异会引起机器人抓持物体操作困难或失败，或发生碰撞，以及其他许多问题。

在编程的初始阶段，要建立内部模型与外部实际环境之间的一致性，并保证贯穿于整个程序的执行过程。在编程或调试的初始阶段，一般用户应始终保证在程序中描述的状态与工作站的实际状态是一致的。在许多传统的编程中，只需保存内部变量，重建之前的环境时再将内部变量调出，而机器人编程与之不同，实际物体通常必须重新定位。 383

除了每个物体位置固有的不确定性以外，操作臂的精度都是有限的。装配中的各工步经常要求操作臂的运动精度高于其本身能够达到的精度。仍以销钉插入销孔的操作为例，这里装配间隙小于操作臂的定位精度。然而更为复杂的问题是，通常操作臂的精度在它的工作空间内是变化的。

当物体的准确位置无法确定时，设法对物体的位置信息进行提炼是必要的。这有时能由传感器完成(例如视觉传感器、触觉传感器)或者在约束运动中使用适当的力控制策略。

在操作臂程序的调试中，对程序进行修改、备份以及反复调试是非常必要的。备份可使操作臂和被操作的物体恢复至最初的状态。然而，在实际物体的操作中，即使能够取消一个操作，也并不容易。例如喷涂、铆接、钻孔以及焊接操作，这些操作会引起被操作对象的实际状态发生变化。因此用户需要获得操作对象的一个新的程序副本，代替原来修改的副本。更进一步，在期望的操作能够试验成功之前，对那些未经过反复试验的操作可能需要重新建立适当的操作状态。

程序前后的相关性

自下而上的编程方法是一种编写大型计算机程序的标准方法，在这种方法中，一般先开发小的低级别的程序段，然后将这些程序段汇总成一个较大的程序段，最后得到一个完整的程序。对于这种方法，一般小段程序的执行语句之间是相对无关的，因此无须对这些程序段执行的文本进行相关性假设。而对于操作臂的编程，通常不是这样的情况，在单独测试时工作可靠的程序代码，当将其置于较大的程序文本中时，常常会失效。这是由于在进行机器人编程时，受到操作臂运动的位形和速度的影响较大。

初始条件对操作臂编程影响较大——例如操作臂的初始位置。在运动轨迹中，起点会

影响该运动的轨迹。操作臂的初始位置也可能影响操作臂在一些关键运动区域的运动速度。例如，对于第 7 章中讨论过的操作臂沿三次样条关节空间路径运动的情况来说，这种说法就会得到验证。这些影响有时能够通过认真编程解决，但是通常在源程序单步调试完成之前，这样的问题并不会出现，而且与在它之前执行的语句有关。

384

由于操作臂精度不高，因此在某一位置为执行某一项操作编制的程序段，当用于其他位置进行同一种操作时，很可能需要重新调试(即对位置重新示教或者进行类似的工作)。在工作站内操作位置的变化将引起达到目标位置过程中操作臂位形的变化。这种在工作站内部对操作臂运动重新定位的方法可以检验操作臂运动学模型和伺服系统的精度，以及其他经常出现的问题。这种重新定位会引起操作臂运动位形的变化——例如，从左肩部到右肩部或从肘上部到肘下部的运动。此外，这些位形的变化会引起操作臂由原来的简单小范围运动变为大范围运动。

在操作臂工作空间内不同区域中，空间轨迹形状特征的变化很可能改变路径。虽然这是关节空间轨迹方法特有的现象，但是如果采用笛卡儿路径规划方法则会在奇异位置附近产生问题。

当对操作臂的运动进行第一次测试时，通常比较稳妥的方法是让操作臂缓慢运动。因此当操作臂在运动中可能与周围物体发生碰撞时，操作者能够及时停止操作臂的运动。操作者也可以密切监视操作臂的运动。操作臂在低速下经过初步调试后，一般希望增加操作臂的运动速度。这样做可能会引起某些运动发生变化。当需要以较快的速度跟踪轨迹时，许多操作臂控制系统中的限制条件会产生较大的伺服误差。同样，在包括接触环境的力控制情况下，速度变化能够完全改变正确的力控制策略。

操作臂的位形也会影响到能被其施加的力的精准度。它与操作臂雅可比矩阵在特定位形下是否病态有关，这在开发机器人程序的时候一般很难考虑。

错误恢复

处理实际环境的另一个直接问题就是物体没有精确处在规定的位置，因此，这种操作运动可能就会失败。在操作臂编程中应尽量全面考虑这些问题，并且使装配操作尽可能可靠。但是，尽管如此，误差还可能产生，因此操作臂编程的一个重要方面就是如何从这些错误中恢复。

由于各种原因，用户程序中的任何运动程序几乎都可能出现问题。常见的原因是物体位置变化或者从机械手中脱落、物体失去了本来应有的位置、在插入操作时发生卡住现象以及不能够对孔进行定位。

关于错误恢复的首要问题是识别错误是否确实存在。因为机器人的感觉和推理能力一般十分有限，因此错误检测通常是很困难的。为了检测错误，机器人程序应当包括某种直观的测试。这种测试可以检查操作臂的位置是否位于适当的范围；例如，操作臂在进行一个插入操作时，位置没有变化表示可能发生卡住现象，而位置变化太大则表明可能销钉离孔太远者物体已经从手中滑落。如果操作臂系统具有某种视觉功能，那么，它就可以拍照并检查物体是否存在，如果物体存在，可以报告它的位置。还可以有力检测，例如通过测量携带物体的重量可以检查物体是否仍在手中或是滑落，或者在某些运动范围内检查接触力是否保持在一定范围。

385

在程序中的每一条运动语句都可能会失效，所以这些直观的检查可能很繁琐，并且可能比程序其他部分占用更多的存储空间。试图处理所有可能的误差是非常困难的；通常只对几种最有可能失效的语句进行检查。预测机器人应用程序的哪一部分可能失效，在编程调试阶段就应对机器人进行大量的人机交互以及部分测试。

一旦检测出错误，就要从错误中恢复过来。这可以通过操作臂在完全程序控制下进行，或者由用户进行人工干预，或者两者结合进行。在任何情况下，在尝试恢复过程中可能会产生新的错误。显而易见，代码如何从错误中恢复过来，可能成为操作臂编程的主要部分。

在操作臂编程中利用并行操作可能使误差恢复更加复杂。当几个进程同时运行并且其中一个进程产生的误差时，可能会影响其他进程。在许多情况下，备份这个出错的进程，并允许其他进程继续执行。有时，必须对几个或全部运行程序进行复位。

参考文献

[1] B. Shimano, "VAL: A Versatile Robot Programming and Control System," *Proceedings of COMPSAC 1979*, Chicago, November 1979.

[2] B. Shimano, C. Geschke, and C. Spalding, "VAL II: A Robot Programming Language and Control System," SME Robots VIII Conference, Detroit, June 1984.

[3] S. Mujtaba and R. Goldman, "AL Users' Manual," 3rd edition, Stanford Department of Computer Science, Report No. STAN-CS-81-889, December 1981.

[4] A. Gilbert et al., *AR-BASIC: An Advanced and User Friendly Programming System for Robots*, American Robot Corporation, June 1984.

[5] J. Craig, "JARS—JPL Autonomous Robot System: Documentation and Users Guide," JPL Interoffice memo, September 1980.

[6] ABB Robotics, "The RAPID Language," the *SC4Plus Controller Manual*, ABB Robotics, 2002.

[7] R. Taylor, P. Summers, and J. Meyer, "AML: A Manufacturing Language," *International Journal of Robotics Research*, Vol. 1, No. 3, Fall 1982.

[8] FANUC Robotics, Inc., "KAREL Language Reference," FANUC Robotics North America, Inc, 2002.

[9] R. Taylor, "A Synthesis of Manipulator Control Programs from Task-Level Specifications," Stanford University AI Memo 282, July 1976.

[10] J.C. LaTombe, "Motion Planning with Uncertainty: On the Preimage Backchaining Approach," *The Robotics Review*, O. Khatib, J. Craig, and T. Lozano-Perez, Editors, MIT Press, Cambridge, MA, 1989.

386

[11] W. Gruver and B. Soroka, "Programming, High Level Languages," *The International Encyclopedia of Robotics*, R. Dorf and S. Nof, Editors, Wiley Interscience, New York, 1988.

[12] R. Goldman, *Design of an Interactive Manipulator Programming Environment*, UMI Research Press, Ann Arbor, MI, 1985.

[13] Adept Technology, *V+ Language Reference*, Adept Technology, Livermore, CA, 2002.

习题

12.1 [15]写出一段机器人程序(自选一种语言)，在位置 A 拾起一个质量块，并且将其放到位置 B。

12.2 [20]用可能形成机器人编程基础的简单英语指令描述系鞋带这个过程。

12.3 [32]设计一种新型的机器人编程语言的语法。包括给出运动轨迹的持续时间和速度的方法、外围设备的 I/O 语句、给出控制夹持器的指令以及发出力检测的指令(即保证安全运动)。可以不考虑力控制以及并行操作程序(包括在习题 12.4 中)。

12.4 [28]通过附加力控制语法和并行操作语法，对习题 12.3 中的新型机器人编程语言规范进行扩展。

12.5 [38]用一种商品化的机器人编程语言写一段程序，能够执行 12.3 节中描述的操作过程。进行适当的 I/O 接口设计以及其他相关设计。

12.6 [28]用任何一种机器人语言，写一段程序用于卸下任意尺寸货盘上的零件。如果货盘是空的，这个程序应能根据货盘和人工操作器的信号对货盘序号进行跟踪检测。假定零件被卸到传送带上。

12.7 [35]用任何一种机器人语言，写一段程序用于卸下任意尺寸货盘上的零件，并且在任意尺寸的目标货盘中装入零件。如果源货盘是空的以及目标货盘是满的，这个程序应能根据货盘和人工操作器的信号对货盘序号进行跟踪检测。

12.8 [35]用任何一种功能的机器人编程语言，写一段程序，采用力控制在一个香烟盒中装满 20 支香烟。假设操作臂的精度约为 0.25 英寸，那么这个力控制可以用于许多操作上。香烟置于传送带上，视觉系统可以给出香烟的坐标。

12.9 [35]用任何一种功能的机器人编程语言，写一段程序，实现一部普通电话机手持部分的装配。6个零件(手柄、麦克风、扬声器、两个盖子以及电话线)放在一个套件内，这个套件是一个装夹上述各种零件的特殊货盘。假设有一个放置手柄的夹具。应给出其他任何需要的合理假设。

12.10 [33]写一段机器人程序实现两个操作臂的控制。其中一个名为 GARM，它有一个抓持酒瓶的末端执行器。另一个名为 BARM，它可以抓持一个酒杯，其上安装有一个腕力传感器，当酒杯斟满时它能够发出信号给 GARM，使其停止倒酒。

12.11 [17]对于 12.3 节中的应用，除了已经画在图 12-3 中的坐标系以外，还需要哪些坐标系?

387

12.12 [15]由于操作臂控制系统的限制通常会随着轨迹速度的增加导致较大的伺服误差，机器人通常不得不在路径点上降低速度。通常，轨迹越接近于维持恒定速度通过路径点，轨迹偏离空间的距离就越大。你可以给用户提供哪些选项或者参数用于调节轨迹呢?

12.13 [20]编写机器人程序(自己选择语言)来查询输入，检测工件有无。当输入是 HIGH 的时候，抓起工件，从位置 A 移动到位置 B。

12.14 [25]使用任意机器人语言，写一段通用子程序，用于从桌面抓取工件，位置坐标由机器视觉提供，并放入夹具。工件被放置为要么面朝下要么面朝上，但是夹具只允许以一种姿态装载工件。

12.15 [20]机器人系统沿不能预测的轨迹跟踪某个物体，所用运动指令与 12.4 节例子中所提供的运动指令有何不同? 假定物体的笛卡儿坐标可以实时获得。

编程练习

用 Pascal 语言写几个子程序，为你开发的程序创建一个用户接口。当给定这些程序时，“用户”就可以写一个 Pascal 程序对上述程序进行调用，从而可以对一个 2 自由度机器人进行仿真操作。

设定初始条件，允许用户设定固定坐标系和工具坐标系，即

```
setstation(Sre1B:vec3);
settool(Tre1W:vec3);
```

其中“Sre1B”给定相对于机器人基坐标系的固定坐标系，“Tre1W”给定相对于操作臂腕坐标系的工具坐标系。给定初始运动

```
moveto(goal:vec3);
moveby(increment:vec3);
```

其中“goal” 给定相对于固定坐标系的目标坐标系。“increment”给定相对于当前工具坐标系的目标坐标系。当用户第一次调用“pathmode”函数时，允许对多段路径进行描述。然后，指定运动通过各路径点，并最终给出“运行路径”——例如

```
pathmode; (* enter path mode *)
moveto(goal1);
moveto(goal2);
runpath; (* execute the path without stopping at goal1 *)
```

388

写一段简单的“应用”程序，使用这个系统每 n 秒打印出操作臂的位置。

离线编程系统

13.1 引言

离线编程(OLP)系统是一种已经被广泛应用的，以计算机图形学为依托的机器人编程语言，机器人程序的开发能够在不用访问机器人本身的情况下进行⊖。不论是作为当今工业自动化装备的辅助编程工具，还是机器人研究的平台，离线编程系统都具有重要的意义。在设计这样一个系统时，需要考虑许多问题。在这一章里，首先对这些问题进行讨论[1]，然后再对这个系统进行深入研究[2]。

在过去的 20 年中，工业机器人市场的发展不像曾经预测的那样迅速。一个主要原因是，机器人的使用仍然很困难。在特定现场安装机器人，以及使用这个系统进行生产准备，需要大量的时间和专业技术。由于各种原因，这种问题在某些应用中会显得比其他应用更为严重。因此，我们看到在某些应用领域(例如点焊和喷涂)，机器人自动操作比在其他应用领域(例如装配)的发展要迅速得多。看来仍缺乏受过全面训练的机器人系统的操作者，使得机器人的应用领域或多或少受到限制。在一些制造公司，企业管理者鼓励扩大机器人的应用范围，而操作技术人员难以实现这个要求。因此现有的大部分机器人在各种应用中并不能充分发挥它们的作用。这种现象表明当前工业机器人并不能以适当的方法正确安装和编程以保证正常使用。

很多原因使得机器人编程是一个非常困难的工作。首先，机器人编程本质上与一般计算机编程是相关的，因此在这些领域同样存在许多计算机编程中遇到的问题。但是机器人编程或任何可编程机器存在的一些特殊问题使得生产软件的开发变得更加困难。正如我们在前一章看到的，这些特殊问题大部分是由于机器人操作臂与它所在的实际环境相互作用产生的[3]。即使是一个简单的编程系统，也要以物体位置的形式来保持实际环境的“世界模型”，同时必须“知道”各个已编码的物体在程序设计中是否存在。在机器人程序开发过程中(尤其是后来的生产应用中)，必须保证机器人编程系统确定的内部模型与机器人周围环境的实际状态一致。在用交互方式调试操作臂程序时，需要经常手工初始化机器人环境状态——工件、刀具等必须返回到它们的初始位置。当机器人对一个或多个工件执行不可逆的操作时(例如钻孔或者铣削)，这种状态初始化变得尤为困难(有时代价非常昂贵)。实际环境对初始化的最主要的影响是当程序中的问题恰巧出现在工件、刀具或者操作臂自身处于某种意外的不可逆的操作中。

虽然保持操作臂实际环境的精确内部模型是困难的，但毫无疑问这样做会让我们受益匪浅。在整个传感器研究领域，也许最显著的是计算机视觉领域，都在集中精力开发能够检验、修正或发现世界模型的技术。显然，为了将一种算法应用于机器人指令生成问题中，那么这种算法需要获取机器人以及周围环境的模型。

⊖ 第 13 章的内容摘自两篇论文：一篇摘自 *International Symposium of Robotics Research*，R. Bolles and B. Roth (作者)，1988(参考文献[1])；另一篇摘自 *The Algorithmic Perspective*，P. Agarwal et al. (作者)，1988(参考文献[2])。

在机器人编程系统的开发中，编程技术的发展似乎与编程语言所参照的内部模型的精确性有直接关系。早期，关节空间“示教”机器人系统使用了局部世界模型，系统只能提供有限的途径去帮助编程人员完成一项任务。少部分高级的机器人控制器包括运动学模型，因此系统至少可以帮助用户通过关节运动实现机器人的笛卡儿运动。随着机器人编程语言(RPL)的发展，目前可以支持很多不同的数据类型和操作，编程人员可用来描述环境模型的属性和计算机器人的运动。一些机器人编程语言支持这样的世界模型单元，比如附件、力和运动的数据类型，以及其他特性[4]。

今天机器人编程系统可能应该叫作“动作级编程语言”，系统的每一个动作都必须由操作工程师编程。另外一种编程模式为任务级编程系统(TLP)，在这种模式下，编程人员可能只需陈述“插入一个螺栓”，甚至可以是“制造一个烤面包箱”这样的高级目标语句。这种系统使用人工智能技术自动生成运动和策略规划。然而，这样高级的任务级语言至今尚未问世，现在研究人员正在对这种系统的各部分进行研究开发[5]。任务级编程系统需要一个非常完整的机器人模型以及机器人环境的模型才能进行自动规划操作。

虽然本章在某种程度上来说主要讨论机器人编程的特定问题，但离线编程(OLP)系统的概念已扩展到工厂级任何可以编程的设备。一种普遍的观点认为：离线编程系统在需要重新编程时可以不占用生产设备，因此，自动化工厂可保证大部分时间处于生产状态。它们也可以将产品开发过程中使用的计算机辅助设计(CAD)数据库与实际产品生产自然联系起来。在某些应用中，这种直接使用CAD设计数据的方法可以大大减少生产设备的编程时间。

390

机器人离线编程还有其他潜在的优点，机器人用户正日渐青睐这种编程方式。我们已经讨论了一些机器人编程的问题，其中大部分与机器人程序控制的外部实际操作工序有关。反复调试各种不同的操作规划是一件非常枯燥的事情。机器人编程仿真使大量工作限制在计算机内部一直到应用接近完成。在这种方式下，许多机器人编程特有的问题将逐渐消失。

离线编程系统应当作为从动作级编程系统到任务级编程系统的发展途径。虽然，最简单的离线编程系统只是机器人编程语言的图形扩展，然而由此能够将它扩展到任务级编程系统。通过给各种子任务自动提供解决方案(仅当这些解决方案是有效的)，然后让编程人员在仿真环境下对这些方案进行选择，便可以逐渐完成这种扩展。在找到建立任务级系统的方法之前，用户仍然需要反复对生成的子任务规划进行评判，并指导应用程序的开发。这样看来，离线编程系统就成了任务级规划系统研发的重要基础，实际上，为了支持他们的工作，许多科研人员已经开发了各种离线编程系统的组件(例如三维模型、图形显示和程序后处理器)。因此，离线编程系统对于科研来说是一种有用的工具，同时对当前的工业生产也是一种辅助工具。

391

13.2 离线编程系统的要点

本节将讨论离线编程系统设计中应该考虑的问题。对这些问题的收集有助于建立离线编程系统的定义。

用户接口

开发离线编程系统(见图13-1)的主要目的是创建一个使操作臂编程更容易的平台，因此用户接口显得尤为重要。然而另外一个主要目的是为了在编程时不需要使用物理设备。表面看来，这两个目的似乎互相矛盾：一旦你看到了机器人，就可以知道机器人的编程是很困难的。如果没有物理设备，机器人的编程怎么会更容易呢？这个问题触及离线编程系统的实质问题。

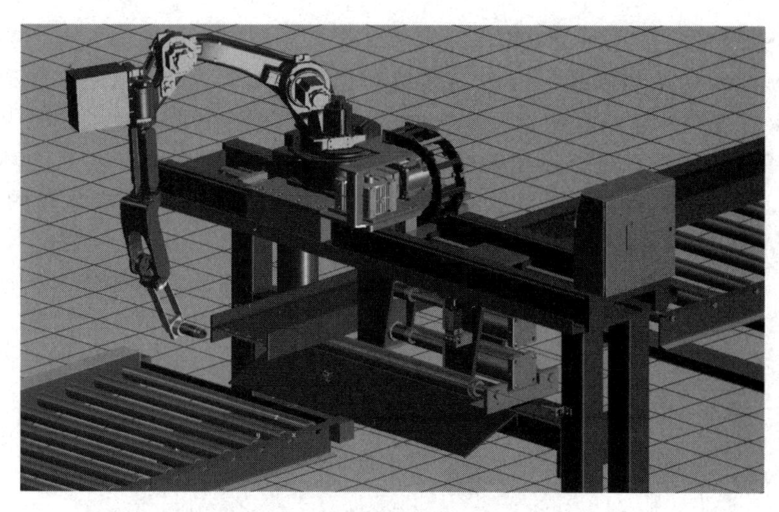

图13-1 在现代图形离线编程系统中的仿真工作站。图片经 AC&E 公司授权

工业机器人生产商早已知道：机器人提供的机器人编程语言，很多生产人员不能够很好地使用。由于这个原因以及其他一些历史原因，许多工业机器人一般提供两种接口[6]。一种适合编程人员，另一种适合非编程人员。非编程人员使用示教盒直接与机器人交互进行程序开发。编程人员通过编写机器人编程语言代码和与机器人交互，以对机器人工作点进行示教和调试程序流程。总之，这两种程序开发方式兼顾了易操作性和灵活性。

作为机器人编程语言的扩展，离线编程系统自然包括机器人编程语言，并作为用户接口的一部分。这种机器人编程语言应当提供机器人编程系统中那些有价值的特征。例如，作为机器人编程语言，**交互式语言**比编译语言的效率高得多。对于后者，在用户每次修改程序时，都必须按照“编辑—编译—运行”的这种循环模式进行。

用户接口语言部分很多是从传统的机器人编程语言继承过来的；它是低级的(即容易使用的)接口，在离线编程系统中应当认真注意这个问题。该接口的重要部分是被编程的机器人及其环境的计算机图形显示。使用一个点击装置，例如**鼠标**，用户可以指定屏幕上的各个位置或物体。用户接口设计解决用户是如何与屏幕交互指定一条机器人程序的。同样点击装置可以指定“菜单”中的选项以确定工作模式或调用各种功能。

一个基本功能是利用图形交互界面，对机器人的工作点或 6 自由度“坐标系”进行示教。在获得夹具和工件的三维模型后，离线编程系统使得上述任务变得非常容易。用户可以通过图形接口在表面上指定点，允许坐标系的某个方向与局部表面的法向相同，提供偏移和旋转的方法等。从图形窗口到仿真环境，使得用户根据具体应用很容易确定各种操作任务。 392

一个设计得好的用户接口都可以让非编程人员从头到尾地完成许多操作。此外，离线编程系统应该可以把非编程人员示教的坐标系和动作顺序转换成机器人编程语言。这些简单的程序可以由经验丰富的编程人员以机器人编程语言的形式加以改进。对于编程人员来说，得到机器人编程语言后可以通过任意代码编程实现更为复杂的操作。

三维模型

离线编程系统中的一个基本功能是利用图形描述对机器人和工作站进行仿真。这要求对操作工序中的机器人及所有的夹具、零件和刀具进行三维实体建模。为了加速程序开发，希望能够使用 CAD 系统中的原始设计直接作为零件或刀具的 CAD 模型。因为 CAD

系统在工业中逐渐流行，因此这种几何数据越来越容易获得。由于对这种贯穿于设计到生产的CAD集成系统的迫切需求，因此离线编程系统如果包含一个CAD建模子系统或者CAD设计系统的一部分是非常有意义的。如果离线编程系统是独立的，那么它必须有合适的接口与外部CAD系统进行模型转换。然而，即使是独立的离线编程系统，至少应当具备简单的局部CAD工具，以便快速创建非主要工作站模型，或者在输入的CAD模型中加入与机器人相关的数据。

离线编程系统通常要求对空间形状有多重表达方式。对于许多操作，一般曲面和体积的精确解析描述已经有了，但是为了利用显示技术，经常需要其他表达方法。当前的技术适合于显示基本单元是平面多边形的系统；因此，物体的形状虽然可以用光滑曲面的形式描述，但是实际显示(尤其是动画)却需要用面阵的方式表达。对于用户接口的图形操作，例如指向表面上的一个点，内部操作应当是确定实际表面上的一个点，即使用户在屏幕上看到的是用几何面阵描述的模型。

物体三维几何模型在**自动碰撞检测**中有重要用途，即在仿真环境下，物体之间发生任何碰撞时，离线编程系统应该自动提示用户，并且指明发生碰撞的确切位置。装配之类的操作可能包括许多期望的“碰撞”，因此必须能够通知系统某些物体之间的碰撞是允许的。当物体在设定的碰撞误差范围内运动时，系统有必要发出碰撞提示。当前，一般三维实体的精确碰撞检测是一个难题，但是对于面阵模型的碰撞检测是比较可行的。

运动仿真

393

保证仿真环境有效性的重要因素是对每一个被模拟的操作臂的几何形状进行正确无误的仿真。对于逆运动学，离线编程系统能够以两种不同的方式与机器人控制器交互。第一种方式是用离线编程系统替代机器人控制器逆运动学模型，并不断将关节空间的机器人位置传送给控制器。第二种方式是笛卡儿位置传送给机器人控制器，让控制器使用制造商提供的逆运动学模型来求解机器人位姿。一般第二种方法的效果更好一些，尤其是机器人制造商已开始把操作臂标定置于机器人上。这些标定技术为每个机器人规定了专属的逆运动学模型。这种情况下，一般希望将笛卡儿空间信息传送给机器人控制器。

上述讨论主要说明：用于仿真器的正向和逆向运动学函数必须能反映机器人制造商在机器人控制其中提供的名义功能。制造商提供逆运动学函数的详细说明，仿真软件能够对这些逆运动学函数进行仿真。为了解决奇异性问题，逆运动学算法的选择必须是任意的。例如，当PUMA 560机器人的关节5在零位时，关节4和关节6的轴线共线，且存在一个奇异位形。机器人控制器的逆运动学函数只能够解出关节角4和关节角6的角度和，必须使用某个规则来选定关节4或关节6的值。离线编程系统必须能够对任何一种算法进行仿真。对于多解情况应选择最接近的解。在对实际操作臂进行仿真时，为了避免潜在的致命错误，仿真器使用的算法必须与控制器一样。在机器人控制器中有时会发现了一个很有用的特性，即能够给定笛卡儿目标指令并且能够确定操作臂应当使用哪一个可行解。这个特性可使仿真器不再需要对解的选择算法进行模拟。离线编程系统可以简单地将它选择的可行解提供给机器人控制器。

路径规划仿真

除了对操作臂的静态位置运动进行仿真外，离线编程系统应能够对操作臂在空间运动的路径进行精确仿真。另一个主要问题是离线编程系统需要对机器人控制器使用的算法进行仿真。不同的机器人生产商采用的路径规划和算法也相当不同。为判断机器人与周围环境是否发生碰撞时，对所选择的空间路径曲线进行仿真是非常重要的。为了预测操作的循环时间，对轨迹的时间历程进行仿真也很重要。当机器人在一个运动环境中操作时(例如附近有另外一台机器人)，为了精确预测是否发生碰撞，也有时为了预测通信和运动同步的问题(例如死锁)，对运动的时间属性进行精确仿真同样是很有必要的。

动力学仿真

如果离线编程系统对机器人控制器的轨迹规划算法仿真做得很好，而且实际的机器人跟随期望轨迹运行的误差可以忽略时，那么在对操作臂进行运动仿真时可以不考虑动力学特性。但是，在高速或重载情况下，轨迹跟踪误差就显得很重要。对操作臂和运动物体的动力学建模以及对用于操作臂控制器的控制算法仿真都需要对跟踪误差进行仿真。目前的实际困难是从机器人供应商那里获得足够的信息以使动力学仿真确有实际价值。但在某些情况下，动力学仿真是富有成效的。 394

多过程仿真

一些工业应用中，有时两台或者更多的机器人在同一环境下协同操作。即使单个机器人工作单元，通常也包含输送带、传输线、视觉系统以及其他一些机器人必须协同作业的运动设备。为此，离线编程系统能够对多个运动设备以及包括**并行**操作的其他作业进行仿真将非常重要。实现这种功能的基本要求是在这个系统中基本的执行语句必须是一种多处理语言。这种编程环境才能够为一个工序中的两个或更多的机器人单独编写控制程序，然后通过同时运行这些程序对这个工序的操作进行仿真。在语言中加入信号及等待单元可以使机器人之间的协同作业与仿真操作的情况完全相同。

传感器的仿真

研究表明，机器人程序中的大部分语句并不是运动语句，而是初始化、错误检查、输入/输出以及其他一些语句[7]。因此，重要的是离线编程系统能够对操作过程提供一个全面的仿真环境，包括与传感器、各种输入/输出、设备通信与其他设备交互的环境。一个支持传感器及多任务仿真的离线编程系统，不仅可以检验机器人运动的可行性，而且也能对机器人程序中的通信及同步性进行校验。

翻译成目标系统的语言

当前，一直困扰着工业机器人(及其他可编程自动化设备)用户的问题是几乎每个离线编程系统的供应商都发明了各自的语言来对他们的产品进行编程。如果对于所有操作装备来说，某个离线编程系统想成为通用的系统，它必须要解决不同语言的翻译问题。解决这个问题的一个办法是在离线编程系统中只使用一种编程语言，然后通过后处理把它译成目标设备可接受的语言。把目标设备中已有的程序上传到离线编程系统的功能是很有必要的。

将离线编程系统直接与语言翻译问题联系起来会有两个潜在的好处。一个好处是：大部分离线编程系统的用户注意到，用一个单一的、通用的接口能够对各种机器人进行编程，能够解决掌握和处理多种自动编程语言的问题。另一个好处出于经济上的考虑：将来会有成百甚至是成千的机器人在工厂使用。然而，功能强大的编程环境(例如编程语言和图形接口)的成本问题可能会影响机器人的应用。相反，给每一个机器人提供一个简单的、 395

“傻瓜的”和便宜的控制器，让它们从办公室环境中的一个功能强大的、“智能的”离线编程系统上下载程序会更加经济。因此，对于离线编程系统来说，重要的问题是能够把功能强大的通用语言编写的应用程序翻译成在廉价的处理器中执行的简单语言。

工作站标定

任何实际环境的计算机模型都存在不准确性，这是无法避免的问题。为了使离线编程系统开发的程序可实际应用，则必须将**工作站标定**的方法集成到系统中去。这个问题的影响程度随应用情况的不同会有很大变化，而对于某些任务的离线编程来说，这种变化性使得这种方法比其他方法更便于应用。对于一个操作，如果机器人的大部分工作点需要用实际机器人重新示教才能解决不准确性的问题，那么离线编程系统就失去了有效性。

许多实际应用经常与刚性物体的作业有关。以在一个舱壁上钻几百个孔的作业为例。舱壁相对机器人的实际位置能够通过机器人对舱壁的三个点进行示教确定。如果所有孔的数据均标注在CAD坐标系中，那么这些孔的位置可以根据这三个示教点自动更新。在这种情况下，机器人只需示教这三个点，而非几百个点。大多数任务都属于这种“对刚性物体进行多工位操作”的情况——例如，PC主板上元器件的插装、布线、点焊、弧焊、码垛、喷涂及去毛刺。

13.3 PILOT仿真器

在本节中，我们介绍一种离线仿真系统：由Adept技术公司开发的“Pilot”系统[8]。Pilot系统实际上是三个密切相关的仿真系统组成的。在此我们深入分析一下用于工厂中单个工序的部分(被称为“Pilot/Cell”)，它可以用来仿真工厂里的各个工作单元。特别是这种系统一般不涉及实际环境的复杂建模，这样就减少了仿真编程人员的工作量。本节我们将讨论用以提高仿真器能力的“几何算法”，用于对某个特定的实际环境进行仿真。

为了便于应用，要求仿真系统尽量与实际环境相一致。仿真器越接近于实际环境，对于用户来说用户接口形式就变得越简单，因为我们大家对实际环境都是非常熟悉的。同时，为了权衡计算速度及其他因素的影响，在进行仿真设计时，只对实际环境的部分进行仿真，而不考虑其他许多细节部分。

将Pilot系统作为主机，可适合于各种几何算法。针对实际环境不同部分建模的需要，同时，为了减轻用户负担，需要经常自动进行几何计算，因此使得这种算法日益重要。Pilot系统提供了这样一个环境，可以利用一些先进的算法解决工业中发生的实际问题。

396

Pilot仿真系统在设计之初，就要求其*编程方式*尽量接近于实际机器人的编程方式。虽然系统提供了一些高级的规划和优化工具，但我们认为更重要的是应使基本的编程交互方式与实际硬件系统相一致。因此对各种几何算法的实际需要是由产品开发的需求决定的。这些算法的适用范围可从极为简单的问题到极为复杂的问题。

如果仿真器可以像实际系统那样进行编程，那么实际环境中的作用和反作用关系一定可以通过仿真系统自动建模。为此，系统用户不必用“专用仿真代码”编写程序。举一个简单的例子，如果命令机器人夹持器打开，那么由于重力的作用被抓持的零件会脱落，甚至会掉到地面反弹起来，最后处于某种稳定状态。如果必须要求系统用户指定这些实际环境中的运动过程，那么要求仿真系统像实际系统那样自动编程的目的就没有达到。只有当仿真环境不需要通过用户就能够“知道如何”与实际环境一致，那么用户就能够很容易地使用这个仿真系统了。

大部分(而不是全部)机器人或其他设备的商品化仿真系统并不是直接去解决这个问题。它们一般只是“允许”用户(实际上是要求用户)在应用程序中插入专用仿真指令。以下列程序代码简要说明：

```
MOVE TO pick_part
CLOSE gripper
affix(gripper,part[i]);
MOVE TO place_part
OPEN gripper
unaffix(gripper,part[i]);
```

这里要求用户必须插入“affix”和“unaffix”指令，这两条指令(分别)用来实现工件在被夹持时随夹持器一起运动，并且在工件被释放时不随夹持器运动。如果仿真系统允许机器人用它自身的语言编程，那么这种语言的功能一般不能够足以支持这类“专用仿真指令”。那么为了对实际环境的相互作用进行仿真，就需要用到第二套指令集，甚至可能采用不同的语法。这种方案注定了仿真系统地编程不会“像实际系统一样”，也注定会加重用户编程的负担。

从上面的例子我们可以看出，第一个几何算法是在夹持器接近零件时，根据夹持器的几何尺寸和零件间的相对位置判断出哪一个零件(如果有)会被夹紧以及在夹持器内零件自动排列的可能方式。在 Pilot 系统中，我们用一个简单的算法解决这个问题的第一部分。在这种受限情况下，可计算出夹持器内零件的“排列方式”，但是这种排列一般需要系统用户进行预先示教。因此，虽然 Pilot 到目前为止尚未达到最终目标，但已经取得了相当进展。 397

物理建模与交互系统

在仿真系统中，总是要根据模型计算时间与仿真精度之间的矛盾对建模的复杂性进行权衡。为了通过 Pilot 达到预定目标，重要的是要保证系统始终能够完全交互，因此要求进行示教设计时应考虑能够使用各种近似模型——例如使用准静态近似模型，当然完整的动力学模型更精确。虽然“完整动力学”模型不久就可能得到应用[9]，但是考虑到当前计算机硬件、动力学算法以及 CAD 模型的水平，因此仍然需要做出上述权衡。

零件跌落的几何算法

在一些工业上使用的供料系统中，零件会在供料输送带跌落到某个面上，然后使用计算机视觉系统确定机器人需要操作的零件的位置，用仿真系统对这种自动化系统进行辅助设计，这表明仿真系统必须能够预测零件如何下落、反弹以及静止的姿态，即*稳定状态*。

稳态概率

在参考文献[10]中，当输入任意一个几何实体(由 CAD 模型所描述)时，应用一个算法可以计算出这个实体在水平面上的 N 种可能的静止状态，称为零件的*稳定状态*。进而，在这种算法中可使用扰动的准静态方法去估计 N 种稳定状态中每一种状态出现的概率。可以通过对样件进行试验来估计稳态预测结果的准确性。

图 13-2 列出了一个专用试件的 8 种稳定状态。为了将稳态预测算法和真实情况相比较，借助于 Adept 机器人及其视觉系统，我们对试件进行了 26 000 多次的下落试验并记录了稳态结果。表 13-1 是这个零件的实验结果。从这些结果可看出，这个算法的特性——稳态预测误差通常是 5%～10%。

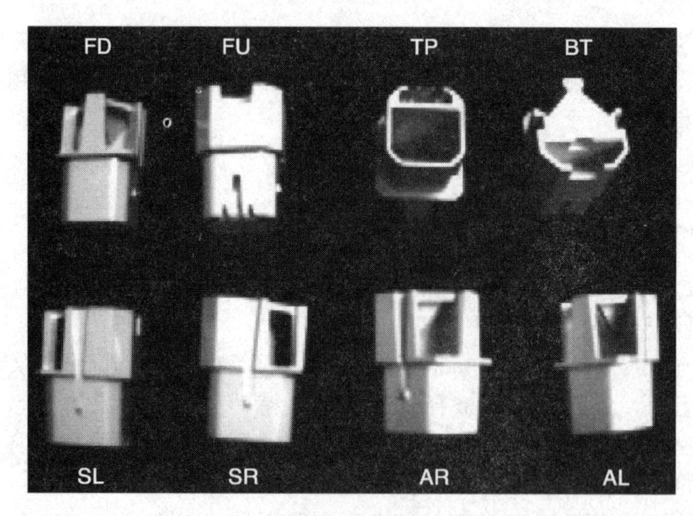

图13-2 零件的8种稳定状态

表13-1 试件稳态概率预测值与实测值的比较

稳定状态	实测值	实测值百分比	预测值百分比	稳定状态	实测值	实测值百分比	预测值百分比
FU	1871	7.03%	8.91%	SR	6467	24.28%	15.90%
FD	10 600	39.80%	44.29%	SL	6583	24.72%	15.29%
TP	648	2.43%	7.42%	AR/AL	428	1.61%	0.00%
BT	33	0.12%	8.19%	总计	26 630	100%	100%

根据下落高度调节概率

显然，如果一个零件在非常小的高度(如1 mm)从夹持器中落到一个平面上，那么各种稳态概率与零件从大于某一临界高度处下落时的稳态概率不同。在Pilot系统中，当零件从等于或大于零件本身几何尺寸的高度下落时，可以采用稳态估计算法得出的概率。对于下落的高度低于临界值的情况，可按照零件的初始姿态和下落高度调整稳态概率。当下落高度趋于无穷小时，稳态概率就是零件的初始姿态(假设这个方位是稳态姿态)。这是对整个概率算法的一个重要补充的附加条件，因为当零件从较小高度下落到支撑平面上是一种非常典型的情况。

回弹仿真

398~399

Pilot中的零件可以用它们的恢复系数和零件被放置的面来表示。用这两个因素的乘积可以预测零件下落后回弹的高度。这些细节十分重要，因为在某些供料系统的仿真中，它们将影响零件的分散或堆积程度。当零件回弹时将会按照均匀分布方式成辐射状分散开。回弹距离(与初始接触点的距离)是最大分布距离的函数，它可由下落高度函数(系统的能量输入)和相应的恢复系数来计算。

Pilot中的零件能够以一个确定的排列顺序依次从一个区域跳到另一个区域。还可以标记一些确定的区域，使零件只能在这些区域内回弹，而不能从这些区域弹出去。在Pilot中给定一些bin实体，它具有如下特性——零件只能落到这些实体内部，而绝不会从这些实体弹出去。

堆叠和缠绕的仿真

为简化起见，Pilot中的零件总是停留在支撑平面上。如果零件互相缠绕或堆积起来，这表明零件之间是互相交叉的(即这些零件的布尔交叉体积是非空的)。这可以大大减少计算量,即不需要进行零件之间可能以各种方式相互缠绕或堆积的几何计算。

Pilot 中的零件可以用缠绕因子来表示。例如,像大理石这样的物体,它的缠绕因子是 0.0,因为当大理石跌落在支撑表面上时,大理石从不会堆积或缠绕起来,而是在表面上逐渐散开。另一方面,像螺旋弹簧这样的零件,它的缠绕因子接近 1.0,因为它们非常容易相互缠绕在一起。在空间搜索(findspace)算法中,当零件下落并回弹时,零件总是趋向于回弹到开放的空间区域。然而,准确地找到开放空间是相当困难的,因为开放空间是零件缠绕因子的函数。通过系数的调整,示教系统能够对零件的跌落和部分缠绕进行仿真。现在还没有从零件的几何形状自动计算出缠绕因子的算法,这是一个悬而未决的问题。通过用户接口,Pilot 用户可以对零件设置适当的缠绕因子。

零件抓持的几何算法

在编程和实际机器人应用中的主要困难是处理示教时的抓持位置和夹持器的详细设计问题。在仿真系统中加入规划算法可能会引起较大的冲突,目前这还是一个研究课题。在这一节中,我们对 Pilot 中常用的算法进行适当讨论。这些常用算法相当简单,因此是持续更新的领域。

应抓持零件的计算

当工具或吸盘式末端执行器接近零件时,示教系统可以用一个简单的算法来计算哪一个零件(如果存在)应被机器人抓持。首先,Pilot 系统应计算出抓持器正下方的那个支撑面。然后,对于在这个区域的所有零件,Pilot 系统将搜索包含抓持器 TCP(工具中心点)的每一个约束方块(相对于当前的稳定状态)。如果满足这个条件的零件不止一个,Pilot 系统将会在所有零件中选择最近的一个去抓持。

缺省抓持位置的计算

Pilot 系统可以通过稳态估计器中的模型预测每一个零件的稳态姿态,自动确定一个抓持位置。由于当前的算法过于简单,因此还需要提供用户图形接口使用户能够对这些抓持点进行编辑和重新定义。当前的抓持算法是由零件的约束方格和夹持器的几何尺寸决定的,夹持器可以是平行夹爪,也可以是吸盘。只要计算出每一个稳定状态的缺省抓持位置,缺省的路径和下落高度也就自动生成了。 400

抓持过程中零件排列的计算

在某些重要的工业生产过程中,系统设计人员期望达到这样的效果:当机器人末端执行器运动时,被抓持的零件会沿着末端执行器的夹持表面以某种方式自动排列。对于消除零件相对于机器人的微小定位误差来说,这种能力是很重要的。

对吸盘式夹持器的操作过程进行仿真是非常必要的。当吸盘工作时,零件被吸盘“提”起来,这时零件相对于末端执行器的姿态发生了明显改变。通过零件的几何中心做一条直线垂直于吸盘的中心线,Pilot 系统据此对这种操作过程进行仿真。不论这条直线通过这个多边形零件模型的哪一个面,都能够计算出抓持的姿态——零件上这个面的法线与吸盘底面法线的方向相反。当零件的姿态改变时,绕这条直线的旋转量是最小的(当抓持零件时,零件并不绕吸盘的轴线旋转)。如果没有对这个操作过程进行仿真,示教系统就不能真实描述吸盘抓持器的抓放策略。

当平行夹爪夹紧零件时，我们需要实施一种规划器，允许零件绕 Z 轴旋转。对于一些简单任务，这个过程可以自动完成——在其他情况下，需要用户对零件的排列方式亲自示教(即有待于更加完善的算法)。

零件上料的几何算法

在前几节中，零件的上料方式是用夹持器的手爪。在当前的生产实际中，零件大多是用一些简单机构来实现零件上料的。例如，滚筒供料机送出的零件可以由推杆直接推到一个装配单元上，这个装配单元由托盘输送系统送到一个工位。

Pilot 系统支持推送零件的仿真功能：这个实体叫作*推杆*，它可以固联在仿真系统的气缸或丝杠驱动器上。当驱动器带动推杆做直线运动时，推杆的端面将会推动零件运动。将来有可能将推杆联接在输送带上作为导轨，或者安装在任何要求改变零件运动的地方。目前的上料方式是非常简单的，但这足以满足生产中大多数操作任务的要求。

托盘输送机的几何算法

Pilot 系统支持托盘输送系统的仿真功能。在这个系统中，托盘沿着由直线和圆形单元组合的导轨运动。在导轨上某些位置可以安装若干个*挡块*，当发出指令时，挡块瞬时弹出以阻挡托盘运动。此外，可以在导轨上按照用户指定的位置安装检测托盘运动的*传感器*。这种输送系统应用在很多自动化系统中。

401

托盘输送机、托盘供给器和托盘接收器的连接

托盘输送系统可以由多种形式的分支系统相连。在两个输送系统“汇集”的地方，用一个简单的防撞装置可将*支线*输送系统中的托盘送到主输送系统中。支线输送系统中的托盘随时等待碰撞的发生。在输送系统中托盘“分离”的位置，将一种称为*导向器*的装置安装到主输送系统中，用它来控制托盘在交点处的运动方向。将数字 I/O 线连接在机器人仿真控制器上，用来读取传感器，并对挡块和导向器进行控制。

托盘输送系统的两端是*托盘供给器*和*托盘接收器*。托盘供给器的作用是使用户在某个统计的时间间隔内供给托盘。供给的托盘可以是空的，也可以装有零件或夹具。在托盘输送机的末端，托盘以及托盘中的物品都被送入托盘接收器中。每次托盘进入托盘接收器时，托盘到达时间以及托盘中的物品都被记录下来。这些所谓的*接收记录*可以由系统中任一托盘供给器的记录重现。因此，通过将 $N+1$ 个工序的托盘供给器记录设置成 N 个工序的托盘接收器记录，就可以在仿真器中对工作站中的每一个工序同时进行研究。

托盘推送

托盘也需要推送：用推杆将托盘从托盘输送系统上推下，进入一个特定工作站。同样，托盘也可以被推到托盘输送系统上。当托盘离开或进入输送系统时，更新各种数据结构是推送代码的自动化部分。

传感器的几何算法

对各种传感器系统的仿真也是必需的，这样用户就不必花费精力为传感器在工作站中的工作过程编写代码。

接近传感器

Pilot 系统支持对接近传感器和其他传感器的仿真。对于接近传感器，用户应标定传感器的最大和最小量程以及传感器的阈值。如果一个物体在接近传感器的量程和阈值之内，那么传感器就可以检测到它。为了在仿真环境下进行计算，可以在仿真环境中临时加入一条线段，这条线段位于传感器量程的最小值和最大值之间。利用碰撞算法，仿真系统可以计算出这条线段与其他 CAD 几何实体相交的位置。离传感器最近的交点对应为真实世界的单元，可以阻挡光线。将传感器到这点的距离与传感器的阈值进行比较就可以得出传感器的输出。目前我们还没有考虑传感器和物体之间相交面的夹角或物体表面的反射特性，这些特性可能在以后要用到。 402

二维视觉系统

Pilot 系统支持 Adept 二维视觉系统的仿真。视觉系统的仿真工作方式与实际的二维视觉系统工作方式十分接近，甚至使用 Adept 机器人中的 AIM 语言[11]进行编程。这个视觉系统的仿真要点如下：

- 视野的几何尺寸和范围；
- 焦距和简单的焦点模型；
- 执行视觉处理所用的时间(近似)；
- 在一个视场中出现多个零件的情况下，按零件的空间位置对零件进行排序；
- 根据零件的稳定状态区分零件的能力；
- 对相互接触和重叠的零件的不可识别性；
- 在 AIM 程序中，基于视觉系统的检测结果对机器人目标位置的更新能力。

将视觉系统与 AIM 机器人编程系统密切结合，因此在仿真环境中 AIM 语言的执行过程与视觉系统中的图像处理过程是相对应的。AIM 语言支持几种程序结构，可利用视觉系统对机器人引导。视觉系统根据编码和跟踪输送线对零件进行识别，使得抓持操作很容易。

数据结构应当始终跟踪视觉系统正在拍照的支撑表面。对于这个表面上的所有零件，可以计算出哪些零件处于视觉系统的视场范围内。应当删除那些离镜头太远或太近的零件(例如焦点范围以外的零件)以及与相邻零件相接触的零件。对于余下的零件，应当选择那些处于稳定状态的零件，并列在一个表中。最后，当视场中出现多个零件时，应按照 Adept 视觉系统的排序方法对这个表进行分类以用于仿真。

监测传感器

监测传感器是一种特殊的传感器。对于放在传感器前面的每个零件，这个传感器可以给出二进制码的输出。将 Pilot 中，零件标上缺陷率，监测传感器可以搜索出具有缺陷的零件。监测传感器起到了多个真实世界传感器系统的作用。

结论

根据本节所述，尽管一些简单的几何算法在目前的仿真系统中是适用的，但是仍然需要更多和更好的算法。尤其是摩擦力的影响大于惯性力的情况下，我们希望能够附加准静态仿真功能，使得预测仿真环境下物体的运动。这些算法可对通过末端执行器或其他送进机构的各种动作对被推入或顶入的零件进行仿真。 403

13.4 离线编程系统的自动子任务

在这一节中我们将简要介绍一些先进技术，这些技术能够集成到当前的离线编程系统的“基本”概念中。在工业应用的某些场合，大部分先进技术已应用于自动规划系统中。

机器人自动布局

应用离线编程系统能够完成许多基本任务，其中之一是决定工作站的布局，使操作臂能够到达所有必需的工作点。在仿真环境中，由试验比划的方法来确定正确的机器人或工件的布局要比在实际工序中确定上述布局快得多。自动搜索可行的机器人或工件的布局是一项先进技术，它可以进一步减少用户的负担。

自动布局可以通过直接搜索法或(有时)启发式引导搜索法来计算。大多数机器人被水平安装在地面(或是天花板)上并使得第一个旋转关节与地面垂直，所以通常情况下只需在三维空间中用划分网格的方法来寻找机器人底座的位置。这个搜索方法可以对这个布局方案进行优化，或者停留在第一个可行的机器人或工件的位置上。这种可行性可以由到达所有工作点的避碰能力来定义(也许可以给出一个更严格的定义)。一个合理的最优判据可能是操作度的某种形式，这在第8章已经讨论过了。参考文献[12]中讨论了一种类似于操作度的定义方法。自动布局的结果是使工序中的机器人能以良好条件的位姿到达所有工作点。

避障与路径优化

在离线编程系统中自然会包括对避障路径规划[13,14]和时间优化路径规则[15,16]的研究。对于那些与狭小范围和狭小搜索空间有关的问题也是值得研究的。例如，在用6自由度机器人进行弧焊作业时，由几何条件可知机器人仅有5个自由度就足够了。冗余自由度的自主规划可用于机器人的避障和避奇异点[17]。

协同运动的自动规划

在许多弧焊作业中，具体作业过程要求在焊接过程中工件始终保持与重力矢量之间的确定关系。为此可以安装一个二或三自由度的定位系统，这个定位系统随机器人以协同运动方式同时操作。这样一个系统可能有9个或是更多的自由度。现在一般是采用示教方法对这个系统进行编程。规划系统可以对上述系统自动地进行协同运动的综合，这种系统可能是相当有价值的[17,18]。

404

力控制仿真

在仿真环境下，物体用它们表面形状来描述，因此有必要研究操作臂的力控制仿真问题。这项工作的难点在于，需要对某些表面特征进行建模，需要对动力学仿真系统进行扩展以处理各种接触条件下产生的约束问题。在这种情况下，有可能对各种力控制装配操作的可行性进行估计。

自动规划

与机器人编程中发现的几何问题一样，经常遇到的困难是规划问题和通信问题。特别是把单一工作站仿真推广到一组工作站仿真时的情况。某些离散时间仿真系统可以提供这种系统的简要仿真环境[20]，但几乎没有提出规划算法。对交互操作做规划是一个困难的问题，而且这是一个研究领域[21,22]。对于这方面的研究，离线编程系统可以作为一个理想的实验平台，并且在这个研究领域可以将任何一种有用的算法直接加以推广。

误差与公差的自动估计

在近期的研究工作中进行了讨论，一个离线编程系统应具有某些能力，例如可以对定位误差的产生原因以及缺陷传感器对数据的影响进行建模[23,24]。环境模型中包括了各种误差约束和公差的信息，这个系统应可以对各种定位或装配任务的成功概率进行估计。这个系统还可以提出传感器的使用和布置的建议，以便及时修正可能出现的问题。

离线编程系统被广泛应用在当今的工业生产中，它始终可以作为机器人研究和发展过程中的基础。开发离线编程系统的主要目的是为了填补现行的动作级编程系统与将来的任务级编程系统的空白。

参考文献

[1] J. Craig, "Issues in the Design of Off-Line Programming Systems," *International Symposium of Robotics Research*, R. Bolles and B. Roth, Eds., MIT Press, Cambridge, MA, 1988.

[2] J. Craig, "Geometric Algorithms in AdeptRAPID," *Robotics: The Algorithmic Perspective: 1998 WAFR*, P. Agarwal, L. Kavraki, and M. Mason, Eds., AK Peters, Natick, MA, 1998.

[3] R. Goldman, *Design of an Interactive Manipulator Programming Environment*, UMI Research Press, Ann Arbor, MI, 1985.

[4] S. Mujtaba and R. Goldman, "AL User's Manual," 3rd edition, Stanford Department of Computer Science, Report No. STAN-CS-81-889, December 1981.

[5] T. Lozano-Perez, "Spatial Planning: A Configuration Space Approach," *IEEE Transactions on Systems, Man, and Cybernetics*, Vol. SMC-11, 1983.

405

[6] B. Shimano, C. Geschke, and C. Spalding, "VAL - II: A Robot Programming Language and Control System," SME Robots VIII Conference, Detroit, June 1984.

[7] R. Taylor, P. Summers, and J. Meyer, "AML: A Manufacturing Language," *International Journal of Robotics Research*, Vol. 1, No. 3, Fall 1982.

[8] Adept Technology Inc., "The Pilot User's Manual," Available from Adept Technology Inc., Livermore, CA, 2001.

[9] B. Mirtich and J. Canny, "Impulse Based Dynamic Simulation of Rigid Bodies," Symposium on Interactive 3D Graphics, ACM Press, New York, 1995.

[10] B. Mirtich, Y. Zhuang, K. Goldberg, et al., "Estimating Pose Statistics for Robotic Part Feeders," *Proceedings of the IEEE Robotics and Automation Conference*, Minneapolis, April, 1996.

[11] Adept Technology Inc., "AIM Manual," Available from Adept Technology Inc., San Jose, CA, 2002.

[12] B. Nelson, K. Pedersen, and M. Donath, "Locating Assembly Tasks in a Manipulator's Workspace," IEEE Conference on Robotics and Automation, Raleigh, NC, April 1987.

[13] T. Lozano-Perez, "A Simple Motion Planning Algorithm for General Robot Manipulators," *IEEE Journal of Robotics and Automation*, Vol. RA-3, No. 3, June 1987.

[14] R. Brooks, "Solving the Find-Path Problem by Good Representation of Free Space," *IEEE Transaction on Systems, Man, and Cybernetics*, SMC-13:190–197, 1983.

[15] J. Bobrow, S. Dubowsky, and J. Gibson, "On the Optimal Control of Robotic Manipulators with Actuator Constraints," *Proceedings of the American Control Conference*, June 1983.

[16] K. Shin and N. McKay, "Minimum-Time Control of Robotic Manipulators with Geometric Path Constraints," *IEEE Transactions on Automatic Control*, June 1985.

[17] J.J. Craig, "Coordinated Motion of Industrial Robots and 2-DOF Orienting Tables," *Proceedings of the 17th International Symposium on Industrial Robots*, Chicago, April 1987.

[18] S. Ahmad and S. Luo, "Coordinated Motion Control of Multiple Robotic Devices for Welding and Redundancy Coordination through Constrained Optimization in Cartesian Space," *Proceedings of the IEEE Conference on Robotics and Automation*, Philadelphia, 1988.

[19] M. Peshkin and A. Sanderson, "Planning Robotic Manipulation Strategies for Sliding Objects," IEEE Conference on Robotics and Automation, Raleigh, NC, April 1987.

[20] E. Russel, "Building Simulation Models with Simcript II.5," C.A.C.I., Los Angeles, 1983.

[21] A. Kusiak and A. Villa, "Architectures of Expert Systems for Scheduling Flexible Manufacturing Systems," IEEE Conference on Robotics and Automation, Raleigh, NC, April 1987.

[22] R. Akella and B. Krogh, "Hierarchical Control Structures for Multicell Flexible Assembly System Coordination," IEEE Conference on Robotics and Automation, Raleigh, NC, April 1987.

[23] R. Smith, M. Self, and P. Cheeseman, "Estimating Uncertain Spatial Relationships in Robotics," IEEE Conference on Robotics and Automation, Raleigh, NC, April 1987.

[24] H. Durrant-Whyte, "Uncertain Geometry in Robotics," IEEE Conference on Robotics and Automation, Raleigh, NC, April 1987.

406

习题

13.1 [10]简述碰撞检测、避障和避障路径规划的定义。

13.2 [10]简述环境模型、路径规划仿真和动力学仿真的定义。

13.3 [10]简述机器人自动布局、时间最优路径和误差传递分析的定义。

13.4 [10]简述 RPL、TLP 和 OLP 的定义。

13.5 [10]简述标定、协作运动和自动规划的定义。

13.6 [20]用图表说明近十年来计算机图形处理能力的发展情况(可以按照每 10 000 美元的硬件成本，每秒可以处理图形矢量的数目来计算)。

13.7 [20]列出一个任务表，这些任务的特征是“相对于一个刚体的大量操作”，可以应用离线编程系统进行仿真。

13.8 [20]假如使用编程系统在内部处理详细的环境模型，请对这种方法的优缺点进行讨论。

13.9 [10]列出使用离线编程的三个好处。

13.10 [15]STL(STereoLithography)文件使用三角网格表达三维物体的表面。这可以用作离线编程的三维建模的工件描述格式。如果你要指定一项标准，工件格式中还需要包括哪些信息？

13.11 [15]提出一种可以使用稳定状态概率的方法。

13.12 [20]哪些信息对自动化机器人布局有用？

13.13 [18]在 12.3 节的应用实例中，列出一些你会在离线编程仿真中遇到的误差来源。

编程练习

1. 考虑两端具有半圆形端盖的扁平杆，可将这种形状的物体称为“胶囊”。已知两个胶囊的位置，编写一个程序，计算它们是否接触。注意这个胶囊表面上所有的点均与一条称为“中心线”的线段等距离。

2. 在你的仿真操作臂附近引入一个胶囊形状的物体，当你沿一条轨迹移动操作臂时，对碰撞情况进行试验。操作臂的连杆也采用胶囊形状。写出发生任何碰撞的检测报告。

407 ~ 408

3. 如果时间和计算机配置条件允许，编写一个程序，用图形方式描述由胶囊形状的连杆组成的操作臂以及它们在工作空间中的干涉情况。

三角恒等式

刚体绕 X、Y、Z 轴旋转 θ 角的公式：

$$R_X(\theta)=\begin{bmatrix}1 & 0 & 0\\ 0 & \cos\theta & -\sin\theta\\ 0 & \sin\theta & \cos\theta\end{bmatrix} \tag{A.1}$$

$$R_Y(\theta)=\begin{bmatrix}\cos\theta & 0 & \sin\theta\\ 0 & 1 & 0\\ -\sin\theta & 0 & \cos\theta\end{bmatrix} \tag{A.2}$$

$$R_Z(\theta)=\begin{bmatrix}\cos\theta & -\sin\theta & 0\\ \sin\theta & \cos\theta & 0\\ 0 & 0 & 1\end{bmatrix} \tag{A.3}$$

与正弦和余弦周期特性有关的恒等式：

$$\begin{aligned}\sin\theta &= -\sin(-\theta) = -\cos(\theta+90°) = \cos(\theta-90°)\\ \cos\theta &= \cos(-\theta) = \sin(\theta+90°) = -\sin(\theta-90°)\end{aligned} \tag{A.4}$$

θ_1 和 θ_2 的二角和或二角差的正弦、余弦公式：

$$\begin{aligned}\cos(\theta_1+\theta_2) &= c_{12} = c_1c_2 - s_1s_2\\ \sin(\theta_1+\theta_2) &= s_{12} = c_1s_2 + s_1c_2\\ \cos(\theta_1-\theta_2) &= c_1c_2 + s_1s_2\\ \sin(\theta_1-\theta_2) &= s_1c_2 - c_1s_2\end{aligned} \tag{A.5}$$

同一个角的正弦平方与余弦平方的和等于 1：

$$c^2\theta + s^2\theta = 1 \tag{A.6}$$

三角形的三个角分别为 a、b 和 c，角 a 的对边是 A，其他角和边的关系依此类推，则“余弦定理”为：

$$A^2 = B^2 + C^2 - 2BC\cos a \tag{A.7}$$

“半角正切”变换公式为：

$$\begin{aligned}u &= \tan\frac{\theta}{2}\\ \cos\theta &= \frac{1-u^2}{1+u^2}\\ \sin\theta &= \frac{2u}{1+u^2}\end{aligned} \tag{A.8}$$

409

矢量 Q 绕单位矢量 $\hat{K}$ 旋转 θ 角，由 **Rodriques** 公式得：

$$Q' = Q\cos\theta + \sin\theta(\hat{K}\times Q) + (1-\cos\theta)(\hat{K}\cdot\hat{Q})\hat{K} \tag{A.9}$$

附录 B 是 24 种转角排列的等价旋转矩阵的定义。附录 C 是逆运动学恒等式。

410

24 种转角排列设定法

12 种欧拉角坐标系的定义由下式给出

$$R_{X'Y'Z'}(\alpha,\beta,\gamma)=\begin{bmatrix} c\beta c\gamma & -c\beta s\gamma & s\beta \\ s\alpha s\beta c\gamma+c\alpha s\gamma & -s\alpha s\beta s\gamma+c\alpha c\gamma & -s\alpha c\beta \\ -c\alpha s\beta c\gamma+s\alpha s\gamma & c\alpha s\beta s\gamma+s\alpha c\gamma & c\alpha c\beta \end{bmatrix}$$

$$R_{X'Z'Y'}(\alpha,\beta,\gamma)=\begin{bmatrix} c\beta c\gamma & -s\beta & c\beta s\gamma \\ c\alpha s\beta c\gamma+s\alpha s\gamma & c\alpha c\beta & c\alpha s\beta s\gamma-s\alpha c\gamma \\ s\alpha s\beta c\gamma-c\alpha s\gamma & s\alpha c\beta & s\alpha s\beta s\gamma+c\alpha c\gamma \end{bmatrix}$$

$$R_{Y'X'Z'}(\alpha,\beta,\gamma)=\begin{bmatrix} s\alpha s\beta s\gamma+c\alpha c\gamma & s\alpha s\beta c\gamma-c\alpha s\gamma & s\alpha c\beta \\ c\beta s\gamma & c\beta c\gamma & -s\beta \\ c\alpha s\beta s\gamma-s\alpha c\gamma & c\alpha s\beta c\gamma+s\alpha s\gamma & c\alpha c\beta \end{bmatrix}$$

$$R_{Y'Z'X'}(\alpha,\beta,\gamma)=\begin{bmatrix} c\alpha c\beta & -c\alpha s\beta c\gamma+s\alpha s\gamma & c\alpha s\beta s\gamma+s\alpha c\gamma \\ s\beta & c\beta c\gamma & -c\beta s\gamma \\ -s\alpha c\beta & s\alpha s\beta c\gamma+c\alpha s\gamma & -s\alpha s\beta s\gamma+c\alpha c\gamma \end{bmatrix}$$

$$R_{Z'X'Y'}(\alpha,\beta,\gamma)=\begin{bmatrix} -s\alpha s\beta s\gamma+c\alpha c\gamma & -s\alpha c\beta & s\alpha s\beta c\gamma+c\alpha s\gamma \\ c\alpha s\beta s\gamma+s\alpha c\gamma & c\alpha c\beta & -c\alpha s\beta c\gamma+s\alpha s\gamma \\ -c\beta s\gamma & s\beta & c\beta c\gamma \end{bmatrix}$$

$$R_{Z'Y'X'}(\alpha,\beta,\gamma)=\begin{bmatrix} c\alpha c\beta & c\alpha s\beta s\gamma-s\alpha c\gamma & c\alpha s\beta c\gamma+s\alpha s\gamma \\ s\alpha c\beta & -s\alpha s\beta s\gamma+c\alpha s\gamma & -s\alpha s\beta c\gamma-c\alpha s\gamma \\ -s\beta & c\beta s\gamma & c\beta c\gamma \end{bmatrix}$$

$$R_{X'Y'X'}(\alpha,\beta,\gamma)=\begin{bmatrix} c\beta & s\beta s\gamma & s\beta c\gamma \\ s\alpha s\beta & -s\alpha c\beta s\gamma+c\alpha c\gamma & -s\alpha c\beta c\gamma-c\alpha s\gamma \\ -c\alpha s\beta & c\alpha c\beta s\gamma+s\alpha c\gamma & c\alpha c\beta c\gamma-s\alpha s\gamma \end{bmatrix}$$

$$R_{X'Z'X'}(\alpha,\beta,\gamma)=\begin{bmatrix} c\beta & -s\beta c\gamma & s\beta s\gamma \\ c\alpha s\beta & c\alpha c\beta c\gamma-s\alpha s\gamma & -c\alpha c\beta s\gamma-s\alpha c\gamma \\ s\alpha s\beta & s\alpha c\beta c\gamma+c\alpha s\gamma & -s\alpha c\beta s\gamma+c\alpha c\gamma \end{bmatrix}$$

$$R_{Y'X'Y'}(\alpha,\beta,\gamma)=\begin{bmatrix} -s\alpha c\beta s\gamma+c\alpha c\gamma & s\alpha s\beta & s\alpha c\beta c\gamma+c\alpha s\gamma \\ s\beta s\gamma & c\beta & -s\beta c\gamma \\ -c\alpha c\beta s\gamma-s\alpha c\gamma & c\alpha s\beta & c\alpha c\beta c\gamma-s\alpha s\gamma \end{bmatrix}$$

$$R_{Y'Z'Y'}(\alpha,\beta,\gamma)=\begin{bmatrix} c\alpha c\beta c\gamma-s\alpha s\gamma & -c\alpha s\beta & c\alpha c\beta s\gamma+s\alpha c\gamma \\ s\beta c\gamma & c\beta & s\beta s\gamma \\ -s\alpha c\beta c\gamma-c\alpha s\gamma & s\alpha s\beta & -s\alpha c\beta s\gamma+c\alpha c\gamma \end{bmatrix}$$

$$R_{Z'X'Z'}(\alpha,\beta,\gamma)=\begin{bmatrix} -s\alpha c\beta s\gamma+c\alpha c\gamma & -s\alpha c\beta c\gamma-c\alpha s\gamma & s\alpha s\beta \\ c\alpha c\beta s\gamma+s\alpha c\gamma & c\alpha c\beta c\gamma-s\alpha s\gamma & -c\alpha s\beta \\ s\beta s\gamma & s\beta c\gamma & c\beta \end{bmatrix}$$

$$R_{Z'Y'Z'}(\alpha,\beta,\gamma)=\begin{pmatrix} c\alpha c\beta c\gamma - s\alpha s\gamma & -c\alpha c\beta s\gamma - s\alpha c\gamma & c\alpha s\beta \\ s\alpha c\beta c\gamma + c\alpha s\gamma & -s\alpha c\beta s\gamma + c\alpha c\gamma & s\alpha s\beta \\ -s\beta c\gamma & s\beta s\gamma & c\beta \end{pmatrix}$$

12 种固定角坐标系的定义由下式给出：

$$R_{XYZ}(\gamma,\beta,\alpha)=\begin{pmatrix} c\alpha c\beta & c\alpha s\beta s\gamma - s\alpha c\gamma & c\alpha s\beta s\gamma + s\alpha s\gamma \\ s\alpha c\beta & s\alpha s\beta s\gamma + c\alpha c\gamma & s\alpha s\beta c\gamma - c\alpha s\gamma \\ -s\beta & c\beta s\gamma & c\beta c\gamma \end{pmatrix}$$

$$R_{XZY}(\gamma,\beta,\alpha)=\begin{pmatrix} c\alpha c\beta & -c\alpha s\beta c\gamma + s\alpha s\gamma & c\alpha s\beta s\gamma + s\alpha c\gamma \\ s\beta & c\alpha c\gamma & -c\beta s\gamma \\ -s\alpha c\beta & s\alpha s\beta c\gamma + c\alpha s\gamma & -s\alpha s\beta s\gamma + c\alpha c\gamma \end{pmatrix}$$

$$R_{YXZ}(\gamma,\beta,\alpha)=\begin{pmatrix} -s\alpha s\beta s\gamma + c\alpha c\gamma & -s\alpha c\beta & s\alpha s\beta c\gamma + c\alpha s\gamma \\ c\alpha s\beta s\gamma + s\alpha c\gamma & c\alpha c\beta & -c\alpha s\beta c\gamma + s\alpha s\gamma \\ -c\beta s\gamma & s\beta & c\beta c\gamma \end{pmatrix}$$

$$R_{YZX}(\gamma,\beta,\alpha)=\begin{pmatrix} c\beta c\gamma & -s\beta & c\beta s\gamma \\ c\alpha s\beta c\gamma + s\alpha s\gamma & c\alpha c\beta & c\alpha s\beta s\gamma - s\alpha c\gamma \\ s\alpha s\beta c\gamma - c\alpha s\gamma & s\alpha c\beta & s\alpha s\beta s\gamma + c\alpha c\gamma \end{pmatrix}$$

$$R_{ZXY}(\gamma,\beta,\alpha)=\begin{pmatrix} s\alpha s\beta c\gamma + c\alpha c\gamma & s\alpha s\beta c\gamma - c\alpha s\gamma & s\alpha c\beta \\ c\beta s\gamma & c\beta c\gamma & -s\beta \\ c\alpha s\beta s\gamma - s\alpha c\gamma & c\alpha s\beta c\gamma + s\alpha s\gamma & c\alpha c\beta \end{pmatrix}$$

$$R_{ZYX}(\gamma,\beta,\alpha)=\begin{pmatrix} c\beta c\gamma & -c\beta s\gamma & s\beta \\ s\alpha s\beta c\gamma + c\alpha s\gamma & -s\alpha s\beta s\gamma + c\alpha c\gamma & -s\alpha c\beta \\ -c\alpha s\beta c\gamma + s\alpha s\gamma & c\alpha s\beta s\gamma + s\alpha c\gamma & c\alpha c\beta \end{pmatrix}$$

$$R_{XYX}(\gamma,\beta,\alpha)=\begin{pmatrix} c\beta & s\beta s\gamma & s\beta c\gamma \\ s\alpha s\beta & -s\alpha c\beta s\gamma + c\alpha c\gamma & -s\alpha c\beta c\gamma - c\alpha s\gamma \\ -c\alpha s\beta & c\alpha c\beta s\gamma + s\alpha c\gamma & c\alpha c\beta c\gamma - s\alpha s\gamma \end{pmatrix}$$

$$R_{XZX}(\gamma,\beta,\alpha)=\begin{pmatrix} c\beta & -s\beta c\gamma & s\beta s\gamma \\ c\alpha s\beta & c\alpha c\beta c\gamma - s\alpha s\gamma & -c\alpha c\beta s\gamma - s\alpha c\gamma \\ s\alpha s\beta & s\alpha c\beta c\gamma + c\alpha s\gamma & -s\alpha c\beta s\gamma + c\alpha c\gamma \end{pmatrix}$$

$$R_{YXY}(\gamma,\beta,\alpha)=\begin{pmatrix} -s\alpha c\beta s\gamma + c\alpha c\gamma & s\alpha s\beta & s\alpha c\beta c\gamma + c\alpha s\gamma \\ s\beta s\gamma & c\beta & -s\beta c\gamma \\ -c\alpha c\beta s\gamma - s\alpha c\gamma & c\alpha s\beta & c\alpha c\beta c\gamma - s\alpha s\gamma \end{pmatrix}$$

412

$$R_{YZY}(\gamma,\beta,\alpha)=\begin{pmatrix} c\alpha c\beta c\gamma - s\alpha s\gamma & -c\alpha s\beta & c\alpha c\beta s\gamma + s\alpha c\gamma \\ s\beta c\gamma & c\beta & s\beta s\gamma \\ -s\alpha c\beta c\gamma - c\alpha s\gamma & s\alpha s\beta & -s\alpha c\beta s\gamma + c\alpha c\gamma \end{pmatrix}$$

$$R_{ZXZ}(\gamma,\beta,\alpha)=\begin{pmatrix} -s\alpha c\beta s\gamma + c\alpha c\gamma & -s\alpha c\beta c\gamma - c\alpha s\gamma & s\alpha s\beta \\ c\alpha c\beta s\gamma + s\alpha c\gamma & c\alpha c\beta c\gamma - s\alpha s\gamma & -c\alpha s\beta \\ s\beta s\gamma & s\beta c\gamma & c\beta \end{pmatrix}$$

$$R_{ZYZ}(\gamma,\beta,\alpha)=\begin{pmatrix} c\alpha c\beta c\gamma - s\alpha s\gamma & -c\alpha c\beta s\gamma - s\alpha c\gamma & c\alpha s\beta \\ s\alpha c\beta c\gamma + c\alpha s\gamma & -s\alpha c\beta s\gamma + c\alpha c\gamma & s\alpha s\beta \\ -s\beta c\gamma & s\beta s\gamma & c\beta \end{pmatrix}$$

413 ~ 414

逆运动学公式

下述方程

$$\sin\theta = a \tag{C.1}$$

有两个解为

$$\theta = \pm \text{Atan2}(\sqrt{1-a^2}, a) \tag{C.2}$$

同样，已知

$$\cos\theta = b \tag{C.3}$$

有两个解为

$$\theta = \text{Atan2}(b, \pm\sqrt{1-b^2}) \tag{C.4}$$

联立式(C.1)和式(C.3)得到唯一解为

$$\theta = \text{Atan2}(a, b) \tag{C.5}$$

超越方程

$$a\cos\theta + b\sin\theta = 0 \tag{C.6}$$

有两个解为

$$\theta = \text{Atan2}(a, -b) \tag{C.7}$$

和

$$\theta = \text{Atan2}(-a, b) \tag{C.8}$$

方程

$$a\cos\theta + b\sin\theta = c \tag{C.9}$$

由(4.5)节的半角正切变换公式解得

$$\theta = \text{Atan2}(b, a) \pm \text{Atan2}(\sqrt{a^2+b^2-c^2}, c) \tag{C.10}$$

方程组

$$\begin{aligned} a\cos\theta - b\sin\theta &= c \\ a\sin\theta + b\cos\theta &= d \end{aligned} \tag{C.11}$$

415 ~ 416

由 4.4 节公式解得

$$\theta = \text{Atan2}(ad - bc, ac + bd) \tag{C.12}$$

部分习题答案

第 2 章

2.1

$$R = \mathrm{ROT}(\hat{x}, \phi)\ \mathrm{ROT}(\hat{z}, \theta) = \begin{pmatrix} 1 & 0 & 0 \\ 0 & C\phi & -S\phi \\ 0 & S\phi & C\phi \end{pmatrix} \begin{pmatrix} C\theta & -S\theta & 0 \\ S\theta & C\theta & 0 \\ 0 & 0 & 1 \end{pmatrix} = \begin{pmatrix} C\theta & -S\theta & 0 \\ C\phi S\theta & C\phi C\theta & -S\phi \\ S\phi S\theta & S\phi C\theta & C\phi \end{pmatrix}$$

2.12 速度是一个“自由矢量”，它仅受旋转影响，而不受平移影响：

$${}^{A}V = {}^{A}_{B}R\ {}^{B}V = \begin{bmatrix} 0.866 & -0.5 & 0 \\ 0.5 & 0.866 & 0 \\ 0 & 0 & 1 \end{bmatrix} \begin{bmatrix} 10 \\ 20 \\ 30 \end{bmatrix}$$

$${}^{A}V = (-1.34 \quad 22.32 \quad 30.0)^{\mathrm{T}}$$

2.27

$${}^{A}_{B}T = \begin{pmatrix} -1 & 0 & 0 & 3 \\ 0 & -1 & 0 & 0 \\ 0 & 0 & 1 & 0 \\ 0 & 0 & 0 & 1 \end{pmatrix}$$

2.33

$${}^{B}_{C}T = \begin{pmatrix} -0.866 & -0.5 & 0 & 3 \\ 0 & 0 & +1 & 0 \\ -0.5 & 0.866 & 0 & 0 \\ 0 & 0 & 0 & 1 \end{pmatrix}$$

第 3 章

3.1

α_{i-1}	a_{i-1}	d_i
0	0	0
0	L_1	0
0	L_2	0

$${}^{0}_{1}T = \begin{pmatrix} C_1 & -S_1 & 0 & 0 \\ S_1 & C_1 & 0 & 0 \\ 0 & 0 & 1 & 0 \\ 0 & 0 & 0 & 1 \end{pmatrix}$$

$$
{}^{1}_{2}T=\begin{pmatrix} C_2 & -S_2 & 0 & L_1 \\ S_2 & C_2 & 0 & 0 \\ 0 & 0 & 1 & 0 \\ 0 & 0 & 0 & 1 \end{pmatrix} \quad {}^{2}_{3}T=\begin{pmatrix} C_3 & -S_3 & 0 & L_2 \\ S_3 & C_3 & 0 & 0 \\ 0 & 0 & 1 & 0 \\ 0 & 0 & 0 & 1 \end{pmatrix}
$$

$$
{}^{0}_{3}T={}^{0}_{1}T \quad {}^{1}_{2}T \quad {}^{2}_{3}T=\begin{pmatrix} C_{123} & -S_{123} & 0 & L_1C_1+L_2C_{12} \\ S_{123} & C_{123} & 0 & L_1S_1+L_2S_{12} \\ 0 & 0 & 1 & 0 \\ 0 & 0 & 0 & 1 \end{pmatrix}
$$

式中

$$
C_{123}=\cos(\theta_1+\theta_2+\theta_3)
$$
$$
S_{123}=\sin(\theta_1+\theta_2+\theta_3)
$$

3.8 当$\{G\}=\{T\}$时，有

$$
{}^{B}_{W}T\ {}^{W}_{T}T={}^{B}_{S}T\ {}^{S}_{G}T
$$

因此

$$
{}^{W}_{T}T={}^{B}_{W}T^{-1}\,{}^{B}_{S}T\ {}^{S}_{G}T
$$

第4章

4.14 否。Pieper的方法给出了3自由度操作臂封闭形式的解(参见Pieper有关这方面的所有论文)。

4.18 2

4.22 1

第5章

5.1 坐标系{0}的雅可比矩阵为

$$
{}^{0}J(\theta)=\begin{pmatrix} -L_1S_1-L_2S_{12} & -L_2S_{12} \\ L_1C_1+L_2C_{12} & L_2C_{12} \end{pmatrix}
$$

$$
\begin{aligned}
\mathrm{DET}({}^{0}J(\theta))&=-(L_2C_{12})(L_1S_1+L_2S_{12})+(L_2S_{12})(L_1C_1+L_2C_{12}) \\
&=-L_1L_2S_1C_{12}-L_2^2S_{12}C_{12}+L_1L_2C_1S_{12}+L_2^2S_{12}C_{12} \\
&=L_1L_2S_1C_{12}-L_1L_2S_1C_{12}=L_1L_2(C_1S_{12}-S_1C_{12}) \\
&=L_1L_2S_2
\end{aligned}
$$

418

∴ 当你从${}^{3}J(\theta)$开始时，结果是相同的，即奇异位形为$\theta_2=0°$或180°。

5.8 第2个连杆的雅可比矩阵为

$$
{}^{3}J(\theta)=\begin{pmatrix} L_1S_2 & 0 \\ L_1C_2+L_2 & L_2 \end{pmatrix}
$$

存在一个各向同性点，如果

$$
{}^{3}J=\begin{pmatrix} L_2 & 0 \\ 0 & L_2 \end{pmatrix}
$$

因此

$$
L_1S_2=L_2
$$
$$
L_1C_2+L_2=0
$$

因为$S_2^2+C_2^2=1$，所以$\left(\frac{L_2}{L_1}\right)^2+\left(\frac{-L_2}{L_1}\right)^2=1$

或 $L_1^2=2L_2^2 \to L_1=\sqrt{2}L_2$

根据这个条件，$S_2=\frac{1}{\sqrt{2}}=\pm 0.707$

和 $C_2=-0.707$

∴ 如果 $L_1=\sqrt{2}L_2$，存在一个各向同性点，并且，当 $\theta_2=\pm 135°$时，存在一个各向同性点。

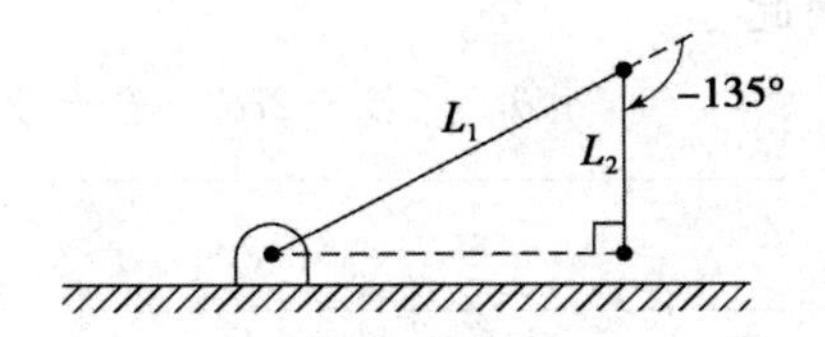

此时，操作臂在这个位形下跟直角坐标操作臂一样。

5.13

$$\tau={}^{0}J^{\mathrm{T}}(\theta){}^{0}F$$

$$\tau=\begin{bmatrix}-L_1S_1-L_2S_{12} & L_1C_1+L_2C_{12}\\ -L_2S_{12} & L_2C_{12}\end{bmatrix}\begin{pmatrix}10\\0\end{pmatrix}$$

$$\tau_1=-10S_1L_1-10L_2S_{12}$$

$$\tau_2=-10L_2S_{12}$$

419

第 6 章

6.1 应用式(6.17)，但按照极坐标形式写出，因为这种描述形式较方便。例如，对于 I_{zz}，

$$I_{zz}=\int_{-H/2}^{H/2}\int_0^{2\pi}\int_0^R(x^2+y^2)pr\,\mathrm{d}r\mathrm{d}\theta\,\mathrm{d}z$$

$$x=R\cos\theta,\quad y=R\sin\theta,\quad x^2+y^2=R^2(r^2)$$

$$I_{zz}=\int_{-H/2}^{H/2}\int_0^{2\pi}\int_0^R pr^3\,\mathrm{d}r\mathrm{d}\theta\mathrm{d}z$$

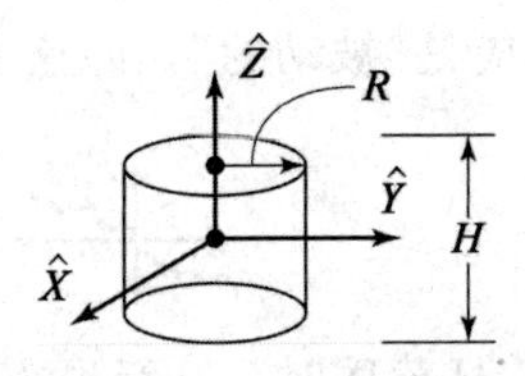

$$I_{zz}=\frac{\pi}{2}R^4Hp,\ \mathrm{VOLUME}=\pi r^2H$$

$$\therefore \mathrm{Mass}=M=p\pi r^2H\qquad \therefore \boxed{I_{zz}=\frac{1}{2}MR^2}$$

同样(仅难度较大)有

$$\boxed{I_{xx}=I_{yy}\ \frac{1}{4}MR^2+\frac{1}{12}MH^2}$$

由对称性(或通过积分)

$$\boxed{I_{xy}=I_{xz}=I_{yz}=0}$$

∴

$$c_I=\begin{bmatrix}\frac{1}{4}MR^2+\frac{1}{12}MH^2 & 0 & 0\\ 0 & \frac{1}{4}MR^2+\frac{1}{12}MH^2 & 0\\ 0 & 0 & \frac{1}{2}MR^2\end{bmatrix}$$

6.12 $\theta_1(t)=Bt+ct^2$，因此

420

$$\dot{\theta}_1=B+2ct,\quad \ddot{\theta}=2c$$

因此

$${}^1\dot{\omega}_1=\ddot{\theta}_1\hat{z}_1=2c\hat{z}_1=\begin{bmatrix}0\\0\\2c\end{bmatrix}$$

$${}^1\dot{v}_{c1}=\begin{bmatrix}0\\0\\2c\end{bmatrix}\otimes\begin{bmatrix}2\\0\\0\end{bmatrix}+\begin{bmatrix}0\\0\\\dot{\theta}_1\end{bmatrix}\otimes\left(\begin{bmatrix}0\\0\\\dot{\theta}_1\end{bmatrix}\otimes\begin{bmatrix}2\\0\\0\end{bmatrix}\right)$$

$$=\begin{bmatrix}0\\4c\\0\end{bmatrix}+\begin{bmatrix}-2\dot{\theta}_1^2\\0\\0\end{bmatrix}$$

$${}^1\dot{v}_{c1}=\begin{bmatrix}-2(B+2ct)^2\\4c\\0\end{bmatrix}$$

6.18 对于任一合理的$F(\theta,\dot{\theta})$，存在如下特性：关节i的摩擦力（或力矩）仅取决于关节i的速度，即

$$F(\theta,\dot{\theta})=(f_1(\theta,\dot{\theta}_1)\quad F_2(\theta,\dot{\theta}_2)\quad\cdots\cdots\quad F_N(\theta,\dot{\theta}_N))^{\mathrm{T}}$$

同样，每一个$f_i(\theta,\dot{\theta}_i)$应是“被动的”，即这个函数应当位于第一和第三象限。

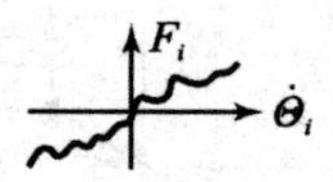

** 这是1989年10月17日黄昏时7.0级地震后，在烛光下写出的解。

第7章

7.1 要求三次多项式曲线连接一个起始点、两个中间点和一个目标点，即对每一个关节有3个点，总共有18条三次多项式曲线。每个三次多项式有4个系数，因此需要存储72个系数。

7.17 通过求导

$$\dot{\theta}(t)=180t-180t^2$$

$$\ddot{\theta}(t)=180-360t$$

然后，在$t=0$和$t=1$时进行预测估计，有

$$\theta(0)=10\quad \dot{\theta}(0)=0\quad \ddot{\theta}(0)=180$$

$$\theta(1)=40 \quad \dot{\theta}(1)=0 \quad \ddot{\theta}(1)=-180$$

421

第 8 章

8.3 应用式(8.1)，有

$$L=\sum_{i=1}^{3}(a_{i-1}+d_i)=(0+0)+(0+0)+(0+(U-L))=U-L$$

$$W=\frac{4}{3}\pi U^3-\frac{4}{3}\pi L^3=\frac{4}{3}\pi(U^3-L^3)\begin{cases}\text{a}\\ \text{“hollow”}\\ \text{sphere}\end{cases}$$

$$\therefore \quad Q_L=\frac{U-L}{\sqrt[3]{\frac{4}{3}\pi(U^3-L^3)}}$$

8.6 由式(8.14)

$$\frac{1}{K_{\text{TOTAL}}}=\frac{1}{1000}+\frac{1}{300}=4.333\times10^{-3}$$

$$\therefore \boxed{K_{\text{TOTAL}}=230.77\ \frac{\text{NTM}}{\text{RAD}}}$$

8.16 由式(8.15)

$$K=\frac{G\pi d^4}{32L}=\frac{(0.33\times7.5\times10^{10})(\pi)(0.001)^4}{(32)(0.40)}=\boxed{0.006\ 135\ \frac{\text{NTM}}{\text{RAD}}}$$

这是非常细的，因为它的直径只有 1 mm。

第 9 章

9.2 由式(9.5)

$$s_1=-\frac{6}{2\times2}+\sqrt{\frac{36-4\times2\times4}{2\times2}}=-1.5+0.5=-1.0$$

$$s_2=-1.5-0.5=-2.0$$

$\therefore\ x(t)=c_1\mathrm{e}^{-t}+c_2\mathrm{e}^{-2t}$和$\dot{x}(t)=-c_1\mathrm{e}^{-t}-2c_2\mathrm{e}^{-2t}$

$$t=0 \quad x(0)=1=c_1+c_2 \tag{1}$$

$$\dot{x}(0)=0=-c_1-2c_2 \tag{2}$$

联立式(1)和式(2)得

$$1=-c_2$$

因此 $c_2=-1$ 和 $c_1=2$。

$$\therefore \boxed{x(t)=2\mathrm{e}^{-t}-\mathrm{e}^{-2t}}$$

9.10 应用式(8.24)，假定材料为铝，有

$$K=\frac{(0.333)(2\times10^{11})(0.05^4-0.04^4)}{(4)(0.50)}=123\ 000.0$$

422

参考图 9-13，等价质量为(0.23)(5)=1.15 kg

因此

$$W_{\text{res}}=\sqrt{k/m}=\sqrt{\frac{123\ 000.0}{1.15}}\cong\boxed{327.04\ \frac{\text{rad}}{\text{sec}}}$$

这个频率非常高——因此设计者在设计时可能出了错误，这个连杆的振动代表了这

个系统的最低阶未建模共振！

9.13　同习题9.12，有效刚度为$K=32\ 000$。这里，有效惯量为$I=1+(0.1)(64)=7.4$

$$\therefore W_{\text{res}}=\sqrt{\frac{32\ 000}{7.4}}\cong 65.76\ \frac{\text{rad}}{\text{sec}}\cong \boxed{10.47\ \text{Hz}}$$

第10章

10.2　令$\tau=\alpha\tau'+\beta$

$$\alpha=2\quad \beta=5\theta\dot{\theta}-13\dot{\theta}^3+5$$

和$\tau'=\ddot{\theta}_D+K_v\dot{e}+K_pe$

式中$e=\theta_D-\theta$

和

$$K_p=10,\quad K_v=2\sqrt{10}$$

10.10　令$f=\alpha f'+\beta$

且$\alpha=2$，$\beta=5x\dot{x}-12$

和$f'=\ddot{X}_D+k_v\dot{e}+k_pe$，$e=X_D-X$

$k_p=20$，$k_v=2\sqrt{20}$

第11章

11.2　对于这个操作任务，所求的人工约束应为

$V_z=-a_1$	$F_x=0$ $F_y=0$ $N_x=0$ $N_y=0$ $N_z=0$

式中a_1是插入速度。

11.4　应用式(5.105)以及坐标系$\{A\}$和$\{B\}$的逆矩阵。首先求${}^B_AT$，因此逆阵为${}^A_BT$：

423

$${}^B_AT=\begin{pmatrix}0.866 & 0.5 & 0 & -8.66\\ -0.5 & 0.866 & 0 & 5.0\\ 0 & 0 & 1 & -5.0\\ 0 & 0 & 0 & 1\end{pmatrix}$$

这里

$${}^BF={}^B_AR\ {}^AF=(1\quad 1.73\quad -3)^{\text{T}}$$

$${}^BN={}^BP_{AORG}\otimes{}^BF+{}^B_AR\ {}^AN=(-6.3\quad -30.9\quad -15.8)^{\text{T}}$$

424

$$\therefore {}^BF=(1.0\quad 1.73\quad -3\quad -6.3\quad -30.9\quad -15.8)^{\text{T}}$$

索　　引

索引中的页码为英文原书页码，与书中页边标注的页码一致。

注意：带记号 *fn* 的页码参考是指在该页的脚注。

G

H

I

M

推荐阅读

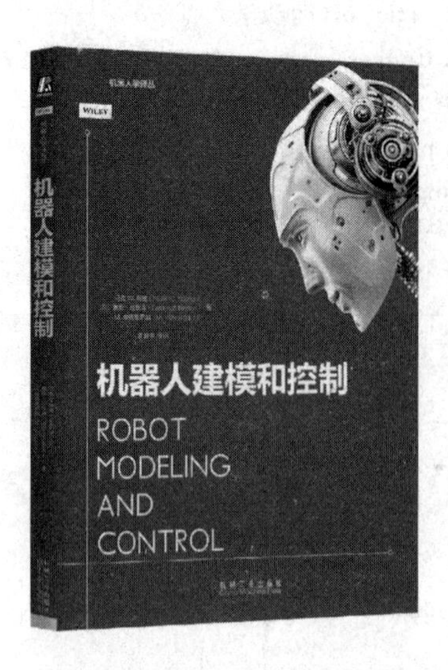

机器人建模和控制

作者：马克 W. 斯庞 等 译者：贾振中 等

ISBN：978-7-111-54275-9 定价：79.00元

机器人系统实施：制造业中的机器人、自动化和系统集成

作者：麦克·威尔逊 译者：王伟 等

ISBN：978-7-111-54937-6 定价：49.00元

机器人与数字人：基于MATLAB的建模与控制

作者：顾友谅 译者：张永德 等

ISBN：978-7-111-56554-3 定价：119.00元

发展型机器人：由人类婴儿启发的机器人

作者：安吉洛·坎杰洛西 等 译者：晁飞

ISBN：978-7-111-55751-7 定价：79.00元

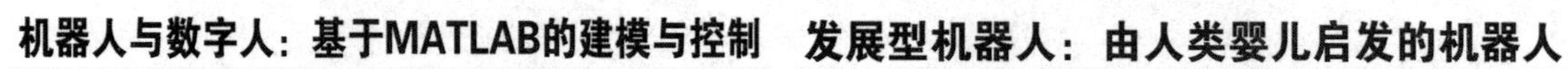